信息网络布线教程

主　编　王　磊　王　彬
参　编　李　忠　戚　伟　黄毅益　殷　勇
　　　　颜　伟　王建忠　吕　刚　王雅峰

北京理工大学出版社
BEIJING INSTITUTE OF TECHNOLOGY PRESS

内 容 简 介

本教材针对计算机网络技术专业核心课程开发，坚持"以就业为导向，以能力为本位，以综合素质和职业能力为主线，以项目为载体"的指导思想，精心设计了7大项目，39个子任务。在任务中设置了"任务导入""学习目标""相关知识""任务实施""任务拓展""职业规范""课后思考"等环节。在技能大赛方面，结合国赛和省赛的考核要点，并新增了世界技能大赛的部分知识点，力争紧跟信息网络布线技术的发展潮流。在最后一个项目，给出了3套技能大赛模拟试题，供教师和学生参考。

本教材适用于计算机网络技术及相关专业的学生使用，也可供网络布线爱好者学习和参考。

版权专有　侵权必究

图书在版编目（CIP）数据

信息网络布线教程 / 王磊，王彬主编. —北京：北京理工大学出版社，2017.8
(2022.8 重印)
ISBN 978-7-5682-4218-9

Ⅰ.①信… Ⅱ.①王… ②王… Ⅲ.①信息网络-布线-高等学校-教材 Ⅳ.①TP393

中国版本图书馆 CIP 数据核字（2017）第 178743 号

出版发行 /	北京理工大学出版社有限责任公司
社　　址 /	北京市海淀区中关村南大街5号
邮　　编 /	100081
电　　话 /	（010）68914775（总编室）
	（010）82562903（教材售后服务热线）
	（010）68948351（其他图书服务热线）
网　　址 /	http://www.bitpress.com.cn
经　　销 /	全国各地新华书店
印　　刷 /	三河市天利华印刷装订有限公司
开　　本 /	787毫米×1092毫米　1/16
印　　张 /	22
字　　数 /	518千字
版　　次 /	2017年8月第1版　2022年8月第11次印刷
定　　价 /	49.80元

责任编辑 / 陈莉华
文案编辑 / 陈莉华
责任校对 / 孟祥敬
责任印制 / 李志强

图书出现印装质量问题，请拨打售后服务热线，本社负责调换

前　　言

现代科技的进步使计算机及网络技术飞速发展，提供越来越强大的计算机处理能力和网络通信能力。而计算机及通信网络均依赖布线系统作为网络连接的物理基础和信息传输的通道。信息网络布线系统作为信息传输的载体，是智能化办公室建设数字化信息系统基础设施，将所有语音、数据等系统进行统一的规划设计的结构化布线系统，为办公提供信息化、智能化的物质介质，支持将来语音、数据、图文、多媒体等综合应用。

本书是针对计算机网络技术专业核心课程开发的，坚持"以就业为导向，以能力为本位，以综合素质和职业能力为主线，以项目为载体"的指导思想，真正打造一本适合教学的项目化教材。本书在主编任多年的技能大赛教练和一线教学经验的基础上，精心设计了7个大项目，39个任务进行教学。每一个任务可以分配2~4个课时，正好满足一个学期的教学需要。在任务中设置了"任务导入""学习目标""知识准备""任务实施""课堂练习""知识拓展""职业规范""课后思考"等环节，供任课教师参考。在学习中，课堂教学也可以根据本书的环节顺序进行实施，学生任务饱满。另外，本书在编写的过程中，充分考虑到本课程的实训条件，合理设置实训内容。在技能大赛方面，结合国赛和省赛的考核要点，并且新增了世界技能大赛的部分知识点，力争紧跟信息网络布线技术竞赛的发展潮流。在最后一个项目，给出了3套技能大赛模拟试题，供参考。

本书还具有以下特色：

(1) 教师可以参考本教材各项目任务的设置顺序，完成课程教学。

(2) 各任务微而小，正好可以满足2~4课时的教学需要。

(3) 实践操作方面重点基于各学校现有的实训设备，并配有一些实际工程的内容。

(4) 新增技能大赛训练技巧和六类布线系统。

本书由江苏联合职业技术学院徐州财经分院王磊、王彬两位老师担任主编，以下老师参与编写：

李忠	常州刘国军高等职业技术学校
黄毅益	江苏省常熟中等专业学校
戚伟	江苏省徐州财经高等职业技术学校
殷勇	江苏省连云港中等专业学校
王建忠	苏州工业园区工业技术学校
颜伟	江苏省连云港市教育局
吕刚	苏州高等职业技术学校
王雅峰	盐城机电高等职业技术学校

本教材可作为高等职业院校学生及相关任课教师使用，也可供计算机网络爱好者、技能大赛教练与队员参考。

编　者

目 录

项目一 认识信息网络布线系统 ... 1
- 任务一 信息网络布线系统的概念 ... 2
- 任务二 信息网络布线系统的组成 ... 10

项目二 信息网络布线系统工程常用器材和工具 ... 19
- 任务一 认识铜缆与端接器件 ... 20
- 任务二 认识光缆与端接器件 ... 31
- 任务三 认识信息网络布线系统辅助器材 ... 39
- 任务四 认识信息网络布线系统常用工具 ... 45

项目三 信息网络布线系统工程设计 ... 56
- 任务一 分析信息网络布线系统需求 ... 57
- 任务二 设计信息网络布线系统总体方案 ... 67
- 任务三 编制信息点统计表 ... 76
- 任务四 编制信息点端口对应表 ... 85
- 任务五 绘制信息网络布线系统图 ... 96
- 任务六 绘制信息网络布线施工图 ... 108
- 任务七 编制材料统计表 ... 124
- 任务八 编制工程造价预算表 ... 133

项目四 端接信息网络布线系统配线工程技术 ... 139
- 任务一 配线端接原理与重要性 ... 140
- 任务二 制作网络跳线 ... 146
- 任务三 端接信息点模块与配线架 ... 151
- 任务四 端接大对数线缆 ... 158
- 任务五 端接有线电视面板与配线架 ... 163
- 任务六 端接测试链路 ... 168
- 任务七 端接永久复杂链路 ... 174
- 任务八 熔接室内光缆 ... 180
- 任务九 冷接和热熔皮线光缆 ... 186

项目五 施工信息网络布线系统工程 ... 192
- 任务一 安装工作区子系统 ... 193
- 任务二 安装水平子系统线槽 ... 199
- 任务三 安装水平子系统线管 ... 205
- 任务四 铺设水平子系统线缆 ... 212
- 任务五 安装垂直子系统 ... 219
- 任务六 端接管理间子系统 ... 226

任务七　安装配线子系统综合实训……………………………………… 232
　　任务八　安装建筑群子系统…………………………………………… 238
　　任务九　安装进线间子系统…………………………………………… 246
项目六　测试、验收、维护信息网络布线系统…………………………… 252
　　任务一　测试铜缆布线………………………………………………… 253
　　任务二　测试光缆布线………………………………………………… 264
　　任务三　验收信息网络布线系统工程………………………………… 271
　　任务四　信息网络布线系统故障与排除……………………………… 290
项目七　信息网络布线技能大赛………………………………………… 295
　　任务一　信息网络布线技能大赛简介………………………………… 296
　　任务二　技能大赛的集训思路与过程………………………………… 304
　　任务三　技能大赛模拟试题…………………………………………… 315
参考文献………………………………………………………………………… 343

项目一

认识信息网络布线系统

项目描述

本项目主要是从信息网络布线系统的概念以及组成出发，介绍该系统的定义、发展趋势、特点，重点放在七大子系统的概念以及设计施工要点。目前，由于理论、技术、厂商、产品甚至地域等方面的不同，综合布线系统在命名、定义、组成等多方面都有所不同。根据国标《综合布线系统工程设计规范》(GB 50311—2007)，在本书中只介绍涉及数量、语音、影像的结构化布线系统。另外，需要指出的是：综合布线只是作为一个概念而存在；综合布线系统则是一种解决方案或者是一种布线产品，两者既密不可分，又有所区别。

知识目标

(1) 了解信息网络布线系统的概念与特点。
(2) 掌握信息网络布线系统的组成与设计要点。
(3) 了解布线系统发展趋势。

任务一　信息网络布线系统的概念

任务导入

天行健网络科技公司承接了江州职业技术学院的综合办公楼信息网络布线工程，目前即将进入工程设计环节中的报价阶段。项目经理现需要对新引进的设计和施工人员进行培训，以便他们之后可以尽快地进入工作状态。本任务从信息网络布线系统的基本概念出发，介绍布线系统的发展历程和技能大赛项目的具体情况。

学习目标

（1）掌握信息网络布线系统的概念。
（2）了解信息网络布线系统的发展。

知识准备

信息网络综合布线系统的设计与实施是一项系统工程，它是建筑、通信、计算机和监控等方面的先进技术相互融合的产物。网络布线是一门新发展起来的工程技术，它涉及许多理论和技术问题，是一个多学科交叉的新领域，也是计算机技术、通信技术、控制技术与建筑技术紧密结合的产物。

（一）信息网络布线系统的概念

随着人类社会的不断进步和科学技术的突飞猛进，尤其是随着全球计算机技术、现代通信技术的迅速发展，人们对信息的需求也越来越强烈。国民经济信息化、信息数字化、全球化，设备智能化已经成为知识经济的主要特征。人类对其赖以休养生息的居住条件和办公环境提出了更高的要求，人们需要舒适健康、安全可靠、高效便利、具备适应信息化社会需求的各种信息手段和设备的现代化建筑。这就导致具有楼宇管理自动化（BA，Building Automation）、通信自动化（CA，Communication Automation）、办公自动化（OA，Office Automation）等功能的智能建筑在世界范围蓬勃兴起。而综合布线系统正是智能建筑内部各系统之间、内部系统与外界进行信息交换的硬件基础。楼宇综合布线系统（PDS）是现代化大楼内部的"信息高速公路"，是信息高速公路在现代大楼内的延伸。

1. 定义

信息网络综合布线系统是智能化办公室建设数字化信息系统基础设施，将所有语音、数据等系统进行统一的规划设计的结构化布线系统，为办公提供信息化、智能化的物质介质，支持将来语音、数据、图文、多媒体等综合应用。

2. 特点

在综合布线系统中，将所有语音、数据、图像及多媒体业务的设备的布线网络组合在一套标准的布线系统上，并且将各种设备终端插头插入标准的插座内。当终端设备的位置需要变动时，只需做一些简单的跳线管理即可，不需要在布放新的线缆及安装新的插座。与传统的布线相比较，综合布线系统除具有布线综合性外，还具有以下特点：

（1）实用性。实施后，布线系统将能够适应现代和未来通信技术的发展，并且实现语

音、数据、视频通信等信号的统一传输。

（2）模块化。综合布线系统中除去固定于建筑物内的水平线缆外，其余所有的接插件都是基本式的标准件，可互连所有话音、数据、图像、网络和楼宇自动化设备，方便使用、搬迁、更改、扩容和管理。

（3）灵活性。布线系统能满足各种应用的要求，即任一信息点能够连接不同类型的终端设备，如电话、计算机、打印机、电脑终端、电传真机以及图像监控设备等。

（4）扩展性。系统是可扩充的，以便将来有更大的用途时，很容易将新设备扩充进去。

（5）经济性。可以使管理人员减少，同时，因为模块化的结构，大大降低了日后因更改或搬迁系统时的费用。

（6）通用性。对符合国际通信标准的各种计算机和网络拓扑结构均能适应，对不同传递速度的通信要求均能适应，可以支持和容纳多种计算机网络的运行。

3. 重要性

（1）随着全球社会信息化与经济国际化的深入发展，信息网络系统变得越来越重要，已经成为一个国家最重要的基础设施，是一个国家经济实力的重要标志。

（2）网络布线是信息网络系统的"神经系"，是智能化建筑的基础设施。

（3）可以使网络系统结构清晰，便于管理和维护。系统的灵活性强，可适应各种不同的需求。

（4）由于选用的材料统一先进，有利于今后的发展需要。

（5）便于扩充，同时节约费用，提高系统的可靠性。作为开放系统，有利于各种系统的集成。

（二）信息网络布线系统的发展

1. 发展历程

信息网络综合布线的发展首先与楼宇自动化密切相关。

（1）20 世纪 50 年代初期，一些发达国家就在大型高层建筑中采用电子器件组成的控制系统。

（2）20 世纪 60 年代末，产生数字式自动化系统。

（3）20 世纪 70 年代末，楼宇自动化系统迅速发展。

（4）1984 年，首座智能大厦出现在美国，但仍采用传统布线，不足之处日益显露。

（5）美国电话电报公司 Bell 实验室的专家们经过多年的研究，在该公司的办公楼和工厂试验成功，在此基础上，于 80 年代末期在美国率先推出了结构化综合布线系统（SCS）。

（6）综合布线系统自从出现就一直在不断地演变，其中包括造型的演变和带宽的演变。而其带宽的升级始终成为网络设备传输速率升级的前奏。

（7）1992 年开始使用三类布线系统，网络系统宽带为 10 MHz。1995 年开始使用五类布线系统。

（8）1999 年布线系统开始敷设增强型五类（超五类）。

（9）2000 年六类布线系统正式登场。2001 年下半年 10 MHz 以太网卡基本退出市场，而 100 MHz 以太网卡的价格已经降至 10 MHz 网卡同类水平。

（10）2004 年 6A 类综合布线系统进入人们的视线。

（11）七类、7A类布线系统已有应用：将有线电视、立体声音响和电话用同一根双绞线传输，已经成为商品，而不是实验室中的展品。

（12）光纤布线系统随着光纤到桌面、光纤到别墅、无源光网络的普及已经成为常规的布线子系统。

2. 布线系统的发展趋势

（1）宽带化。综合布线系统主要是从窄带向宽带、从低速率向高速率方向发展的。

（2）数字化。整个网络向数字化方向发展是必然趋势。

（3）综合化。综合化是综合布线系统的又一发展方向，除综合电话、计算机数据、会议电话、监视电视等之外，更多的是需要综合图像、监控、火灾报警、保安防盗报警、楼宇设备及技术管理系统等。

（4）智能化。布线是一种开放式结构，能适应智能建筑开放式布局及智能结构的要求。

（5）个人化。个人化也是一种目标。网络连接后，人们完全可以在家庭办公，将设计文件、信息由网络传向对方。在办公室也无须一人设一张办公桌，而可以随意使用办公室里某个桌子上的电话、计算机工作，使办公自动化达到较高的程度。

3. 布线系统的种类

1）六类布线系统

（1）六类综合布线系统的优势主要体现对1 000 Mbps以上网络的支持。

（2）与增强五类相比，六类布线系统具有更好的抗噪声性能，可提供更透明、更全能的传输信道，在高频率上尤其如此。

（3）如果采用1000BASE-T中的PAM-5编码技术，10 Gbps以太网需要至少625 MHz的线性传输性能。大多数的增强五类电缆只有150 MHz或250 MHz，标准的也只要求有100 MHz。六类电缆虽没有被强制其性能达到625 MHz，但对于高带宽传输是更好的媒质，许多制造商提供的电缆标称600 MHz，正是预计到有应用需要更高的性能。

（4）六类系统在625 MHz上的平均抗噪能力比增强五类高。

（5）六类电缆的结构能承受更大的拉力，在技术上较超五类布线系统有着绝对的优势。

（6）用双绞线作为传输介质的千兆网络技术有1000BASE-T和1000BASE-TX，超五类只能用1000BASE-T，而六类既可用1000BASE-T也可用1000BASE-TX。

2）七类布线系统

七类和六类布线有很多显著的差别，最明显的就是带宽，与四类、五类、超五类和六类相比，七类具有更高的传输带宽（至少600 MHz），六类信道提供了至少200 MHz的综合衰减串扰比及整体250 MHz的带宽，七类系统可以提供至少500 MHz的综合衰减串扰比和600 MHz的整体带宽。六类和七类系统的另外一个差别在于它们的结构。六类布线既可以使用UTP，也可以使用STP，而七类布线只基于屏蔽电缆。在七类电缆中每一对线都有一个屏蔽层，四对线合在一起还有一个公共大屏蔽层。从物理结构上来看，额外的屏蔽层使得七类线有一个较大的线径。还有一个重要的区别在于其连接硬件的能力，七类系统的参数要求连接头在600 MHz时所有的线对提供至少60 dB的综合近端串绕，而超五类系统只要求在100 MHz提供43 dB，六类系统在250 MHz提供的数值为46 dB。

3）光布线系统

光纤综合布线系统（PDS，Premises Distribution System）就是为了顺应发展需求而特

别设计的一套布线系统。对于现代化的大楼来说，就如体内的神经，它采用了一系列高质量的标准材料，以模块化的组合方式，把语音、数据、图像和部分控制信号系统用统一的传输媒介进行综合，经过统一的规划设计，综合在一套标准的布线系统中。它具有以下优点：

(1) 足以应付未来的带宽需求。
(2) 传输损耗小，传输距离长。
(3) 抗电磁干扰、射频干扰、串音干扰。
(4) 高度可靠的保密性。
(5) 测试简单，纠错容易，维护费用低。
(6) 升级到 PON（Passive Optical Network），即无源光网络。PON 是一种纯介质网络，避免了外部设备的电磁干扰和雷电影响，减少线路和外部设备的故障率，提高了系统可靠性，同时节省了维护成本，是电信维护部门长期期待的技术。

课堂练习

通过学习以上内容结合阅读参考资料，完成以下判断题的作答。

(1) 综合布线系统工程设计的范围就是用户信息需求分析的范围，这个范围包括信息覆盖的区域和区域上有什么信息两层含义，因此，要从工程地理区域和信息业务种类两方面来考虑这个范围。（   ）
(2) 结构化布线系统对业主非常重要，因为它可以减少以后的维护和管理费用。（   ）
(3) 单一性属于综合布线系统的特点之一。（   ）
(4) 综合布线系统的最新国家标准 GB 50311 和 GB 50312 只适用于新建建筑与建筑群综合布线系统工程设计。（   ）
(5) 干线子系统拓扑结构选择原则：可靠性、灵活性、扩充性。目前综合布线系统推荐的拓扑结构是总线型。（   ）
(6) 综合布线系统只适用于企业、学校、团体，不适合家庭综合布线。（   ）
(7) 配线系统线缆的选用应依据建筑物信息的类型、容量、带宽和传输速率来确定，以满足话音、数据和图像等信息传输的要求。（   ）
(8) 综合布线系统应为开放式网络拓扑结构，应能支持语音、数据、图像、多媒体业务等信息的传递。（   ）
(9) 综合布线系统与应用系统相对无关。（   ）
(10) 智能建筑主要由系统集成中心、综合布线系统、楼宇自动化系统、办公自动化系统和通信自动化系统 5 个部分组成。（   ）

知识拓展

（一）中国信息网络布线技能大赛

1. 大赛项目举办的意义

进入 21 世纪以来，我国职业教育的改革不断深化、规模不断扩大，职业教育工作坚持"以服务为宗旨，以就业为导向"的办学方针，大力推行工学结合、校企合作、顶岗实习，

注重学生职业技能培养。特别是近几年连续举行的国家职业院校技能大赛，制度化和规范化了具有中国特色的"工学结合、校企合作、顶岗实习"的经验和做法，形成"普通教育有高考，职业教育有大赛"的新局面。

全国技能大赛的举行，一方面深化了职业教育教学改革，积极推进校企合作、工学结合的职业教育人才培养模式，切实加强高素质技能型人才培养，另一方面也是向社会展示高职学生积极向上、奋发进取的精神风貌和熟练的职业技能，从而营造全社会关心、重视和支持职业教育的良好氛围。技能大赛犹如风向标，全国性、大规模、有特色、高水平的比赛宗旨，不仅比出了特色，比出了水平，又检验了教学成果，展示了教学水平，更对职业教育有巨大的引领和示范作用，促进了职业教育又好又快发展，推动了高技能人才又好又快的成长。

2. 网络综合布线项目国赛介绍

2009—2015 这七年中，网络综合布线技术五次被列入国家职业院校技能大赛，体现了此工作岗位与高职学生就业的匹配度，以及综合布线技术人才培养的重要性。随着信息化城市建设的需要，现在各行各业的综合信息系统，如交通、小区物业、商场、银行等部门的监控系统、社区楼宇安防系统、智能小区信息化网络等，急需大批网络综合布线技术人员，需要世界一流水平的顶尖科技人才进行创新研究和推动技术发展，也需要大批生产制造技术工人，更需要大批专业工程技术人员进行项目设计、施工、监理和维护。因此综合布线人才培养备受关注。

网络综合布线技术技能大赛的举行，将对网络综合布线技术人才的培养具有巨大的推动意义，不仅促进了网络综合布线技术在国内的快速发展，更体现了职业院校教学过程中增强学生实践经验和动手能力，体现"零"距离就业的办学思想。同时，也是对职业院校网络综合布线技术教学成果的检验和展示，使真正的高技能人才能被企业所发现，更对职业院校教学方式和改革措施具有引领和示范作用。

（二）世界技能大赛介绍

1. 世界技能组织

世界技能组织成立于 1950 年，其前身是"国际职业技能训练组织"，由西班牙和葡萄牙两国发起，后更名为"世界技能组织"。世界技能组织注册地为荷兰，截至 2015 年 4 月共有 74 个国家和地区成员。其宗旨是：通过成员之间的交流合作，促进青年人和培训师职业技能水平的提升；通过举办世界技能大赛，在世界范围内宣传技能对经济社会发展的贡献，鼓励青年投身技能事业。该组织的主要活动为每年召开一次全体大会，每两年举办一次世界技能大赛。

2. 世界技能大赛我国参赛情况

为推动我国技能人才走上国际舞台，学习借鉴国外开展职业培训和组织技能竞赛的经验做法，2010 年，人力资源社会保障部代表我国政府申请并于 2010 年 10 月正式加入世界技能组织。2011 年 10 月，中国首次派出代表团参加在英国伦敦举办的第 41 届世界技能大赛 6 个项目的比赛，其中 1 个项目获得银牌、5 个项目获优胜奖。2013 年 7 月，中国再次派出代表团参加在德国莱比锡举办的第 42 届世界技能大赛 22 个项目的比赛，其中 1 个项目获得银牌、3 个项目获得铜牌、13 个项目获优胜奖。2015 年 8 月，中国第三次组团参加在巴西圣保罗举办的第 43 届世界技能大赛 29 个项目的比赛，取得 5 枚金牌、6 枚银牌、3 枚铜牌和

12个优胜奖的佳绩，创造了中国代表团参加世界技能大赛以来的最好成绩，实现了金牌"零"的突破。

3．信息网络布线项目

1）项目发展

信息网络布线在2005年成为世赛新项目，已经连续举行了4届，2013年为第五届，中国队首次参加该项目竞赛。设备的部分赞助商为我国"西安开元电子实业有限公司"。这是世界技能大赛自1950年历时63年以来第一个中国赞助商。全世界都将在WSL技能大赛中看到西元产品、中国制造、汉字LOGO，中国信息网络布线类等器材，中国品牌走上世赛大舞台还是第一次。西元产品走出国门，走向世界，不仅为国争光，也为行业争光。

2）项目内容

信息网络布线项目是指利用以太网技术、局域网技术和办公室/家庭网络技术，进行综合布线的竞赛项目。比赛中对选手的技能要求主要包括：根据技术标准的具体要求完成对光纤电缆、铜缆、19英寸（1英寸＝2.54厘米）电缆架的安装；排除光纤电缆和铜缆的故障；对光纤电缆和铜缆的性能测试，并进行无线技术和网络应用。

3）历年成绩

2009—2013年世界技能大赛信息网络布线项目成绩如图1-1-1所示。

图1-1-1

2015年第43届世界技能大赛在巴西圣保罗举行，在信息网络布线项目中，日本参赛队获得金牌，巴西参赛队获得银牌，中国参赛队林洪伟获得该项目铜牌。

职业规范

1．职业资格证书简介

职业资格证书是从业者从事某一职业的必备证书，表明从业者具有从事某一职业所必备的学识和技能的证明，与学历文凭证书不同，职业资格证书与某一职业能力的具体要求密切结合，反映特定职业的实际工作标准和规范，以及从业者从事这种职业所达到的实际能力水平，所以它是从业者求职、任职的资格凭证。

2. 综合布线资格证书

中华人民共和国人力资源和社会保障部和大中型企业等规定取得中级技能（中级工）资格，相当于技术员待遇；取得高级技能（高级工）资格，相当于助理工程师待遇；取得技师资格，相当于工程师待遇；取得高级技师资格，相当于高级工程师待遇。

(1) 综合布线高级技能职业资格（国家职业资格三级）：行业从业人员、全国各大中专院校计算机网络技术、综合布线专业老师，无申报要求。

(2) 综合布线技师职业资格（国家职业资格二级）：取得本职业（工种）高级职业资格证书才能申报。

(3) 综合布线高级技师职业资格（国家职业资格一级）：取得本职业（工种）技师职业资格证书，在本工种连续工作3年以上，经本职业高级技师培训达到规定标准学时数，并取得毕（结）业证书。

课后思考

课后完成以下题目：

1. 多选题

(1) 综合布线系统是一套单一的配线系统，综合（　　）及控制网络，可以使相互间的信号实现互联互通。

　　A. 公共网络　　　　B. 通信网络　　　　C. 信息网络　　　　D. 专用网络

(2) 综合布线系统的技术是在不断发展的，新的技术正不断涌现，在选择综合布线系统技术的时候应该注意的是（　　）。

　　A. 根据本单位网络发展阶段的实际需要来确定布线技术

　　B. 选择成熟的先进的技术

　　C. 选择当前最先进的技术

　　D. 选择符合相关标准的技术

(3) 下列关于综合布线系统概念说法正确的是（　　）。

　　A. 综合布线系统是一种标准通用的信息传输系统

　　B. 综合布线系统是用于语音、数据、影像和其他信息技术的标准结构化布线系统

　　C. 综合布线系统是按标准的、统一的和简单的结构化方式编制和布置各种建筑物（楼群）内各种系统的通信线路的系统

　　D. 综合布线结构只包括网络系统和电话系统

2. 单选题

(1) 智能建筑是多学科跨行业的系统技术与工程，它是现代高新技术的结晶，是建筑技术与（　　）相结合的产物。

　　A. 计算机技术　　　　B. 科学技术　　　　C. 信息技术　　　　D. 通信技术

（2）下列不属于综合布线的特点的是（   ）。
   A. 实用性   B. 兼容性   C. 可靠性   D. 先进性
（3）目前所讲的智能小区主要指住宅智能小区，根据国家建设部关于在全国建成一批智能化小区示范工程项目，将智能小区示范工程分为 3 种类型，其中错误的是（   ）。
   A. 一星级   B. 二星级   C. 三星级   D. 四星级
（4）综合布线要求设计一个结构合理、技术先进、满足需求的综合布线系统方案，下列不属于综合布线系统的设计原则的是（   ）。
   A. 不必将综合布线系统纳入建筑物整体规划、设计和建设
   B. 综合考虑用户需求、建筑物功能、经济发展水平等因素
   C. 长远规划思想、保持一定的先进性
   D. 扩展性、标准化、灵活的管理方式
（5）根据综合布线系统的设计等级，综合型综合布线的主要特点是引入（   ），适用于规模较大的智能大楼。
   A. 超五类双绞线   B. 六类双绞线   C. 七类双绞线   D. 光缆
（6）综合布线采用模块化的结构，按各模块的作用，可把综合布线划分为（   ）。
   A. 4 个部分   B. 5 个部分   C. 6 个部分   D. 7 个部分
（7）下列英文缩写表示正确的是（   ）。
   A. 综合业务数字网（ELFEXT）   B. 因特网协议（ISDN）
   C. 光纤连接器（SFF）   D. 终端设备（TE）

任务二　信息网络布线系统的组成

任务导入

天行健网络科技公司承接了江州职业技术学院的综合办公楼信息网络布线工程，目前即将进入到工程设计环节中的报价阶段。项目经理现需要对新引进的设计和施工人员进行培训，以便他们之后可以尽快地进入工作状态。本任务主要介绍的是网络综合布线七大子系统的概念和设计。

学习目标

（1）掌握信息网络布线系统的组成。
（2）掌握信息网络布线各大子系统的设计与施工要点。

知识准备

（一）信息网络综合布线系统的组成

《综合布线系统工程设计规范》（GB 50311—2007）国家标准规定，在综合布线系统工程设计中，按照下列 7 个部分进行：工作区子系统、水平子系统、垂直子系统、建筑群子系统、设备间子系统、进线间子系统、管理间子系统，如图1-2-1所示。

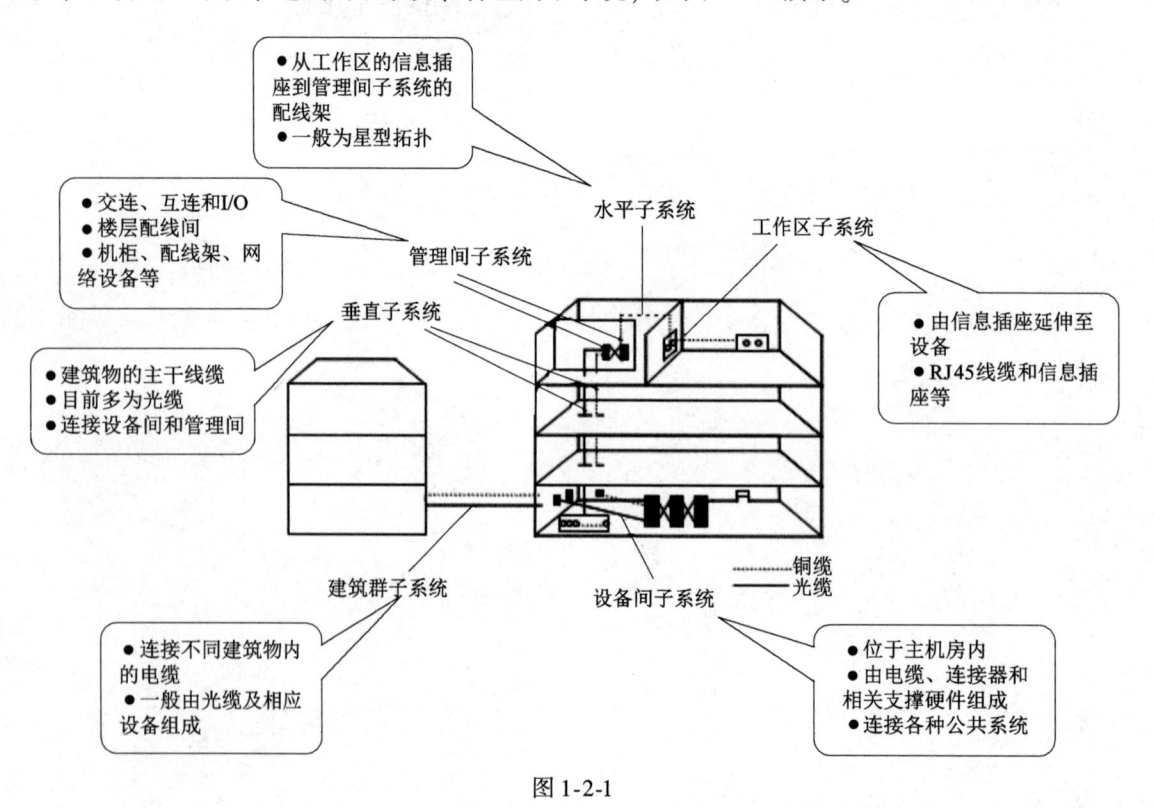

图 1-2-1

1. 工作区子系统

工作区子系统是实现工作区终端设备与水平子系统之间的连接，由终端设备连接到信息插座的连接线缆所组成。由信息插座、插座盒、连接跳线和适配器组成，如图1-2-2所示。设计工作区子系统需要注意以下几个方面：

（1）信息插座是工作站与配线子系统连接的接口，综合布线系统的标准I/O插座即为8针模块化信息插座。

（2）从RJ45插座到计算机等终端设备间的连线宜用双绞线，且不要超过5 m。

（3）RJ45插座宜首先考虑安装在墙壁上或不易被触碰到的地方。

（4）RJ45信息插座与电源插座等应尽量保持20 cm以上的距离。

（5）对于墙面型信息插座和电源插座，其底边距离地面一般应为30 cm。

2. 水平子系统

水平子系统也称配线子系统，该系统的目的是实现信息插座和管理间子系统（跳线架）间的连接，将用户工作区引至管理间子系统，并为用户提供一个符合国际标准，满足语音及高速数据传输要求的信息点出口。该子系统由一个工作区的信息插座开始，经水平布置到管理区的内侧配线架的线缆所组成，如图1-2-3所示。目前系统中常用的传输介质是六类或者光缆，能支持大多数现代通信设备，支持千兆以太网数据传输。在设计的过程中，需要注意以下几个方面：

（1）配线子系统一般要求在90 m范围内，它是指从楼层接线间的配线架至工作区的信息点的实际长度。如果超过90 m，一般使用光缆布线。

（2）设计之前应该实地考察，确定介质布线方法和线缆的走向。

（3）尽量避免水平线路长距离与供电线平行走线，应保持一定的距离（非屏蔽线缆一般为30 cm，屏蔽线缆一般为7 cm）。

（4）线缆必须走线槽或在天花板吊顶内布线，尽量不走地面线槽。

（5）如在特定环境中布线，要对传输介质进行保护，使用线槽或金属管道等。

（6）确定距离服务器接线间距离最近和最远的I/O位置。

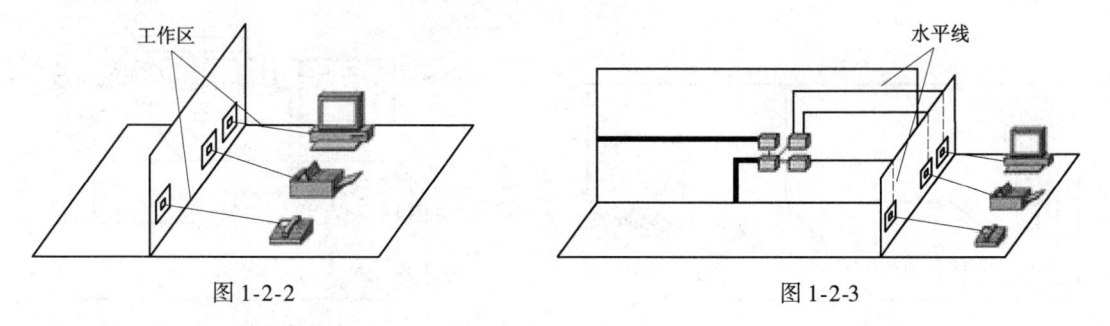

图1-2-2　　　　　　　　　　　　　图1-2-3

3. 管理间子系统

管理间子系统由交连、互连配线架组成。管理点为连接其他子系统提供连接手段。交连和互连允许将通信线路定位或重定位到建筑物的不同部分，以便能更容易地管理通信线路，使在移动终端设备时能方便地进行插拔。互连配线架根据不同的连接硬件分楼层配线架（箱）IDF和总配线架（箱）MDF，IDF可安装在各楼层的干线接线间，MDF一般安装在设备机房，它主要是指语音系统的电话总机房和数据系统的网络设备室（或称网络中心）。该子系统主要由配线架和连接配线架与设备的电缆组成，如图1-2-4所示。在设计的过程中，需要注意以下几个方面：

（1）配线架的配线对数由所管理的信息点数决定。
（2）进出线路以及跳线应采用色表或者标签等进行明确标识。
（3）配线架一般由光配线盒和铜缆配线架组成。
（4）供电、接地、通风良好、机械承重合适，保持合理的温度、湿度和亮度。
（5）有交换机。路由器的地方要配有专用的稳定电源。
（6）采用防尘、防静电、防火和防雷电措施。

4．垂直子系统

垂直子系统是实现计算机设备、程控交换机（PBX）、控制中心与各管理子系统间的连接，是建筑物干线电缆的路由。该子系统通常是在两个单元之间，特别是在位于中央点的公共系统设备处提供多个线路设施。系统由建筑物内所有的垂直干线多对数电缆及相关支撑硬件组成，以提供设备间总配线架与干线接线间楼层配线架之间的干线路由，如图1-2-5所示。在设计的过程中，需要注意以下几个方面：

（1）传输介质一般选用的是光缆，大对数线缆。
（2）布线走向应选择干线线缆最短、最安全和最经济的路由。
（3）垂直主干线电缆要防遭破坏，确定每层楼的干线要求和防雷电设施。并且要满足整幢大楼的干线要求和防雷击设施。
（4）垂直子系统应为星型拓扑结构。
（5）垂直子系统干线光缆的拐弯处不要用直角拐弯，而应该有相当的弧度，以避免光缆受损。
（6）线路不允许有转接点。
（7）为了防止语音传输对数据传输的干扰，语音与电缆和数据主电缆应分开。
（8）干线电缆和光缆布线的交接不应该超过两次，从楼层配线到建筑群配线架之间应有一个配线架。

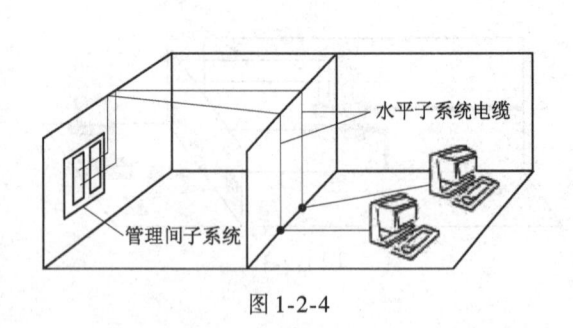

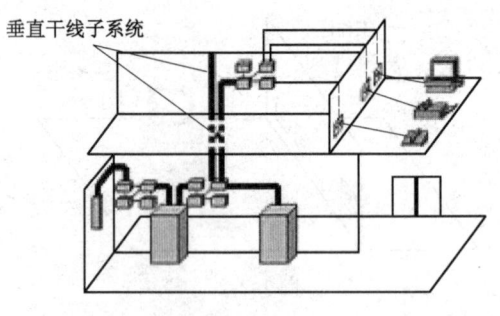

图1-2-4

图1-2-5

5．设备间子系统

设备间子系统即建筑物的网络中心，是在每一幢大楼的适当地点设置进线设备，进行网络管理以及管理人员值班的场所。设备间子系统由综合布线系统的建筑物进线设备、电话、数据、计算机等各种主机设备及其保安配线设备等组成，如图1-2-6所示。在设计的过程中，需要注意以下几个方面：

（1）设备间的位置和大小应根据建筑物的结构、布线规模和管理方式以及应用系统设备的数量综合考虑。

（2）设备间要有足够的空间。

（3）设备间要具有良好的工作环境：温度应保持在 0 ℃ ~ 27 ℃、相对湿度应保持在 60% ~ 80%，亮度适宜。

（4）设备间内所有进出线装置或设备应采用色表或色标分出各种用途。

（5）设备间具有防静电、防尘、防火和防雷击设施。

6. 建筑群子系统

建筑群子系统将一个建筑物的电缆延伸到建筑群的另外一些建筑物中的通信设备和装置上，是结构化布线系统的一部分，支持提供楼群之间通信所需的硬件。它由电缆、光缆和入楼处的过流过压电气保护设备等相关硬件组成，如图 1-2-7 所示。在设计的过程中，需要注意以下几个方面：

（1）该系统的常用介质是室外光缆。

（2）布线采用地下管道敷设方式：在任何时候都可以敷设电缆，且电缆的敷设和扩充都十分方便，它能保持建筑物外貌与表面的整洁，能提供最好的机械保护。它的缺点是要挖通沟道，成本比较高。

（3）布线采用直埋沟内敷设方式：能保持建筑物与道路表面的整齐，扩充和更换不方便，而且给线缆提供的机械保护不如地下管道敷设方式，初次投资成本比较低。

（4）布线采用架空方式：如果建筑物之间本来有电线杆，则投资成本是最低的，但它不能提供任何机械保护，因此安全性能较差，同时也会影响建筑物外观的美观性。

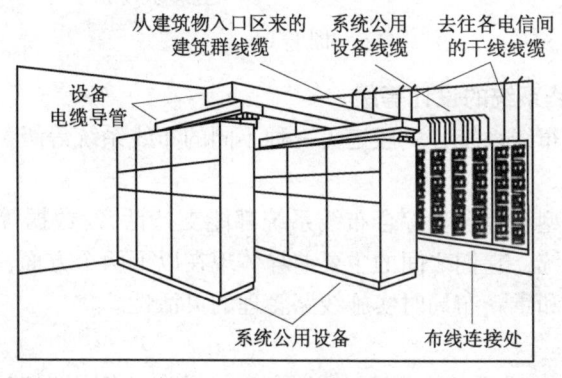

图 1-2-6

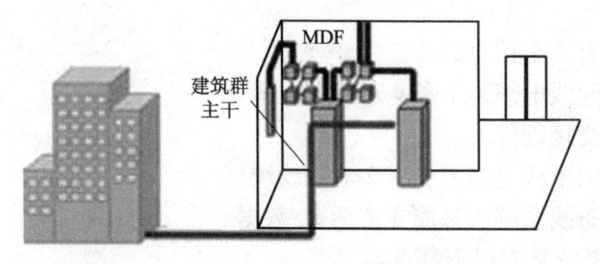

图 1-2-7

7. 进线间子系统

进线间是建筑物外部通信和信息管线的入口部位，并可作为入口设施和建筑群配线设备的安装场地。进线间是 GB 50311 国家标准在系统设计内容中专门增加的，要求在建筑物前期系统设计中要有进线间，满足多家运营商业务需要，避免一家运营商自建进线间后独占该建筑物的宽带接入业务。进线间一般通过地埋管线进入建筑物内部，宜在土建阶段实施，如图 1-2-8 所示。在设计的过程中，需要注意以下几个方面：

（1）建筑群主干电缆和光缆、公用网和专用网电缆、光缆及天线馈线等室外线缆进入建筑物时，应在进线间转换成室内电缆、光缆，并在线缆的终端处可由多家电信业务经营者设置入口设施。入口设施中的配线设备应按引入的电缆、光缆容量配置。

（2）电信业务经营者在进线间设置安装的入口配线设备应与 BD 或 CD 之间敷设相应的连接电缆、光缆，实现路由互通。线缆类型与容量应与配线设备相一致。

（3）在进线间入口处的管孔数量应满足建筑物之间、外部接入业务及多家电信业务经营者线缆接入的需求，并应留有 2～4 个管孔的余量。

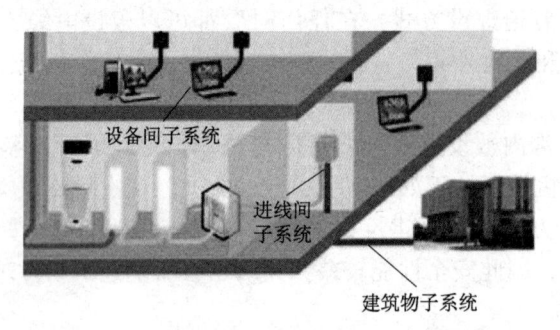

图 1-2-8

（二）信息网络布线系统的设计等级

对于建筑物的综合布线系统，一般定为三种不同的布线系统等级。它们是：基本型、增强型、综合型布线系统。

所有基本型、增强型和综合型综合布线系统都能支持话音/数据等业务，能随智能建筑工程的需要升级布线系统，它们之间的主要差异体现在以下两个方面：支持话音和数据业务所采用的方式；在移动和重新布局时实施线路管理的灵活性。

1. 基本型

基本型适用于综合布线系统中配置标准较低的场合，使用铜芯双绞线组网，其配置如下：

（1）每个工作区有一个信息插座。
（2）每个工作区配线电缆为 1 条 4 对双绞电缆。
（3）采用夹接式交接硬件。
（4）每个工作区的干线电缆至少有 2 对双绞线。
（5）基本型综合布线系统大都能支持话音/数据。

基本型综合布线系统具有以下特点：

（1）能支持所有话音和数据的应用，是一种富有价格竞争力的综合布线方案。
（2）应用于话音、话音/数据或高速数据。

（3）便于技术人员管理。
（4）采用气体放电管式过压保护和能够自恢复的过渡保护。
（5）能支持多种计算机系统数据的传输。

2．增强型

增强型适用于综合布线系统中中等配置标准的场合，使用钢芯双绞线组网。其配置如下：

（1）每个工作区有两个或以上信息插座。
（2）每个工作区的配线电缆为2条4对双绞线电缆。
（3）采用直接式或插接交接硬件。
（4）每个工作区的干线电缆至少有3对双绞线。
（5）增强型综合布线系统不仅具有增强功能，而且还可提供发展余地。它支持话音和数据应用，并可按需要利用端子板进行管理。

增强型综合布线系统具有以下特点：

（1）每个工作区有两个信息插座，不仅机动灵活，而且功能齐全。
（2）任何一个信息插座都可提供话音和高速数据应用。
（3）可统一色标，按需要可利用端子板进行管理。
（4）是一种能为多个数据设备创造部门环境服务的经济有效的综合布线方案。
（5）采用气体放电管式过压保护和能够自恢复的过流保护。

3．综合型

综合型适用于综合布线系统中配置标准较高的场合，使用光缆和铜芯双绞线组网。综合型综合布线系统应在基本型和增强型综合布线系统的基础上增设光缆系统。综合型综合布线系统的主要特点是引入光缆，能适用于规模较大的智能大厦，其余与基本型或增强型相同。

课堂练习

根据以上内容的学习，完成以下判断题的作答。

（1）管理间子系统组件把水平子系统的电信插座（I/O）端与语音或数据设备连接起来。　　　　　　　　　　　　　　　　　　　　　　　　　　　　　　　（　　）
（2）建筑群子系统是由配线设备、建筑物之间的干线电缆或光缆、设备线缆、跳线等组成的系统。　　　　　　　　　　　　　　　　　　　　　　　　　　　（　　）
（3）垂直子系统和水平干线子系统连接的系统称为设备间子系统，该系统通常由通信线路互连设施和设备组成。　　　　　　　　　　　　　　　　　　　　　（　　）
（4）增强型设计等级中，每个工作区的干线电缆至少有2对双绞线。　　（　　）
（5）管理间子系统具有连接水平与主干系统、主干与建筑物系统和入楼设备这三大应用。　　　　　　　　　　　　　　　　　　　　　　　　　　　　　　（　　）
（6）水平布线的最大水平距离为100 m，在实现最大距离时，从通信口到工作区允许有3 m公差。　　　　　　　　　　　　　　　　　　　　　　　　　　　（　　）
（7）综合布线系统一般逻辑性地分为五个子系统，它们相对独立，形成具有各自模块化功能的子系统，成为一个有机的整体布线系统。　　　　　　　　　　　（　　）
（8）综合布线系统的设计等级分为：基本型设计等级、增强型设计等级、综合型设

等级。( )

(9) 干线子系统拓扑结构选择原则：可靠性、灵活性、扩充性。目前综合布线系统推荐的拓扑结构是总线型。( )

(10) 建筑物 FD 可以经过主干线缆直接连至 CD，TO 也可以经过水平线缆直接连至 BD。( )

知识拓展

近年来，信息处理技术发展迅速，对信息传输的快速、便捷、安全性和稳定可靠性要求越来越高。在新建写字楼中，所建布线系统要求对内适应不同的网络设备、主机、终端、计算机及外部设备，具有灵活的拓扑结构和足够的系统扩展能力，对外通过国家公网与外部信息源相连接。

由于现代化的智能建筑和建筑群体的不断涌现，信息网络布线系统的使用场合和服务对象组件增多，目前主要有以下几类：

(1) 商业贸易类型：如商务贸易中心、金融机构（如银行和保险公司等）、高级宾馆饭店、股票证券市场和高级商城大厦等高层建筑。

(2) 综合办公类型：如政府机关，公司总部等办公大厦，办公、贸易和商业兼有的综合业务楼和租赁大厦等。

(3) 交通运输类型：如航空港、火车站、长途汽车客运枢纽站、江海港区、城市公共交通指挥中心、出租车调度中心、邮政枢纽楼和电信枢纽楼等公共服务建筑。

(4) 新闻机构类型：如广播电视塔、电视台、新闻通讯社、书刊出版社及报社业务楼等。

(5) 其他重要建筑群类型：如医院、急救中心、气象中心、科研机构、各类院校和工业企业的高科技业务楼等。

(6) 住宅类型：如住宅小区、别墅群、各类学校的学生公寓住所等。

职业规范

在当前信息社会，IT 技术发展日新月异，随着信息化技术和宽带光纤入户到家的不断普及，互联网的不断强大，无论是政府机构、学校还是企业都采用了信息技术进行管理，综合布线工程师职业更是相当热门。

综合布线工程师代表着广泛的技术和应用，具有更多选择的就业机会和更高更远的发展空间。其中计算机网络工程是计算机技术和通信技术密切结合而形成的新兴的技术领域，尤其在当今互联网迅猛发展和网络经济蓬勃繁荣的形势下，综合布线技术成为信息技术界关注的热门技术之一，也是迅速发展并在信息社会中得到广泛应用的一门综合性学科，综合布线工程师正是这一学科的主宰力量。

1. 综合布线工程师职位定义

综合布线系统犹如智能大厦的一条高速公路，连接着楼宇自动化、防火自动化、通信自动化、办公自动化、信息管理自动化等所有系统，实现楼宇智能化。只要有了"高速公路"，有了"综合布线系统"，想跑什么"车"，想上什么系统，那就变得非常简单了。综合布线工程师就是"高速公路"的设计者，在土建阶段将连接 3A 的线缆，综合布线至建筑物

内。综合布线系统的初始投资占整个建筑的3%~5%，可见工程师的身价。

2．综合布线工程师就业方向

弱电工程师、综合布线、网络工程师三个职业都有一定关联。在网络通信飞速发展的今天，综合布线系统作为网络的基础，智能大厦的神经系统的重要性越来越被人们所认识。今天的网络所要求的布线基础设施必须是满足包括语音、数据、视频图像以及楼宇控制等在内的各类不同通信需求的布线系统。一般从事弱电工程和综合布线工程工作，可参加网络工程师的初级"CCNA"认证，或者参加一些综合布线厂商的认证工程师培训，如Lucent/Avaya，AMP的认证。

3．综合布线工程师就业前景

综合布线工程师能够从事计算机信息系统的设计、建设、运行和维护工作。我国政府机关政府上网工程、企业上网、现有媒体的网站和教育、商业、专业性质网站等领域对网络工程专业人才的需求越来越大，几乎所有拥有计算机信息系统的IT客户都需要综合布线工程师负责运行和维护工作，工资待遇丰厚，一般月薪范围在2 000~8 000元。

课后思考

课后完成单选题目：

（1）（   ）是连接干线子系统与水平子系统、其他子系统的桥梁，并为连接其他子系统提供连接手段。

A．管理间子系统　　B．设备间子系统　　C．垂直子系统　　D．建筑群子系统

（2）根据综合布线系统的设计等级，综合型综合布线的主要特点是引入（   ），适用于规模较大的智能大楼。

A．超五类双绞线　　B．六类双绞线　　C．七类双绞线　　D．光缆

（3）综合布线水平子系统一般采用的拓扑结构为（   ）。

A．星型　　B．总线型　　C．环型　　D．树型

（4）综合布线系统中直接与用户终端设备相连的子系统是（   ）。

A．工作区子系统　　B．水平子系统　　C．干线子系统　　D．管理间子系统

（5）综合布线系统中用于连接两幢建筑物的子系统是（   ）。

A．管理间子系统　　B．干线子系统　　C．设备间子系统　　D．建筑群子系统

（6）综合布线系统中用于连接楼层配线间和设备间的子系统是（   ）。

A．工作区子系统　　B．水平子系统　　C．干线子系统　　D．管理间子系统

（7）有一个公司，每个工作区需要安装2个信息插座，并且要求公司局域网不仅能够支持语音/数据的应用，而且应支持图像、影像、影视、视频会议等，对于该公司应选择（   ）等级的综合布线系统。

A．基本型综合布线系统　　　　　　B．增强型综合布线系统
C．综合型综合布线系统　　　　　　D．以上都可以

（8）垂直干线子系统由（   ）的引入口之间的连接线缆组成。

A．设备间与工作间　　　　　　　　B．设备间或管理区与水平子系统
C．工作间与水平子系统　　　　　　D．建筑群子系统与水平子系统

（9）工作区应由配线子系统的信息插座模块延伸到终端设备处的（   ）组成。

-17-

A. 连接线缆及适配器　　　　　　　　B. 信息插座模块、连接线缆
C. 信息插座模块、适配器　　　　　　D. 信息插座模块、连接线缆及适配器

（10）根据综合布线系统的设计等级，增强型系统要求每一个工作区应至少有（　　）信息插座。

A. 1个　　　　　B. 2个　　　　　C. 3个　　　　　D. 4个

项目二

信息网络布线系统工程常用器材和工具

项目描述

本项目主要是从信息网络布线系统实际工程中常用的器材和工具出发，介绍铜缆及其端接器件、光缆及其端接器件、布线系统辅材、常用工具等。通过介绍不同材料和工具的分类、作用、品牌、性能等方面的内容，使读者了解如何去购买和使用相关的材料和工具。另外，本模块还介绍了一些技能大赛中所使用的材料和工具。

知识目标

（1）认识信息网络布线常用的线缆与器材。
（2）掌握常用线缆与器材的鉴别和选购。
（3）认识信息网络布线系统常用的工具。
（4）掌握常用工具的鉴别和选购。

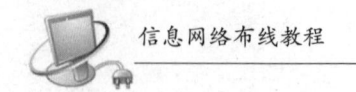

任务一　认识铜缆与端接器件

任务导入

天行健网络科技公司承接了江州职业技术学院的综合办公楼信息网络布线工程。目前进入到工程设计环节中的报价阶段。项目经理将核算出整个工程的造价成本，现需要对本工程所需要使用的材料和工具进行市场考察。本任务将对目前市场中所用的铜缆及其器件进行介绍，以为项目经理提供参考依据。

学习目标

（1）认识综合布线铜缆系统线缆与端接器材。
（2）了解综合布线铜缆系统线缆的鉴别与购买方法。

知识准备

通常是由几根或几组导线（每组至少两根）绞合而成的类似绳索的电缆，每组导线之间相互绝缘，并常围绕着一根中心扭成，整个外面包有高度绝缘的覆盖层。电缆具有内通电，外绝缘的特征。铜缆只有经过端接才能实现数据的传输和通信，在端接中就需要相应的器件。随着通信技术的发展和制造水平的提高，铜缆和端接器件也是日新月异，发展较快。本任务就对一些常用的铜缆器件进行介绍。

（一）铜缆

铜缆一般是传输电信号的介质，内芯为铜制导线，外面包裹绝缘体。根据线缆的使用环境，可以将其分为室外和室内线缆两种。室外线缆的外护套做了加强处理，具有较高的抗拉、抗磨性能和防水性能，可以满足室外环境的使用要求，常用于建筑物外的布线。室内线缆则不具备上述的特殊性能，只能用于室内一般情况的布线。直观上室外线缆区别于室内线缆一般的是外表为黑色，硬度较高，饱满。

1．双绞线

双绞线（TP，Twisted Pair）是一种综合布线工程最常用的传输介质。双绞线采用了一对互相绝缘的金属导线互相绞合的方式来抵御一部分外界电磁波干扰。把两根绝缘的铜导线按一定密度互相绞在一起，可以降低信号干扰的程度，每一根导线在传输中辐射的电波会被另一根线上发出的电波抵消。

双绞线根据结构、使用环境、线径和带宽的不用，可以分成若干类，具体如表2-1-1 双绞线分类表所示。

表2-1-1

名称	划分标准	种类	描述与特点
双绞线	使用场合	室外双绞线	具有专业的防水性能，可以有效防止雨水或者污水的腐蚀
		室内双绞线	在工程种用得比较多，适合室内布线

续表

名称	划分标准	种类	描述与特点
双绞线	抗干扰性	屏蔽双绞线	屏蔽层可减少辐射，防止信息被窃听，也可阻止外部电磁干扰的进入，使屏蔽双绞线比同类的非屏蔽双绞线具有更高的传输速率，需匹配屏蔽器材进行端接
		非屏蔽双绞线	无屏蔽外套，直径小，节省所占用的空间、质量小、易弯曲、易安装
	线径和带宽	一类、二类、三类、四类、五类	带宽和传输速率较低，现在基本都已退出市场
		超五类线（CAT5e）	具有更高的衰减串扰比（ACR）和信噪比（Structural Return Loss）、更小的时延误差，性能得到很大提高。超五类线带宽为100 MHz，主要用于百兆位以太网（100 Mbps），性能好并且八芯全通，可以用于1 000 Mbps网络
		六类线（CAT6）	该类电缆的传输频率为1～250 MHz，最适用于传输速率高于1 Gbps的应用
		超六类或6A（CAT6A）	此类产品传输带宽介于六类和七类之间，带宽为500 MHz，支持10GBase-T传输
		七类线（CAT7）	带宽为600 MHz，可能用于今后的10GBase-T以太网

1）超五类双绞线

超五类双绞线是由4个绕线对、1条撕裂绳（rip cord）及橡胶护套组成，线序颜色分别为白橙、橙、白绿、绿、白蓝、蓝、白棕、棕。标称裸铜（BC）线径为0.51 mm（线规为24AWG），绝缘线径为0.9 mm左右。超五类双绞线的传输距离为100 m，主要用于水平子系统，百兆到桌面的布线方式。随着千兆以太网的逐步普及，超五类正在被淘汰，产品的价格也在大幅下降，如图2-1-1所示。

2）六类双绞线

六类双绞线也是由4个绕线对、1条撕裂绳（rip cord）及橡胶护套组成，线序相同。与超五类双绞线不同的是，六类线多了一个塑料十字骨架，将4个线对分为4个部分；另外六类双绞线线对的缠绕更密，线径更粗，如图2-1-2、图2-1-3所示。

3）七类双绞线

七类双绞线是最新的一种双绞线，它主要为了适应万兆位以太网技术的应用和发展。但它不再是一种非屏蔽双绞线了，而是一种屏蔽双绞线，因此它可以提供至少500 MHz的综合衰减串扰比和600 MHz的整体带宽，是六类线和超六类线的2倍以上，传输速率可达10 Gbps。在七类线缆中，每1对线都有一个屏蔽层，4对线合在一起还有一个公共大屏蔽层。从物理结构上来看，额外的屏蔽层使得七类线有一个较大的线径，如图2-1-4所示。

图 2-1-1 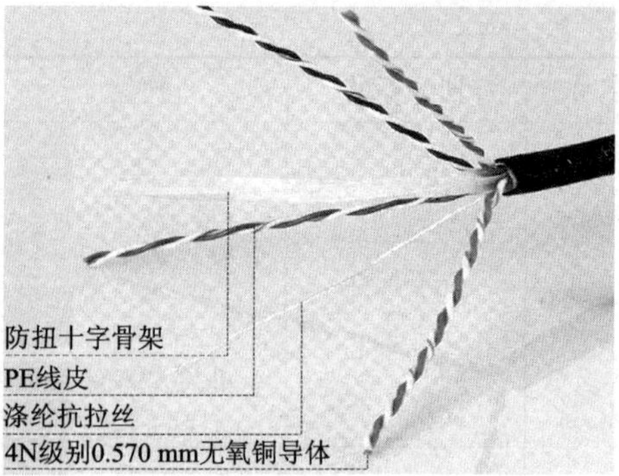　　　　　　　　　　　　　　图 2-1-2

图 2-1-3 　　　　　　　　　　　　　　图 2-1-4

2．同轴电缆

同轴电缆（Coaxial cable）是内外由相互绝缘的同轴心导体构成的电缆：内导体为铜线，外导体为铜管或网。电磁场封闭在内外导体之间，故辐射损耗小，受外界干扰影响小。常用于传送多路视频监控信号和电视信号。早期的共享式以太网采用同轴电缆进行信号的传输，随着以太网技术和数字技术的发展，同轴电缆的使用场合在逐步减少，如图 2-1-5 所示。

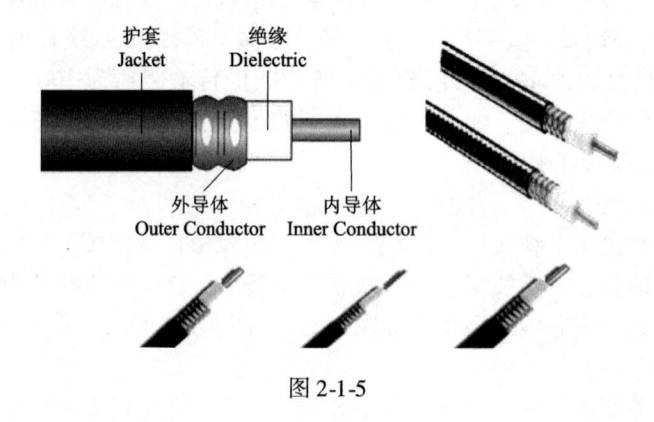

图 2-1-5

3．大对数线缆

它是由多根互相绝缘的导线或导体构成缆芯，外部具有密封护套的通信线路。有的在护套外面还装有外护层。有架空、直埋、管道和水底等多种敷设方式。通信电缆色谱组成分序始终共由 10 种颜色组成，即 5 种主色（白、红、黑、黄、紫）和 5 种次色（蓝、橙、绿、

棕、灰）；5 种主色和 5 种次色又组成 25 种色谱，不管通信线缆对数多大，通常大对数通信线缆都是按 25 对色为一小把标识组成，如图 2-1-6 所示。

（二）模块

信息模块在企业网络中应用普遍，它属于一个中间连接器，可以安装在墙面或桌面上，需要使用时只需用一条直通双绞线即可与信息模块另一端通过双绞线网线所连接的设备连接，非常灵活。另一个方面，也美化了整个网络布线环境。模块主要是用来端接铜缆的，使用在信息点底盒、模块式配线架、110 通信跳线架上。

图 2-1-6

1. 语音模块

用于电话系统，由于数字电话的发展，传统的电话系统所用的模块正在逐步淘汰。

1) RJ11 语音模块

适用于终端电话系统，和面板底盒配套，端接 4 芯/2 芯电话线，如图 2-1-7 所示。

2) 110 语音模块

110 语音模块是用于主干语音系统的，和 110 语音跳线架配合使用，端接大对数线缆，如图 2-1-8 所示。

图 2-1-7

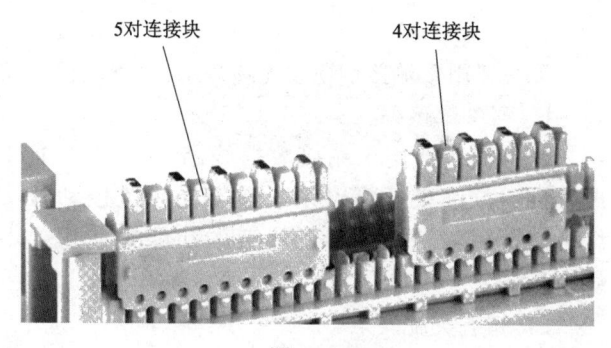

图 2-1-8

2. 网络模块

信息插座配套的是网络模块，这个模块安装在信息插座中，一般是通过卡位来实现固定的，通过它把从交换机出来的网线与接好水晶头的到工作站端的网线相连。特别要注意的是，不同厂家生产的模块，其标识的端接线序不同。

1) 超五类模块

超五类模块用于超五类系统的端接，有压接式和免打式，如图 2-1-9（压接式）和图 2-1-10（免打式）所示。

2) 六类模块

六类模块用于六类系统的端接，六类模块的类型比较多，有压接式、免打式、旋转式、屏蔽块等，目前正大规模地应用于布线系统。六类免打模块又分为非屏蔽和屏蔽两种，如图 2-1-11（非屏蔽式）和图 2-1-12（屏蔽式）所示。

- 23 -

图 2-1-9　（压接式） 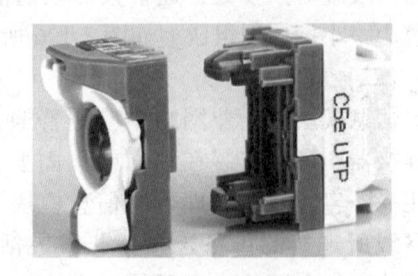　　　　　　　图 2-1-10　（免打式）

图 2-1-11　（非屏蔽式） 　　　　　　图 2-1-12　（屏蔽式）

（三）配线架

配线架用于端接铜缆和光缆系统，一般安装在管理间和设备间子系统。

1. 网络配线架

网络配线架用于端接数据线路，一般用于计算机数据的传输，由于数字技术的发展，网络配线架还可以用于数字视频监控和数字电话信号系统。特别要注意的是，网络配线架可以兼容语音配线架的功能来使用，不同厂家生产的配线架，其标识的端接线序不同。

1）超五类配线架

超五类配线架用于端接超五类系统，一般有端接式和模块式，如图 2-1-13（端接式）和图 2-1-14（模块式）所示。

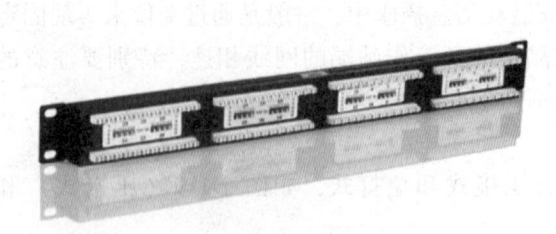

图 2-1-13 　　　　　　　　　　　　图 2-1-14

2）六类配线架

六类配线架用于端接六类系统，一般有端接式和模块式，如图 2-1-15（端接式）和图 2-1-16（模块式）所示。

项目二　信息网络布线系统工程常用器材和工具

图 2-1-15 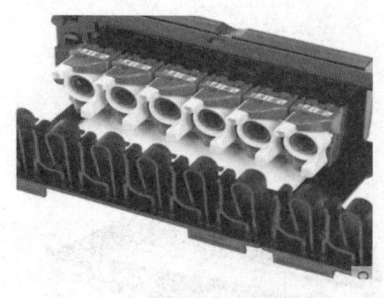　　　　　　　　　　　　　图 2-1-16

2．语音配线架

作为机房数据中心必不可少的电话语音系统，电话配线架作为管理子系统的核心产品，起着传输语音信号的灵活转接、灵活分配以及综合统一管理的作用。

1）模块式语音配线架

模块式语音配线架前端可以直接使用成品电话跳线（RJ11）插入，方便使用。后端需要使用打线刀将电信入户的大对数打入打线夹，节省空间的同时还便于维护，如图 2-1-17 所示。

2）电路板式语音配线架

此语音配线架后端采用弱电线路板，加强语音传输滤波性能，并且自带理线功能，如图 2-1-18 所示。

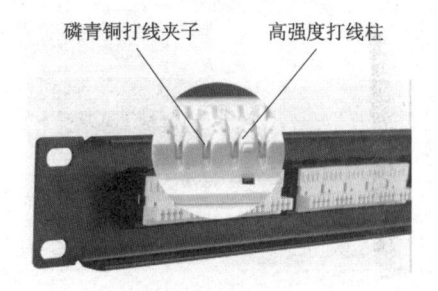

磷青铜打线夹子　　高强度打线柱

图 2-1-17 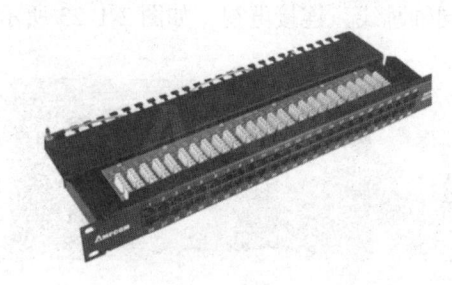　　　　　　　　　　　　　图 2-1-18

3．110 语音跳线架

110 语音跳线架主要用于配线间和设备间的语音线缆的端接、安装和管理，用于端接大对数线缆，如图 2-1-19 所示。

（四）TV 配线架

1．闭路电视配线架

引用自网络配线架的网络配线管理模式，将传统的布线结构也像网络管理一样进行集中管理，是现代智能化楼宇系统集成有线电视系统综合布线的标志产品，如图 2-1-20 所示。

2．家庭入户集线箱有线电视模块

本模块适用于家庭入户集线箱内部，外部端接入户有线电视线缆，内部端接家庭电视布线，信号传播方式为共享式，如图 2-1-21 所示。

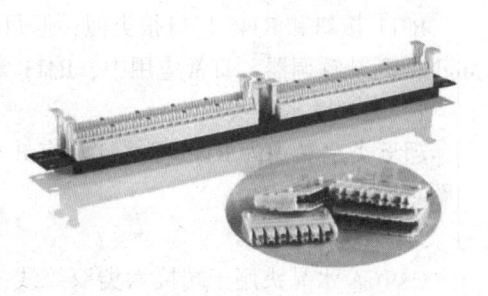

图 2-1-19

图 2-1-20 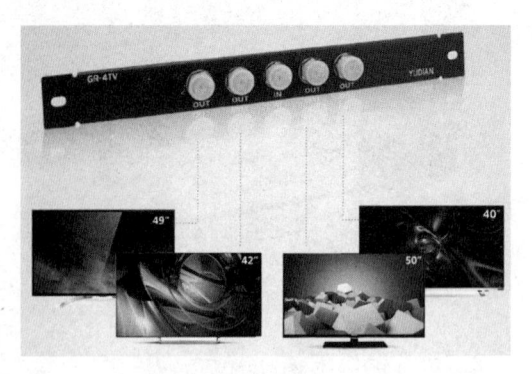　　　　　　　　　　　　　　　图 2-1-21

（五）面板

1. 网络面板

网络面板的主要作用是用以固定网络模块，保护信息出口处的线缆，起到类似屏风的作用。信息面板有双口和单口之分，双口面板一般左面为数据端口，右边为语音端口，也可以两个端口都安装数据模块，如图 2-1-22 所示。

2. TV 面板

TV 面板是有线电视系统中不可或缺的部件，在工作区子系统中端接水平同轴电缆，通过同轴跳线，连接电视，如图 2-1-23 所示。

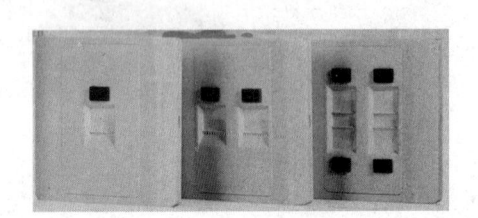

图 2-1-22 　　　　　　　　　　　　　　　图 2-1-23

（六）水晶头

水晶头是网络连接中重要的接口设备，是一种能沿固定方向插入并自动防止脱落的塑料接头，用于网络通信，因其外观像水晶一样晶莹透亮而得名为"水晶头"。它主要用于连接网卡端口、集线器、交换机、电话等。

1. 语音水晶头

RJ11 接口和 RJ45 接口很类似，但只有 4 根针脚。在计算机系统中，RJ11 主要用来连接 Modem 调制解调器。日常应用中，RJ11 常见于电话线，如图 2-1-24 所示。

2. 超五类水晶头

超五类水晶头为 RJ45 型号，具有 8 根针脚，在计算机系统中，RJ45 接口大规模使用，如图 2-1-25 所示。

3. 六类水晶头

CAT6A 水晶头用于端接六类双绞线，分为非屏一体式、非屏分体式、屏蔽一体、屏蔽分体等，如图 2-1-26（一体式）、图 2-1-27（分体式）所示。

图 2-1-24

图 2-1-25

图 2-1-26

壳体 ＋ 插芯

图 2-1-27

课堂练习

（1）请通过互联网电商平台查找相关铜缆和端接器件，完成表 2-1-2 的填写。

表 2-1-2

序号	名称	规格	品牌	型号	单价/元	特点
1	超五类双绞线					
2	六类双绞线					
3	七类双绞线					
4	室外同轴电缆					
5	室内同轴电缆					
6	大对数线缆					
7	语音模块					
8	超五类网络模块					
9	六类网络模块					
10	超五类配线架					
11	六类配线架					
12	语音配线架					
13	110 语音跳线架					
14	闭路电视配线架					

续表

序号	名称	规格	品牌	型号	单价/元	特点
15	网络面板					
16	TV面板					
17	电话水晶头					
18	超五类水晶头					
19	六类水晶头					

（2）大对数线缆色谱。

请各位通过以上所学知识，完成表2-1-3大对数线缆色谱表的填写。

表2-1-3

线对编号	1	2	3	4	5	6	7	8	9
主色									
次色									
线对编号	10	11	12	13	14	15	16	17	18
主色									
次色									
线对编号	19	20	21	22	23	24	25		
主色									
次色									

知识拓展

在信息网络布线系统中，国内外有许多专业的、优秀的系统产品供应商，下面将对他们做简单介绍，排名不分先后。

1. Molex（莫莱克斯）

Molex公司是领先的全套互连产品供应商，拥有33 000多名高技能员工，致力于与人们的生活息息相关的产品的创新解决方案的设计、开发和经销。Molex专注于连接器行业，拥有10万多种性能可靠的产品，基于遍布全球的资源、独特的创新技术和行业的专业知识，提供的产品和服务能够满足全球客户的不断增长的需求。居于世界最大产品规模之列，包括电子、电气和光纤互连解决方案、开关和应用工具等。

2. 德特威勒

德特威勒公司作为屏蔽布线系统的技术领导者和标准制定者，秉承百年历史、坚持诚信经营，为客户提供面向未来的七类万兆网络解决方案。德特威勒公司在提供最高品质、最高性能、最安全环保的布线系统的同时，还以布线系统的技术领导者和标准制定者为己任。

3. 罗森伯格

罗森伯格的可靠性测试采用FIT的模拟寿命的测试方式来验证25年质量保证的科学性。

罗森伯格提供全系统的 25 年质保。并且，在重大项目实施中，罗森伯格将会派出项目经理，会同施工方和用户的现场实施人员；对产品的质量和施工质量进行双重管理和督导，从而确保使用罗森伯格产品和方案是可靠的。

4. 美国西蒙

美国西蒙致力于服务、质量、创新和价值，在布线领域始终站在领先科技的前沿，创造了众多行业第一，是全球著名的通信布线领导厂商。美国西蒙公司在布线领域始终站在领先科技的前沿，拥有 400 多项有效布线专利。

5. 天诚

天诚线缆集团是国内唯一专业从事全系列弱电线缆、综合布线产品研发生产的集团企业，以推动国产布线、振兴民主产业为己任，为智能楼宇提供高档弱电传输线缆。

6. 一舟

浙江一舟，是国内综合布线业首家在国外投资设立子公司，在全球推广中国人自主品牌，努力打造综合布线国际知名品牌的企业。

7. 泰科/安普

泰科电子是全球最大的电子组件供应商，拥有遍布全球的生产工厂、销售和客户服务网络，2010 年在全球超过 150 个国家的销售收入达 121 亿美元。泰科电子的承诺就是客户的优势。

8. TCL

2010 年度中国十大布线品牌——TCL – 罗格朗国际电工（惠州）有限公司致力于成为全球电气与智能系统专家的法国罗格朗集团，持续关注中国综合布线产业的发展并将积极参与行业技术水平的整体提升！

9. 普天天纪

南京普天天纪公司按照 ANSI/TIA/EIA 568B.2 – 10（万兆以太网布线铜缆技术标准）和 ISO/IEC ClassEa 以及 IEEE 802.3an10G 以太网标准等最新国际标准要求研发了超六类综合布线系统，该系统相比传统六类布线系统，在成本增加不多的情况下，系统带宽从 250 MHz 提高到 500 MHz，产品性能达到国际领先水平，完全打破国外综合布线厂家对于超六类产品技术的垄断，提高了国产综合布线产品在高端产品市场的占有率。

10. 施耐德

全球能效管理专家施耐德电气在能源与基础设施、工业过程控制、楼宇自动化和数据中心与网络等市场处于世界领先地位，致力于为客户提供安全、可靠、高效的整体解决方案。获得多项专利技术的综合布线产品，如带尾翼的十字隔离线缆、可同时管理光纤和铜缆的多媒体配线架、酒店用跳线管理器、桌面可旋转信息插座、可换色标跳线、带 LED 显示的电子配线架等。

职业规范

布线所用的网线质量关乎到网络传输速率及整个项目方案的耐用性，在布线时，如何辨别网线的优劣很关键，也是考验一个工程师能力的直接体现。那么，如何辨别网线的优劣呢？

1. 测试网线的速度

在测试时通过双机直连的方式进行，减少外界干扰，具体需要注意：良好的计算机系统；使用良好品牌的网卡；采用质量较好的水晶头规范端接。

2．检查网线柔韧性

品质良好的网线内芯是无氧铜的材质，在设计时考虑到布线的方便性，尽量做到很柔韧，无论怎样弯曲都很方便，而且不容易被折断。

3．测试网线的可燃烧性

可以先用剪刀切取 2 cm 左右长度的网线外皮，然后用打火机对着外皮燃烧，正品网线的外皮会在焰火的烧烤之下，逐步被熔化变形，但外皮肯定不会自己燃烧起来。伪劣网线很容易被点燃，而且伴有大量黑烟产生。

4．测试网线的绕距

所谓绕距就是网线纽绕一节的长度，通常人们使用绕距来表示每对线对相互缠绕的紧密程度，而且为了能将每对线对相互之间产生的串扰程度降低到最小，常常将线对按逆时针方向紧密地缠绕在一起，而且每对线对采用的绕距是不应该相同的。

课后思考

在课余时间，到当地的数码广场，去考察信息网络布线系统铜缆与其端接器件的市场行情。

任务二　认识光缆与端接器件

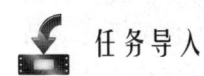

任务导入

天行健网络科技公司承接了江州职业技术学院的综合办公楼信息网络布线工程。目前进入到工程设计环节中的报价阶段。项目经理将核算出整个工程的造价成本，现需要对本工程所需要使用的材料和工具进行市场考察。本任务将对目前市场中所用的光缆及其器件进行介绍，以为项目经理提供参考依据。

学习目标

（1）认识信息网络布线光缆系统线缆与端接器材。
（2）了解信息网络布线光缆系统线缆的鉴别与购买方法。

知识准备

（一）光缆

光传输系统中，由于光纤的涂抹层很薄，不易铺设和维护，而且易损坏，所以实际布线中不能直接使用光纤，而是使用的光缆，光缆可以看作是由多根光纤加工而成的线缆。光缆和光纤的区别如图 2-2-1 所示。

光缆是数据传输中最有效的一种传输介质，它有以下几个优点：

（1）较宽的频带。电磁绝缘性能好，光缆中传输的是光束，而光束是不受外界电磁干扰影响的，而且本身也不向外辐射信号，因此它适用于长距离的住处传输以及要求高度安全的场合。

（2）衰减较小。中继器的间隔距离较大，因此整个通道中继器的数目可以减少，这样可以降低成本。而同轴电缆和双绞线在长距离使用中就需要接中继器。

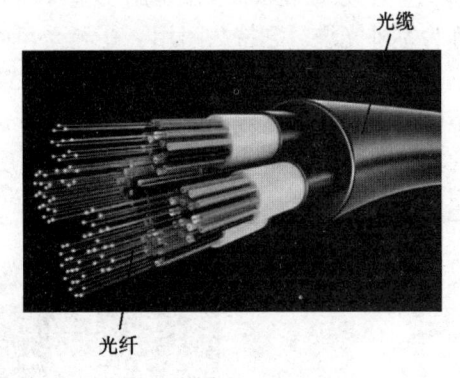

图 2-2-1

1. 按照传输模式分类

1）多模光纤

多模光纤（Multi Mode Fiber）的纤径较粗（50/125 μm 或 62.5/125 μm），可传多种模式的光。但其模间色散较大，这就限制了传输数字信号的频率，而且随距离的增加会更加严重。因此，多模光纤传输的距离比较近，一般只有几千米。

2）单模光纤

单模光纤（Single Mode Fiber）：中心玻璃芯很细（芯径一般为 9 μm 或 10 μm），只能传一种模式的光。因此，其模间色散很小，适用于远程通信，在 100 Mbps 的以太网以至 1 G 千兆网，单模光纤都可支持超过 5 000 m 的传输距离。单模光纤和多模光纤的传输区别如图 2-2-2 所示。

2. 按照使用环境分类

1）室内光缆

室内光缆是敷设在建筑物内的光缆，主要用于建筑物内的通信设备，计算机、交换机和终端用户的设备等，以便传递信息。室内光缆的抗拉强度小，保护层较差，但也更轻便、经济。室内光缆主要适用于建筑物内的布线，以及网络设备之间的连接，无金属抗拉部件，如图 2-2-3 所示。

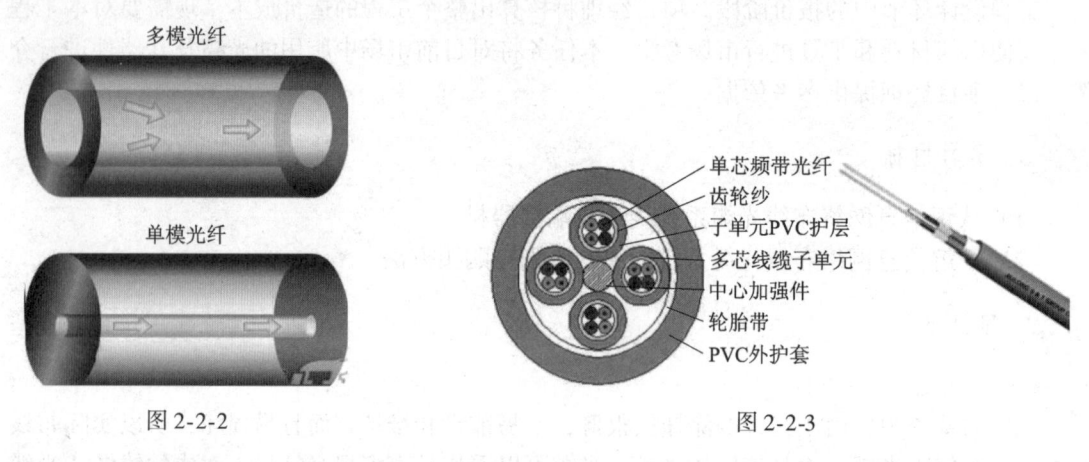

图 2-2-2

图 2-2-3

2）室外光缆

室外光缆，简单地说是用于室外的光缆，都属于光缆的一种，因最适宜用在室外，因此称为室外光缆，它持久耐用，能经受风吹日晒、天寒地冻，外包装厚，具有耐压、耐腐蚀、抗拉等一些机械特性、环境特性。一般来说，室外光缆只是填充物，加强构件、护套等选用不同的材料。如户外用光缆直埋时，宜选用铠装光缆。架空时，可选用带两根或多根加强筋的黑色塑料外护套的光缆，如图 2-2-4 所示。

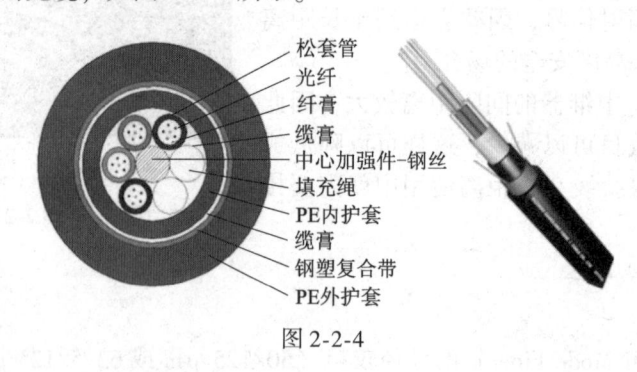

图 2-2-4

（二）光纤端接器材

光纤在两端必须端接上相应的器材才能发送、传输和接收光信号。

1. 光纤跳线

光纤跳线按传输模式的不同分为单模和多模跳线；按连接头结构形式可分为 FC 跳线、SC 跳线、ST 跳线、LC 跳线、MTRJ 跳线、MPO 跳线、MU 跳线、SMA 跳线、FDDI 跳线、E2000 跳线、DIN4 跳线、D4 跳线等各种形式。比较常见的光纤跳线也可以分为 FC－FC、FC－SC、FC－LC、FC－ST、SC－SC、SC－ST 等，常用接头如图 2-2-5 所示。

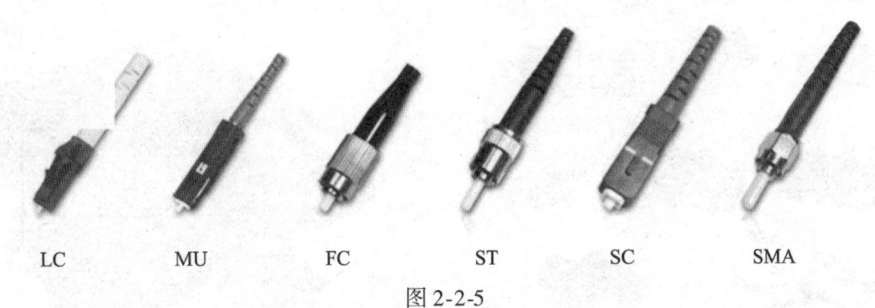

| LC | MU | FC | ST | SC | SMA |

图 2-2-5

光纤跳线是指光缆两端都装上连接器插头，用来实现光路活动连接的线缆。光纤跳线（Optical Fiber Patch Cord/Cable）和同轴电缆相似，只是没有网状屏蔽层，中心是光传播的玻璃芯。在多模光纤中，芯的直径是 50~65 μm，大致与人的头发的粗细相当。而单模光纤芯的直径为 8~10 μm。芯外面包围着一层折射率比芯低的玻璃封套，以使光纤保持在芯内。再外面的是一层薄的塑料外套，用来保护封套，如图 2-2-6 所示。

2. 尾纤

光纤的一端端接上连接头就成为一根尾纤，或者将光纤跳线从中间间断，就可以成为两条尾纤，可以用来端接光纤，实现数据传输，如图 2-2-7 所示。

图 2-2-6    图 2-2-7

3. 适配器

光纤连接器是光纤通信系统中使用量最多的光无源器件，大多数的光纤连接器是由三个部分组成的：两个光纤接头和一个耦合器。两个光纤接头装进两根光纤尾端；耦合器起对准套管的作用。另外，耦合器多配有金属或非金属法兰，以便于连接器的安装固定。

光纤适配器两端可插入不同接口类型的光纤连接器，实现 FC、SC、ST、LC、MTRJ、MPO、E2000 等不同接口间的转换，广泛应用于光纤配线架（ODF）、光纤通信设备、仪器等，性能超群，稳定可靠。市面上有的将光纤适配器称为光纤连接器，实际上这是两种不同的产品，如图 2-2-8 所示。

4. 光纤配线架

光纤配线架 ODF（Optical Distribution Frame）是光缆和光通信设备之间或光通信设备之间的配线连接设备，如图 2-2-9 所示。用于光纤通信系统中局端主干光缆的成端和分配，可方便地实现光纤线路的连接、分配和调度。随着网络集成程度越来越高，出现了集 ODF、DDF、电源分配单元于一体的光电混合配线架，适用于光纤到小区、光纤到大楼、远端模块及无线基站的中小型配线系统。ODF 可以分为单元式、抽屉式、模块式三种。

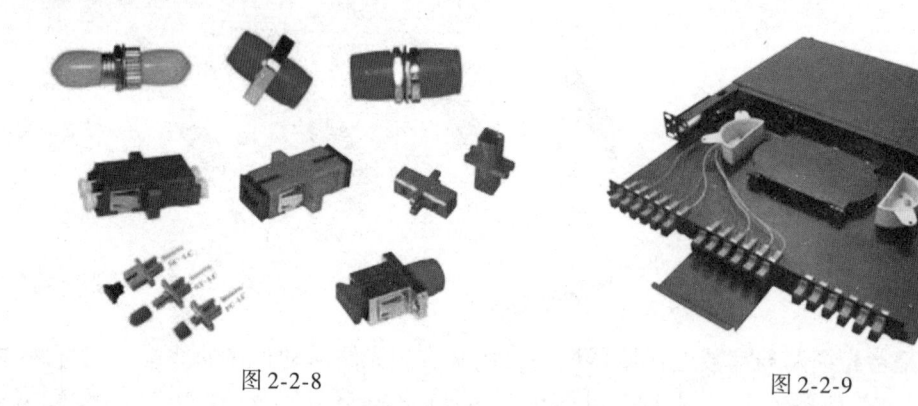

图 2-2-8　　　　　　　　　　　　　　图 2-2-9

5. 光缆接续盒

光缆接续盒为光缆接续、分支提供条件并对接头进行保护。光缆接续盒又称光缆接头盒、光缆接续包、光缆接头包和炮筒，主要用于各种结构光缆的架空、管道、直埋等敷设方式之直通和分支连接。盒体采用优质工程塑料，强度高，耐腐蚀，抗老化，能抵受剧烈的气候变化和恶劣的工作环境。广泛用于通信、网络系统、CATV 有线电视、光缆网络系统等，如图 2-2-10 所示。

6. 分纤箱

光缆分纤箱是用于室外、楼道内或室内连接主干光缆与配线光缆的接口设备。具有光缆的固定和保护、光纤终接、光纤熔接接头保护、调纤、门锁等功能，如图 2-2-11 所示。

图 2-2-10 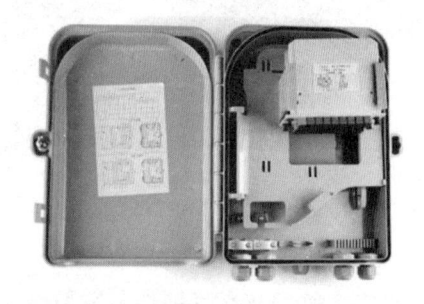　　　　　　　　　　　　　　图 2-2-11

7. 光缆熔接器材

光缆在端接时，可以采用热熔的方式进行，这种方式需要用到以下材料。

1）热缩管

光纤熔接点保护器包括支撑管和注塑体，支撑管套在光缆及光纤熔接点上，注塑体包覆在支撑管上。首先在光纤熔接点上套上热缩管，然后加热热缩管，使热缩管收缩将光纤熔接点封装起来，然后将支撑管套在光缆及光纤熔接点上，起到保护作用，如图 2-2-12 所示。

2）皮线光缆熔接保护套

皮线光缆熔接保护套，可实现皮线与皮线、皮线与尾纤之间的连接保护。主要用于入户碟形光缆与蝶形光缆熔接或蝶形光缆入户与尾纤熔接保护功能。并且具有：体积小巧、外形美观、安装方便；满足线缆固定口既满足皮线又满足普通尾纤固定；熔接点保护稳定可靠，不易受到外力作用而损坏折断等特点。皮线光缆熔接保护套如图 2-2-13 所示。

图 2-2-12 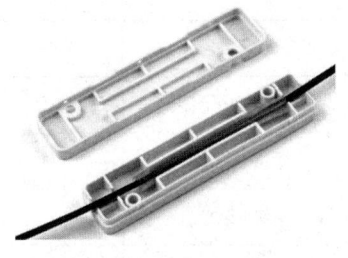　　　　　　　　　　　　　　　图 2-2-13

8．光纤快速连接器

光纤快速连接器，俗称活接头，一般称为光纤连接器，是用于连接两根光纤或光缆形成连续光通路的可以重复使用的无源器件，已经广泛应用在光纤传输线路、光纤配线架和光纤测试仪器、仪表中，是目前使用数量最多的光无源器件，如图 2-2-14 所示。

9．光纤适配器面板

光纤适配器面板是实现光纤到桌面解决方案的用户终端产品，内部空间设计合理，如图 2-2-15 所示。用于家庭或工作区，完成双芯光纤的接入及端口输出，可充分满足光纤弯曲半径的要求，并保护好进出光纤，为纤芯提供安全的保护。适当的曲率半径，允许小量冗余光纤的盘存，实现 FTTD（光纤到桌面）系统应用。

图 2-2-14 　　　　　　　　　　　　　　　图 2-2-15

课堂练习

请通过互联网电商平台查找相关光缆和端接器件，完成表 2-2-1 的填写。

表 2-2-1

序号	名称	规格	品牌	型号	单价/元	特点
1	多模光缆					
2	单模光缆					
3	室内光缆					
4	室外光缆					
5	光纤跳线					

续表

序号	名称	规格	品牌	型号	单价/元	特点
6	光纤适配器					
7	光纤配线架					
8	光缆接续盒					
9	分纤箱					
10	热缩管					
11	皮线光缆熔接保护套					
12	光纤快速连接器					
13	光纤适配器面板					

知识拓展

目前市场上生产销售的光纤布线系统产品的厂家较多，接下来将介绍一些国内外比较知名的品牌。（排名不分先后）

长飞 YOFC（长飞光纤光缆股份有限公司），始于1988年，全球光纤光缆行业领先者，是具备大规模工业化光纤预制棒/拉纤/成缆生产能力的高科技企业。

亨通 HTGD（江苏亨通光电股份有限公司），成立于1993年，全球光通信和电力传输领域领先者，大型信息与能源网络服务商，上市公司。

烽火 FiberHome（烽火通信科技股份有限公司），国内知名的信息通信网络产品与解决方案提供商，大型高科技光通信企业，上市公司。

富通 FUTONG（富通集团有限公司），创立于1987年，光纤预制棒技术标准制定单位，国内颇具影响力的光通信企业，大型综合线缆企业集团。

康宁 CORNING（康宁（上海）光纤有限公司），始于1851年，全球较大的光纤生产商，发明了第一条低损耗光纤，是大型跨国企业集团。

通鼎互联（通鼎互联信息股份有限公司），通鼎集团旗下专业光电线缆及产业链上下游配套产品企业，国内通信光电缆行业核心企业。

特发信息 SDGI（深圳市特发信息股份有限公司），国内较早致力于光纤光缆/配线网络设备及通信设备研制的企业，华南地区大型光纤光缆企业。

职业规范

光纤跳线是指光缆两端都装上连接器插头，选择光纤跳线时除了要考虑连接头，辨别光缆的好坏也是极其重要的，分辨方法有哪些，下面将进行介绍。

1. 外护套

室内光缆一般采用聚氯乙烯（PVC）或阻燃聚乙烯或聚氨酯（LSZH），外表应光滑、光亮，具有柔韧性，易剥离。劣质光缆外皮光洁度很差，容易和紧套、芳纶粘边。室外光缆的外护套应采用优质黑色聚乙烯（HDPE，MDPE），成缆后外皮平整、光亮、厚薄均匀、无气泡。劣质光缆表皮粗糙，仔细看能发现光缆外皮有很多极细小坑，来回弯折数次后光缆外护套会泛白，铺设一段时间以后就会开裂、渗水。

2. 光纤

正规光缆生产企业一般采用大厂的 A 级纤芯。低价劣质光缆通常使用 C 级、D 级纤芯，这些光纤来源复杂；粗细不均匀，不能和尾纤对接；光纤缺乏柔韧性，盘纤时一弯就断。

3. 加强钢丝

正规生产厂家的室外光缆的钢丝是经过磷化处理的，表面呈灰色，这样的钢丝成缆后不增加氢损，不生锈，强度高。劣质光缆一般用细铁丝或铝丝代替，鉴别方法很容易，即外表呈白色，捏在手上可以随意弯曲。同时，时间长了，挂光纤盒的两头就会生锈断裂。

4. 铠装钢带

正规生产企业采用双面刷防锈涂塑的纵包扎纹钢带。劣质光缆采用的是普通铁皮，通常只一面做过防锈处理。

5. 光纤套管

光缆中装光纤的松套管应该采用 PBT 材料，这样的套管强度高，不变形，抗老化。劣质光缆通常用 PVC 料生产套管，外径很薄很软，用手一捏就扁，不能很好地保护光纤。

6. 纤膏

室外光缆内的纤膏可以防止光纤因水汽而产生的银纹、氢损，甚至断裂。劣质光缆中用的纤膏很少，肉眼可观察到些许气泡。若使用劣质纤膏，会严重影响光纤光缆的使用寿命。

7. 芳纶

室内光缆和架空光缆（ADSS）都是用成本较高的芳纶纱作加强件，而劣质室内光缆一般把外径做得很细，通过减少几股芳纶节约成本，这样的光缆在穿管的时候很容易被拉断。

8. 缆膏

室外光缆内的纤膏系在光纤套管外面保护光缆免受潮气。通常优质的缆膏混合均匀、长期使用不会有分离。而劣质光缆里面，缆膏会挥发，若填充不满会影响光纤光缆的挡潮性能。

课后思考

课余时间，到当地数码广场，去考察信息网络布线系统光缆与其端接器件的市场行情。

任务三　认识信息网络布线系统辅助器材

任务导入

天行健网络科技公司承接了江州职业技术学院的综合办公楼信息网络布线工程。目前进入到工程设计环节中的报价阶段。项目经理将核算出整个工程的造价成本，现需要对本工程所需要使用的材料和工具进行市场考察。本任务将对目前市场中所用的信息网络布线系统常用辅材进行介绍，以为项目经理提供参考依据。

学习目标

（1）认识信息网络布线系统常用辅材。
（2）了解信息网络布线系统常用辅材的鉴别与购买方法。

知识准备

在信息网络布线系统中，除了负责数据传输的介质材料外，还需要一些辅助材料进行安装。比如线管线槽用来保护线缆，扎带用来理线，机柜用来安装设备等。

（一）线管与辅材

1. 线管

在信息网络布线系统中，水平线缆在暗装时需要在线管中进行铺设，而线管一般暗埋在墙体或者楼板中，外挂线管使用较少。从材料上分，有钢管、塑材管、室外用混凝土管以及由高密度乙烯材料（HDPE）制成的双壁波纹管等。

1）PVC 线管

PVC 线管（UPVC 管，又称硬聚氯乙烯管），是由聚氯乙烯树脂与稳定剂、润滑剂等配合后用热压法挤压成型，最早得到开发应用的塑料管材。UPVC 管抗腐蚀能力强、易于粘接；PVC 线管价格低、质地坚硬，但是由于有 UPVC 单体和添加剂渗出，只适用于输送温度不超过45 ℃的给水系统中。PVC 线管如图 2-3-1 所示。PVC 线管具有绝缘、防弧、阻燃自熄等特点，主要用于网络综合布线中，对敷设其中的导线起机械防护和电气保护作用。

2）金属穿线管

金属穿线管可以在强酸性、强碱性、高腐蚀性、有爆炸危险的地方使用，以保证线路的安全和长久使用。其优良的机械性能能很好地进行腐蚀性的抵抗，也可以在高压强下使用。金属穿线管表面光滑，流体阻力很小，不容易产生污垢，不容易产生细菌，热膨胀系数很低，在温度骤冷和骤热的情况下也不容易变形，只要按照传统的方式进行安装连接就可以进行线路的穿连。金属穿线管表面的图层很好地解决了水路输运、地埋、各种酸碱高压下的使用，使用年限很长。金属穿线管如图 2-3-2 所示。

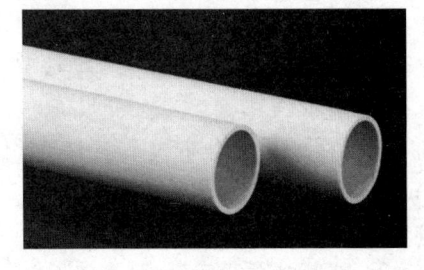

图 2-3-1

3）波纹管

波纹管是指用可折叠皱纹片沿折叠伸缩方向连接成的管状弹性敏感元件，在信息网络布线系统中可以对弯曲的线缆进行保护，防止其裸露在外，如图2-3-3所示。

图2-3-2 　　　　　　　　　　　　　　图2-3-3

4）黄蜡管

黄蜡管（聚氯乙烯玻璃纤维软管）是以无碱玻璃纤维编织而成，并涂以聚乙烯树脂经塑化而成的电气绝缘漆管。具有良好的柔软性、弹性、绝缘性和耐化学性，适用于布线绝缘和机械保护，如图2-3-4所示。

2. 线管辅材

线管辅材主要包括弯头、三通、直通、锁母等，与线管配套使用，如图2-3-5所示。

图2-3-4 　　　　　　　　　　　　　　图2-3-5

（二）线槽与辅材

1. 线槽

在信息网络布线系统中，水平线缆在明装时需要在线槽中进行铺设，而线槽一般是在墙体表面进行铺设。从材料上分，主要有PVC线槽和金属线槽两种。

1）PVC线槽

PVC线槽，即聚氯乙烯线槽（PVC即Poly Vinyl Chlorid，聚氯乙烯，一种合成材料），具有绝缘、防弧、阻燃自熄等特点。主要用于电气设备内部布线，配线方便，布线整齐，安装可靠，便于查找、维修和调换线路，如图2-3-6所示。

2）金属线槽

金属线槽是综合布线系统中经常使用的线槽，由槽底和槽盖组成，每根槽的一般长度为2 m。一般使用的金属线槽的规格有50 mm×100 mm、100 mm×100 mm、100 mm×200 mm、100 mm×300 mm、200 mm×400 mm等多种，如图2-3-7所示。

2. 线槽辅材

线槽的辅材主要有三通、拐角、阴角、阳角等，如图2-3-8所示。

图 2-3-6 　　　　　　　　　　　　　　　　图 2-3-7

图 2-3-8

3. 桥架

电缆桥架分为槽式、托盘式、梯架式和网格式等结构，由支架、托臂和安装附件等组成。建筑物内桥架可以独立架设，也可以附设在各种建（构）筑物和管廊支架上，应体现结构简单、造型美观、配置灵活和维修方便等特点，全部零件均需进行镀锌处理，安装在建筑物外露天的桥架，如图 2-3-9 所示。

（三）机柜

网络机柜，用来组合安装面板、插件、插箱、电子元件、器件和机械零件与部件，使其构成一个整体的安装箱。根据目前的类型来看，有服务器机柜、壁挂式机柜、网络型机柜、标准机柜、智能防护型室外机柜等。机柜的容量值在 2U 到 42U 之间，由框架和盖板（门）组成，一般具有长方体的外形，落地放置，它为电子设备正常工作提供相适应的环境安全防护，如图 2-3-10 所示。不具备封闭结构的机柜称为机架。

图 2-3-9 　　　　　　　　　　　　　　　　图 2-3-10

（四）其他辅材

在信息网络布线系统中，除了以上主要的布线辅材外，还需要其他的一些小辅材。

1. 理线环

理线环用于梳理线序，固定线类，将所使用的各种线类固定收集于内，如图 2-3-11 所示。

2. 卡扣螺母与皇冠螺丝

卡扣螺母与皇冠螺丝用于固定机柜内的各种配线架，如图 2-3-12 所示。

3. 螺丝与扎带

螺丝用于固定器件，在布线系统中一般采用十字形。扎带用于理线、固定线缆。

4. 底盒

信息点底盒有明装和暗装两类，根据材质又分为 PVC 和金属两类。

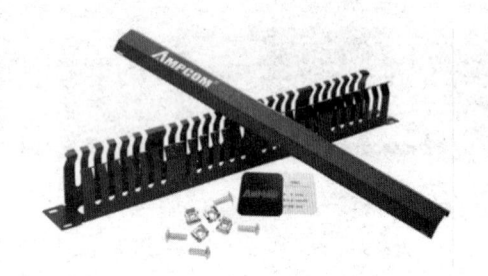

图 2-3-11 　　　　　　　　　　　　图 2-3-12

课堂练习

请通过互联网电商平台查找相关布线系统辅材，完成表 2-3-1 的填写。

表 2-3-1

序号	名称	规格	品牌	型号	单价/元	特点
1	PVC 线管					
2	金属穿线管					
3	波纹管					
4	黄蜡管					
5	线管三通					
6	线管弯头					
7	线管直通					
8	线管管卡					
9	PVC 线槽					
10	金属线槽					
11	桥架					
12	落地式机柜					
13	壁挂式机柜					
14	理线环					
15	扎带					

知识拓展

金属线槽和桥架有什么样的区别呢？金属线槽和桥架在外形上确实有很多地方是很像的，但是他们在尺寸、用途和铺设方式上还是有很多的不同的，下面来介绍下两者的不同。

（1）金属线槽宽度一般小于200 mm，而电缆桥架一般大于200 mm。
（2）金属线槽主要用于敷设导线。桥架主要用于敷设电缆。
（3）金属线槽只有一种，一般用热轧钢板制作而成。
（4）电缆桥架敷设的时候一般应该考虑其载荷、扰度、填充率等。
（5）金属线槽大致等于槽式电缆桥架，只是有一些金属线槽的尺寸要小一些而已。
（6）两种敷设方式、载流量不同。
（7）金属线槽一般用的是镀锌铁皮，而桥架一般为冷轧钢板。
（8）如果从外观看，金属线槽比较厚，安装比较牢固。
（9）在材质上也有很大的区分。

职业规范

1. 电缆桥架金属线槽的安装方法

（1）金属线槽安装适用于正常环境的室内干燥和不易受机械损伤的场所明敷，但对金属线槽有严重腐蚀的场所不应采用。
（2）金属线槽应平整、无扭曲变形，内壁应光滑、无毛刺。
（3）金属线槽垂直或倾斜安装时，应采取措施防止电线或电缆在线槽内移动。
（4）同一回路的所有相线和中性线，应敷设在同一金属线槽内。同一路径无防干扰要求的线路，可敷设于同一金属线槽内，线槽内电线或电缆的总截面（包括外护层）不应超过线槽内截面的50%。
（5）金属线槽应可靠接地或接零，但不应作为设备的接地导体。
（6）由金属线槽引出的线路，可采用金属管、硬质塑料管、半硬塑料管、金属软管或电缆等布线方式。电线或电缆在引出部分不得遭受损伤。

2. 电缆桥架金属线槽的安装要求

（1）线槽的规格尺寸、组装方式和安装位置均应按设计规定和施工图的要求。电缆桥架底部应高于地面2.2 m及以上，顶部距建筑物楼板不宜小于300 mm，与梁及其他妨碍物交叉处间的距离不宜小于50 mm。
（2）电缆桥架水平敷设时，支撑间距宜为1.5~3 m。垂直敷设时，固定在建筑物结构体上的间距宜小于2 m，距地1.8 m以下部分应加金属盖板保护或采用金属走线柜包封，门应可开启。
（3）直线段电缆桥架每超过15~30 m或跨越建筑物变形缝时，应设置伸缩补偿装置。
（4）金属线槽敷设时，在下列情况下应设置支架或吊架：线槽接头处，每间距3 m处，离开线槽两端出口0.5 m处，转弯处。吊架和支架安装应保持垂直，整齐牢固，无歪斜现象。
（5）电缆桥架和电缆线槽转弯半径不小于槽内电缆的最小允许弯曲半径，线槽直角弯处最小弯曲半径不应小于槽内最粗线缆外径的10倍。

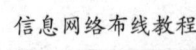

（6）桥架和线槽穿过防火墙体或楼板时，电缆布放完后应采取防火封堵措施。

（7）线槽安装位置应符合施工图规定，左右偏差不超过 50 mm，线槽水平度每米偏差不超过 2 mm，垂直线槽应与地面保持垂直，应无倾斜现象，垂直度偏差不超过 3 mm。

（8）线槽之间用接头连接板拼接，螺钉应拧紧。两线槽拼接处水平偏差不应超过 2 mm。

（9）盖板应紧固，并且要错位盖槽板。线槽截断处及两线槽拼接处应平滑、无毛刺。

课后思考

到当地的市场考察信息网络布线系统施工辅材。

任务四　认识信息网络布线系统常用工具

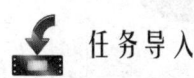

任务导入

天行健网络科技公司承接了江州职业技术学院的综合办公楼信息网络布线工程。目前进入到工程设计环节中的报价阶段。项目经理将核算出整个工程的造价成本，现需要对本工程所需要使用的材料和工具进行市场考察。本任务将对目前市场中常用的工具件进行介绍，以为项目经理提供参考依据（在实际的工程报价中，很多公司都会将布线工程中所用到的工具计入成本中）。

学习目标

（1）认识信息网络布线光缆系统常用工具。
（2）了解信息网络布线光缆系统常用工具的鉴别与购买方法。

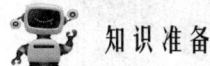

知识准备

"工欲善其事，必先利其器。"为了提高信息网络布线系统工程质量，具有良好、高效的工具至关重要，下面将介绍一些布线系统中常用的工具。

（一）端接铜缆类

铜缆的端接主要只对双绞线、大对数线、同轴电缆进行端接，工具包括打线刀、剥线器、压线钳、水口钳等。

1．打线刀

打线刀一般用于将铜缆端接入卡槽，在使用时需要注意以下几个方面：

① 用手把线芯按照线序卡入插槽，然后开始压接，压接时必须保证打线钳方向正确，有刀口的一边必须在线端方向，正确压接后，刀口会将多余线芯剪断。否则，会剪断或者损伤要用的网络铜芯。

② 打线刀必须保证垂直，突然用力向下压，听到"咔嚓"声后，配线架中的刀片会划破线芯的外包绝缘外套，与铜线芯接触。

③ 如果打线刀不垂直，则容易损坏压线口的塑料芽，而且不容易将线压接好。

1）单口打线刀

该工具适用于线缆、110型模块及配线架的连接作业，使用时只需在手柄上推一下，就能完成将导线卡接在模块中，完成端接过程，每次只能端接1芯线缆。单口打线刀如图2-4-1所示。

2）四对打线刀

该工具一般用于RJ45模块的端接，可以一次性端接4芯线缆。四对打线刀如图2-4-2所示。

3）五对打线刀

该工具是一简便快捷的101型连接端子打线工具，是101跳线架安装连接块的最佳手段，一次最多可接5对的连接块，操作简单，省时省力，适用于线缆、跳接块及跳线架的连接作业。五对打线刀如图2-4-3所示。

图 2-4-1  图 2-4-2

4）语音打线刀

语音打线刀为单口，一次只能端接 1 芯线缆，常用于语音配线架的端接，由于语音配线架的线缆金属卡口是倾斜的，所以语音打线刀的刀口也是倾斜的，如图 2-4-4 所示。

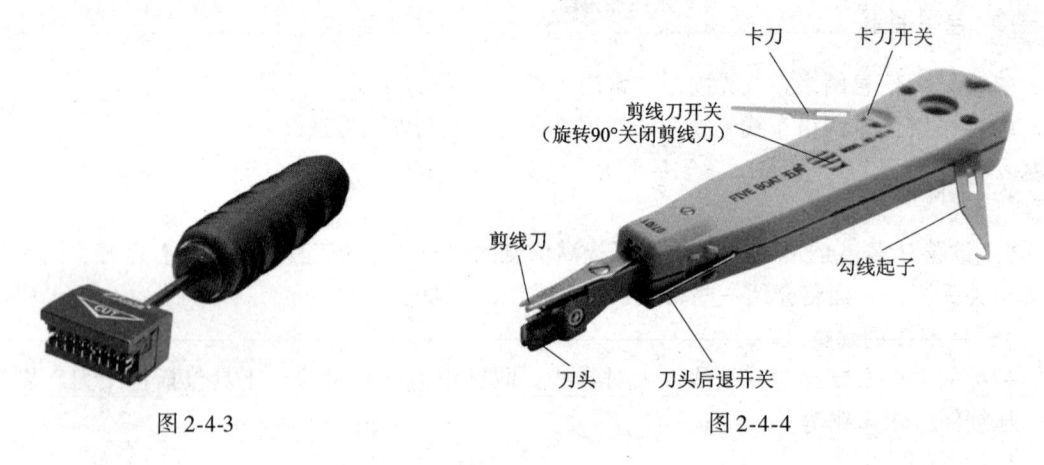

图 2-4-3 图 2-4-4

2．剥线器

剥线器的主要功能是剥掉双绞线外部的绝缘层。

1）同轴剥线器

同轴剥线器用于剥去同轴电缆外皮和护套，如图 2-4-5 所示。

2）双绞线剥线器

使用双绞线剥线器进行剥皮不仅比使用压线钳快，而且还比较安全，一般不会损坏到包裹芯线的绝缘层。剥线器不仅外形小巧且简单易用，而且只需要一个简单步骤就可除去线缆的外护套：把线放在相应尺寸的孔内并旋转 3～5 圈即可除去线缆的外护套，如图 2-4-6 所示。

图 2-4-5  图 2-4-6

3．压线钳

1）网络压线钳

压线钳能制作 RJ45 网络线接头、RJ11 电话线接头、4P 电话线接头，能够方便地对线缆进行切断、压线、剥线等操作，如图 2-4-7 所示。

2）同轴电缆压线钳

用来卡住 BNC 连接器外套与基座，它有一个用于压线的六角缺口，如图 2-4-8 所示。

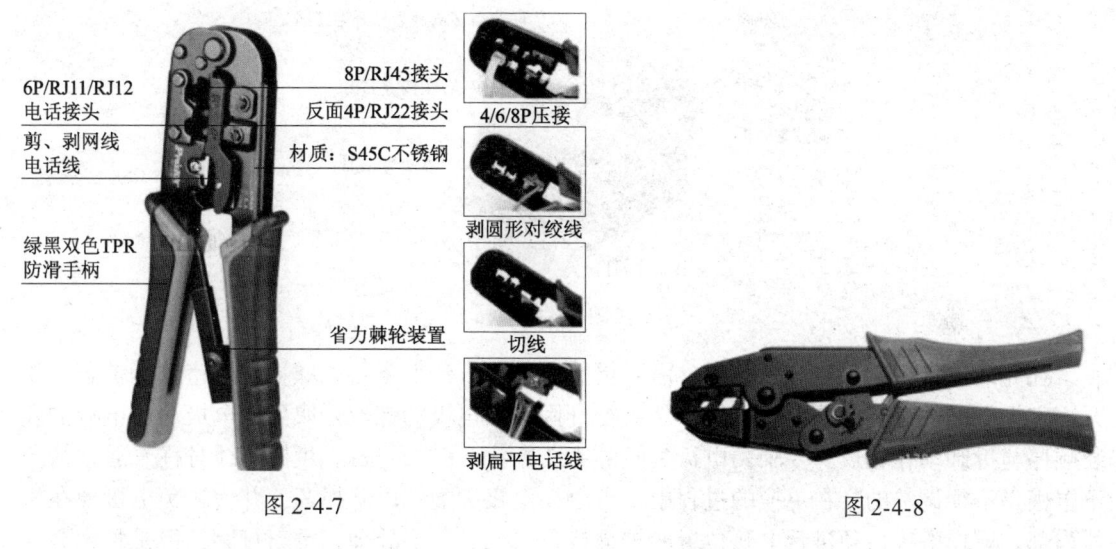

图 2-4-7

图 2-4-8

4．切割类工具

用于切割线缆或者 PVC 线槽与线管。

1）快利剪

快利剪在布线系统中可以用来切割网线、室内光缆等，如图 2-4-9 所示。

2）水口钳

水口钳主要用于剪切导线及元器件多余的引线，还常用来代替一般剪刀剪切绝缘套管、尼龙扎线卡等。在布线系统工程中，主要用来剪断和剪齐双绞线，如图 2-4-10 所示。

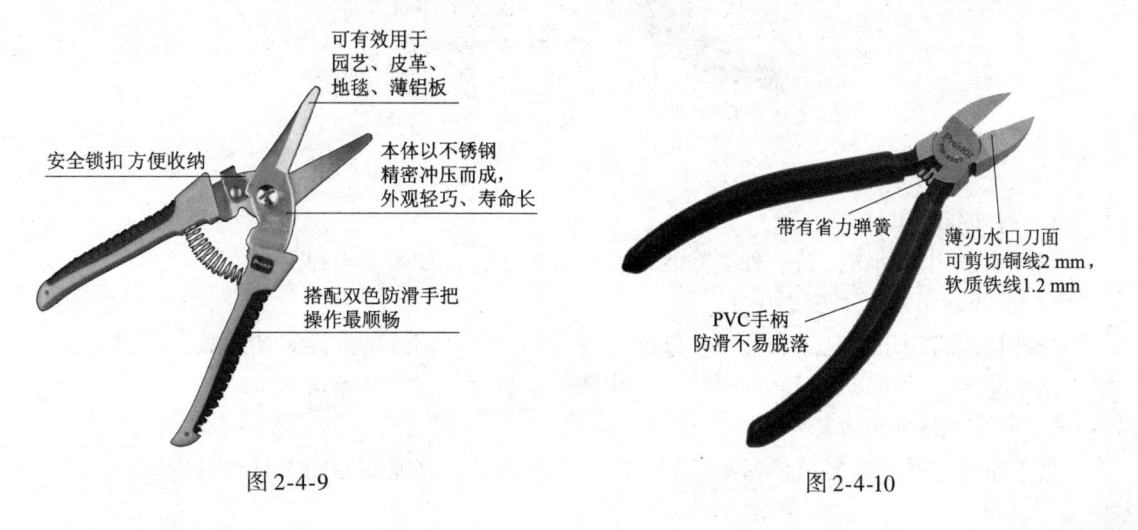

图 2-4-9

图 2-4-10

(二) 端接光缆类

端接光缆的工具比较精密,主要有熔接机、开缆刀、剥纤钳等。

1. 光纤熔接机

光纤熔接机主要用于光通信中光缆的施工和维护,所以又叫光缆熔接机。一般工作原理是利用高压电弧将两光纤断面熔化的同时用高精度运动机构平缓推进使两根光纤融合成一根,以实现光纤模场的耦合。光纤熔接机如图2-4-11所示。

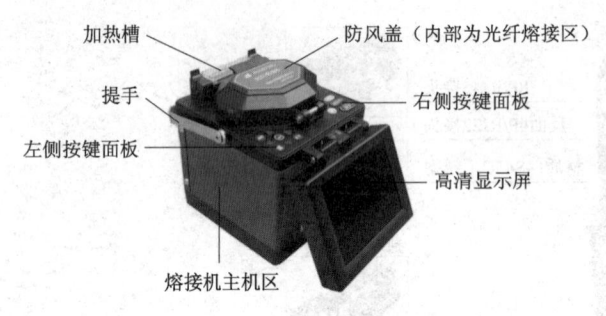

图 2-4-11

在光纤熔接机使用时间较长时,需要更换电极,方法如下:先取下电极室的保护盖,松开固定上电极的螺丝,取出上电极。然后松开固定下电极的螺丝,取出下电极。新电极的安装顺序与拆卸动作相反,要求两电极尖间隙为 2.6 mm ± 0.2 mm,并与光纤对称。通常情况下电极是不须调整的。在更换的过程中不可触摸电极尖端,以防损坏,并应避免电极掉在机器内部。更换电极后须进行电弧位置的校准或是自己做一下处理,重新打磨,但是长度会发生变化,相应的熔接参数也需做出修改。

2. 光缆剥线钳

用于剥除光纤外皮、塑胶护套,如图2-4-12所示。

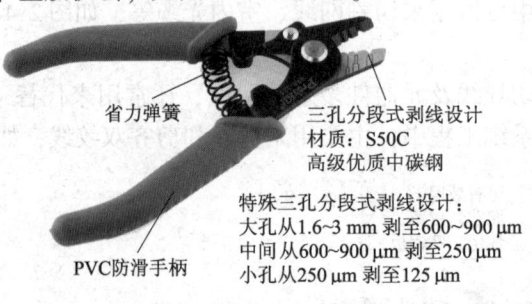

图 2-4-12

3. 剥纤钳

剥纤钳也叫米勒钳,是一种剥除光纤涂覆层的工具,如图2-4-13所示。

4. 光纤切割刀

光纤切割刀用于切割像头发一样细的石英玻璃光纤,切好的光纤末端经数百倍放大后观察仍是平整的,才可以用于器件封装、冷接和放电熔接,如图2-4-14所示。

5. 室外光缆开缆刀

由于室外光缆结构复杂,密封性好,为了端接光纤,就需要专用工具进行剥缆。

图 2-4-13 　　　　　　　　　　　　　　　图 2-4-14

1) 横向开缆刀

用于横向切开室外光缆 PE 外护套，如图 2-4-15 所示。

2) 纵向开缆刀

用于纵向切开室外光缆 PE 外护套，如图 2-4-16 所示。

图 2-4-15 　　　　　　　　　　　　　　　图 2-4-16

6. 皮线光缆开剥器

皮线光缆开剥器是 FTTH 光纤到户的工具，专用于皮线光缆。操作简单，便于携带，是光纤入户时剥开皮线光缆必不可少的工具。具体使用方法是：首先根据线缆的粗细型号，选择相应的剥线刀口；然后将准备好的电缆放在剥线工具的刀刃中间，选择好要剥线的长度；接着握住剥线工具手柄，将电缆夹住，缓缓用力使电缆外表皮慢慢剥落；最后松开工具手柄，取出电缆线，这时电缆金属整齐地露出外面，其余绝缘塑料完好无损，如图 2-4-17 所示。

7. 蛇头剪

用于切割室外光缆中的牵引钢丝，如图 2-4-18 所示。

图 2-4-17 　　　　　　　　　　　　　　　图 2-4-18

8. 剪刀

剪刀在布线系统中用来切割室内光缆和室内光缆中的抗拉棉线等，如图2-4-19所示。

9. 老虎钳

老虎钳也叫钢丝钳，手工工具，钳口有刃，多用来起钉子或夹断钉子和铁丝，在布线系统中用于拆卸110跳线架上的连接块，如图2-4-20所示。

图2-4-19

图2-4-20

（三）管槽成型安装类

线管和线槽在安装时需要进行截取和成型，就需要一些切割类的工具。

1. 手工锯和锯条

锯弓是用来安装和张紧锯条的工具，如图2-4-21所示，可分为固定式和可调式两种。固定式锯弓，在手柄的一端有一个装锯条的固定夹头，在前端有一个装锯条的活动夹头。可调式锯弓，与固定式弓锯相反，装锯条的固定夹头在前端，活动夹头靠近捏手的一端。这两个夹头上均有方榫，分别套在弓架前端和后端的方孔导管内。旋紧靠近捏手的翼形螺母就可把锯条拉紧，反之则可以松开锯条。

2. 线管剪

线管剪是截取PVC、PP-R等塑管材料的剪切工具，一般刀体材质采用铝合金，使得使用轻巧，如图2-4-22所示

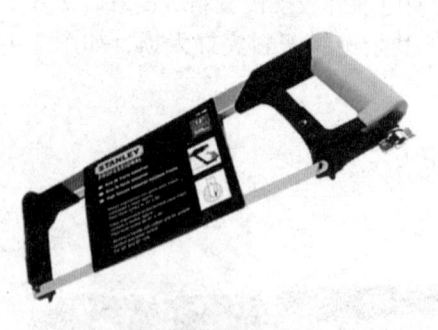

● 可用于切割PVC水管、铝塑管、煤气管、电气设备管和其他PVC塑料管子
● 不可用于切割电气电缆和金属管

图2-4-21

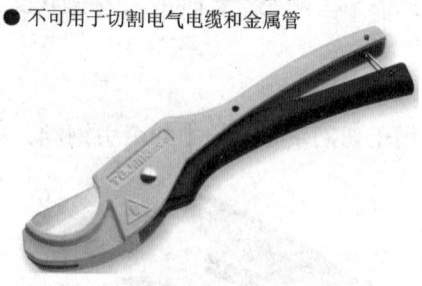

图2-4-22

3. 弯管器

弯管器指布线工程中用于PVC线管折弯的工具，属于螺旋弹簧形状工具。将弯管器插到线管内要扳弯的地方，慢慢扳到想要的角度，然后取出弹簧，如图2-4-23所示。

4. 螺丝刀和电钻

电动起子也叫电批、电动螺丝刀（Electric screwdriver），是用于拧紧和旋松螺丝螺帽用的电动工具。如果换上钻头，就可以用于墙面钻孔，如图 2-4-24 所示。

图 2-4-23

图 2-4-24

（四）测量测试类

1. 卷尺

卷尺的主要作用就是测量长度，其由尺带、盘式弹簧（发条弹簧）、卷尺外壳三部分组成。当拉出刻度尺时，盘式弹簧被卷紧，产生向回卷的力，当松开刻度尺的拉力时，刻度尺就被盘式弹簧的拉力拉回，如图 2-4-25 所示。

2. 直角尺

直角尺是检验和划线工作中常用的量具，用于检测工件的垂直度及工件相对位置的垂直度，在铺设线槽时用来测量线槽的 45°角和直角，如图 2-4-26 所示。

图 2-4-25

图 2-4-26

3. 铜缆测试仪

线缆测试仪主要针对网络介质进行检测，包括线缆长度、串音衰减、信噪比、线路图和线缆规格等参数，常用于综合布线施工中。普通线路测试仪如图 2-4-27 所示，线路专业测试仪 FLUKE 如图 2-4-28 所示。

图 2-4-27　　　　　　　　　　　　　图 2-4-28

4. 通光笔测试仪

通光笔测试仪是简单测试光纤连通性的工具，类似于手电筒，如图 2-4-29 所示。如要详细测试光纤的损耗、功率、断点位置等参数，则需要 FLUKE 专业网络测试仪和光纤模块。

5. 水平仪

水平仪用于检验、测量、划线、设备安装、工业工程的施工。水平仪带有水平泡，可用于检验、测量，调试设备是否安装水平或者垂直，如图 2-4-30 所示。

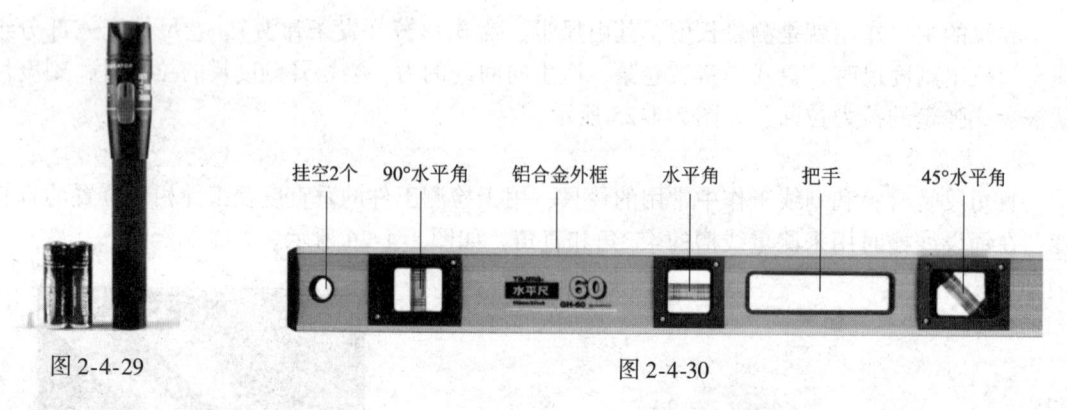

图 2-4-29　　　　　　　　　　　　　图 2-4-30

课堂练习

请通过互联网电商平台查找相关铜缆和端接器件，完成表 2-4-1 的填写。

表 2-4-1

序号	名称	规格	品牌	型号	单价/元	特点
1	单口打线刀					
2	四对打线刀					
3	五对打线刀					
4	语音打线刀					
5	同轴剥线器					

续表

序号	名称	规格	品牌	型号	单价/元	特点
6	双绞线剥线器					
7	网络压线钳					
8	同轴电缆压线钳					
9	快利剪					
10	水口钳					
11	光纤熔接机					
12	光缆剥线钳					
13	剥纤钳					
14	光纤切割刀					
15	横向开缆刀					
16	纵向开缆刀					
17	皮线光缆开剥器					
18	蛇头剪					
19	剪刀					
20	老虎钳					
21	手工锯和锯条					
22	线管剪					
23	弯管器					
24	螺丝刀和电钻					
25	卷尺					
26	直角尺					
27	铜缆测试仪					
28	通光笔测试仪					
29	水平仪					
30	FLUKE 测试仪					

知识拓展

目前市场上生产销售信息网络布线施工工具的厂家较多，接下来将介绍一些国内外比较知名的品牌。(排名不分先后)

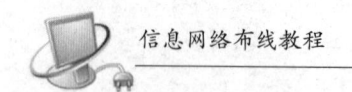

世达工具（上海）有限公司，美国 APEX 工具集团旗下，手动工具知名品牌，全球较大的工业手动和气动工具生产商。

史丹利五金工具（上海）有限公司，隶属于美国史丹利百得公司。成立于 1843 年美国，世界著名五金工具品牌，全球较大的工具产品制造商之一，大型跨国公司。

上海捷科工具有限公司，始于 1999 年，专注螺丝批/内六角等大类产品生产和销售的香港独资企业。

宁波长城精工实业有限公司，成立于 1984 年，浙江省著名商标，五金行业标准的主要制定者，亚洲较大的卷尺生产企业。

杭州巨星科技股份有限公司，专业从事五金工具的研发/生产/销售，较具影响力的手工具企业，大型工具配套解决方案提供商。

宝工工具（上海）有限公司，总部于 1991 年成立于我国台湾，致力于研发各类工具以及测试仪表等产品专业著名制造商，行销全世界。

田岛工具（上海）有限公司，源自日本田岛工具株式会社，专业从事玻璃纤维卷尺/美工刀/螺丝刀/水平尺等产品的研发生产。

易尔拓工具（上海）有限公司，手动工具十大品牌，源自欧洲的高品质工具品牌，主营手动工具/电动工具的高美誉生产商与经销商。

力易得格林利工具（上海）有限公司，创立于 1998 年，德事隆旗下专业手动工具品牌，世界领先企业维修工具的制造商和服务提供商。

博世电动工具（中国）有限公司，创立于 1886 年德国，博世集团旗

下，全球电动工具领先生产商，以保持高标准的产品品质、技术革新及售后服务而备受追捧。

职业规范

网络布线系统所使用的工具，为了保持其高效工作，除了工具自身制造时的品质之外，还需要在日常使用时保持良好的习惯。

（1）时刻保持工具整洁干净。

（2）保持工具摆放整齐有序，不得随意乱放。

（3）工具在使用过程中不得使用蛮力、粗暴等手段施加破坏性作业，防止对工具造成永久性损毁。

（4）对于像改锥、钳子等不耐受力工具禁止用其他方法给其加力或敲击。

（5）工具在使用过程中随用随取，用过后不得随意摆放在作业车辆上面，不用的工具要摆放到工具车上方，待中途使用。

（6）作业完毕后要及时对使用过的工具进行清理脏污、归类、归位，以便下次使用。

（7）对借用的专用工具在使用过程中一定要爱护，规范使用，不得违规操作。

（8）工具在借用前一定要检查其完好性，用完后要保持其完好可靠性。

（9）对待精密仪器和脆弱性专用工具更要仔细小心，确保工具的持续可用性。

（10）对于像福禄克（FLUKE）测试仪等精密电子仪器必要时请技术总监陪同作业，不得盲目操作。

课后思考

到当地的市场考察综合布线系统常用工具。

项目三

信息网络布线系统工程设计

项目描述

本项目主要是从某公司楼宇信息网络布线系统的实际工程出发，介绍综合布线的具体设计步骤和过程。在实际工作中，工程承接方（乙方）一般首先会拿到工程发布方（甲方）的招标公告。乙方根据招标公告的相关要求，要对施工现场进行考察，分析甲方的实际需求，之后提出自己的系统设计方案。作为信息网络布线系统的施工依据和工程资料存档的重要方面，工程的设计资料主要包括信息点统计表、信息点端口对应表、工程连接系统图、施工图、机柜安装大样图、施工进度表、工程造价预算表（工程报价表）等内容。

本项目除了有实际工程的设计外，在拓展模块也给出了技能大赛中工程设计部分的参考答案，以供读者研讨。

知识目标

(1) 学会信息网络布线系统中工程的需求分析方法。
(2) 学会信息网络布线系统的工程总体方案设计。
(3) 掌握信息网络布线系统的设计内容。

项目三 信息网络布线系统工程设计

任务一 分析信息网络布线系统需求

任务导入

天行健网络科技公司承接了江州职业技术学院的综合办公楼信息网络布线工程。目前进入到工程设计环节中的报价阶段。在工程设计之前，首先需要对江州职业技术学院信息布线工程进行需求分析。即对信息网络布线系统需要规划的种类、数量和分布，系统结构，各功能子系统的需求进行分析。在充分调研和沟通的基础上，编写需求分析报告。

学习目标

（1）了解信息网络布线系统与其他工程的关系。
（2）了解用户需求分析的重要性。
（3）掌握用户需求分析的内容和方法。
（4）掌握需求分析报告的编写方法。
（5）培养信息网络布线项目工程师勘查现场的能力。

知识准备

信息网络布线是网络工程重要的基础组成部分之一，为了使布线系统更好地满足客户需求，在布线系统工程规划和设计之前，必须对甲方的用户信息需求进行分析。用户信息需求分析就是对信息点的数量、位置以及通信业务需要进行勘查，分析结果是信息网络布线系统的基础数据，它的准确性和完善程度将会直接影响信息网络布线系统的网络结构、线缆规格、设备配置、布线路由和工程投资等重大问题。

（一）信息网络布线系统与其他工程的关系

信息网络布线系统工程，往往是与建筑物的建设和装修工程同时进行的，这样就需要在建筑物建设和装修之前，进行方案的设计，统一进行施工，以免日后出现破坏装修效果的情况。

1. 与土建工程并行施工

在综合布线系统工程设计定位时，应当考虑所需的通道系统、设备间和楼层配线间的定位必须合理，与水、电、气、楼宇自动化系统工程等合理分配空间。在综合布线系统工程施工安装时，应当考虑线缆所需的通道系统的安装和线缆系统的敷设与主体工程、管道土建及房屋结构等其他配套工程的施工进度要协调配合一致。

（1）通信线路引入房屋建筑部分：布线系统基本上都需要和 ISP 接入的光纤相连接，其通信线路的建筑方式一般都采用地下管道引入，以保证通信安全可靠，系统稳定。

（2）设备间部分：在建筑物土建工程时，一般会在一层留有房间作为网络中心（即设备间），并且留有室外光缆的进出管道，且应有相应的过流、过压保护设施。特别注意，土建时尽量避免将设备间设置在地下室。

（3）垂直子系统部分：在建筑物中会有 1~2 个垂直竖井，一般建设在设备间的垂直方向，在布线施工时，垂直线缆应当安装在此竖井中，不允许私自开孔。

-57-

(4）水平子系统部分：此系统主要是在建筑物的走廊安装桥架，安装时要考虑到建筑物的主体架构，有条件的应当安装在天花板之上。

2. 与装潢工程并行施工

当建筑物内部装潢标准较高时，尤其是在重要的公用场所（如会议厅和会客室等），综合布线工程的施工时间和安装方法必须与建筑物内部装潢工程协调配合，以免在施工过程中互相影响和干扰，甚至发生彼此损坏装饰和设备的情况。

（1）设计配合：布线系统的设计要根据建筑物的资料和装潢设计情况进行，布线设计和装潢设计之间必须经常相互沟通，使其能够紧密结合。

（2）工期配合：管线系统先于装潢工程完成，因为管线系统的安装可能会破坏建筑物的外观，如墙上挖洞、打钻或敷设管道等；设备间、电信间的机柜、配线架的安装和信息插座面板的安装应在装潢工程后完成。

3. 设备间装潢施工

设备间一般由综合布线系统设计人员设计，装潢工程人员施工。设备间的装潢除了要符合《综合布线系统工程设计规范》（GB 50311—2007）的相关要求外，还要符合《电子计算机机房设计规定》（GB 50174—1993）、《计算场地技术要求》（GB 2887—2000）、《计算场站安全要求》（GB 9361—1988）等标准的规定。另外，设备间的装潢设计必须考虑综合布线涉及防火的设计、施工应依照国内相关标准，如《高层民用建筑设计防火规范》《建筑设计防火规范》《建筑室内装修设计防火规范》等。

（二）信息网络布线系统工程需求分析

1. 需求分析的重要性

用户信息需求是信息网络布线系统的基础数据，它的准确与否和详尽程度直接影响布线系统的网络结构、线缆分布、设备配置和工程造价等一系列问题，至关重要。在网络布线中具体选择哪种方式，进线间、设备间以及管理配线间的安装位置，各个子系统采用什么种类线缆或光缆，水平走线方式、信息点数量与位置等，都在相当程度上由用户的具体需求决定。为了在以后的施工过程中尽量地避免不必要的麻烦，应在通过现场勘查、阅读招标文件、技术交流会、答疑会等多种方式充分理解用户需求的基础上对布线系统工程进行设计。

2. 需求分析的内容

（1）确定工程实施的范围。主要指布线系统工程的规模以及各个建筑物信息点的数量。

（2）确定系统的类型。通过与用户沟通，确定本工程是否包括网络通信、数据通信、有线电视、闭路视频监控等系统。

（3）确定主干和信息点接入网络的具体需求。主要是考虑当前和今后一个时期的发展需要以及服务要求。

（4）查看现场。主要是了解综合布线系统工程的实际情况，建筑物整体布局。掌握信息点安装位置、预埋槽管的分布情况、水平子系统长度、垂直布线情况以及其他特殊需求。

3. 需求分析的方法

（1）直接与用户交谈：直接与用户交谈是了解需求的最简单、最直接的方式。

（2）问卷调查：通过请用户填写问卷获取有关需求信息也不失为一项很好的选择，但

最终还是要建立在沟通和交流的基础上。

(3) 专家咨询：有些需求用户讲不清楚，分析人员又猜不透，这时需要请教行家。

(4) 吸取经验教训：有很多需求可能客户与分析人员想都没想过，或者想得太肤浅。因此，要经常分析优秀的布线工程方案，看到了优点就尽可能吸取，看到了缺点就引以为戒。

课堂练习

1. 背景描述

江州职业技术学院现新建一栋办公楼，需要安装网络系统、视频监控、有线电视系统。具体描述如下：

(1) 办公楼分为三层，每层高度为 3.2 m，总长度为 30 m，宽度 17 m，其中中间走廊宽度为 3 m。

(2) 在一楼的 101 房间设置本栋楼的网络中心，面积为 28 m^2（4 m×7 m）；本栋楼的 201 和 301 房间各设置为本楼层的管理间，面积为 14 m^2（2 m×7 m）；并且按照标准化的机房中心建设，地面铺设防静电地板。每层的洗手间面积为 14 平方米（2 m×7 m）。

(3) 一楼的 102~110 房间设置为教师办公室，111 和 112 房间为洗手间，房屋中间为楼层大厅和楼梯。二楼的 202、204、206 为行政人员办公室（每个房间有 3~4 人办公），203 为小型会议室，208 为档案室，205、207、209、211、213 为主任办公室；210、215 为洗手间。三楼的 303、305、307、309 为正副院长办公室，302 为校办主任办公室，304 为集体办公室（容纳 6 人办公），306 为大型会议室，308 和 311 为洗手间。在确定信息点数量和种类时，可以参照国家相关标准，并且结合学院的具体需求进行。

(4) 该学院在新建的五层实训楼一楼某个房间，重新建设一个校园网网络中心，作为整个校园的数字核心。(本次网络建设，只考虑新建两栋楼的数据接入。)

(5) 中国电信与中国联通网络公司，已经分别铺设了一根 24 芯室外铠装光缆进入该学院综合办公楼的校园网网络中心，以提供不间断的千兆互联网数据接入。

(6) 楼宇之间通过光缆连接入综合办公楼的校园网网络中心，实现楼宇间千兆的网络数据传输。在楼宇内部内要求达到"千兆主干，千兆桌面"的以太网速率，以实现数据、图像等数据的高速传输。

(7) 在校园内部可以实现电话通信，至少确保每个房间可以有一个办公电话，校长办公室有两个办公电话。

(8) 学院内部设置多种服务器，实现地址自动分配、文件存储、域名解析、安全防护、入侵检测等功能。

(9) 为了可以召开电视工作会议，现需要在会议室安装有线电视。

(10) 根据技防要求，需要在每个楼层的走廊分别设置 4 个高清网络视频监控摄像机，位置平均分布并且对射。

2. 设计图纸

第一层根据图 3-1-1 所示、第二层根据图 3-1-2 所示、第三层根据图 3-1-3 所示进行设计。

图 3-1-1（单位：cm）

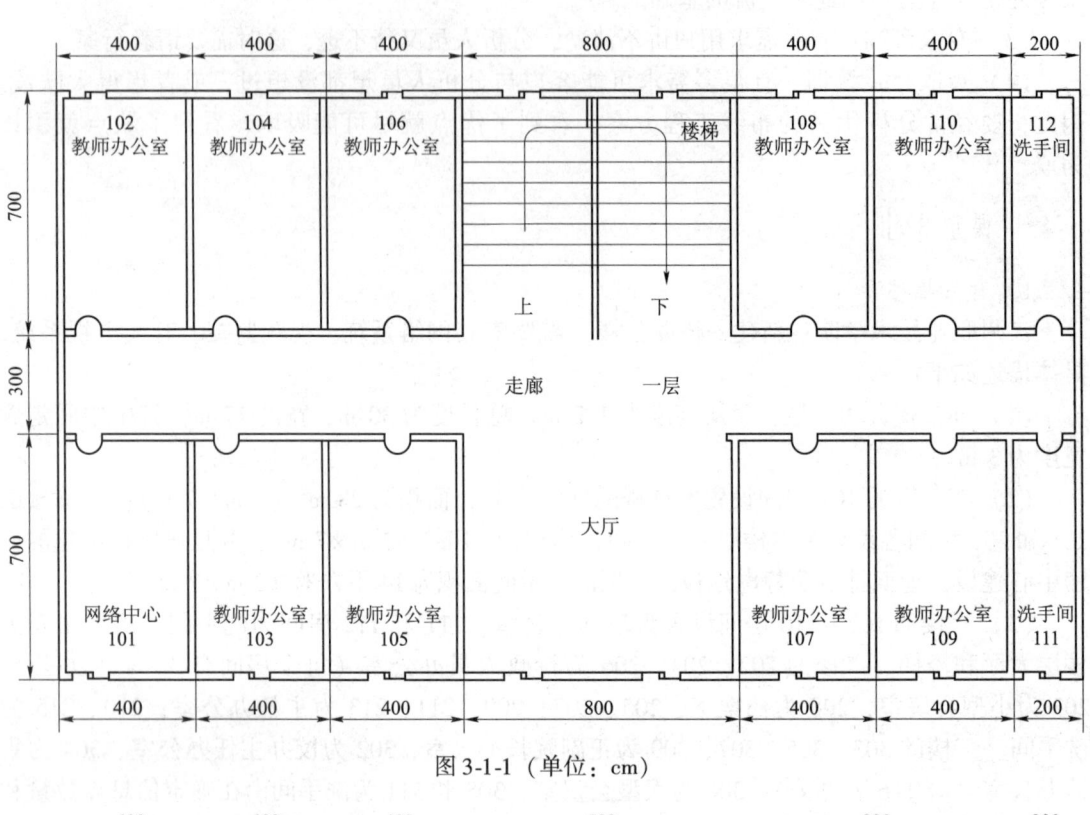

图 3-1-2（单位：cm）

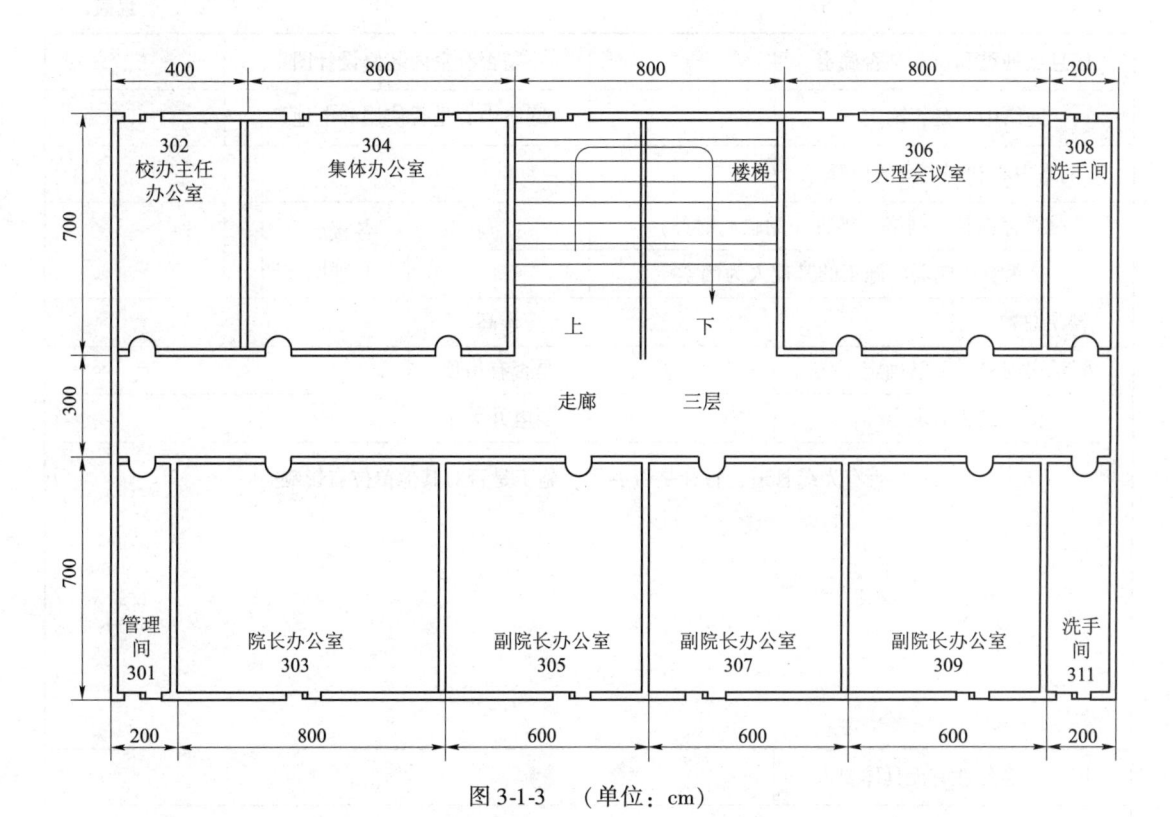

```
┌─400─┬──800──┬──800──┬──800──┬─200─┐
│ 302 │  304  │       │  306  │ 308 │
│校办主任│集体办公室│  楼梯  │大型会议室│洗手间│
│办公室│       │       │       │     │
│       │       │ 上  下 │       │     │
│       │  走廊  三层    │       │     │
│ 管理 │ 院长办公室│副院长办公室│副院长办公室│副院长办公室│洗手│
│ 间   │  303  │  305  │  307  │  309  │ 间 │
│ 301  │       │       │       │       │ 311│
└─200─┴──800──┴──600──┴──600──┴──600──┴─200─┘
```

图 3-1-3　（单位：cm）

3．需求分析调研

请根据项目描述和设计图纸，两位同学一位扮演甲方（江州职业技术学院）负责人，另一位扮演乙方（天行健网络科技公司）的项目经理，模拟演示需求分析调研的过程。可以采用问答、模拟实地调研、分析图纸等方式进行，在调研结束之后，由乙方填写表 3-1-1 信息网络布线系统设计现场勘探记录表，并且讲解勘探心得。

表 3-1-1
（网络点、电话、有线电视、安防监控）

甲方单位		负责人	
乙方单位		负责人	
勘查日期		勘查次数	第　　次
现场勘查情况登记			
是否有施工场地 CAD 平面原图		是否确认过 CAD 图纸的正确性	
是否对 CAD 修改部分做记录		工作区信息点底盒的要求	
弱电间个数与分布		弱电间是否有电源插座	
信息点总数		电视点数量	
网络点数量	语音点数量		监控点数量

续表

信息点种类和位置是否确定		是否有室内装修设计图	
网络中心是否确定		网络中心是否使用静电地板	
网络中心和弱电间的位置			
是否存在特殊网络(涉密、党政、财务)		各楼层是否有强电说明	
是否有影响弱电施工的其他人为因素			
楼层总数		楼高	
图示房间号是否已确定不变		是否有吊顶	
楼层是否有弱电井		弱电井大小	
是否有光缆管道,管径是否够用,施工是否对其他单位有影响。			
甲方对隐蔽性有无具体要求			
甲方对桥架布置有无具体要求(桥架大小、位置、容纳的线缆数量、固定要求等)			
弱电间信息点详情(弱电间编号、弱电间大小、网络点个数、语音点个数等)			
布线中是否有强电干扰		其他干扰	
水平系统最短与最长距离	最长/m		最短/m
线缆经过途中有无高温、振动、腐蚀、水浸、挤压、粉尘等区域			

续表

甲方期望后期较长时间内楼内-主干设备传输速率	
甲方是否有网络系统应用或后期计划	
施工现场有无其他场地施工人员在施工（施工内容）	
甲方是否有专人配合综合布线工作（联系人、电话）	
施工建筑物有无防雷设计	防雷级别
单位有没有房间为专门会议室需要特别设计	
有没有领导办公室有特殊安全或装饰需求	
土建施工方联系人、联系方式	
强电施工方联系人、联系方式	
装饰装修方联系人、联系方式	
甲方委派监理联系人、联系方式	
甲方项目负责人、联系方式	
备注	

制表员：　　　　　　　　审核人：

任务拓展

设计图纸如图3-1-4所示。

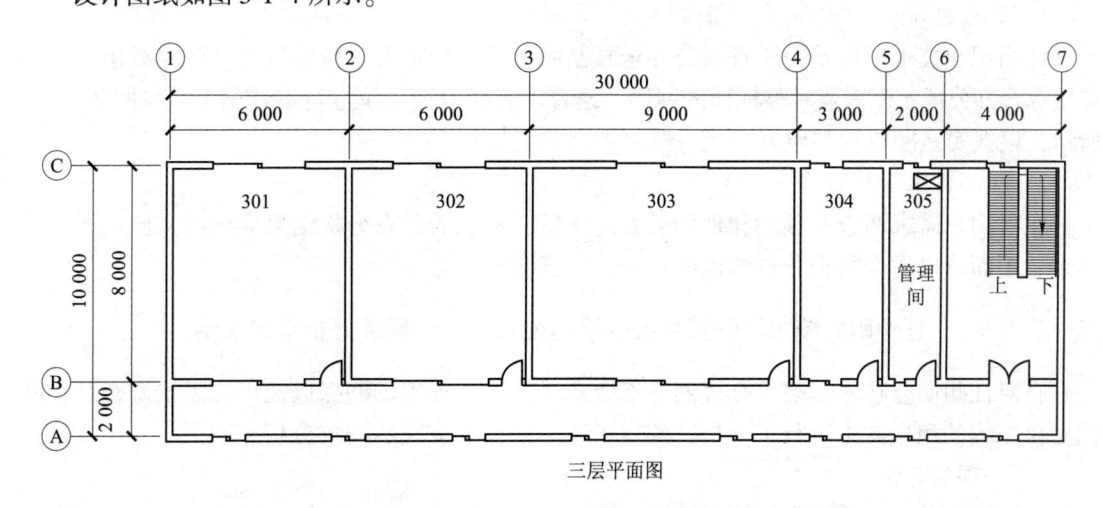

三层平面图

图 3-1-4

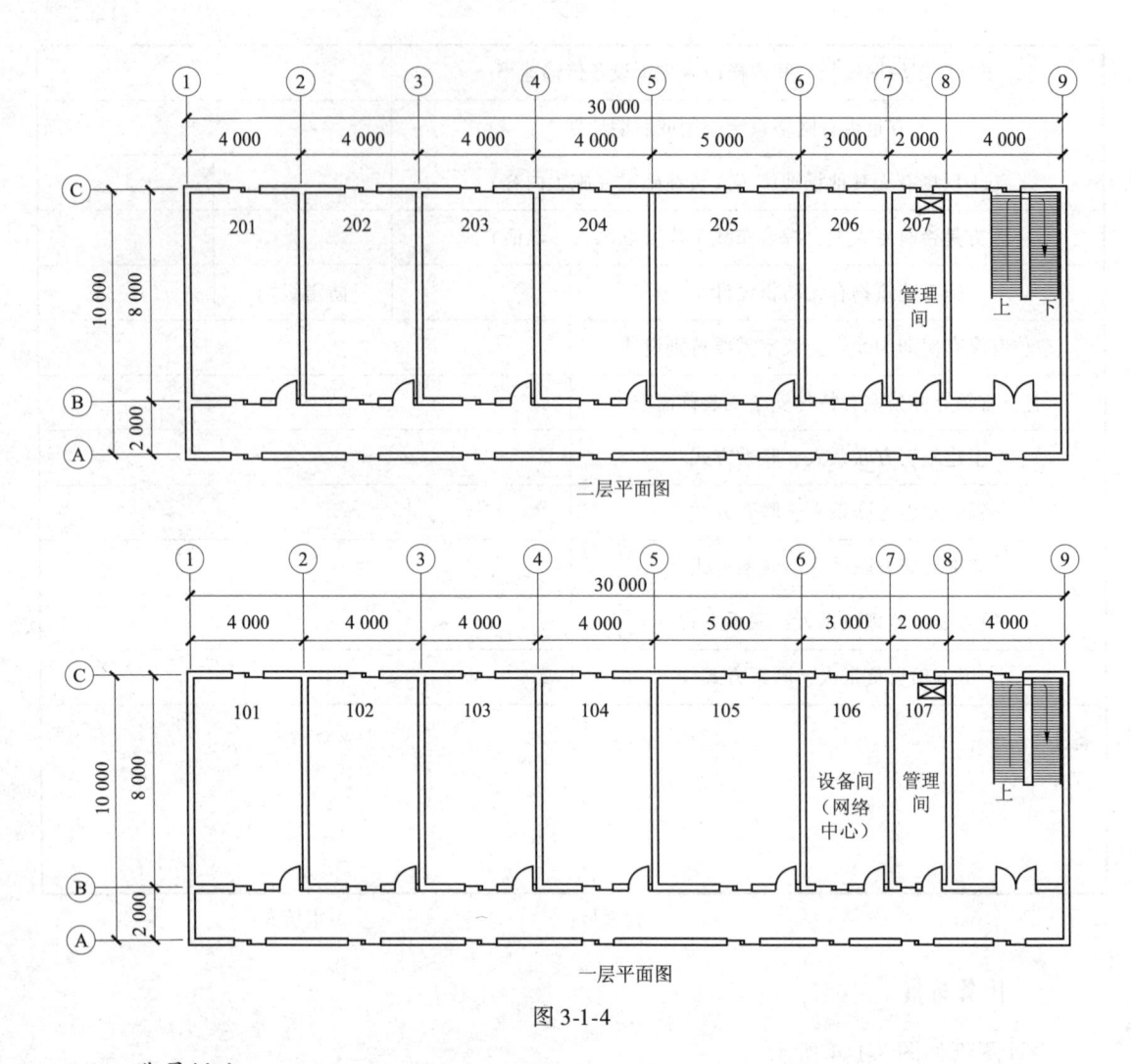

1. 背景描述

江州职业技术学院是一所省属公办全日制职业院校，随着学校的发展，该校新建了一栋三层综合办公楼，现需要对整栋楼的网络、语音、有线电视系统进行设计施工。参照图 3-1-4 所示，根据实地勘查和与甲方沟通，撰写需求分析报告。

2. 撰写需求分析报告

在对用户需求调查、预测和现场勘查完毕后，系统的调查分析结果应该用文档正式记录下来。下面给出一个需求分析的说明样例，供读者参考。

江州职业技术学院综合办公楼布线系统工程需求分析结果说明

在对江州职业技术学院综合楼网络综合布线系统工程现场勘探以及用户需求调查后，我们对该工程的用户需求进行了分析，编写了该工程技术层次的需求分析文档。

2.1 项目名称

江州职业技术学院综合楼网络布线工程

2.2 项目概况

本项目是针对一栋模拟楼宇 3 个楼层网络布线系统的设计、施工与验收，主要涉及数据、语音、有线电视这三大系统。

在建筑物中，建筑物的长度为 30 m，宽度为 10 m，其中走廊宽度为 2 m。在工作区子系统信息点设置中，根据甲方要求并且参照国家相关标准进行合理设置，以满足甲方实际使用需要。

在模拟建筑物中，每层选取一个房间作为本楼层的管理间，用于汇聚本楼层的水平子系统线缆。并且在一层选取 106 房间作为本栋楼的网络中心，用于汇聚本楼层的垂直子系统线缆和楼外铺设进来的建筑群子系统光缆等线缆。综合布线工程实现数据和语音系统超五类双绞线到桌面，光缆为主干；有线电视系统实现同轴电缆信号传输。

2.3 综合楼布线工程技术要求

该工程主要实现千兆主干，百兆到桌面，以及相应的语音服务。由于布线对象是学院综合楼，要求具有稳定的高性能，减少网络故障尤为重要。本工程规定要求较高，后期需要进行扩展，要求布线设计提供灵活的管理办法，并且满足以下技术要求：

① 保证计算机网络高速、可靠的信息传输要求，并具有高度灵活性、可靠性、综合性、易扩展性。

② 支持千兆速率的数据传输、支持以太网络。

③ 所有接插件都应是标准的模块化器件，并且是国内外知名品牌，以提供较高的兼容性和扩展性。

④ 进行开放式布线，所有插座端口都支持数据通信、语音和图像传递，满足电视会议、多媒体等系统的需要，任一信息点能够方便地连接计算机。

2.4 本工程设计遵循以下相关标准

① 《综合布线系统工程设计规范》（GB 50311—2007）
② 《综合布线系统工程验收规范》（GB 50312—2007）
③ 《电子计算机机房设计规范》（GB 50174—1993）

2.5 勘探结果说明

① 所述 CD–BD 之间选用 1 根 12 芯室外铠装光缆和 1 根同轴电缆布线；BD–FD 之间分别选用 1 根 4 芯单模光缆、1 根同轴电缆和 1 根 50 对大对数电缆布线；FD–TO 之间安装桥架与 $\phi 25$ 镀锌线管，并使用六类双绞线和同轴电缆布线。

② 信息点有 TV 面板、单口语音面板、单口数据面板、双口面板（左侧端口为数据、右侧端口为语音）。

③ 楼层每层高度为 3.2 m，水平桥架架设距地面高度为 2.8 m，信息盒高度距地面高度为 0.3 m，绘图设计时，走廊宽度为 2.0 m，所述水平配线桥架主体应位于走廊上方，桥架截面尺寸为 100 mm×60 mm。

④ 每层设置一个管理间，用于汇聚本层的信息点线缆。在第一层设置一个设备间，作为本楼宇的网络中心。

⑤ 图中 101、102、103、…、305 为房间编号；其中 201、202、203、204、206、304 房间为单人办公室，按照 2 个语音、2 个数据和 1 个 TV 信息点配置；101、102、103、104、205 房间为双人办公室，按照每人 1 个语音、1 个数据信息点和每个房间 1 个 TV 信息点配置；105、302 房间为 4 人办公室，按照每人 1 个语音、1 个数据信息点和每个房间 1 个 TV

信息点配置；301 与 303 房间为会议室，按照 2 个数据信息点和 1 个 TV 信息点配置；106 房间作为建筑物设备间，107、207、305 作为楼层管理间。

2.6 布线施工进度和装修进度配合协调

用户的土建和装修进度将直接影响和制约本综合布线工程的进度，因此施工方在现场允许的条件下会全力推进工程进度。综合布线工程施工方将于工程土建方就交叉作业的一些细则签署配合协议，并请建设方协调处理可能出现的问题和监督执行协议。

2.7 工程内容

① 工作区子系统施工：安装信息点底盒，端接网络模块，安装网络面板，端接 TV 面板，粘贴标签。

② 水平子系统施工：暗埋铺设 φ25 镀锌管，铺设双绞线缆，铺设同轴电缆，安装桥架。

③ 垂直子系统施工：安装垂直桥架，铺设 8 芯单模光缆，铺设大对数线缆，铺设同轴电缆。

④ 管理间子系统：安装 32U 网络机柜，端接网络配线架，端接 TV 配线架，端接 110 跳线架，使用尾纤熔接 8 芯单模光缆并端接光纤配线架。

⑤ 设备间子系统：端接 TV 配线架，端接 110 配线架，熔接 8 芯单模光缆，使用尾纤熔接楼外铺设进来的 1 根 12 芯室外铠装光缆并端接光纤配线架。

⑥ 组织完成工程设计、测试、验收以及文档编写等工作。

2.8 设备选型要求

① 所有布线产品采用同一品牌产品，线缆必须采用扭十字骨架结构。

② 提供设备制造商的主要工程竣工（验收合格）的业绩。

③ 布线产品需具有 UL 认证以及国内信息产业部测试报告。

职业规范

信息网络布线系统的需求分析，主要是针对智能建筑的建设规模、工程范围、使用性质以及用户业务功能、信息需求、通信性质、人员数量、未来扩展等开展的前期总体分析。这是一项勘测性的、关键性的基础工作。用户信息需求分析的结果是综合布线系统的基础性的设计依据，它的准确性和详尽程度将会直接影响综合布线系统的网络结构、设备配置、线缆分布以及工程投资等一系列重大问题。这些问题与工程建设方案和日常维护使用密切相关，并对今后的发展有一定的影响，所以在进行综合布线系统的方案设计之前，应做好信息网络布线系统的需求分析。

课后思考

考察你所在工作单位或读书学校的某栋建筑物，现该建筑需要将原有的百兆网络升级到千兆网络，请你撰写需求分析结果说明。

任务二 设计信息网络布线系统总体方案

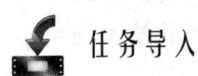

任务导入

天行健网络科技公司承接了江州职业技术学院的综合办公楼信息网络布线工程。目前进入到工程设计环节中的报价阶段。在此之前，相关人员已经对该工程进行了详细的需求分析，根据需求分析的结果，先要对此工程进行总体方案的设计，即对网络进行选型、选择产品，预算设备和材料用量，绘制图纸，编制设计方案书和施工方案等。最终，编写总体设计方案报告。

学习目标

（1）掌握信息网络布线系统的设计要点。
（2）了解各类设备选型原则及作用。
（3）掌握总体方案的设计方法。

知识准备

信息网络布线系统工程总体方案设计有时又称系统设计，它包含的内容较多，对布线系统工程的整体性和系统性具有举足轻重的作用，直接影响着智能建筑物使用功能的高低和服务质量的优劣。信息网络布线系统工程总体方案设计的主要内容有布线系统组成、总体网络结构、系统技术指标、设备选型配置和与其他系统工程的配合等。

（一）信息网络布线系统的设计要点

1. 设计的一般原则

（1）开放性：信息网络布线系统采用开放式的体系结构，符合国际和国内的相关标准，可以支持不同厂商的设备，以及不同的通信协议。

（2）兼容性：系统将话音信号、数据信号与监控设备的图像信号的配线统一地规划和设计。在使用时，用户可不用定义某个工作区的信息插座的具体应用，只把某种终端设备接入这个信息插座，然后在管理间和设备间的交连设备上做相应的跳线操作，于是这个终端设备就被接入到自己的系统中了。

（3）灵活性：系统应能满足灵活应用的要求，任一信息点能连接不同类型的设备。

（4）可靠性：综合布线系统采用高品质的材料和组合压接的方式构成一套高标准的信息通道。每条信息通道都要采用物理星状拓扑结构，点到点端接，任何一条线路故障均不影响其他线路的运行，从而保证了系统的可靠运行。

（5）先进性：设计时要超前，以便实施后的布线系统能够在现在和将来适应技术的发展。

（6）标准化：选择符合工业标准的布线方案，采用标准化、规范化设计，使系统具有开放性，保证用户进行有效的开发和使用，并为以后的发展应用提供一个良好的环境。

（7）经济性：在满足应用要求的前提下，尽可能地降低成本，达到最好的性价比。

（8）可扩展性：在设计布线系统时，要考虑今后业务种类和数量的增加，保证一定的冗余，以便将来很容易地扩充设备。

2．布线系统网络结构

由于各种网络固有技术特性的限制（如流量特性、传输距离），建筑物形态的多样性，工程范围的大小不同，使得在设计布线系统的方案时，必须从网络信息系统的技术规律出发，构建有效的全局网络布线通道。

1）星型网络结构

这种形式是以一个建筑物配线架 BD 为中心，配置若干个楼层配线架 FD，每个楼层配线架 FD 连接若干个通信出口 TO。传统的两级星型拓扑结构，如图 3-2-1 所示。这种形式有较好的对等均衡的网络流量分配，是单幢智能建筑物的内部综合布线系统的基本形式。

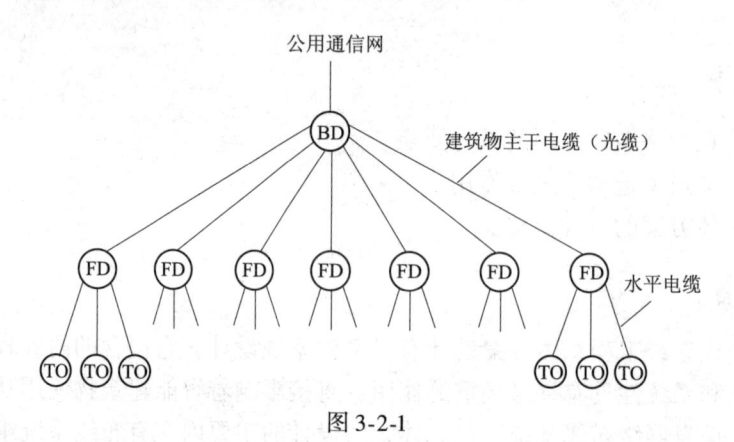

图 3-2-1

2）树型（多级星型）网络结构

这种形式以某个建筑群配线架 CD 为中心，以若干建筑物配线架 BD 为中间层，相应地有再下层的楼层配线架和水平子系统，构成树型网络拓扑结构，如图 3-2-2 所示。有时，为了使综合布线系统的网络结构具有更高的灵活性和可靠性，并适应今后多种应用系统的使用要求，可以在某些同级汇聚层次的配线架（如 BD 或 FD）之间再额外放置一些连接用的线缆（电缆或光缆），构成有迂回路由的星型网络拓扑结构，如图 3-2-2 中的虚线。上述拓扑结构在由多幢智能建筑物组成的智能小区常使用，其综合布线系统的建设规模较大，网络结构也较复杂。设计时还要考虑适当对等均衡的网络流量分配。

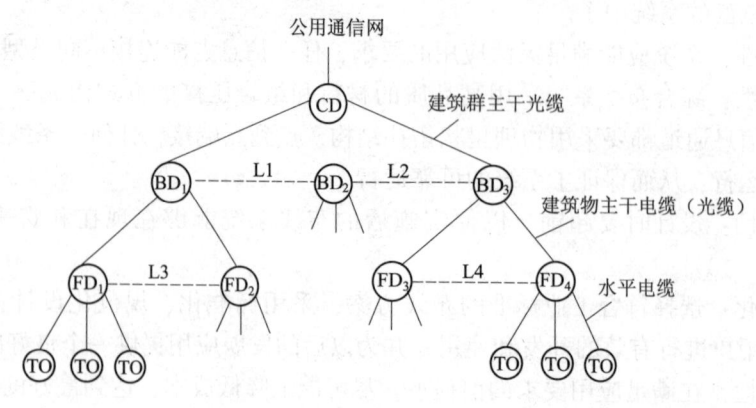

图 3-2-2

3．常用术语

在《综合布线系统工程设计规范》（GB 50311—2007）的第 2 条中介绍了一些常用的术语和符号，现介绍如下。

（1）布线（Cabling）：能够支持由电子设备相连的各种线缆、跳线、接插软线连接器件组成的系统。

（2）电信间（Telecommunications room）：放置电信设备、电缆和光缆终端配线设备并进行线缆交接的专用空间。

（3）信道（Channel）：连接两个应用设备的端到端的传输通道。信道包括设备电缆、设备光缆和工作区电缆、工作区光缆。

（4）CP 集合点（Consolidation Point）：楼层配线设备与工作区信息点之间水平线缆路由中的连接点。

（5）信息点（TO，Telecommunications Outlet）：各类电缆或光缆终接的信息插座模块。

（6）链路（Link）：一个 CP 链路或是一个永久链路。

（7）永久链路（Permanent link）：信息点与楼层配线设备之间的传输线路。它不包括工作区线缆和连接楼层配线设备的设备线缆、跳线，但可以包括一个 CP 链路。

（8）建筑物主干线缆（Building backbone cable）：连接建筑物配线设备与楼层配线设备及建筑物内楼层配线设备之间相连接的线缆。建筑物主干线缆可为主干电缆和主干光缆。

（9）水平线缆（Horizontal cable）：楼层配线设备到信息点之间的连接线缆。

（10）线对（Pair）：一个平衡传输线路的两个导体，一般指一个对绞线对。

4．系统结构设计标准

目前常用的布线标准有以下标准：

（1）国际布线标准《信息技术——用户建筑物综合布线》（ISO/IEC 11801：1995(E)）。

（2）美国国家标准协会：《商业建筑物电信布线标准》（TIA/EIA 568A）《非屏蔽双绞线布线系统传输性能现场测试规范》（TIA/EIA TSB—67）《集中式光缆布线准则》（TIA/EIA TSB—72）。

（3）欧洲标准《EN50173 建筑物布线标准》。

（4）中国《综合布线系统工程设计规范》（GB 50311—2007）和《综合布线系统工程验收规范》（GB 50312—2007）。

（5）机房及防雷接地标准：《电子计算机机房设计规定》（GB 50174—1993）和《防止雷电波侵入保护规范》（IEC 1312—1）。

（6）智能建筑标准：《智能建筑设计标准》（GB/T 50314—2000），是推荐性国家标准。

（二）产品选型

信息网络布线系统是信息基础设施之一，选择良好的布线产品，并进行科学的设计和标准化的施工是网络布线系统集成的百年大计。从工程案例来分析，系统设备和器材选型是工程设计的关键环节和重要内容，它与技术方案的优劣、工程造价的高低、满足要求的程度、日常维护管理和今后发展的要求等都密切相关。因此，从整个工程来看，产品选型具有决定性的作用，必须慎重考虑。

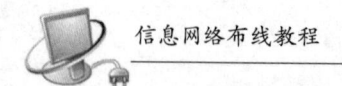

1. 产品选型的原则与步骤

在产品选型过程中应该遵循以下原则：

（1）必须和工程实际相结合。

（2）选用的产品应该符合我国的国情以及国际、国内和行业的有关技术标准。

（3）近期与远期相结合，符合技术先进和经济合理相统一的原则。

在产品选型时，可以参考以下具体步骤和工作方法：

（1）掌握前提条件以及收集基础资料。访问已经使用过该产品的单位，充分掌握其使用效果；听取各种反馈意见，以便对产品进行分析；认真筛选两三种产品，为进一步评估考察做好准备。

（2）对初选产品客观公正地进行技术经济的比较和全面评估，选出理想的产品。

（3）重点考察初选产品的生产厂家的技术力量、生产装备、工艺流程和售后服务等，实地考察产品的使用情况，对某些基本性能进行现场测试，以求得第一手资料。

（4）经过上述工作后，对所选的产品应该有了比较全面的综合性认识，本着经济实用、切实可靠的原则，提出最后选用产品的意见，提请建设单位或者有关领导决策部门确定。

（5）最后应该将布线系统工程中所需要的主要设备、各种线缆、布线部件以及其他附件的规格数量进行计算和汇总，与乙方洽谈具体订购产品的细节，特别是产品质量、供货日期、地点和付款方式等，这些都应该在订货合同中明确规定，以保证信息网络布线系统工程能够按计划顺利进行。

2. 产品市场状况

我国的综合布线系统最早是从美国引入的，随着市场的发展，欧洲、澳洲等地的产品相继进入中国市场。据不完全统计，目前进入我国市场的国外布线厂家有 30 多家，北美地区主要有 Avaya、3M、西蒙、AMP、康普、IBDN、百通、莫莱克斯（Molex）、泛达等品牌；欧洲地区主要有耐克森、德特威勒、施耐德、科龙、罗森伯格、奔瑞等品牌；澳洲主要有奇胜等品牌。还有万泰、鼎志、普天、TCL、大唐电信、鸿雁电器、宁波东方、一舟等国产品牌。每个品牌的产品都有其独特之处，在性能和价格方面也存在一定的差异。但是，目前在国内各种低劣的综合布线产品充斥的市场，为综合布线系统带来很多不稳定的因素。不过，有些知名的国产品牌还是具有相对低廉的价格和良好的性价比优势。

课堂练习

1. 背景描述

参见"项目三 – 任务一 – 课堂练习 – 背景描述"。

2. 设计图纸

参见"项目三 – 任务一中的图 3-1-1、图 3-1-2、图 3-1-3"。

3. 总体方案设计简介

（1）需求分析结果说明。参见"项目三 – 任务一 – 课堂练习 – 需求分析调研"。

（2）根据背景描述和需求分析结果，完成该工程项目总体方案设计，填写表 3-2-1 总体方案设计简表的内容。

表 3-2-1

	① 设计思路与原则
思路	
原则	
	② 网络拓扑结构
选定的结构	
选择该结构的依据	
	③ 功能需求
内容	
	④ 各子系统设计说明
工作区子系统	
水平子系统	
管理间子系统	
垂直子系统	
设备间子系统	
进线间子系统	
建筑群子系统	
	⑤ 产品选型（部分）
双绞线	
配线架	

续表

网络模块	
机柜	
光缆	
尾纤	
桥架	
线管	
同轴电缆	
信息点面板	
⑥ 系统的维护与管理	
内容	

填表员：　　　　　　　审核人：

任务拓展

1. 设计图纸

参见"项目三－任务一－任务拓展中的图3-1-4"。

2. 背景描述

参见"项目三－任务一－任务拓展－撰写需求分析报告"。

3. 撰写总体方案设计

根据需求分析结果，编写相应的总体方案设计。（本方案只给出编写要点）

江州职业技术学院办公楼信息网络布线工程总体设计方案

3.1 概述

3.1.1 工程概况

主要包括如下内容：建筑物的楼层数；各层房间的功能概况；楼宇平面的形状和尺寸；层高，各层的层高有可能不同，要列清楚，这关系到电缆长度的计算；竖井的位置，竖井中有哪些其他线路，例如消防警报、有线电视、音响和自控等，如果没有专用竖井则要说明垂直电缆管道的位置；甲方选定的设备间位置；电话外线的端接点；如果有建筑群干线子系统，则要说明室外光缆入口；楼宇的典型平面图，图中表明主机房和竖井的位置。

3.1.2 布线系统总体结构

包括该信息网络布线系统的系统图和系统结构的文字描述。

3.1.3 设计目标

阐述信息网络布线系统要达到的目标。

3.1.4 设计原则
设计所依据的原则，如先进性、经济性、扩展性、可靠性等。

3.1.5 设计标准
包括信息网络布线设计标准、测试标准和参考的其他标准。

3.1.6 布线系统产品选型
探讨下列选择：CAT5e、CAT6、CAT6A 类布线系统的选择，布线产品品牌的选择，屏蔽与非屏蔽的选择和双绞线与光纤的选择。

3.2 综合布线系统设计

3.2.1 工作区子系统设计
描述工作区的器件选配和用量统计。

3.2.2 配线子系统设计
配线子系统设计应包括信息点需求、信息插座设计和水平电缆设计三部分。

3.2.3 干线子系统设计
描述垂直主干的器件选配和用量统计以及主干编号规则。

3.2.4 设备间子系统设计
包括设备间、设备间机柜、电源、跳线、接地系统等内容。

3.2.5 管理间子系统设计
描述该布线系统中每个配线架的位置、用途、器件选配、数量统计和各配线架的电缆卡接位置图。描述宜采用文字和表格相结合的形式。

3.2.6 建筑群子系统设计
建筑物间布线系统设计。

3.2.7 进线间子系统设计
包括进线间的位置及具体要求。

3.2.8 防护系统设计
包括电器防护、防火、接地等设计。

3.3 综合布线系统施工方案
包括管理构架、人员安排、施工工具、技术管理、材料管理、进度管理、质量管理、安全管理等。

3.4 验收测试
在信息网络布线系统中有永久链路和通道两种测试，应对测试链路模型、所选用的测试标准和电缆类型、测试指标和测试仪做介绍。

3.5 信息网络布线系统的维护管理
包括布线系统竣工交付使用后，移交给甲方的技术资料：信息点编号规则、配线架编号规则、布线系统管理文档、合同、布线系统详细设计和布线系统竣工文档（包括配线架电缆卡接位置图、配线架卡接色序、房间信息点位置表、竣工图纸、线缆测试报告）。

3.6 培训、售后服务与保证期
包括对用户的培训计划、售后服务的方式以及质量保证期。

3.7 信息网络布线系统材料总清单
包括综合布线系统材料预算和工程费用清单，其中工程费有两种结算方式，第一种按安

装信息点数量、测试信息点数量、熔接光纤芯数、安装光缆长度数量计算工程费用。第二种按材料设备费用的百分比计算工程费用，一般根据工程量大小和复杂程度以材料设备费的 10%~20%计算工程费。

3.8 图纸

包括图纸目录、图纸说明、网络系统图、布线拓扑图、管线路由图、楼层信息点平面图、机柜信息点分布图等。

职业规范

在信息网络布线系统工程的图纸设计、施工、验收和维护等日常工作中工程技术人员将大量应用许多符号和缩略词，因此掌握这些符号和缩略词对于识图和读懂技术文件非常重要，表 3-2-2 为 GB 50311 对于符号和缩略词的规定，工程人员应当根据职业精神，严格按照相关规范编写。

表 3-2-2

英文缩写	英文名称	中文名称或解释
ACR	Attenuation to crosstalk ratio	衰减串音比
BD	Building distributor	建筑物配线设备
CD	Campus distributor	建筑群配线设备
CP	Consolidation point	集合点
dB	dB	电信传输单位：分贝
DC	Direct current	直流
ELFEXT	Equal level far end crosstalk attenuation（loss）	等电平远端串音衰减
FD	Floor distributor	楼层配线设备
FEXT	Far end crosstalk attenuation（loss）	远端串音衰减（损耗）
LT	Insertion loss	插入损耗
ISDN	Integrated services digital network	综合业务数字网
LCT	Longitudinal to differential conversion loss	纵向对差分转换损耗
OF	Optical fibre	光纤
PSNEXT	Power sum NEXT attenuation（loss）	近端串音衰减功率和
PSACR	Power sum ACR	ACR 功率和
PSELFEXT	Power sum ELFEXT attenuation（loss）	ELFEXT 衰减功率和

续表

英文缩写	英文名称	中文名称或解释
RL	Return loss	回波损耗
SC	Subscriber connector (optical fibre connector)	用户连接器（光纤连接器）
SFF	Small form factor connector	小型连接器
TCL	Transverse conversion loss	横向转换损耗
TE	Terminal equipment	终端设备

课后思考

根据项目一，请你设计并提交一个总体设计方案（如原网络已经是千兆以太网络，请提出进一步优化的方案）。

任务三　编制信息点统计表

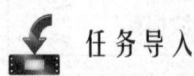

任务导入

天行健网络科技公司承接了江州职业技术学院的综合办公楼信息网络布线工程。目前进入到工程文档设计阶段，此阶段主要是编制各种表格和绘制图纸，为以后的施工与验收提供依据。本任务首先从"企想牌"综合布线实训装置入手，讲解编制信息点统计表的步骤。之后学生完成"西元牌"综合布线实训装置信息点统计表的编写，最后通过一个实际工程案例，进一步介绍编制的方法。

学习目标

（1）掌握信息网络布线系统信息点统计表的编制方法。
（2）可以编制一个信息点统计表。

任务实施

信息点统计表是信息网络布线系统设计中必不可少的内容，信息点的数量很大程度上决定着系统的设计和工程量的大小。信息点统计表是在甲乙双方需求分析和技术交流的基础上，来确定每个房间或者每个区域信息点的数量，然后制作表格。信息点统计表一旦编制完成，需双方签字确认，因为如果后期出现点数变更的情况，都会为双方带来不必要的麻烦。

（一）背景描述

（1）根据实训设备图 3-3-1 "实训操作仿真墙正（平）面展开图"所示，模拟给定的综合布线系统工程项目，完成模拟楼宇三个楼层网络布线系统工程项目信息点统计表的设计。

（2）所述对象为一模拟楼宇三个楼层网络布线系统工程项目，项目名称统一规定为"竞赛模拟楼宇网络布线工程 + 学号"（学号取 2 位数字，不足 2 位前缀补 0）。

（3）5 个墙体代表每层的 5 个房间，其中 1 ~ 4 号房间设置信息点，5 号墙体为管理间，信息点有 TV 面板、单口语音面板、单口数据面板、双口面板（左侧端口为数据、右侧端口为语音）。

（4）平面展开图中的单口面板类型如下：103 信息盒为单口数据信息点；107 信息盒为单口语音信息点；105 信息盒为 TV 信息点；201 信息盒为单口数据信息点；203、205 信息盒为 TV 信息点；310 信息盒为单口语音信息点；305、308 信息盒为 TV 信息点。

（二）设计图纸

如图 3-3-1 所示。

图 3-3-1

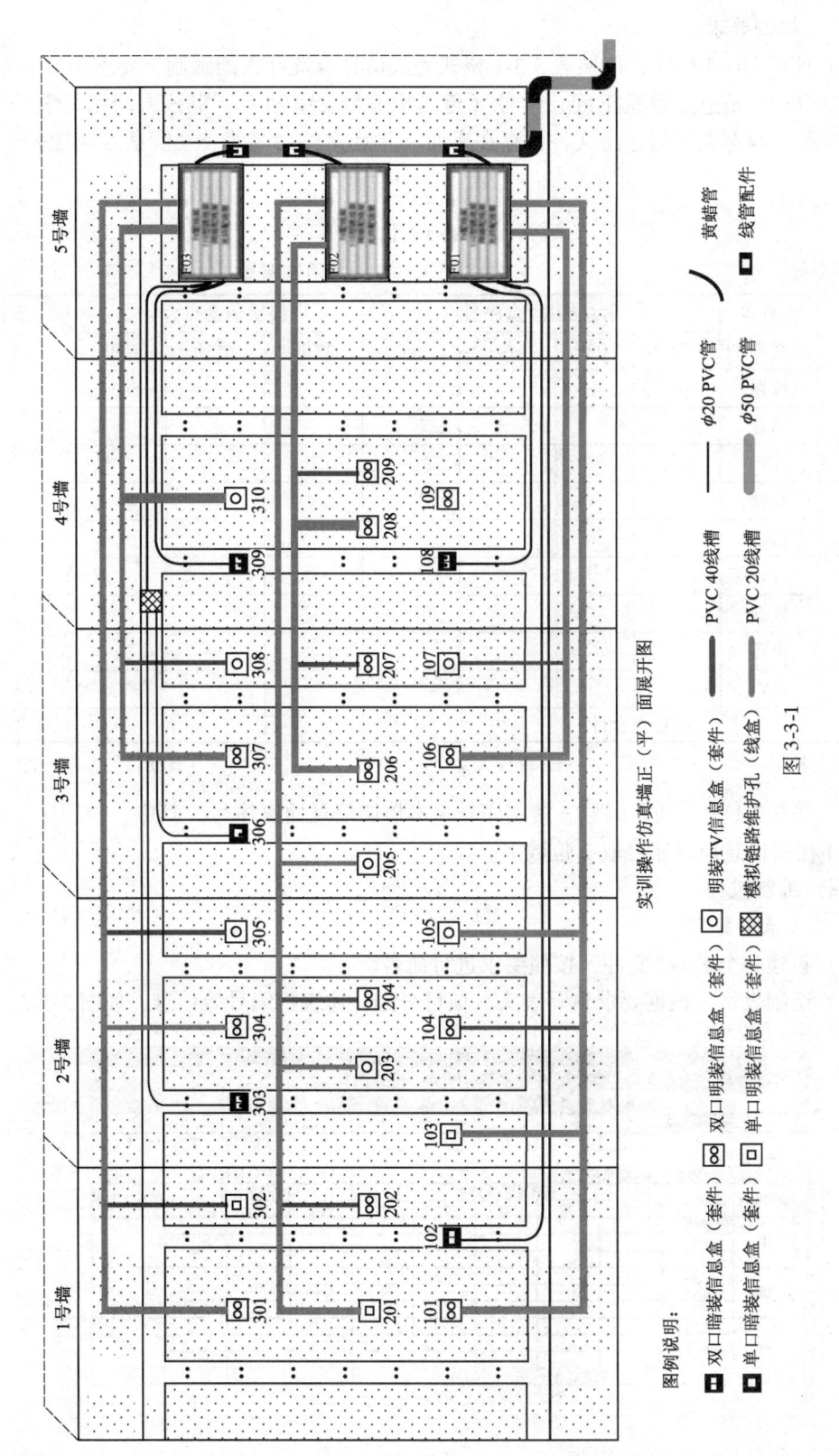

（三）编制要求

（1）使用 Excel 软件，按照表 3-3-1 格式完成信息点统计表的编制，要求项目名称正确、表格设计合理、信息点数量正确、学号（建筑物编号、编制人、审核人均填写学号）及日期说明完整，编制完成后，将文件保存在桌面，并且文件命名为："信息点统计表+学号"的方式。

表 3-3-1

项目名称：＿＿＿＿＿＿＿＿＿＿　　　　　　　　　　建筑物编号：

楼层编号	信息点类别	信息插座/盒序号				楼层信息点合计			信息点合计
		01	02	……	nn	数据	语音	TV	
1层	数据								
	语音								
	TV								
……	数据								
	语音								
	TV								
N层	数据								
	语音								
	TV								
	信息点合计								

编制人签字：　　　　　　审核人签字：　　　　　　日期：　　　年　　月　　日

（2）图 3-3-1 中，插座编号＝楼层序号+本楼层信息插座序号。其中，楼层序号取 1 位数字，本楼层信息插座序号取 2 位数字。

（四）编制过程

1. 建立表格框架

（1）新建一个 Excel 文件，按照要求进行命名。

（2）绘制表格，根据要求填写表头、项目名称、建筑物编号等信息，如图 3-3-2 所示。

图 3-3-2

2. 填写统计数据

1）分析工程需求

根据项目描述，可以知道 5 个墙体代表 5 个独立的房间，在某个墙体安装的信息点，就相当于在某个房间安装的信息点数量。

2）填写数据

（1）统计每个房间的信息点的类型和数量，填入表格，求和计算出每层不同信息点类型的数量，如图 3-3-3 所示。

图 3-3-3

（2）求和计算出每层信息点数量和所有信息点总和，如图 3-3-4 所示。

图 3-3-4

课堂练习

1. 背景描述

（1）根据提供的竞赛设备，依据图 3-3-5 "实训操作仿真墙正（平）面展开图"所示，模拟给定的综合布线系统工程项目，完成模拟楼宇三个楼层网络布线系统工程项目信息点统计表的设计。

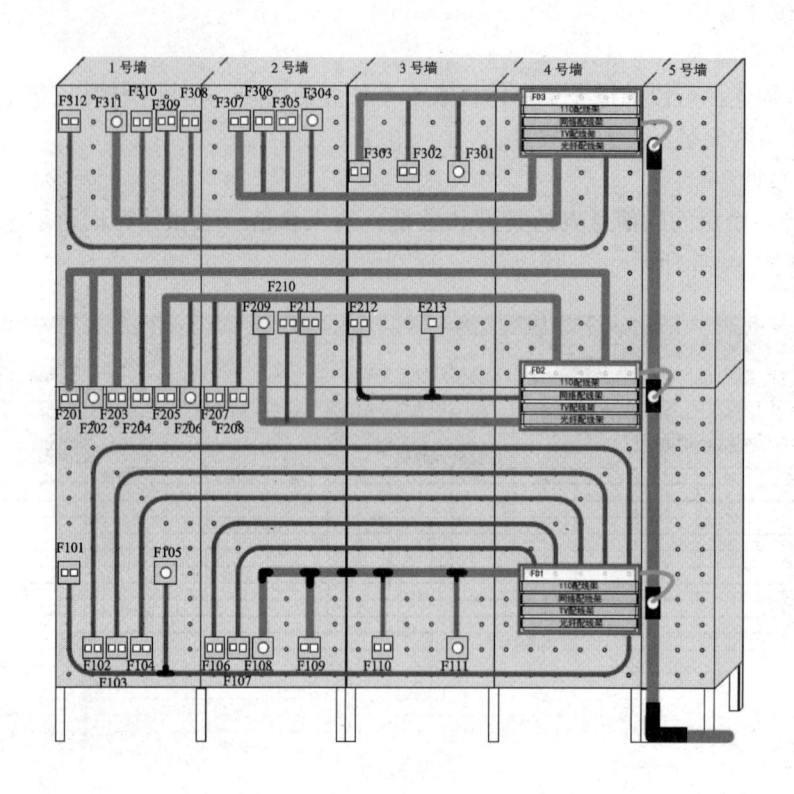

实训操作仿真墙正（平）面展开图

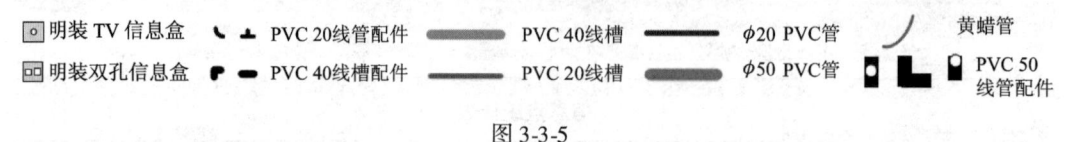

图例说明：

| 明装 TV 信息盒 | PVC 20线管配件 | PVC 40线槽 | φ20 PVC管 | 黄蜡管 |
| 明装双孔信息盒 | PVC 40线槽配件 | PVC 20线槽 | φ50 PVC管 | PVC 50 线管配件 |

图 3-3-5

（2）所述对象为一模拟楼宇三个楼层网络布线系统工程项目，项目名称统一规定为"模拟楼宇网络布线工程+学号"（学号取 2 位数字，不足 2 位前缀补 0）。

（3）所述模拟楼宇每层结构相同，并且有 5 个房间（1、2、3、4 号墙体来模拟，如 1 号墙体在 FD1 中的房间编号为 101、2 号墙体在 FD1 中的房间编号为 102，……以此类推，3 号墙体在 FD3 中的房间编号为 303），一个垂直弱电竖井（5 号墙体来模拟），每个楼层选取 1 个电信间（4 号墙体来模拟）

（4）信息点有 TV 面板、单口语音面板、单口数据面板、双口面板（左侧端口为数据、右侧端口为语音）。

（5）平面展开图中的单口面板类型如下：F105、F108、F111 信息盒为 TV 信息点；F213 信息盒为单口数据信息点；F202、F206、F209 信息盒为 TV 信息点；F301、F304、F311 信息盒为 TV 信息点。

2. 设计图纸

如图 3-3-5 所示。

3. 编制表格

使用 Excel 软件，按照表 3-3-2 格式完成信息点统计表的编制，要求项目名称正确、表格设计合理、信息点数量正确、学号（建筑物编号、编制人、审核人均填写学号）及日期说明完整，编制完成后，将文件保存在桌面，并且文件命名为："信息点统计表+学号"的方式。

表 3-3-2

项目名称：_____　　　　　　　建筑物编号：

楼层编号	信息点类别	房间号				楼层信息点合计			信息点合计
		01	02	……	nn	数据	语音	TV	
1层	数据								
	语音								
	TV								
……	数据								
	语音								
	TV								
N层	数据								
	语音								
	TV								
信息点合计									

编制人签字：　　　　　审核人签字：　　　　　审定人签字：　　　　　日期：　年　月　日

任务拓展

1. 背景描述

江州职业技术学院是一所省属公办全日制职业院校，随着学校的发展，该校新建了一栋三层综合办公楼，现需要对整栋楼的网络、语音、有线电视系统进行设计施工。参照图 3-3-6 所示，具体描述如下：

（1）所述对象为楼宇三个楼层网络布线系统工程项目，项目名称统一规定为"江州职业技术学院网络布线工程"。

（2）图 3-3-6 中 101、102、103、…、305 为房间编号；其中 201、202、203、204、206、304 房间为单人办公室，按照 2 个语音信息点、2 个数据信息点和 1 个 TV 信息点配置；101、102、103、104、205 房间为双人办公室，按照每人 1 个语音信息点、1 个数据信息点和每个房间 1 个 TV 信息点配置；105、302 房间为 4 人办公室，按照每人 1 个语音信息点、1 个数据信息点和每个房间 1 个 TV 信息点配置；301 与 303 房间为会议室，按照 2 个数据信息点和 1 个 TV 信息点配置；106 房间作为建筑物设备间，107、207、305 作为楼层管理间。

（3）信息点有 TV 面板、单口语音面板、单口数据面板、双口面板（左侧端口为数据、右侧端口为语音）。

2. 设计图纸

如图 3-3-6 所示。

图 3-3-6

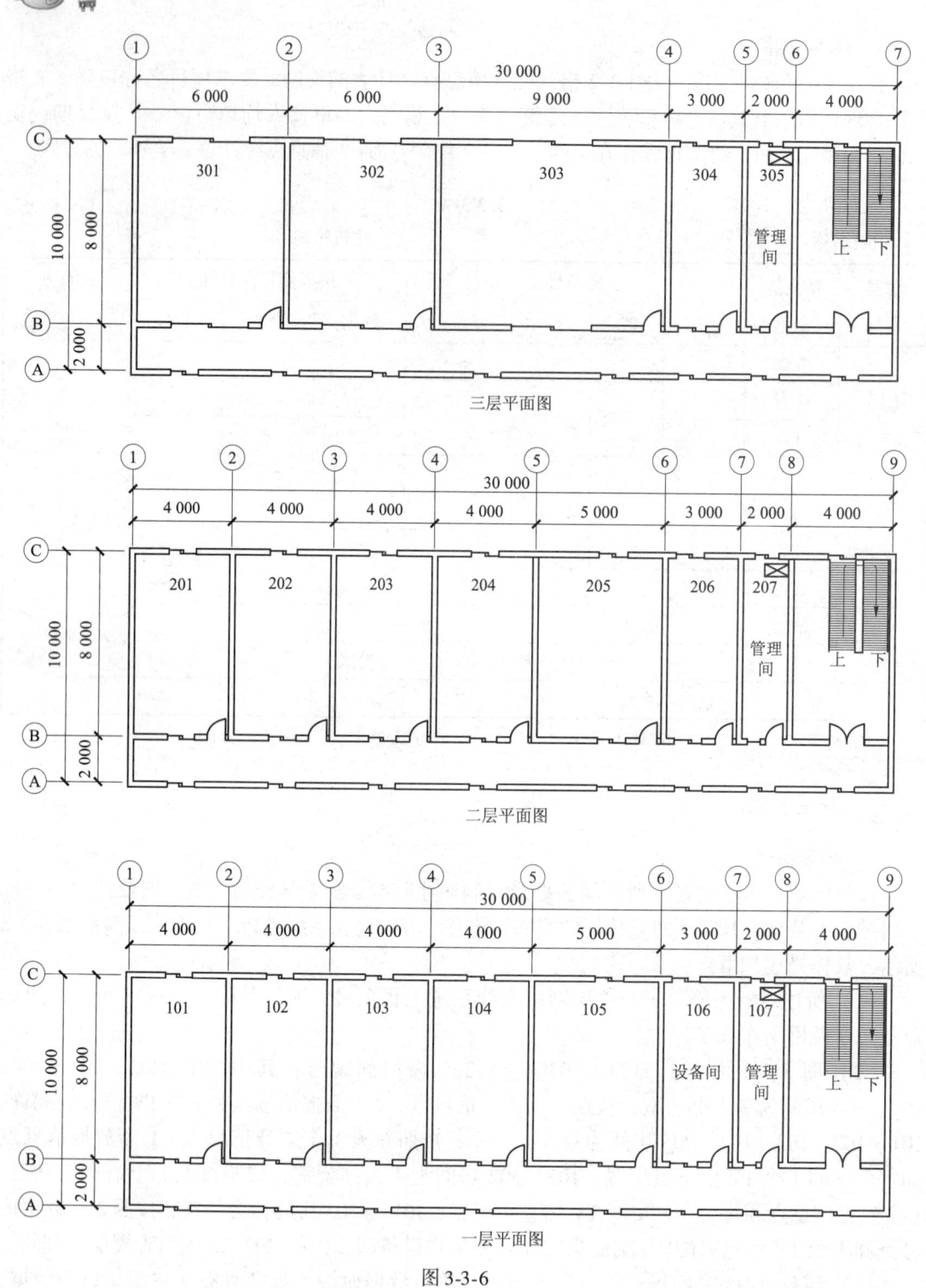

3．编制要点

1）建立表格框架

首先要新建一个 Excel 表，文件名命名为"信息点统计表"。在打开的表单中填写项目名称、建筑物编号。根据工程需要，构建相应的单元格，并且填充边框。之后填写编制单位、编制人、审核人、甲方签字、编制日期等内容。其中：

（1）项目名称为甲方所发布招标公告上的项目名称。
（2）建筑物编号为进行信息网络布线工程的楼宇名称或编号。
（3）编制单位为设计单位或者施工单位。
（4）编制人为编制此表格的人员。
（5）审核人为对此表格进行审核的人员。
（6）甲方签字为需求方对此表格的认可签字。
（7）编制日期为编制此表格的时间。

2）填写统计数据

在填写数据的过程中，一定要结合国家相关规范和甲方的施工需求进行统计，一般是按照房间的顺序和作用来依次确定信息点的数量。需要特别注意的是，在信息点统计完成后，一定要交由甲方确认签字。因为后续的设计与施工都是按照此表格所统计的信息点数量进行的，一旦出错或者有变更，都会使工程成本发生变化，因此需要特别谨慎。

（1）分析工程需求。

① 首先确定房间数量和用途，信息点安装位置。

② 确定信息点数量，如果乙方有具体要求则根据乙方要求设计，如果乙方没有具体要求则根据国标设计。如两者冲突，则沟通协商后确认签字，以免日后出现问题。

（2）填写数据。

根据以上的工程需求分析，绘制表格并且填写数据，最终效果如表 3-3-3 所示。

表 3-3-3

项目名称：江州职业技术学院网络布线工程　　　　　　建筑物编号：综合办公楼 01

楼层编号	信息点类别	房间序号						楼层信息点合计			信息点合计
		01	02	03	04	05	06	数据	语音	TV	
1层	数据	2	2	2	2	4		12			29
	语音	2	2	2	2	4			12		
	TV	1	1	1	1	1				5	
2层	数据	2	2	2	2	2	2	12			30
	语音	2	2	2	2	2	2		12		
	TV	1	1	1	1	1	1			6	
3层	数据	2	4	2	2			10			20
	语音	0	4	0	2				6		
	TV	1	1	1	1					4	
信息点合计								34	30	15	79

编制人签字：　　　　　审核人签字：　　　　　审定人签字：　　　　　日期：　　　年　　月　　日

职业规范

在编制信息点统计表之前,需要对房间的用途、大小、结构等方面进行考察,并且对国标、设置原则、乙方需求等方面,进行综合性设计。一般来说,不同房间的类型,一般有不同的编制原则,如表3-3-4所示。

表 3-3-4

(常见工作区信息点的配置原则)

工作区类型及功能	安装位置	安装数量 数据	安装数量 语音
网管中心、呼叫中心、信息中心等终端设备较为密集的场地	工作台处墙面或者地面	(1~2) 个/工作台	2 个/工作台
集中办公区域的写字楼、开放式工作区等人员密集场所	工作台处墙面或者地面	(1~2) 个/工作台	2 个/工作台
董事长、经理、主管等独立办公室	工作台处墙面或者地面	2 个/间	2 个/间
小型会议室/商务洽谈室	主席台处地面、台面会议桌地面或者台面	(2~4) 个/间	2 个/间
大型会议室、多功能厅	主席台处地面、台面会议桌地面或者台面	(5~10) 个/间	2 个/间
>5 000 m² 的大型超市或者商场	收银区和管理区	1 个/100 m²	1 个/100 m²
2 000~3 000 m² 中小型卖场	收银区和管理区	1 个/(30~50) m²	1 个/(30~50) m²
餐厅、商场等服务业	收银区和管理区	1 个/50 m²	1 个/50 m²
宾馆标准间	床头、写字台或浴室	1 个/(间·写字台)	(1~3) 个/间
学生公寓 (4人间)	写字台处墙面	4 个/间	4 个/间
公寓管理室、门卫室	写字台处墙面	1 个/间	1 个/间
教学楼教室	讲台附近	(1~2) 个/间	
住宅楼	书房	1 个/套	(2~3) 个/套

课后思考

考察你所在工作单位或读书学校的某栋建筑物,编制其各个房间的信息点统计表,并说出你的设计理由。

任务四　编制信息点端口对应表

任务导入

天行健网络科技公司承接了江州职业技术学院的综合办公楼信息网络布线工程。目前进入到工程文档设计阶段，此阶段主要是编制各种表格和绘制图纸，为以后的施工与验收提供依据。本任务首先从"企想牌"综合布线实训装置入手，讲解编制信息点端口对应表的步骤。之后学生完成"西元牌"综合布线实训装置信息点端口对应表的编写，最后通过一个实际工程案例，进一步介绍编制的方法。

学习目标

（1）掌握信息网络布线系统信息点端口对应表的编制方法。
（2）可以编制一个信息点端口对应表。

任务实施

信息点端口对应表是信息网络布线系统设计中必不可少的内容，此表格主要是用来标识信息点的端接位置和顺序，及"这个信息点在哪，并且其端接在哪里"。这个表格为后期布线系统施工中端接线缆提供依据，施工人员必须严格按照这个表格的定义进行端接，为后期的验收、使用、维护提供依据。

（一）背景描述

（1）根据项目三－任务三中实训设备图3-3-1"实训操作仿真墙正（平）面展开图"所示，模拟给定的综合布线系统工程项目，完成模拟三个楼层网络布线系统工程项目信息点端口对应表的设计。项目名称统一规定为"竞赛模拟楼宇网络布线工程＋学号"（学号取2位数字，不足2位前缀补0）。

（2）5个墙体代表每层的5个房间，其中1~4号房间设置信息点，5号墙体为管理间。平面展开图中的单口面板类型如下：103信息盒为单口数据信息点；107信息盒为单口语音信息点；105信息盒为TV信息点；201信息盒为单口数据信息点；203、205信息盒为TV信息点；310信息盒为单口语音信息点；305、308信息盒为TV信息点。

（3）模拟楼宇每个楼层电信间配置的机柜为6U吊装机柜（模拟），信息点水平子系统线缆分别端接在TV配线架（编号为T1）和网络配线架（编号为T2）上。

（4）每层所有数据信息点均使用超五类双绞线连接到本层FD中，并从RJ45网络配线架上端口1开始依次端接；所有语音信息点（根据数据/语音互换要求，此处语音信息点也使用数据模块端接）均使用超五类双绞线连接到本层FD中，并从RJ45网络配线架上端口10开始依次端接；所有TV信息点均使用同轴电缆连接到本层FD中，并从TV配线架的2号进线端口顺序向后端接。

（二）设计图纸

设计图纸参照"项目三－任务三中的图3-3-1"。

（三）编制要求

（1）使用Excel软件，按照表3-4-1格式完成信息点端口对应表的编制，要求项目名称正确、表格设计合理、信息点对应关系正确、学号（建筑物编号、编制人、审核人均填写学号）及日期说明完整，编制完成后，将文件保存在桌面，并且文件命名为："信息点端口对应表"的方式。

表 3-4-1

项目名称：_____　　　　　　　　建筑物编号：_____

序号	信息点端口对应表编号	楼层机柜编号	配线架编号	配线架端口编号	插座底盒编号	插座插口编号
1						
2						

编制人签字：　　　　　　审核人签字：　　　　　　日期：　年　月　日

（2）信息点端口对应表编号编制规定如下：楼层机柜编号 – 配线架编号 – 配线架端口编号 – 插座底盒编号 – 插座插口编号。

（3）楼层机柜编号按楼层顺序依次为 FD1、FD2、FD3；配线架端口编号取 2 位数字，配线架端口从左至右编号依次为 01、02、03、…。

（4）插座底盒编号为图中编号的后两位，如 01、02 等。语音信息点插座插口编号取字母"Y"，数据信息点插座插口编号取字母"D"，TV 信息点插座插口编号取字母"T"。

例如 101 信息插座左边插口模块对应的信息点端口对应表编号为：FD1 – T3 – 01 – 01 – D。

（四）编制过程

1. 建立表格框架

（1）新建一个 Excel 文件，按照要求进行命名。

（2）根据要求填写表头、项目名称、建筑物编号等信息，如图 3-4-1 所示。

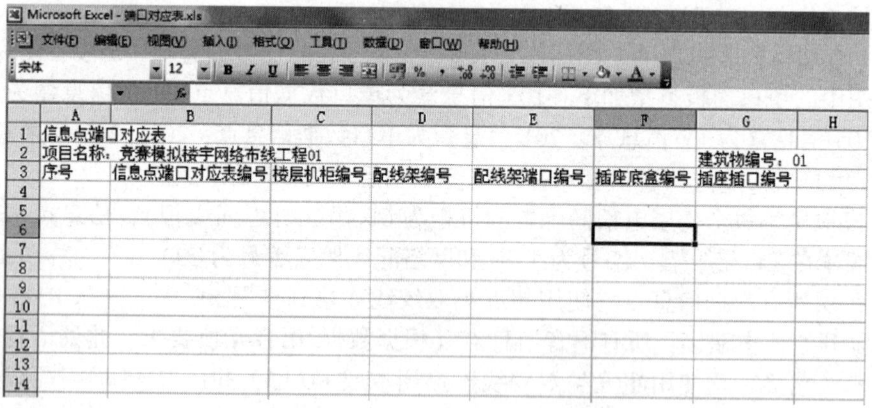

图 3-4-1

（3）设置所有单元格的各位为文本格式。

2. 填写统计数据

在填写数据的过程中，一定要结合国家相关规范和甲方的施工需求进行统计，按照信息点端口对应表的统计顺序进行编制，需要特别注意的是，在信息点端口对应表完成后，一定要交由甲方确认签字。因为后续的设计与施工都是按照此表格所编制的规则进行端接的，一旦出错或者有变更，都会使工程成本发生变化，因此需要特别谨慎。

1）分析工程需求

编制端口对应表之前，需要先确定以下事项：各底盒信息点的种类（数据、语音、TV）；各种信息点端接到哪个配线架；信息点端接顺序。

2）编制表格

（1）首先编制图 3-3-1 中 101 号信息点端接的对应关系。根据项目描述，输入楼层机柜编号 FD1、配线架编号 T3、配线架端口编号 01 和 10、插座底盒编号 01、插座插口编号信息，如图 3-4-2 所示。

图 3-4-2

（2）采用字符串拼接公式：C4&" - "&D4&" - "&E4&" - "&F4&" - "&G4，将 101 底盒的信息点编号进行组合，如图 3-4-3 所示。

图 3-4-3

（3）按照以上样例，完成其他信息点对应关系的填写，如图 3-4-4 所示。

3）填写编制说明

（1）填充单元格框，填写编制说明（采用第一层中数据、语音、TV 信息点各一个）。

FD1 - T3 - 01 - 01 - D：表示 FD1 层的 T3 配线架的 1 号端口与 01 号插座底盒的 D 插口端接；

Microsoft Excel - 端口对应表.xls

信息点端口对应表

项目名称：模拟楼宇网络布线工程01　　建筑物编号：01

序号	信息点端口对应表编号	楼层机柜编号	配线架编号	配线架端口编号	插座底盒编号	插座插口编号
1	FD1-T3-01-01-D	FD1	T3	01	01	D
2	FD1-T3-10-01-Y	FD1	T3	10	01	Y
3	FD1-T3-02-02-D	FD1	T3	02	02	D
4	FD1-T3-11-02-Y	FD1	T3	11	02	Y
5	FD1-T3-03-03-D	FD1	T3	03	03	D
6	FD1-T3-04-04-D	FD1	T3	04	04	D
7	FD1-T3-12-04-Y	FD1	T3	12	04	Y
8	FD1-T1-02-05-T	FD1	T1	02	05	T
9	FD1-T3-05-06-D	FD1	T3	05	06	D
10	FD1-T3-13-06-Y	FD1	T3	13	06	Y
11	FD1-T3-14-07-Y	FD1	T3	14	07	Y
12	FD1-T3-06-08-D	FD1	T3	06	08	D
13	FD1-T3-15-08-Y	FD1	T3	15	08	Y
14	FD1-T3-07-09-D	FD1	T3	07	09	D
15	FD1-T3-16-09-Y	FD1	T3	16	09	Y
16	FD2-T3-01-01-D	FD2	T3	01	01	D
17	FD2-T3-02-02-D	FD2	T3	02	02	D
18	FD2-T3-10-02-Y	FD2	T3	10	02	Y
19	FD2-T1-02-03-T	FD2	T1	02	03	T
20	FD2-T3-03-04-D	FD2	T3	03	04	D
21	FD2-T3-11-04-Y	FD2	T3	11	04	Y
22	FD2-T1-03-05-T	FD2	T1	03	05	T
23	FD2-T3-04-06-D	FD2	T3	04	06	D
24	FD2-T3-12-06-Y	FD2	T3	12	06	Y
25	FD2-T3-05-07-D	FD2	T3	05	07	D
26	FD2-T3-13-07-Y	FD2	T3	13	07	Y
27	FD2-T3-06-08-D	FD2	T3	06	08	D
28	FD2-T3-14-08-Y	FD2	T3	14	08	Y
29	FD2-T3-07-09-D	FD2	T3	07	09	D
30	FD2-T3-15-09-Y	FD2	T3	15	09	Y
31	FD3-T3-01-01-D	FD3	T3	01	01	D
32	FD3-T3-10-01-Y	FD3	T3	10	01	Y
33	FD3-T3-02-02-D	FD3	T3	02	02	D
34	FD3-T3-03-03-D	FD3	T3	03	03	D
35	FD3-T3-11-03-Y	FD3	T3	11	03	Y
36	FD3-T3-04-04-D	FD3	T3	04	04	D
37	FD3-T3-12-04-Y	FD3	T3	12	04	Y
38	FD3-T1-02-05-T	FD3	T1	02	05	T
39	FD3-T3-05-06-D	FD3	T3	05	06	D
40	FD3-T3-06-07-D	FD3	T3	06	07	D
41	FD3-T3-13-07-Y	FD3	T3	13	07	Y
42	FD3-T1-03-08-T	FD3	T1	03	08	T
43	FD3-T3-07-09-D	FD3	T3	07	09	D
44	FD3-T3-14-09-Y	FD3	T3	14	09	Y
45	FD3-T3-15-10-Y	FD3	T3	15	10	Y

图 3-4-4

FD1－T3－10－01－Y：表示 FD1 层的 T3 配线架的 10 号端口与 01 号插座底盒的 Y 插口端接；

FD1－T1－02－05－T：表示 FD1 层的 T1 配线架的 2 号端口与 05 号插座底盒的 T 插口端接。

（2）填写编制人签字、审核人签字、日期等信息，如图 3-4-5 所示。

信息点端口对应表

序号	信息点端口对应表编号	楼层机柜编号	配线架编号	配线架端口编号	插座底盒编号	插座插口编号
	项目名称：模拟楼宇网络布线工程01				建筑物编号：01	
1	FD1-T3-01-01-D	FD1	T3	01	01	D
2	FD1-T3-10-01-Y	FD1	T3	10	01	Y
3	FD1-T3-02-02-D	FD1	T3	02	02	D
4	FD1-T3-11-02-Y	FD1	T3	11	02	Y
5	FD1-T3-03-03-D	FD1	T3	03	03	D
6	FD1-T3-04-04-D	FD1	T3	04	04	D
7	FD1-T3-12-04-Y	FD1	T3	12	04	Y
8	FD1-T1-02-05-T	FD1	T1	02	05	T
9	FD1-T3-05-06-D	FD1	T3	05	06	D
10	FD1-T3-13-06-Y	FD1	T3	13	06	Y
11	FD1-T3-14-07-Y	FD1	T3	14	07	Y
12	FD1-T3-06-08-D	FD1	T3	06	08	D
13	FD1-T3-15-08-Y	FD1	T3	15	08	Y
14	FD1-T3-07-09-D	FD1	T3	07	09	D
15	FD1-T3-16-09-Y	FD1	T3	16	09	Y
16	FD2-T3-01-01-D	FD2	T3	01	01	D
17	FD2-T3-02-02-D	FD2	T3	02	02	D
18	FD2-T3-10-02-Y	FD2	T3	10	02	Y
19	FD2-T1-02-03-T	FD2	T1	02	03	T
20	FD2-T3-03-04-D	FD2	T3	03	04	D
21	FD2-T3-11-04-Y	FD2	T3	11	04	Y
22	FD2-T1-03-05-T	FD2	T1	03	05	T
23	FD2-T3-04-06-D	FD2	T3	04	06	D
24	FD2-T3-12-06-Y	FD2	T3	12	06	Y
25	FD2-T3-05-07-D	FD2	T3	05	07	D
26	FD2-T3-13-07-Y	FD2	T3	13	07	Y
27	FD2-T3-06-08-D	FD2	T3	06	08	D
28	FD2-T3-14-08-Y	FD2	T3	14	08	Y
29	FD2-T3-07-09-D	FD2	T3	07	09	D
30	FD2-T3-15-09-Y	FD2	T3	15	09	Y
31	FD3-T3-01-01-D	FD3	T3	01	01	D
32	FD3-T3-10-01-Y	FD3	T3	10	01	Y
33	FD3-T3-02-02-D	FD3	T3	02	02	D
34	FD3-T3-03-03-D	FD3	T3	03	03	D
35	FD3-T3-11-03-Y	FD3	T3	11	03	Y
36	FD3-T3-04-04-D	FD3	T3	04	04	D
37	FD3-T3-12-04-Y	FD3	T3	12	04	Y
38	FD3-T1-02-05-T	FD3	T1	02	05	T
39	FD3-T3-05-06-D	FD3	T3	05	06	D
40	FD3-T3-06-07-D	FD3	T3	06	07	D
41	FD3-T3-13-07-Y	FD3	T3	13	07	Y
42	FD3-T1-03-08-T	FD3	T1	03	08	T
43	FD3-T3-07-09-D	FD3	T3	07	09	D
44	FD3-T3-14-09-Y	FD3	T3	14	09	Y
45	FD3-T3-15-10-Y	FD3	T3	15	10	Y

FD1-T3-01-01-D表示FD1层的T3配线架的1号端口与01号插座底盒的D插口端接
FD1-T3-10-01-Y表示FD1层的T3配线架的10号端口与01号插座底盒的Y插口端接
FD1-T1-02-05-T表示FD1层的T1配线架的2号端口与05号插座底盒的T插口端接

编制人签字：01　　　审核人签字：01　　　日期：2016-12-26

图 3-4-5

✏️ 课堂练习

1. 背景描述

（1）根据提供的竞赛设备，依据"项目三－任务三中图 3-3-5 实训操作仿真墙正（平）

-89-

面展开图"所示,完成模拟楼宇三个楼层网络布线系统工程项目信息点端口对应表的设计。

(2)所述对象为一模拟楼宇三个楼层网络布线系统工程项目,项目名称统一规定为"模拟楼宇网络布线工程+学号"(学号取2位数字,不足2位前缀补0)。

(3)所述模拟楼宇每层结构相同,并且有5个房间(1、2、3、4号墙体来模拟,如1号墙体在FD1中的房间编号为101,2号墙体在FD1中的房间编号为102,……,以此类推,3号墙体在FD3中的房间编号为303),一个垂直弱电竖井(5号墙体来模拟),每个楼层选取1个电信间(4号墙体来模拟)。

(4)平面展开图中的单口面板类型如下:F105、F108、F111信息盒为TV信息点;F213信息盒为单口数据信息点;F202、F206、F209信息盒为TV信息点;F301、F304、F311信息盒为TV信息点。

(5)每层所有数据信息点均使用超五类双绞线连接到本层FD中,并从RJ45网络配线架上端口13开始依次端接;所有语音信息点(根据数据/语音互换要求,此处语音信息点也使用数据模块端接)均使用超五类双绞线连接到本层FD中,并从RJ45网络配线架上端口1开始依次端接;所有TV信息点均使用同轴电缆连接到本层FD中,并从TV配线架的1号进线端口顺序向后端接。

2. 设计图纸

参照"项目三 – 任务三中的图3-3-6"。

3. 编制表格

使用Excel软件,按照表3-4-2格式完成信息点统计表的编制,要求项目名称正确、表格设计合理、信息点数量正确、学号(建筑物编号、编制人、审核人均填写学号)及日期说明完整,编制完成后,将文件保存在桌面,并且文件命名为:"信息点统计表+学号"的方式。

表3-4-2

项目名称:_____　　　　　建筑物编号:_____

序号	信息点编号	楼层编号	机柜号	配线架编号	配线架端口编号	房间号	线盒序号
1							
2							
…							
n							

编制人签字:　　　　审核人签字:　　　　审定人签字:　　　　日期:　　年　月　日

任务拓展

(一)背景描述

江州职业技术学院是一所省属公办全日制职业院校,随着学校的发展,该校新建了一栋三层综合办公楼,现需要对整栋楼的网络、语音、有线电视系统进行设计施工。参照"项目

三－任务三中的图3-3-6"，具体描述如下：

（1）所述对象为楼宇三个楼层网络布线系统工程项目，项目名称统一规定为"江州职业技术学院网络布线工程"。

（2）信息点统计的信息参照"项目三－任务三中的表3-3-3"。

（二）设计图纸

参照"项目三－任务三中的图3-3-6"。

（三）编制要求

（1）使用Excel软件，按照表3-4-1格式完成信息点端口对应表的编制，要求项目名称正确、表格设计合理、信息点对应关系正确、学号（建筑物编号、编制人、审核人均填写学号）及日期说明完整，编制完成后，将文件保存在桌面，并且文件命名为："信息点端口对应表＋学号"的方式。

（2）信息点端口对应表编号编制规定如下：楼层机柜编号－配线架编号－配线架端口编号－房间编号－插座插口编号。

（3）楼层机柜编号按楼层顺序依次为FD1、FD2、FD3。

（4）每楼层机柜内网络配线架编号依次为W1、W2、W3、…，TV配线架编号依次为T1、T2、T3、…，数据信息点从W1网络配线架1端口开始端接，语音信息点从W2网络配线架1端口开始端接，TV信息点从TV配线架1端口开始端接。

（5）配线架端口编号取2位数字，配线架端口从左至右编号依次为01、02、03、…。

（6）房间编号＝楼层序号＋本楼层房间序号，其中：楼层序号取1位数字，本楼层房间序号取2位数字。房间编号按照图3-3-6所示，分别为101、102、…、305。

（7）插座插口编号取2位数字＋1位说明字母，1位说明字母为：数据信息点取字母"D"，语音信息点取字母"P"，TV信息点取字母"T"。每个楼层内数据信息点插口编号依次为01D、02D、03D、…，语音信息点插座插口编号依次为01P、02P、03P、…，TV信息点插口编号依次为01T、02T、03T、…。

例如：101房间第1个数据信息点、语音信息点和TV信息点对应的信息点端口对应表编号分别为：FD1－W1－01－101－01D，FD1－W2－01－101－01P，FD1－T1－01－101－01T。

（四）编制要点

1. 建立表格框架

首先要新建一个Excel表，文件命名为"信息点端口对应表"。在打开的表单中填写项目名称、建筑物编号。根据工程需要，构建相应的单元格，并且填充边框。之后填写编制单位、编制人、审核人、甲方签字、编制日期等内容。

2. 填写统计数据

在填写数据的过程中，一定要结合国家相关规范和甲方的施工需求进行统计，按照信息点统计表的统计顺序进行编制，需要特别注意的是，在信息点端口对应表完成后，一定要交由甲方确认签字。因为后续的设计与施工都是按照此表格所编制的规则进行端接的，一旦出错或者有变更，都会使工程成本发生变化，因此需要特别谨慎。

1）分析工程需求

（1）首先确定各房间信息点的种类和数量，可以参照"项目三－任务三中的表3-3-3"。

（2）确定信息点端接的位置、端口和顺序。
（3）确定信息点对应编号和铺设线缆时线标的对应关系。
（4）编制信息点端口对应表之前，应绘制信息点楼层安装位置分布图（在此不再叙述）。
2）填写表格

根据以上的工程需求分析，绘制表格并且填写数据，最终效果如表 3-4-3 所示。

表 3-4-3

项目名称：江州职业技术学院网络布线工程　　　　　　　建筑物编号：综合办公楼 01

序号	信息点端口对应表编号	楼层机柜编号	配线架编号	配线架端口编号	房间编号	插座插口编号
1	FD1－W1－01－101－01D	FD1	W1	01	101	01D
2	FD1－W1－02－101－02D	FD1	W1	02	101	02D
3	FD1－W2－01－101－01P	FD1	W2	01	101	01P
4	FD1－W2－02－101－02P	FD1	W2	02	101	02P
5	FD1－T1－01－101－01T	FD1	T1	01	101	01T
6	FD1－W1－03－102－03D	FD1	W1	03	102	03D
7	FD1－W1－04－102－04D	FD1	W1	04	102	04D
8	FD1－W2－03－102－03P	FD1	W2	03	102	03P
9	FD1－W2－04－102－04P	FD1	W2	04	102	04P
10	FD1－T1－02－102－02T	FD1	T1	02	102	02T
11	FD1－W1－05－103－05D	FD1	W1	05	103	05D
12	FD1－W1－06－103－06D	FD1	W1	06	103	06D
13	FD1－W2－05－103－05P	FD1	W2	05	103	05P
14	FD1－W2－06－103－06P	FD1	W2	06	103	06P
15	FD1－T1－03－103－03T	FD1	T1	03	103	03T
16	FD1－W1－07－104－07D	FD1	W1	07	104	07D
17	FD1－W1－08－104－08D	FD1	W1	08	104	08D
18	FD1－W2－07－104－07P	FD1	W2	07	104	07P
19	FD1－W2－08－104－08P	FD1	W2	08	104	08P
20	FD1－T1－04－104－04T	FD1	T1	04	104	04T
21	FD1－W1－09－105－09D	FD1	W1	09	105	09D
22	FD1－W1－10－105－10D	FD1	W1	10	105	10D

续表

序号	信息点端口对应表编号	楼层机柜编号	配线架编号	配线架端口编号	房间编号	插座插口编号
23	FD1－W1－11－105－11D	FD1	W1	11	105	11D
24	FD1－W1－12－105－12D	FD1	W1	12	105	12D
25	FD1－W2－09－105－09P	FD1	W2	09	105	09P
26	FD1－W2－10－105－10P	FD1	W2	10	105	10P
27	FD1－W2－11－105－11P	FD1	W2	11	105	11P
28	FD1－W2－12－105－12P	FD1	W2	12	105	12P
29	FD1－T1－05－105－05T	FD1	T1	05	105	05T
30	FD2－W1－01－201－01D	FD2	W1	01	201	01D
31	FD2－W1－02－201－02D	FD2	W1	02	201	02D
32	FD2－W2－01－201－01P	FD2	W2	01	201	01P
33	FD2－W2－02－201－02P	FD2	W2	02	201	02P
34	FD2－T1－01－201－01T	FD2	T1	01	201	01T
35	FD2－W1－03－202－03D	FD2	W1	03	202	03D
36	FD2－W1－04－202－04D	FD2	W1	04	202	04D
37	FD2－W2－03－202－03P	FD2	W2	03	202	03P
38	FD2－W2－04－202－04P	FD2	W2	04	202	04P
39	FD2－T1－02－202－02T	FD2	T1	02	202	02T
40	FD2－W1－05－203－05D	FD2	W1	05	203	05D
41	FD2－W1－06－203－06D	FD2	W1	06	203	06D
42	FD2－W2－05－203－05P	FD2	W2	05	203	05P
43	FD2－W2－06－203－06P	FD2	W2	06	203	06P
44	FD2－T1－03－203－03T	FD2	T1	03	203	03T
45	FD2－W1－07－204－07D	FD2	W1	07	204	07D
46	FD2－W1－08－204－08D	FD2	W1	08	204	08D
47	FD2－W2－07－204－07P	FD2	W2	07	204	07P
48	FD2－W2－08－204－08P	FD2	W2	08	204	08P
49	FD2－T1－04－204－04T	FD2	T1	04	204	04T

续表

序号	信息点端口对应表编号	楼层机柜编号	配线架编号	配线架端口编号	房间编号	插座插口编号
50	FD2－W1－09－205－09D	FD2	W1	09	205	09D
51	FD2－W1－10－205－10D	FD2	W1	10	205	10D
52	FD2－W2－09－205－09P	FD2	W2	09	205	09P
53	FD2－W2－10－205－10P	FD2	W2	10	205	10P
54	FD2－T1－05－205－05T	FD2	T1	05	205	05T
55	FD2－W1－11－206－11D	FD2	W1	11	206	11D
56	FD2－W1－12－206－12D	FD2	W1	12	206	12D
57	FD2－W2－11－206－11P	FD2	W2	11	206	11P
58	FD2－W2－12－206－12P	FD2	W2	12	206	12P
59	FD2－T1－06－206－06T	FD2	T1	06	206	06T
60	FD3－W1－01－301－01D	FD3	W1	01	301	01D
61	FD3－W1－02－301－02D	FD3	W1	02	301	02D
62	FD3－T1－01－301－01T	FD3	T1	01	301	01T
63	FD3－W1－03－302－03D	FD3	W1	03	302	03D
64	FD3－W1－04－302－04D	FD3	W1	04	302	04D
65	FD3－W1－05－302－05D	FD3	W1	05	302	05D
66	FD3－W1－06－302－06D	FD3	W1	06	302	06D
67	FD3－W2－01－302－01P	FD3	W2	01	302	01P
68	FD3－W2－02－302－02P	FD3	W2	02	302	02P
69	FD3－W2－03－302－03P	FD3	W2	03	302	03P
70	FD3－W2－04－302－04P	FD3	W2	04	302	04P
71	FD3－T1－02－302－02T	FD3	T1	02	302	02T
72	FD3－W1－07－303－07D	FD3	W1	07	303	07D
73	FD3－W1－08－303－08D	FD3	W1	08	303	08D
74	FD3－T1－03－303－03T	FD3	T1	03	303	03T
75	FD3－W1－09－304－09D	FD3	W1	09	304	09D
76	FD3－W1－10－304－10D	FD3	W1	10	304	10D

续表

序号	信息点端口对应表编号	楼层机柜编号	配线架编号	配线架端口编号	房间编号	插座插口编号
77	FD3－W2－05－304－05P	FD3	W2	05	304	05P
78	FD3－W2－06－304－06P	FD3	W2	06	304	06P
79	FD3－T1－04－304－04T	FD3	T1	04	304	04T

编制人签字：　　　　　审核人签字：　　　　　审定人签字：　　　　　日期：　　年　月　日

说明：

FD1－W1－01－101－01D 表示 FD1 层的 W1 配线架的 1 号端口与 101 房间的 01D 插座插口端接；

FD1－W2－01－101－01P 表示 FD1 层的 W2 配线架的 1 号端口与 101 房间的 01P 插座插口端接；

FD1－T1－01－101－01T 表示 FD1 层的 T1 配线架的 1 号端口与 101 房间的 01T 插座插口端接。

职业规范

在信息网络布线系统中，还需要一个信息点分布编号图。在此楼层平面图中表明了各信息点的分布位置和标号，主要有以下用处。

（1）在施工中，粘贴信息点编号要和此图中所表明的信息点编号相一致，为编制端口对应表提供依据。

（2）如后期维护中，如果某个信息点不能使用，可以快速定位该点的编号，查找对应表，进行物理等方面的测试。

实例：图 3-4-6 为某医院的信息点分布编号图。

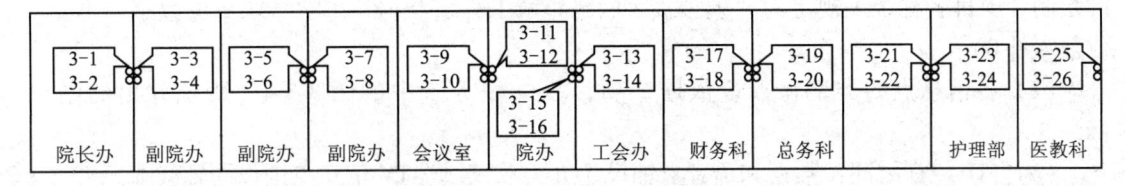

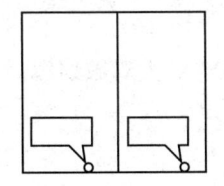

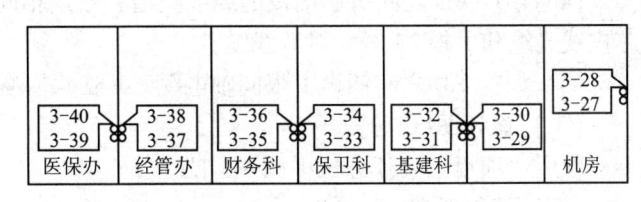

图 3-4-6

课后思考

根据"项目三－任务三－课后思考"中，你所编制的单位或读书学校某栋建筑物的信息点统计表，编制其端口对应表，并说出你的设计思路。

任务五 绘制信息网络布线系统图

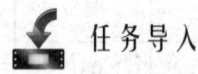

任务导入

天行健网络科技公司承接了江州职业技术学院的综合办公楼信息网络布线工程。目前进入到工程文档设计阶段，此阶段主要是编制各种表格和绘制图纸，为以后的施工与验收提供依据。本任务首先从"企想牌"综合布线实训装置入手，讲解绘制信息网络布线系统图的步骤。之后学生完成"西元牌"综合布线实训装置系统图的绘制，最后通过一个实际工程案例，进一步介绍绘制的方法。

学习目标

（1）掌握信息网络布线系统图的绘制方法。
（2）可以完成一个系统图的绘制。

任务实施

系统图是指信息网络布线系统中各器件的逻辑连接方式，也就是说把系统中的各个元素采取施工要求的方式连接起来。图中不仅要明确信息布线系统中的几大子系统，还要明确线缆使用的类型等，为以后的施工提供依据。需要指出的是，系统图是无电源的布线器材的逻辑连接，而拓扑图是有电源网络设备的逻辑连接。

（一）背景描述

（1）根据项目三–任务三中的实训设备图3-3-1"实训操作仿真墙正（平）面展开图"所示，模拟给定的综合布线系统工程项目，完成模拟三个楼层网络布线系统工程项目系统图的绘制。项目名称统一规定为"模拟楼宇网络布线工程＋学号"（学号取2位数字，不足2位前缀补0）。

（2）各信息点的类型和数量依据"项目三–任务三中的图3-3-4"所统计出的结果标注。

（3）FD–TO之间，数据和语音点铺设超五类双绞线、TV信息点铺设同轴线缆。

（4）BD–FD之间每层铺设的线缆类型和数量相同，分别是1根同轴电缆、两根单模单芯皮线光缆和1根25对大对数线缆。

（5）CD–BD之间铺设1根同轴电缆、4根1芯单模室内光缆和1根25对大对数线缆。

（二）设计图纸

参照"项目三–任务三中图3-3-1"。

（三）编制要求

使用 Visio 或者 AutoCAD 软件，完成 CD→TO 网络布线系统拓扑图的设计绘制，要求概念清晰、图面布局合理、图形正确、符号标记清楚、连接关系合理、说明完整、标题栏合理（包括项目名称、图纸类别、编制人、审核人和日期，其中编制人、审核人均填写学号），设计图以文件名"系统图＋学校.dwg"保存桌面，且生成一份 JPG 格式文件。生成文件的系统选项以系统默认值为主，要求图片颜色及图片质量清晰易于分辨。

（四）编制过程

1．分析工程要求

根据以上项目描述，我们可以得到以下信息：

（1）本项目涉及工作区、水平、垂直、管理间、设备间、建筑群六个子系统的标识和逻辑连接方式。

（2）在线缆方面有超五类四对非屏蔽双绞线、单模单芯皮线光缆、4芯室内单模光缆、25对大对数线缆。

（3）每层的信息点已经统计出来，根据之前的信息点统计表来确定。

2．建立CAD文件和绘制框架

（1）在CAD中，输入命令"rec"绘制矩形边框，如图3-5-1所示。

（2）将边框大小设置为A4纸大小，长度为297 mm，宽度为210 mm，如图3-5-2所示。

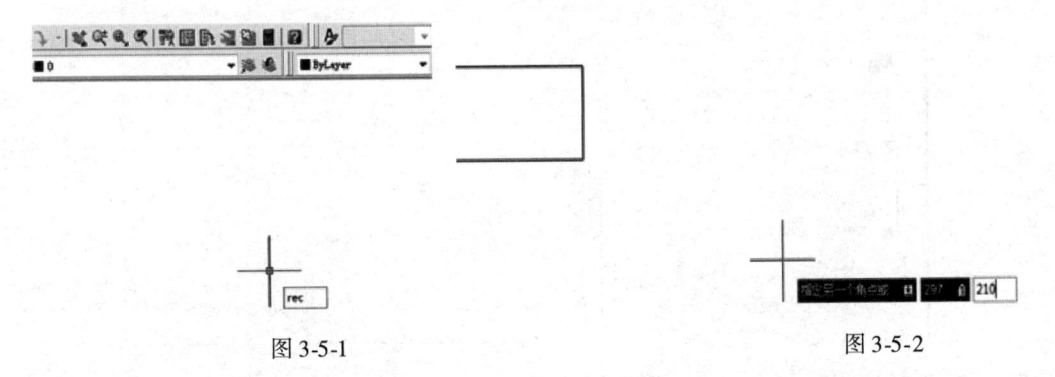

图 3-5-1

图 3-5-2

（3）选中边框，输入命令"SC"和数值"20"，将边框放大20倍。如图3-5-3和图3-5-4所示。

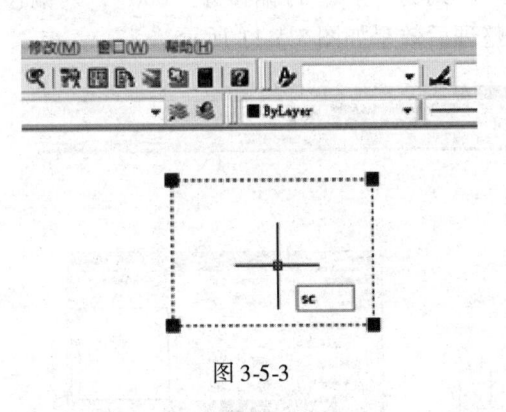

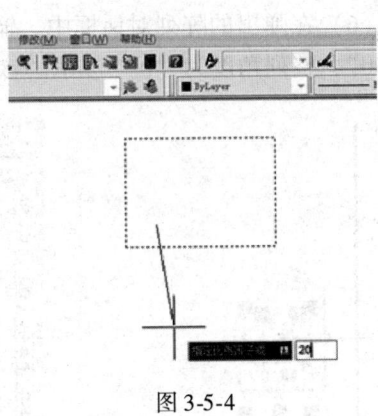

图 3-5-3

图 3-5-4

3．绘制系统图图标

（1）输入命令"L"确定左侧边框的中心点，如图3-5-5所示。

（2）光标右移一定的距离，向下画垂直竖线，输入长度为"600"，如图3-5-6所示。

（3）采用同样的方法，画出一条斜线，输入命令"MI"进行复制旋转，如图3-5-7所示。

（4）4根线条，最终形成如图3-5-8所示。

图 3-5-5　　　　　　　　　　　　　　　图 3-5-6

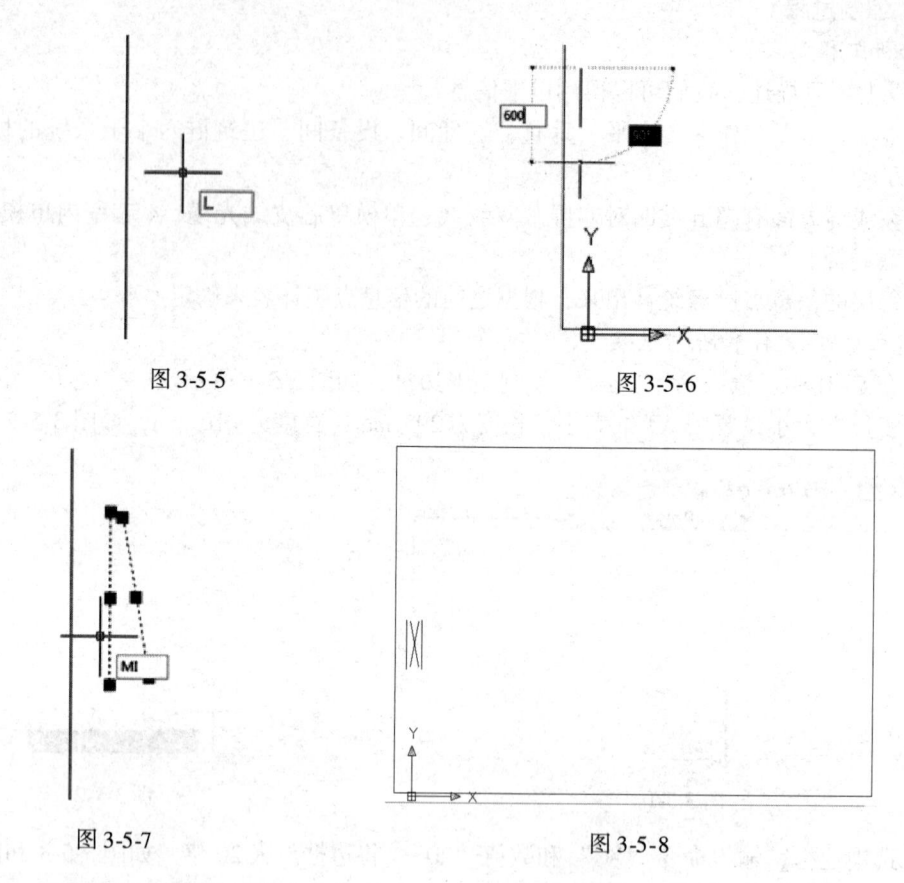

图 3-5-7　　　　　　　　　　　　　　　图 3-5-8

（5）选中所绘制图形，输入命令"AR"，进行阵列复制，如图3-5-9所示。

（6）在弹出的阵列对话框中，输入行为"3"，列为"4"，行偏移为"800"，列偏移为"1200"，整列角度为"0"，如图3-5-10所示。整理后效果如图3-5-11所示。

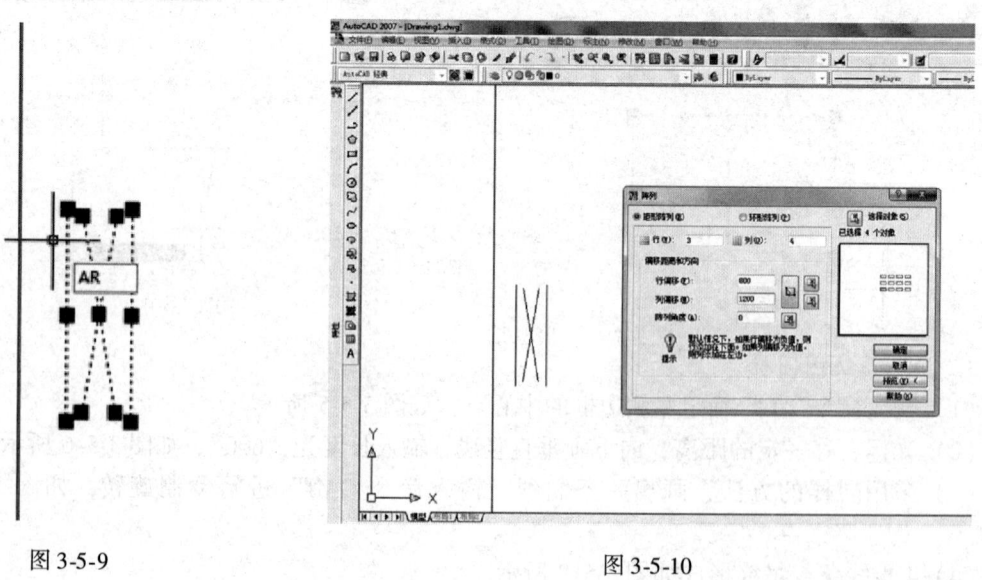

图 3-5-9　　　　　　　　　　　　　　　图 3-5-10

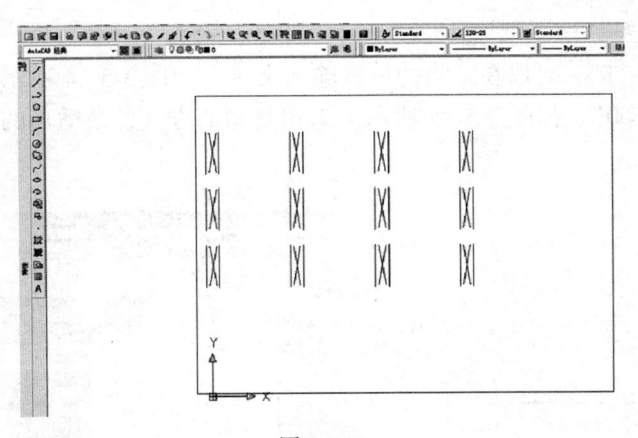

图 3-5-11

（7）删除不需要的图形，效果如图 3-5-12 所示。

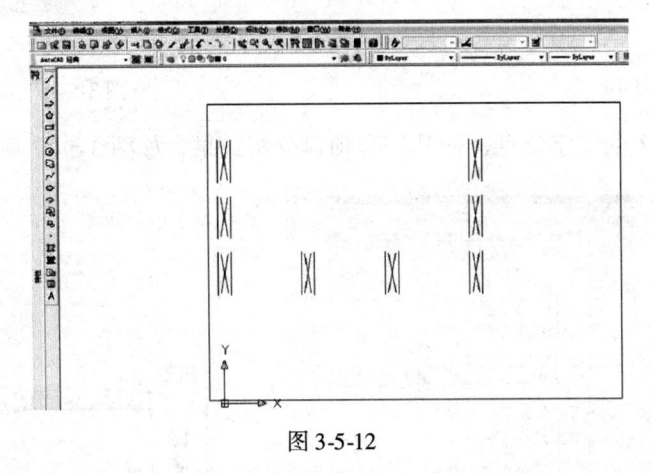

图 3-5-12

（8）从右下角的图形开始绘制连接线和正方形，即绘制信息点和连接线，如图 3-5-13 所示。

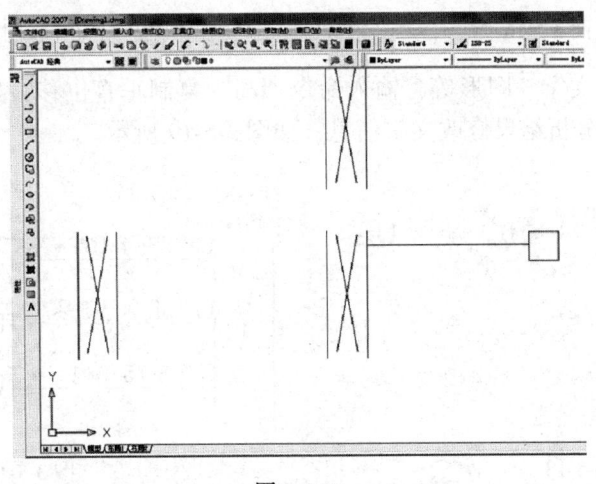

图 3-5-13

4. 绘制连接线和标识

（1）输入命令"T"，可以在适当的位置输入文字，如图 3-5-14 所示，并且将文字的大小设置为"宋体""60"，如图 3-5-15 所示。采用复制的方式，在适当的位置插入文字，如图 3-5-16 所示。

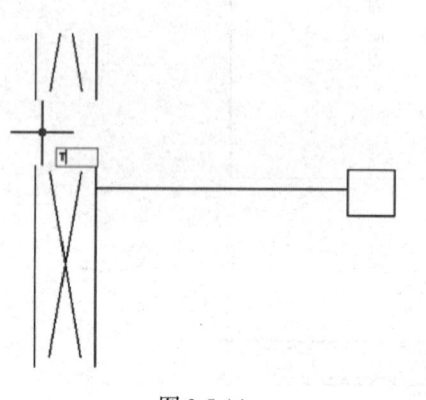

图 3-5-14

图 3-5-15

（2）修改所插入的文字信息，使其符合项目分析结果，如图 3-5-17 所示。

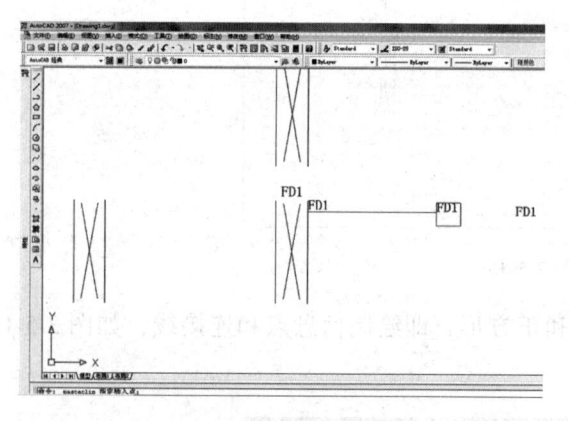

图 3-5-16

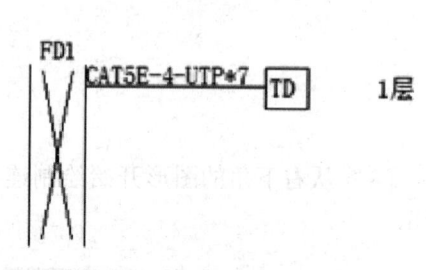

图 3-5-17

（3）选中需要的文字、图形等，输入命令"co"复制垂直位移，如图 3-5-18 所示。复制移动后，根据项目分析结果修改文字信息，如图 3-5-19 所示。

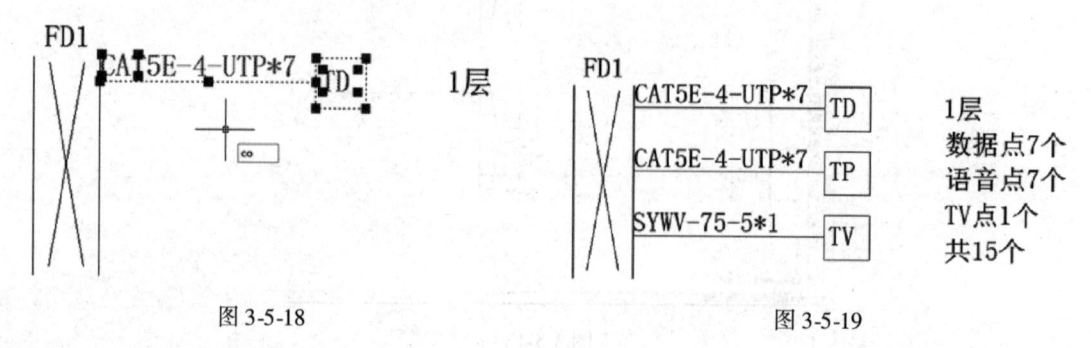

图 3-5-18

图 3-5-19

（4）再次选中所需内容，输入命令"co"，向上垂直复制平移，如图 3-5-20 所示。平移完成后，根据项目分析结果，修改相应的文字，如图 3-5-21 所示。

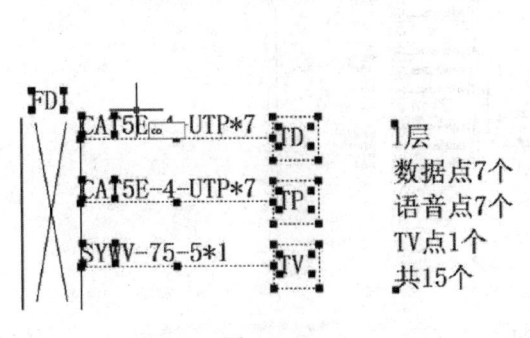

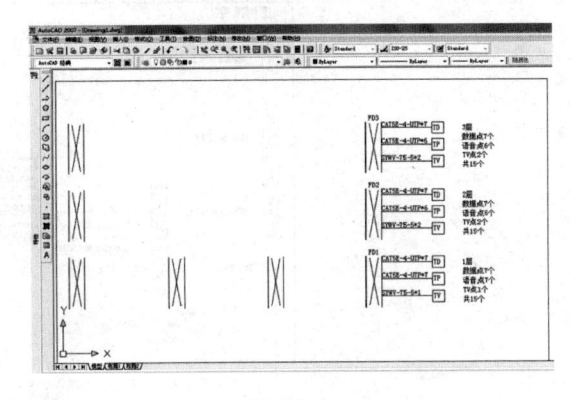

图 3-5-20

图 3-5-21

（5）绘制其余的连接线，如图 3-5-22 所示。

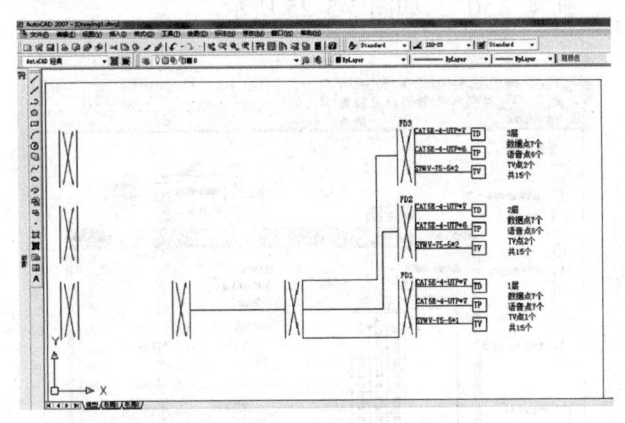

图 3-5-22

（6）插入文字，将连接线缆根据项目分析结果进行标注，如图 3-5-23 所示。对图例说明进行标注，如图 3-5-24 所示。

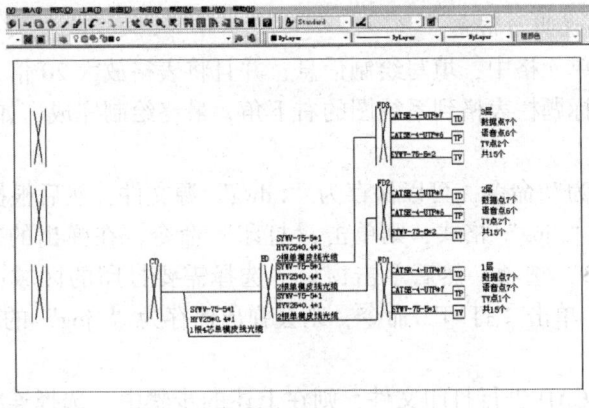

图 3-5-23

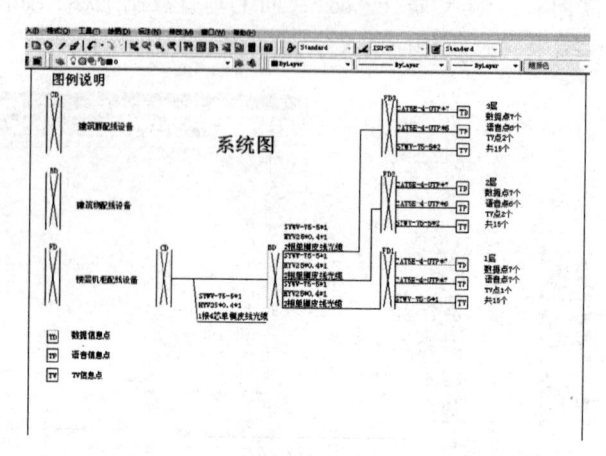

图 3-5-24

（7）绘制系统图标题栏，输入命令"tb"，打开插入表格对话框，选择"制定插入点"，列为"4"，行为"1"，列宽"50"，如图 3-5-25 所示。

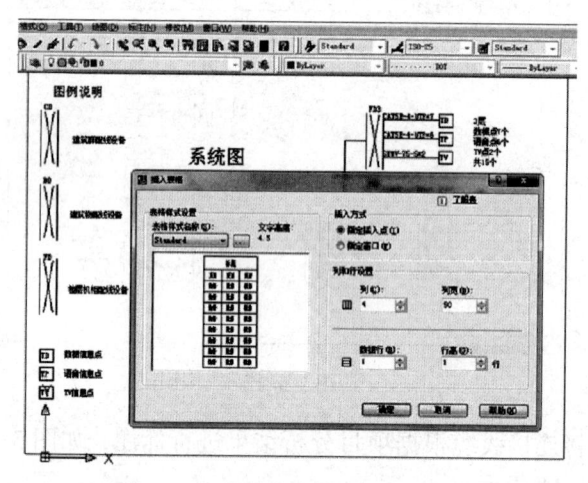

图 3-5-25

5．填写相关文字说明与信息

（1）在绘制好的单元格中，填写绘制信息，并且将表格放大 20 倍，如图 3-5-26 所示。

（2）移动绘制的标题栏表格到系统图的右下角，最终绘制完成，如图 3-5-27 所示。

6．保存与打印

（1）单击"另存为"命令，可以保存为".dwg"源文件，然后根据要求修改文件名。

（2）如果保存为".jpg"格式，则单击"打印"命令，在弹出的打印对话框中，打印机选项选择"JPG.pc3"选项；然后单击窗口，选择需要打印的区域；之后选择"居中打印"和"横向纸张"，单击"打印"命令，则会弹出保存为".jpg"的对话框，输入文件名保存即可。

（3）如需要采用 CAD 进行打印文件，则在上述的步骤中，选择连接到计算机的物理打印机即可完成打印。

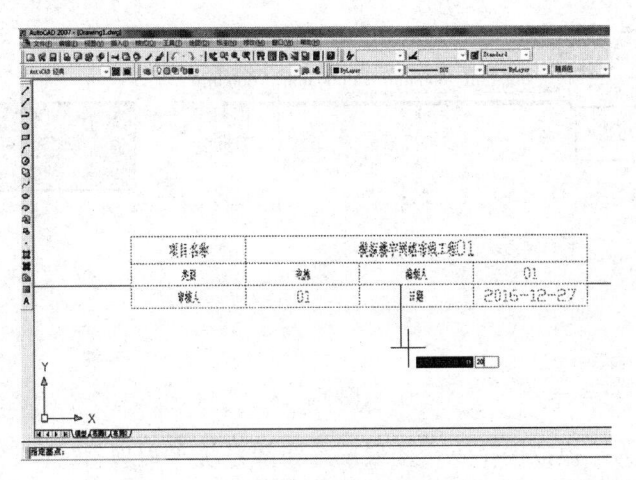

图 3-5-26

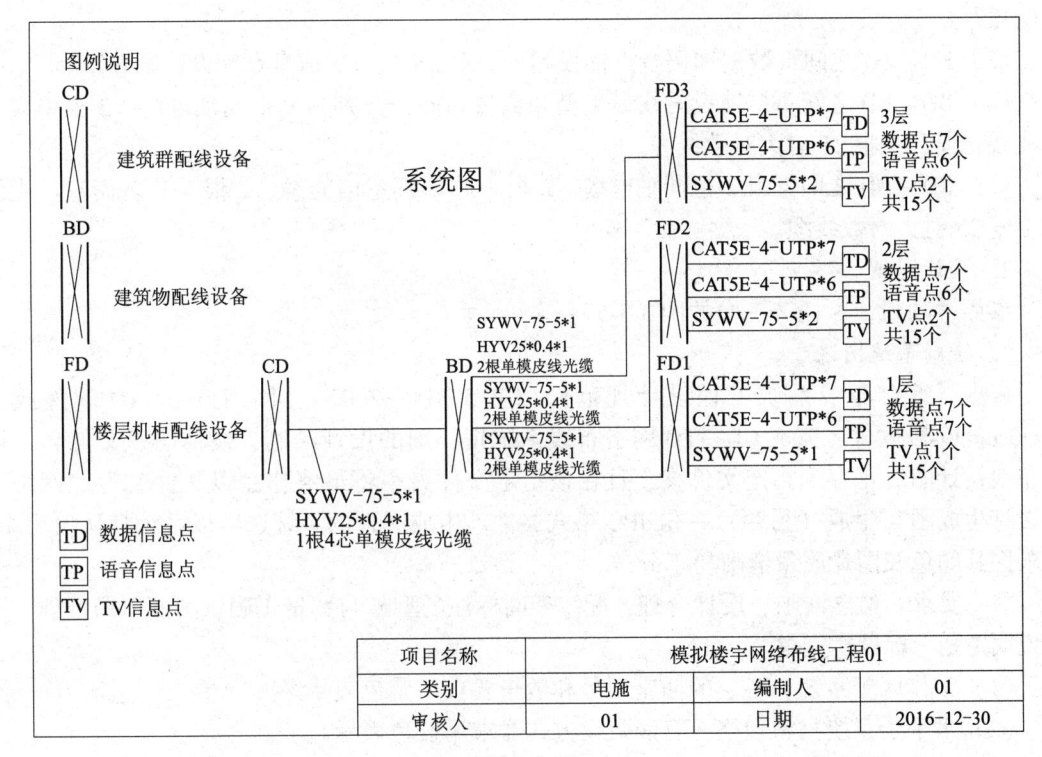

图 3-5-27

课堂练习

1. 背景描述

（1）根据提供的竞赛设备，依据项目三－任务三中图 3-3-5 "实训操作仿真墙正（平）面展开图"和图 3-5-28 所示，完成模拟楼宇三个楼层网络布线系统工程项目系统图的设计，文件名统一保存为"姓名＋学号"形式。

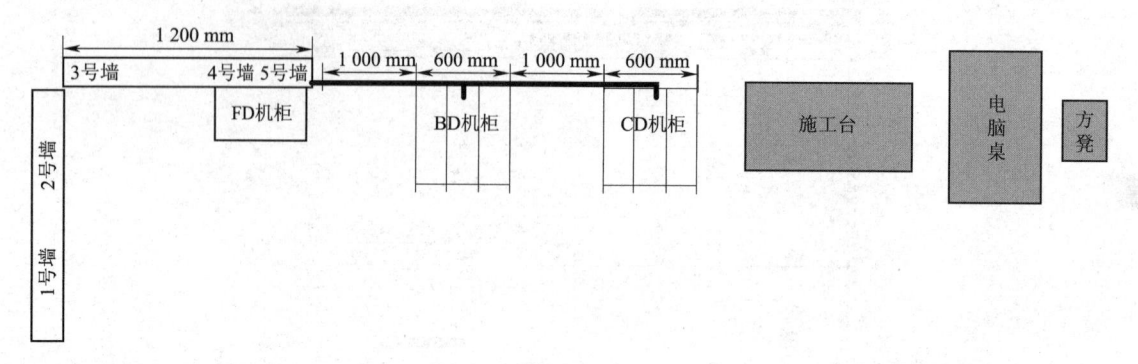

图 3-5-28

（2）所述对象为一模拟楼宇三个楼层网络布线系统工程项目，项目名称统一为"模拟楼宇网络布线工程+学号"（学号取2位数字，不足2位前缀补0），编制人、审核人等信息统一填写01。

（3）FD – TO 之间，数据和语音点铺设超五类双绞线、TV 信息点铺设同轴线缆。

（4）BD – FD 之间每层铺设的线缆类型和数量相同，分别是1根同轴电缆、2根单模单芯皮线光缆和1根25对大对数线缆。

（5）CD – BD 之间铺设2根同轴电缆、2根4芯单模室内光缆、2根4芯多模室内光缆和1根25对大对数线缆。

2．设计图纸

参照"项目三 – 任务三中的图 3-3-5"。

3．绘制系统图

依据《综合布线系统工程设计规范》（GB 50311—2007），使用 AutoCAD 软件或者 Microsoft Visio 软件，完成 CD→TO 网络布线系统拓扑图的设计绘制，设计图以文件名"网络布线设计图"保存到指定文件夹，且在该指定文件夹中将最终作品以文件名为"网络布线设计生成图"生成（另存）一份 JPG 格式文件。生成文件的系统选项以系统默认值为主，要求图片颜色及图片质量清晰易于分辨。

技术要求：概念清晰，设计合理，配线架间标注的型号与数量正确，图面布局合理，图例说明清楚，标题栏完整。

（1）工作区子系统，各层的插座型号和数量要求用紫色表示。

（2）水平子系统材料规格，管线敷设方式要求用蓝色表示。

（3）垂直子系统，材料规格和数量要求用绿色表示。

（4）管理间子系统，机柜规格和数量要求用黄色表示。

（5）设备间子系统，机柜规格要求用青色表示。

（6）建筑群子系统，机柜规格要求用赤色表示。

任务拓展

（一）背景描述

江州职业技术学院是一所省属公办全日制职业院校，随着学校的发展，该校新建了一栋

三层综合办公楼，现需要对整栋楼的网络、语音、有线电视系统进行设计施工。参照"项目三 – 任务三中的图 3-3-1"所示，具体描述如下：

（1）所述对象为楼宇三个楼层网络布线系统工程项目，项目名称统一规定为"江州职业技术学院网络布线工程"。

（2）针对双口信息面板统一规定：面对信息面板，左侧端口为数据端口，右侧端口为电话通信端口，信息点统计的信息参照项目三 – 任务三中的表 3-3-3。

（3）所述 CD – BD 之间选用 1 根 12 芯室外铠装光缆和 1 根同轴电缆布线；BD – FD 之间分别选用 1 根 4 芯单模光缆、1 根同轴电缆和 1 根 50 对大对数电缆布线；FD – TO 之间安装桥架与 $\phi 25$ 镀锌线管，并使用六类双绞线和同轴电缆布线。

（二）设计图纸

参照"项目三 – 任务三中的图 3-3-1"。

（三）编制要求

使用 AutoCAD 软件，完成 CD→TO 网络布线系统拓扑图的设计绘制，要求概念清晰、图面布局合理、图形正确、符号标记清楚、连接关系合理、说明完整、标题栏合理（包括项目名称、图纸类别、编制人、审核人和日期，其中编制人、审核人均填写学号），设计图以文件名"系统图.dwg"保存到指定文件夹，且生成一份 JPG 格式文件。生成文件的系统选项以系统默认值为主，要求图片颜色及图片质量清晰易于分辨。

（四）绘制系统图

1．建立框架

打开 CAD 软件，采用命令绘制一个 A4 纸大小的图框，并且按照项目描述的要求保存该文件。

2．绘制系统图

1）分析工程需求

在绘制系统图之前，首先需要明确以下几点信息：每个楼层信息点的数量和种类；水平子系统铺设的线缆类型；垂直子系统铺设的线缆类型；建筑群子系统铺设的线缆类型；项目名称、建筑物编号等信息。另外，绘制前参考网络拓扑也是非常重要的一环。

2）绘制系统图

（1）绘制图例、各配线设备、信息点等。

（2）绘制各配线设备之间的联系，即水平、垂直、建筑群子系统线缆。

（3）对各配线设备、信息点类型进行标注。

（4）对各子系统线缆进行数量和类型的标注。

（5）绘制系统图标题栏。

（6）保存为".dwg"和".jpg"格式各一份，并且打印。

3．绘制样例

根据以上步骤，绘制出"江州职业技术学院综合办公楼网络信息布线系统图"，如图 3-5-29 所示。

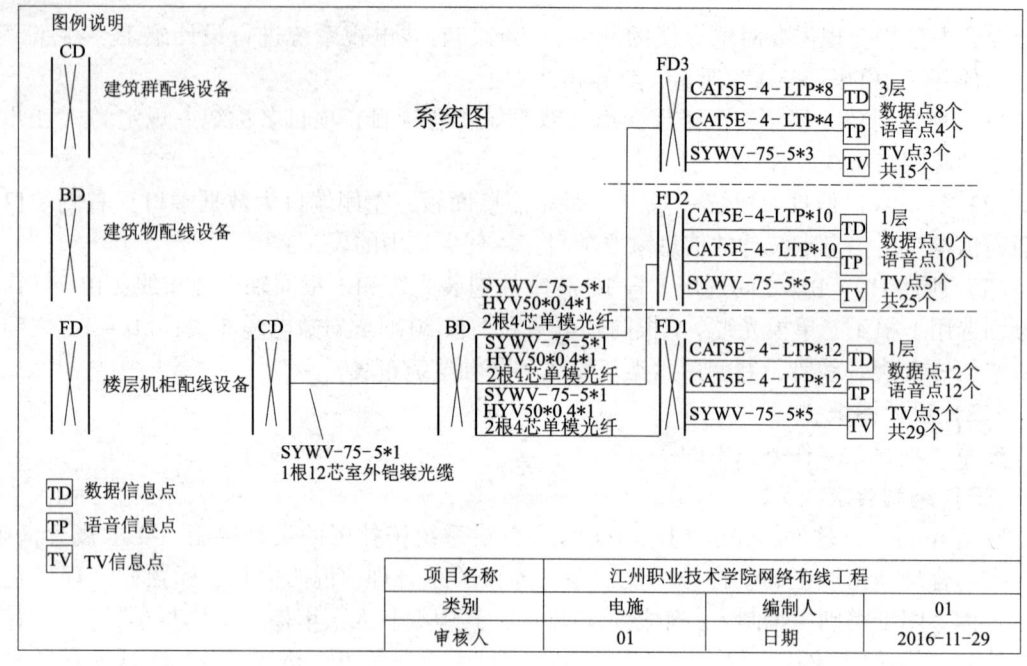

图 3-5-29

职业规范

在比较大的布线系统工程中，系统图一般都是由专门的设计院根据国标和甲方的需求所设计，交由乙方进行施工。图 3-5-30 为系统图，图 3-5-31 为拓扑图，请比较两者的区别。

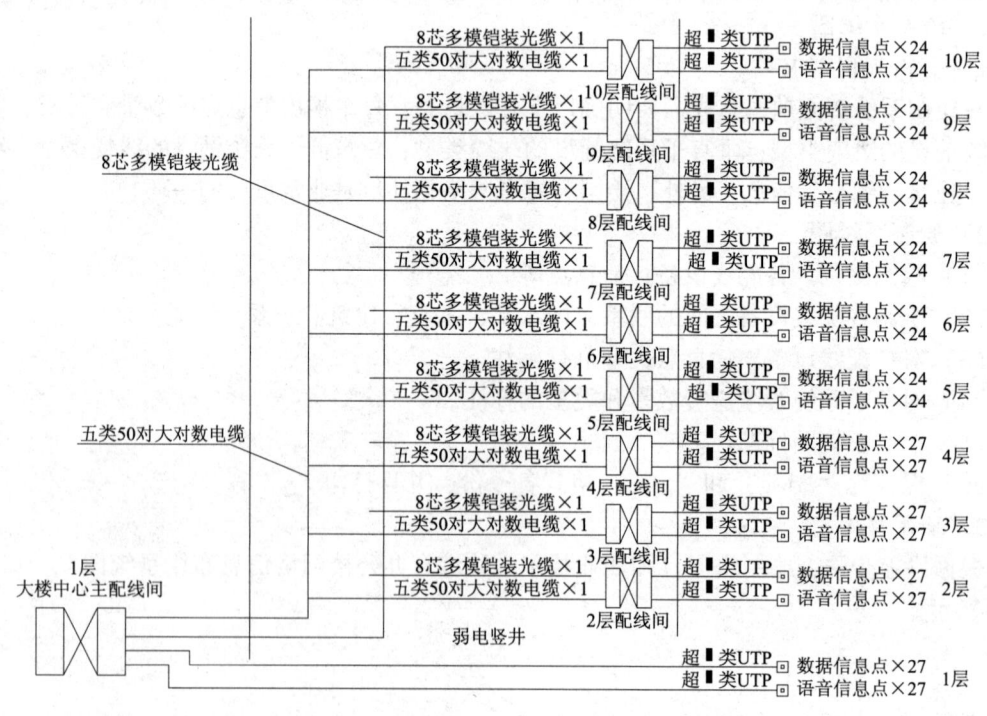

图 3-5-30

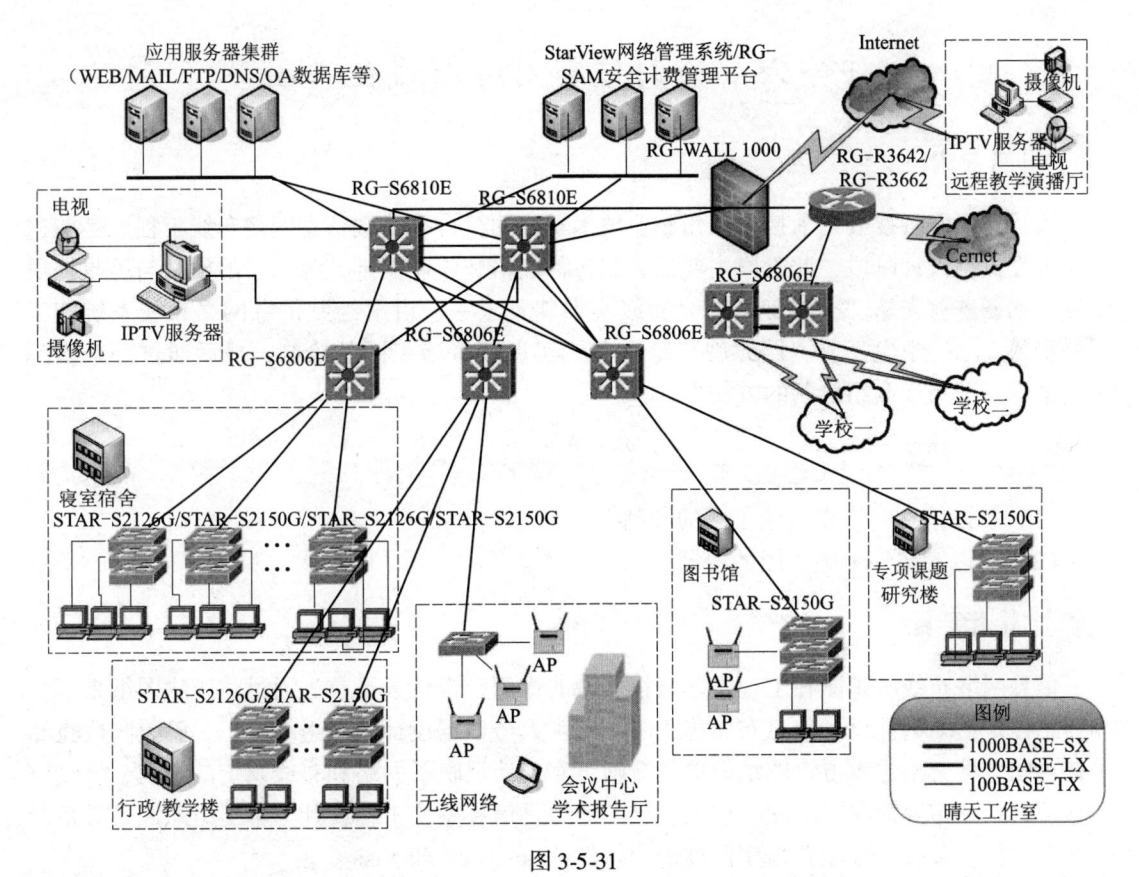

项目三 信息网络布线系统工程设计

图 3-5-31

课后思考

根据"项目三–任务三–课后思考"中，你所统计的单位或读书学校某栋建筑物的信息点统计表，绘制其系统图，并说出你的设计思路。

- 107 -

任务六　绘制信息网络布线施工图

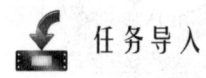

任务导入

天行健网络科技公司承接了江州职业技术学院的综合办公楼信息网络布线工程。目前进入到工程文档设计阶段，此阶段主要是编制各种表格和绘制图纸，为以后的施工与验收提供依据。本任务首先从"企想牌"综合布线实训装置入手，讲解绘制信息网络布线系统施工图的步骤。之后学生完成"西元牌"综合布线实训装置施工图的绘制，最后通过一个实际工程案例，进一步介绍绘制的方法。

学习目标

（1）掌握信息网络布线施工图的绘制方法。
（2）可以完成一个施工图的绘制。

任务实施

信息网络布线施工图在工程中起着很关键的作用，设计人员首先通过建筑物图纸来了解和熟悉建筑物结构并设计信息布线施工图，施工人员根据设计图纸组织施工，验收阶段将相关技术图纸移交给建设方。图纸简单、清晰、直观地反映了网络和布线系统的结构、管线路由和信息点分布等情况。因此，识图、绘图能力是信息系统工程设计与施工组织人员必备的基本功。信息布线工程主要采用两种绘图软件：AutoCAD 和 Visio。

（一）背景描述

（1）根据项目三 – 任务三中的实训设备图 3-3-1 "实训操作仿真墙正（平）面展开图"所示（以下本项目案例中简称图中），模拟给定的综合布线系统工程项目，完成模拟三个楼层网络布线系统工程项目施工图的绘制。项目名称统一规定为"模拟楼宇网络布线工程 + 学号"（学号取 2 位数字，不足 2 位前缀补 0）。

（2）各信息点的类型和数量依据"项目三 – 任务三中的图 3-3-4"所统计出的结果标注。明装线盒固定于实训墙体表面，所述暗装线盒固定于墙体凹槽内。

（3）FD – TO 之间，数据和语音点铺设超五类双绞线、TV 信息点铺设同轴线缆。

（4）图中每个竞赛墙体单元为一个房间（1 号墙、2 号墙、……、5 号墙共模拟三层，每层 5 个房间，其中 5 号墙房间设置为本楼层电信间），绘图设计时假设模拟楼层每层高度为 3.45 m，水平桥架架设距地面高度为 3.0 m，信息盒高度距地面高度 0.3 m，各房间尺寸、楼层平面形状及信息点在各房间（工作区）方位自定。

（5）除电信间外，每个房间面积不小于 25 m^2，走廊宽度不小于 1.2 m。水平配线桥架主体应位于走廊上方，上述桥架裁面尺寸为 100 mm × 60 mm，桥架固定方式采用吊装和支撑。设计突出：链路路由（包括桥架、墙体内部链路及独立的暗埋链路）、信息点、电信间机柜设置等信息的描述，针对水平配线桥架仅需考虑桥架路由及合理的桥架固定支撑点标注，6U 机柜表述为一个 32U 国标交换机柜（宽 600 mm × 深 600 mm），机柜内设备/器材不变。

（6）楼宇每楼层的水平 40PVC 线槽主体可视为水平配线桥架主体，所述图中每个暗埋链路为一个独立水平配线方向。

（二）设计图纸

参照"项目三－任务三中图 3-3-1"。

（三）编制要求

使用 Visio 或者 AutoCAD 软件，完成三个楼层的施工图的绘制，要求施工图中的文字、线条、尺寸、符号描述清晰完整，施工主要对象描述准确。标题栏合理（包括项目名称、图纸类别、编制人、审核人和日期，其中编制人、审核人均填写学号），施工图以文件名"学号＋施工图"保存到指定文件夹，且在该指定文件夹中以文件名为"施工生成图 n"生成（另存）一份 JPG 格式文件（n 为楼层号，即每楼层生成一个 JPG 文件）。具体要求包括以下内容：

（1）FD－TO 布线路由、设备位置和尺寸正确；

（2）机柜和网络插座位置、规格正确；

（3）图面布局合理，位置尺寸标注清楚正确；

（4）图形符号规范，说明正确和清楚。

（四）编制过程

1. 分析工程要求

根据以上项目描述，我们可以得到以下信息：

（1）根据房屋的面积、高度，以及走廊的大小，可以绘制出楼层平面结构图。为了与实训设备相匹配，绘制的楼层中部是房间，四周为走廊。

（2）每层同一方向的所有水平线槽视同为一条水平桥架，垂直线槽按照图例要求进行标注，每个暗埋链路为一个独立水平配线方向。

（3）每层的信息点已经统计出来，根据之前的信息点统计表来确定。

2. 建立 CAD 文件并绘制楼层平面结构图

（1）新建一个 CAD 文件，按照要求进行命名。

（2）在 CAD 中，输入命令"ml"绘制出双实线，如图 3-6-1 所示。

（3）绘制一个长度为 2 200 mm，宽度为 1 200 mm 的矩形，在线缆拐角处选择正交即可绘制 90°垂直线缆，如图 3-6-2 所示。

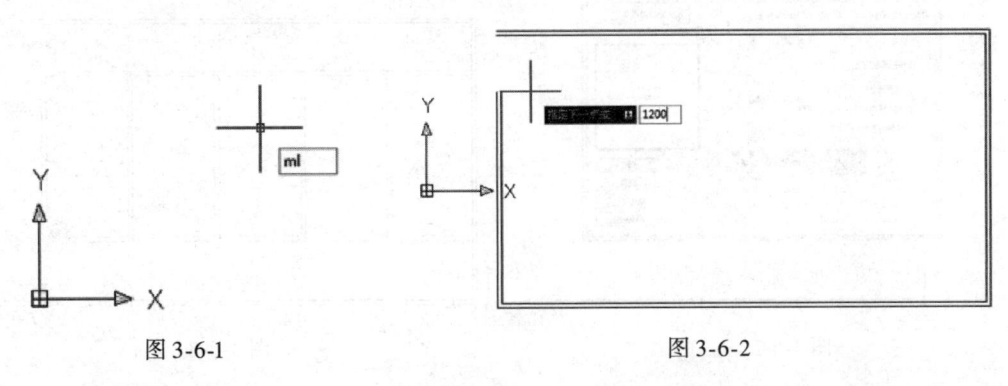

图 3-6-1

图 3-6-2

（4）继续使用命令"ml"绘制一个长度为 710 mm，宽度为 390 mm 的矩形，如图 3-6-3 所示。

(5)下面绘制房间的门，指定圆心，输入命令"c"绘制一个圆形，如图3-6-4所示。

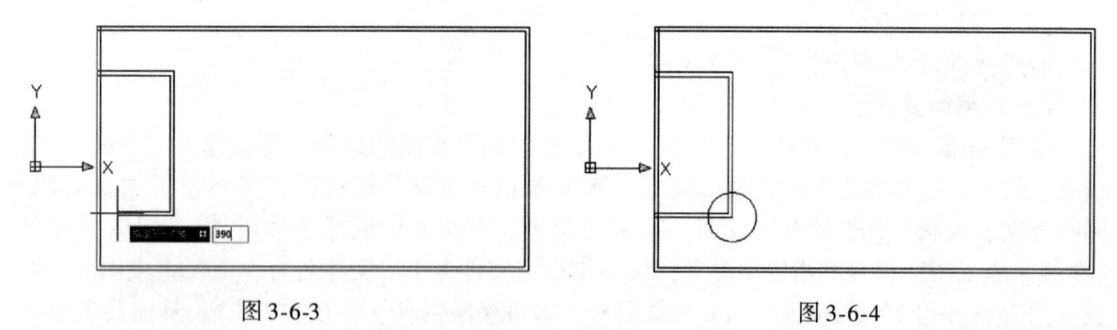

图 3-6-3

图 3-6-4

(6) 使用命令"tr"清除不需要的部分，如图3-6-5所示。

(7) 选择需要阵列复制的部分，输入命令"ar"，如图3-6-6所示，在弹出的对话框中，输入行为"1"，列为"5"，位偏移为"370"，单击"确定"按钮，如图3-6-7所示，整理之后如图3-6-8所示。

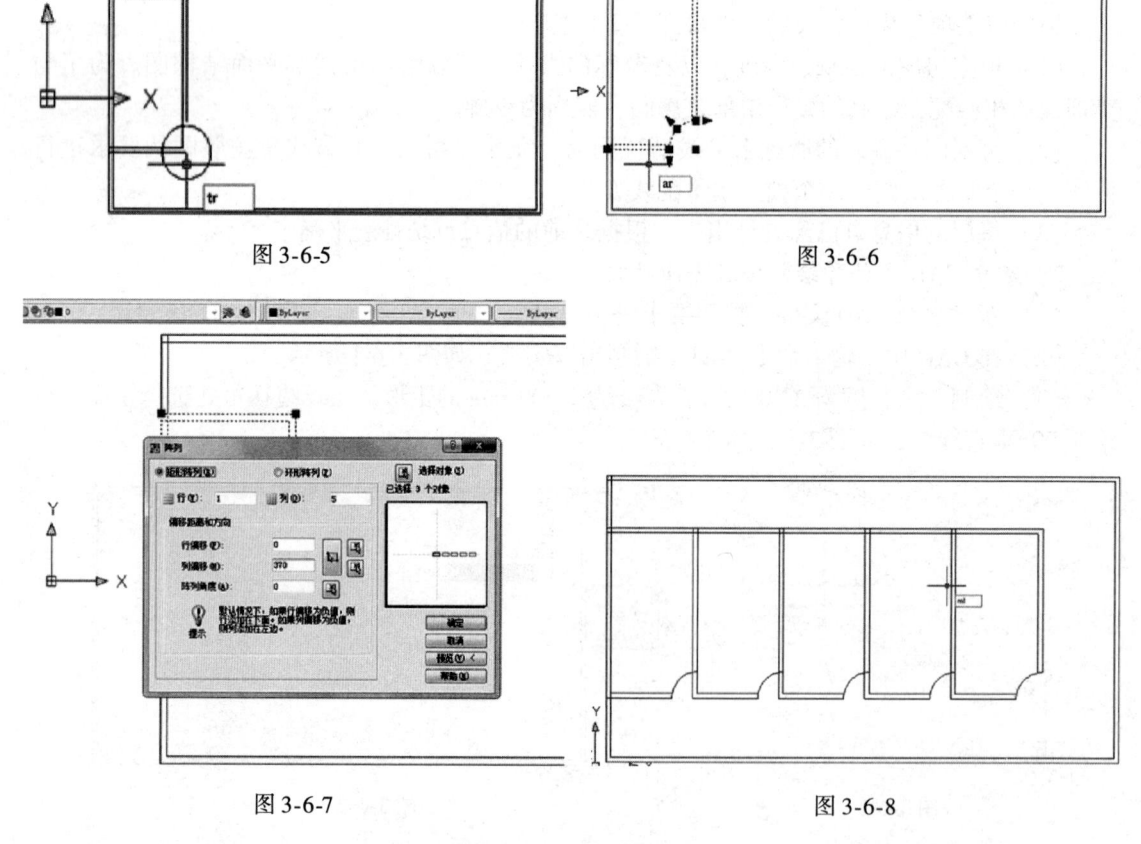

图 3-6-5

图 3-6-6

图 3-6-7

图 3-6-8

(8) 再次输入命令"ml"绘制楼梯，然后再次输入命令"tr"清除不需要的部分，最终形成了与实训设备和项目描述相匹配的模拟楼层平面图，如图3-6-9所示。

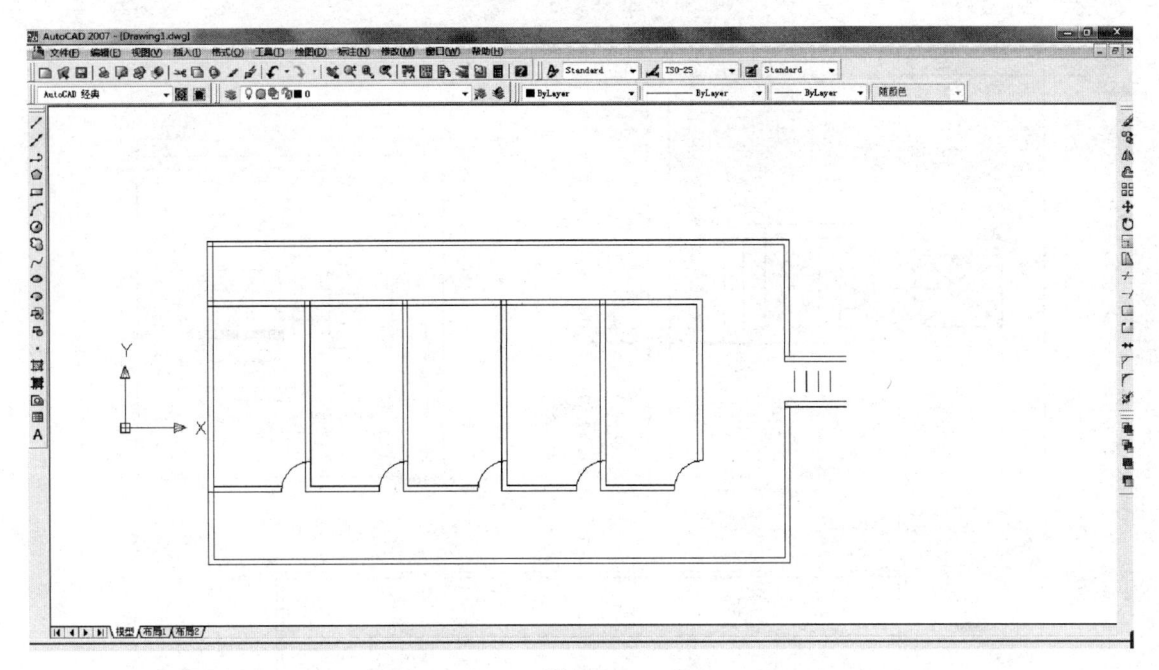

图 3-6-9

3．绘制平面施工图

（1）绘制管理间机柜、垂直竖井以及连接桥架：在限定作为管理间的房间内，使用命令"rec"绘制若干矩形并且相组合，如图 3-6-10 所示；然后使用"pl"命令绘制多段线，如图 3-6-11 所示；输入宽度命令"w"，之后输入宽度为"20"，如图 3-6-12 所示；最终绘制连线，效果如图 3-6-13 所示。

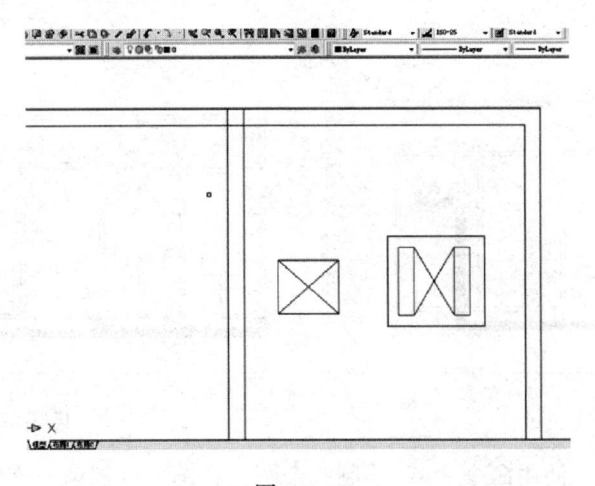

图 3-6-10

（2）采用相关命令，绘制水平桥架平面俯视图，宽度可以设置成"40"，如图 3-6-14 所示。

（3）绘制房间内部铺设管槽：由于需要和项目三–任务三中的实训设备图 3-3-1 "实训操作仿真墙正（平）面展开图"相匹配，在此环节的绘制中，需要考虑每个房间的线槽数量和种类，如图 3-6-15 所示。

图 3-6-11　　　　　　　　　　　　　　　　图 3-6-12

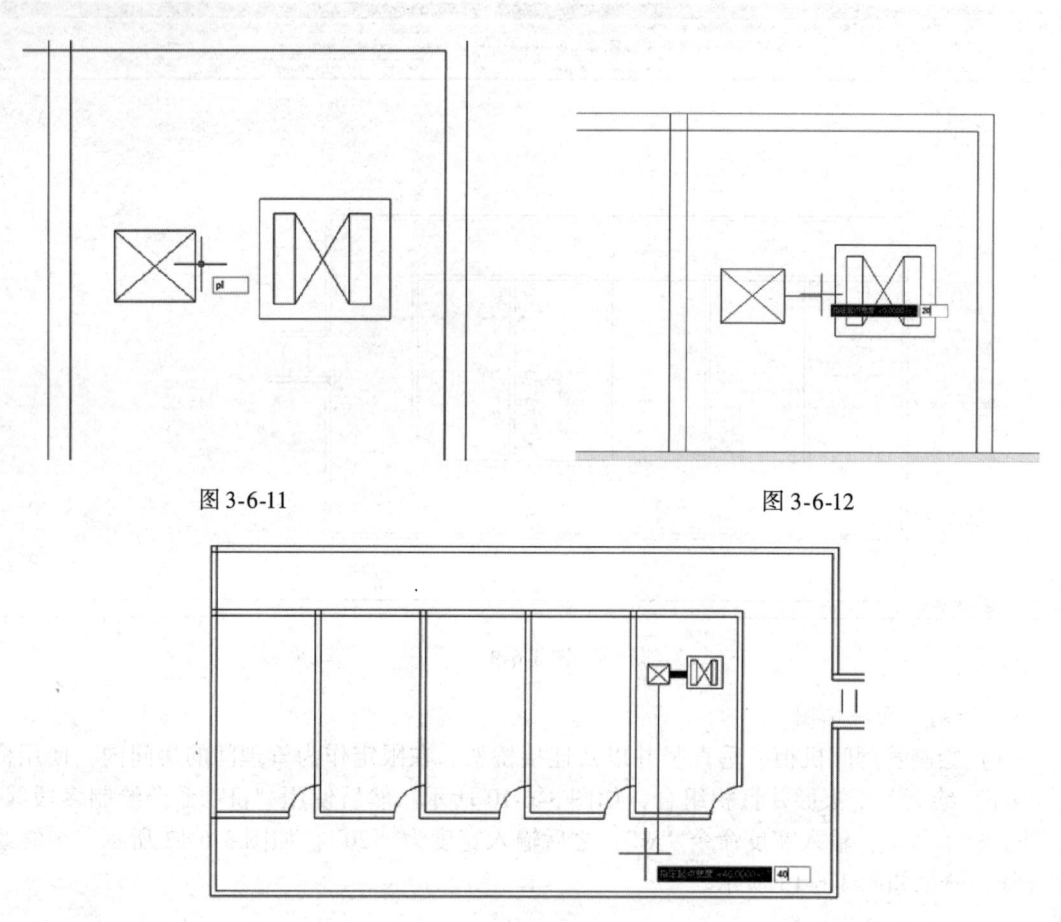

图 3-6-13

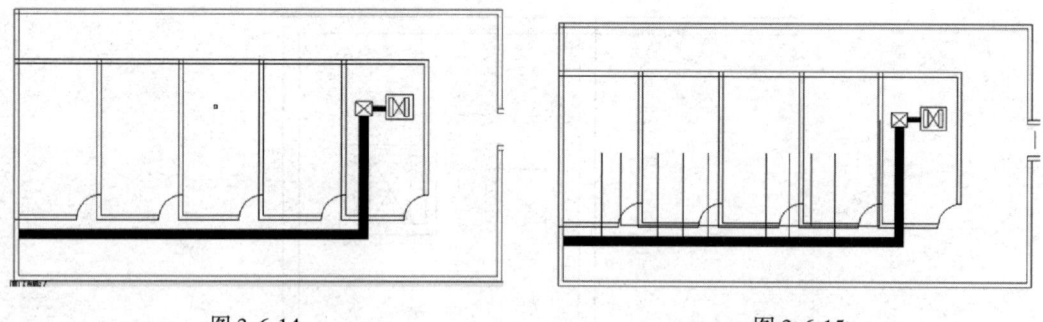

图 3-6-14　　　　　　　　　　　　　　　　图 3-6-15

（4）绘制信息点：使用命令"c"绘制一个圆，在圆的内部填充文字，表明信息点的类型。其中 TD 代表数据点，TP 代表语音点，TV 代表有线电视，两个圆代表双口面板，一个圆代表单口面板，如图 3-6-16 所示。

（5）标注管材铺设类型与方式：对进入房间铺设的管材的铺设方式、规格等信息进行标注，如图 3-6-17 所示。

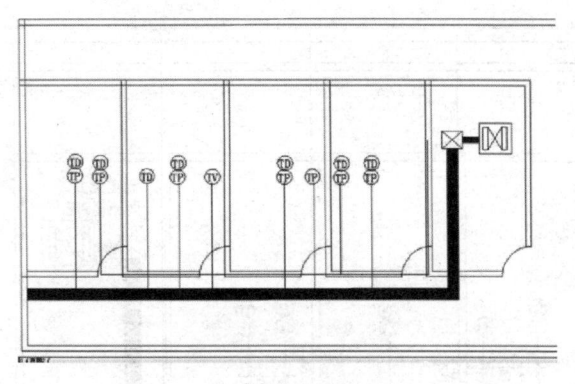

图 3-6-16

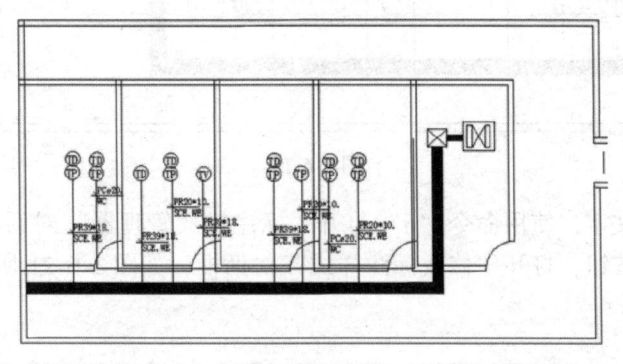

图 3-6-17

（6）对管理间机柜、走廊、楼梯等信息进行标注。通过命令"dli"，对楼层平面图的走廊、房间等信息的尺寸进行标注，如图 3-6-18 所示。在标注完第一个房间的尺寸之后，使用命令"dco"就可以对其他房间进行连续标注，如图 3-6-19 所示。

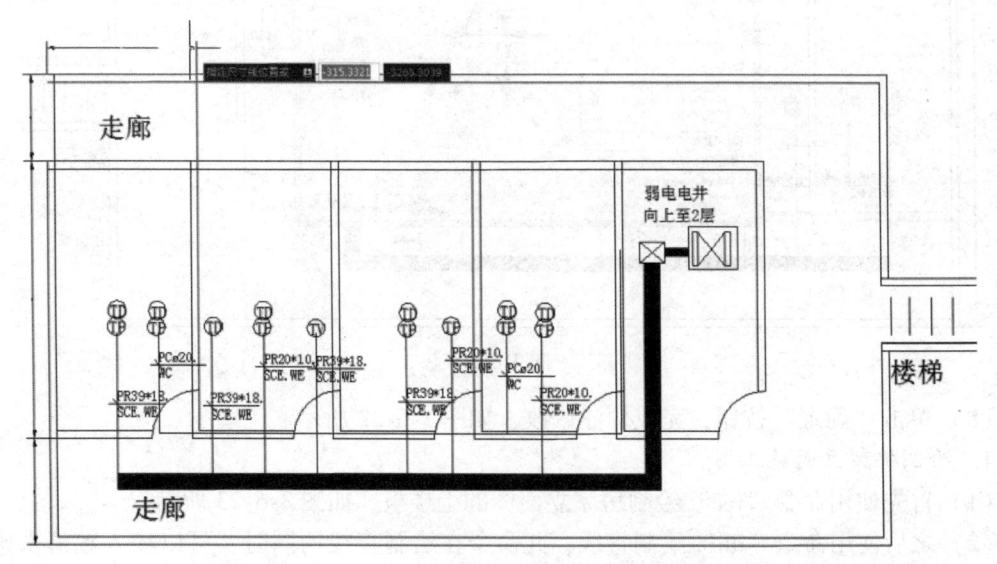

图 3-6-18

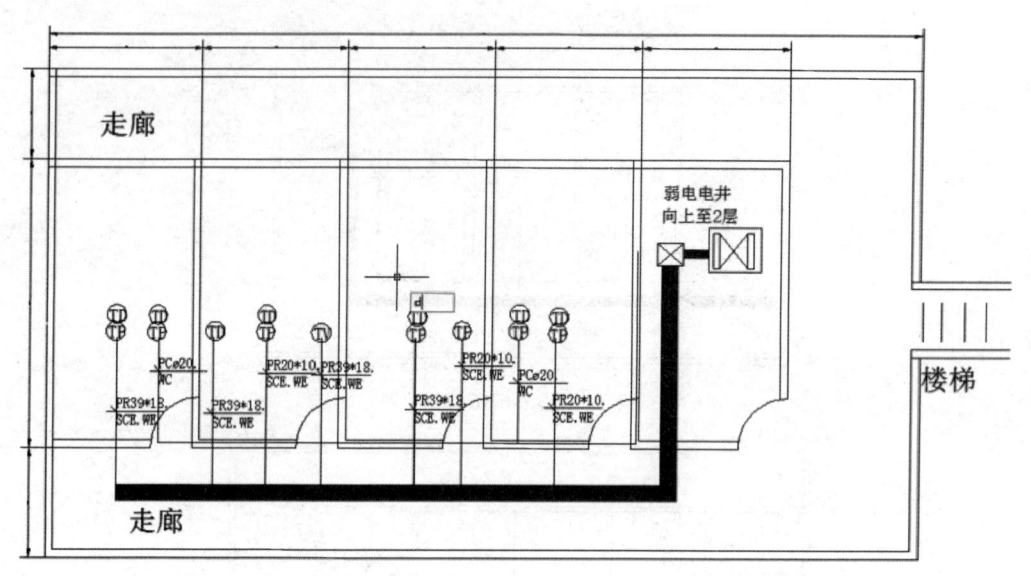

图 3-6-19

（7）放大标注文字，使用命令"d"打开"标注样式管理器"对话框，如图 3-6-20 所示。单击"修改"按钮，打开"修改标注样式"对话框，如图 3-6-21 所示，并且输入一个适当的文字高度值。

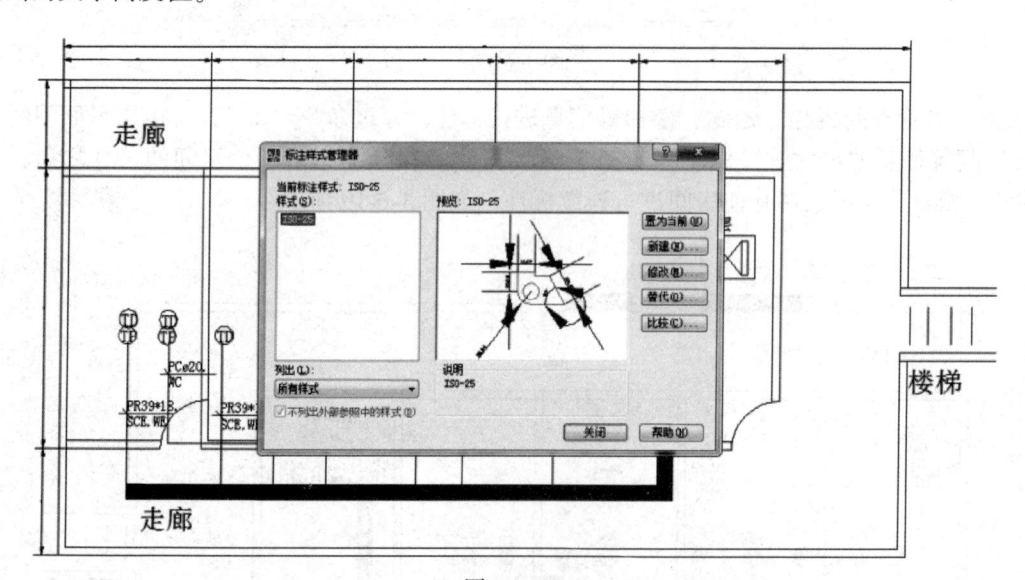

图 3-6-20

（8）单击"确定"按钮，完成标注修改，如图 3-6-22 所示。

4. 绘制桥架立面施工图

（1）首先使用命令"rec"绘制房屋立面图的上楼板，如图 3-6-23 所示。

（2）之后使用命令"dli"绘制直线，此命令在绘制直线的同时，可以输入数值来确定线缆的长度，这样就可以符合本项目描述的要求，如图 3-6-24 所示。

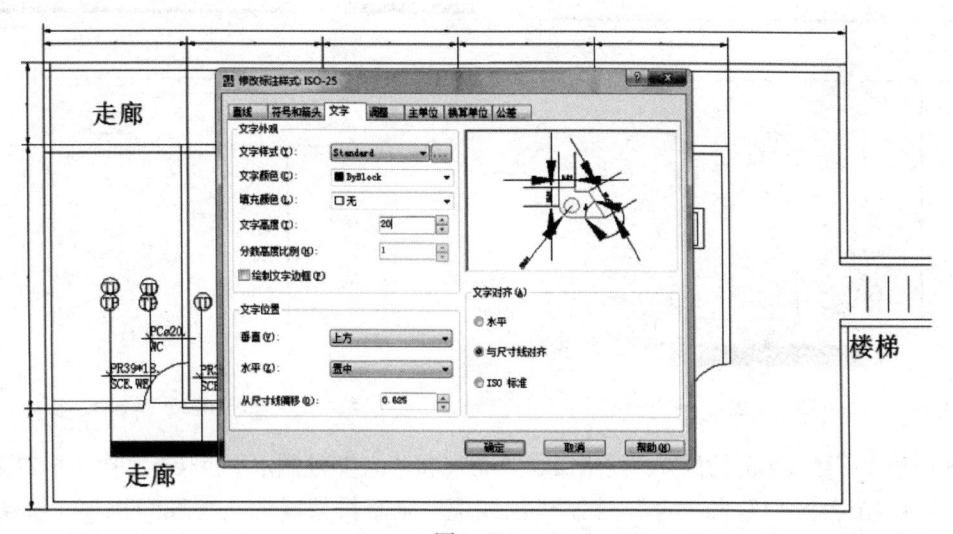

图 3-6-21

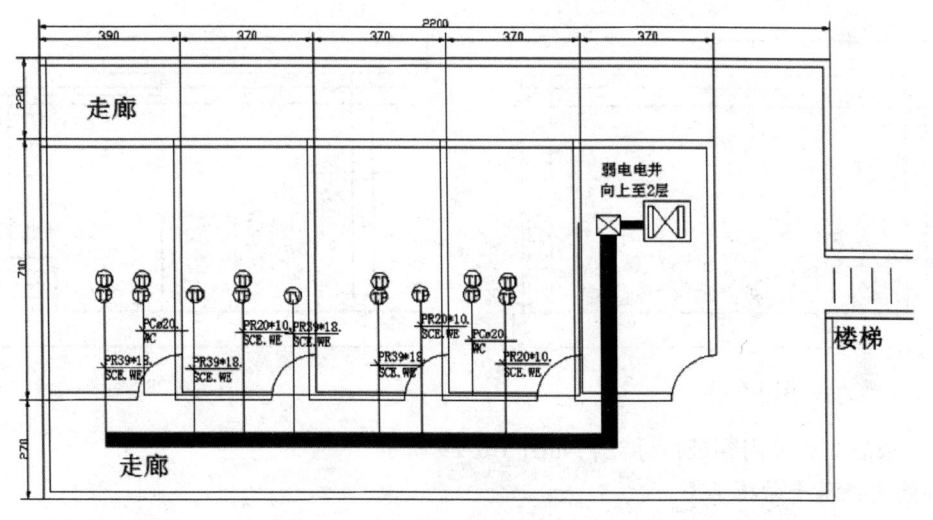

图 3-6-22

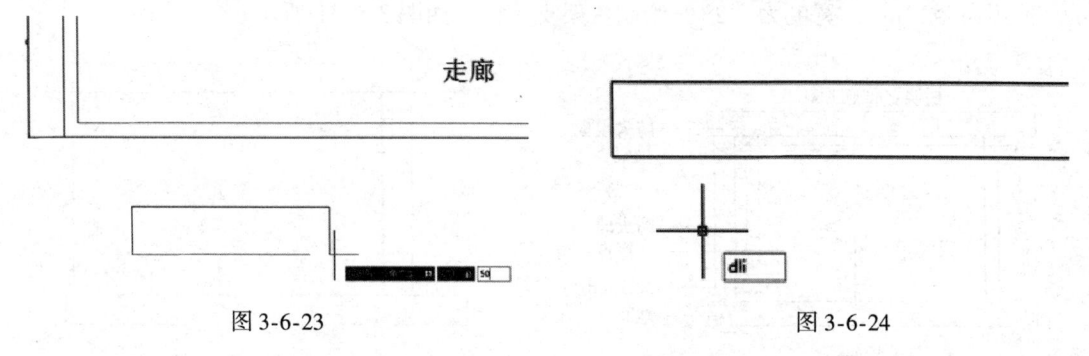

图 3-6-23   图 3-6-24

（3）由于项目描述要求楼层高度为 3.45 m，所以输入的直线的长度为 3 450 mm，如图 3-6-25 所示。

（4）使用命令"co"对房屋的上楼板进行复制，并且粘贴形成下楼板，如图 3-6-26 所示。

图 3-6-25　　　　　　　　　　　　　图 3-6-26

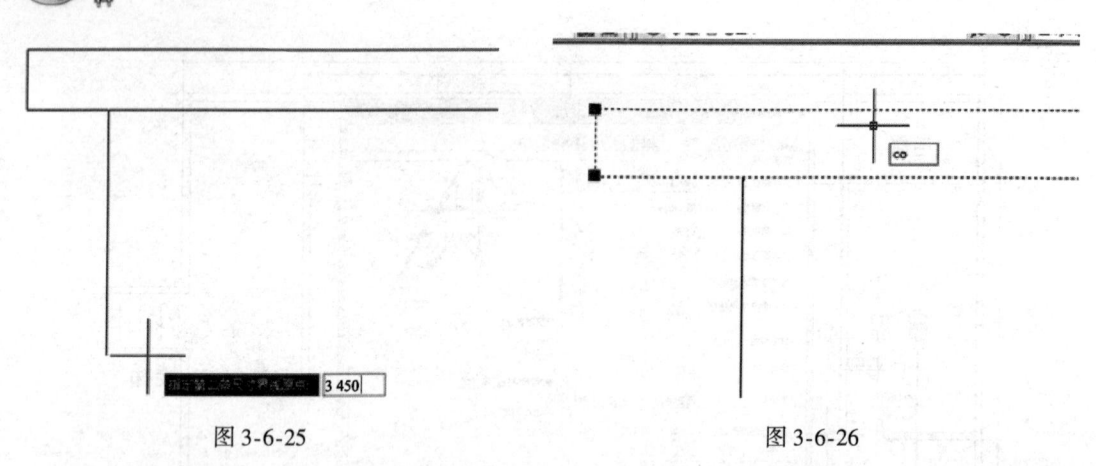

（5）距离下楼板 3 m 的位置，使用命令"dli"和"rec"绘制水平桥架，如图 3-6-27 所示。

（6）使用命令"l"和"co"绘制机柜线缆、垂直桥架线缆、管理间机柜、桥架固定点、门等内容，如图 3-6-28 所示。

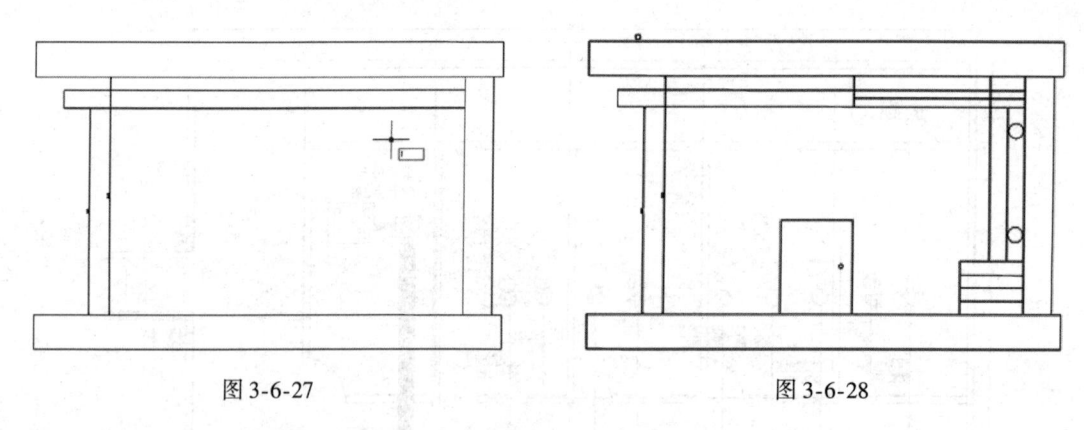

图 3-6-27　　　　　　　　　　　　　图 3-6-28

（7）最后对相关内容进行标注，如图 3-6-29 所示。

5．绘制链路平面施工图

（1）首先使用"rec"命令，绘制房屋立面图，并且绘制桥架横截面，如图 3-6-30 所示。使用命令"pl"，宽度为"2"，绘制桥架支撑杆，如图 3-6-31 所示。

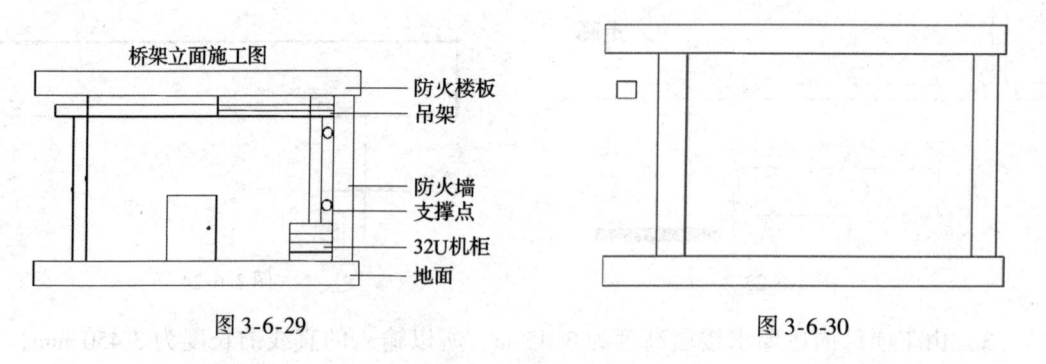

图 3-6-29　　　　　　　　　　　　　图 3-6-30

（2）绘制安装线管铺设立面施工线路，在绘制地面上方距离时，输入长度为 30 mm 来确定信息点底盒的高度，符合项目描述要求，如图 3-6-32 所示。

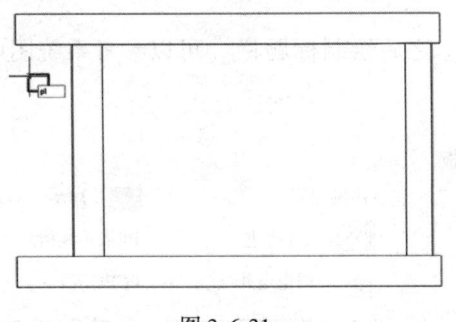

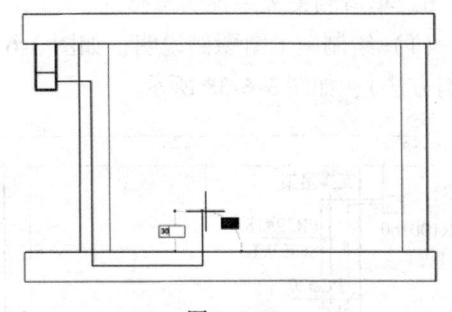

图 3-6-31　　　　　　　　　　　　　　　图 3-6-32

（3）在绘制信息点边框后，输入命令"h"，在弹出的对话框中，图案选项选择"SOL-ID"，单击"边界–添加拾取点"按钮，如图 3-6-33 所示。选取需要填充的信息点矩形后，在弹出的对话框中单击"确定"按钮，效果如图 3-6-34 所示。

图 3-6-33

（4）采用同样的方法，绘制出明装线槽的立面铺设图，如图 3-6-35 所示。最后，对链路平面施工图中的桥架尺寸、槽管类型和铺设方式、底盒类型和高度、楼板等信息进行标注，效果如图 3-6-36 所示。

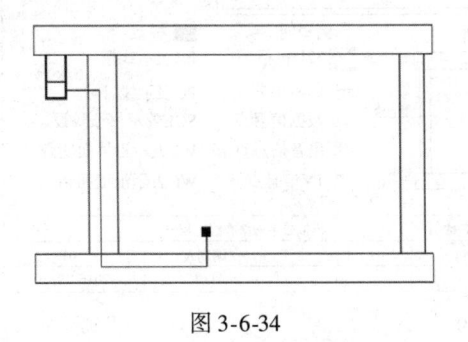

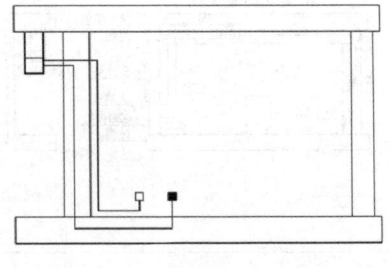

图 3-6-34　　　　　　　　　　　　　　　图 3-6-35

6. 填写相关文字说明与信息

（1）绘制施工图图例说明，如图3-6-37所示。之后绘制标题栏（可以参考系统图中的绘制方法），如图3-6-38所示。

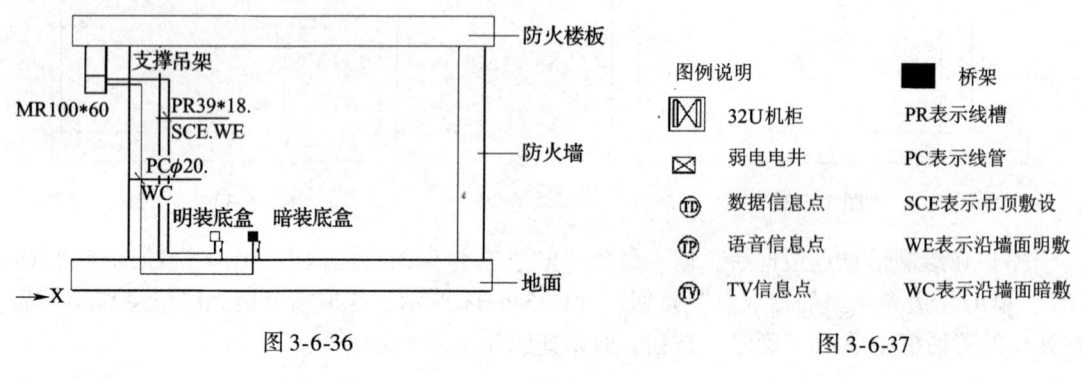

图 3-6-36

图 3-6-37

项目名称	模拟楼宇网络布线工程01		
类别	电施	编制人	01
审核人	01	日期	2016-12-30

图 3-6-38

（2）绘制完成后如图3-6-39所示，之后可以通过复制粘贴一层整体和修改细节的方式，绘制出其他各层的平面施工图。

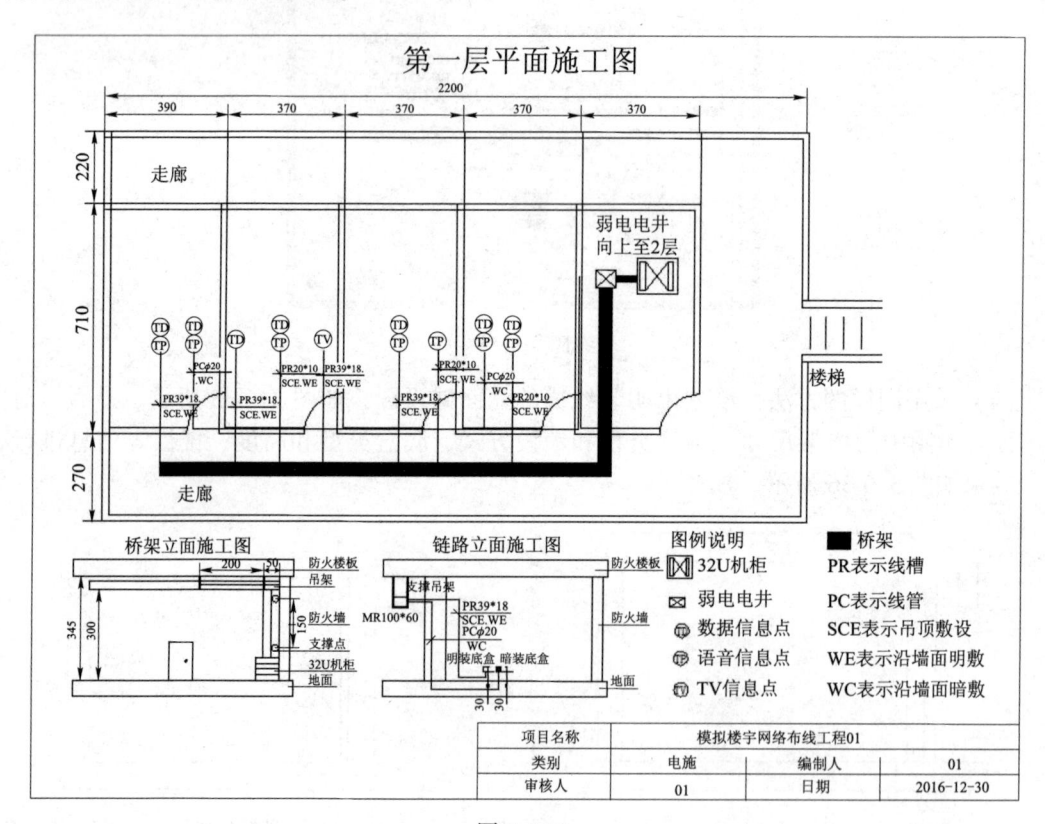

图 3-6-39

7. 保存与打印

可以参考项目三 – 任务五中系统图的保存打印步骤。

课堂练习

1. 背景描述

（1）根据提供的竞赛设备，依据项目三 – 任务三中的图 3-3-5 "实训操作仿真墙正（平）面展开图"和项目三 – 任务五中的图 3-5-28 所示，完成模拟楼宇三个楼层网络布线系统工程项目施工图的设计，文件名统一保存为"姓名 + 学号"形式。

（2）所述对象为一模拟楼宇三个楼层网络布线系统工程项目，项目名称统一为"模拟楼宇网络布线工程 + 学号"（学号取 2 位数字，不足 2 位前缀补 0），编制人、审核人等信息填写 01。

（3）墙体表面安装 40×20 PVC 线槽、20×10 PVC 线槽、φ20 PVC 线管，具体按图例说明。

（4）CD – BD 和 BD – FD 之间铺设 φ50 PVC 线管，具体按图例说明。

2. 绘制施工图

使用 Visio 或使用 AutoCAD，绘制平面施工图，包括俯视图、正视图、侧视图等，要求施工图中的文字、线条、尺寸、符号清楚和完整。设备和器材规格必须符合本比赛题中的规定，器材和位置等尺寸可现场实际测量。要求包括以下内容：

（1）CD – BD – FD – TO 布线路由、设备位置和尺寸正确。

（2）机柜和网络插座位置、规格正确。

（3）图面布局合理，位置尺寸标注清楚正确。

（4）图形符号规范，说明正确和清楚。

（5）标题栏完整，签署参赛队机位号等基本信息。

任务拓展

（一）背景描述

江州职业技术学院是一所省属公办全日制职业院校，随着学校的发展，该校新建了一栋三层综合办公楼，现需要对整栋楼的网络、语音、有线电视系统进行设计施工。参照"项目三 – 任务三 图 3-3-1"所示，具体描述如下：

（1）所述对象为楼宇三个楼层网络布线系统工程项目，项目名称统一规定为"江州职业技术学院网络布线工程"。

（2）针对双口信息面板统一规定：面对信息面板，左侧端口为数据端口，右侧端口为电话通信端口，信息点统计的数量信息参照项目三 – 任务三的表 3-3-3。

（3）楼层每层高度为 3.2 m，水平桥架架设距地面高度为 2.8 m，信息盒高度距地面高度为 0.3 m，绘图设计时，走廊宽度为 2.0 m，所述水平配线桥架主体应位于走廊上方，桥架截面尺寸为 100 mm×60 mm。

（二）设计图纸

参照"项目三 – 任务三中的图 3-3-1"。

(三) 设计要求

根据设计图纸，使用 AutoCAD 软件绘制平面施工图。要求施工图中的文字、线条、尺寸、符号描述清晰完整。竞赛设计突出：链路路由、信息点、电信间机柜设置等信息的描述，针对水平配线桥架仅需考虑桥架路由及合理的桥架固定支撑点标注。标题栏合理（包括项目名称、图纸类别、编制人、审核人和日期，其中编制人、审核人均填写竞赛机位号），施工图以文件名"施工图"保存到指定文件夹，且在该指定文件夹中以文件名为"施工生成图 n"生成（另存）一份 JPG 格式文件（n 为楼层号，即每楼层生成一个 JPG 文件）。根据以上要求及条件，绘制网络布线系统施工图，要求包括以下内容：

(1) FD–TO 布线路由、设备位置和尺寸正确。
(2) 机柜和网络插座位置、规格正确。
(3) 图面布局合理，位置尺寸标注清楚正确。
(4) 图形符号规范，说明正确和清楚。

(四) 绘制施工图

1. 建立框架

打开 AutoCAD 软件，采用命令绘制一个 A4 纸大小的图框，并且按照项目描述的要求保存该文件。

2. 绘制施工图

1) 分析工程需求

在绘制施工图之前，首先需要明确以下几点信息：每个楼层的结构和房间大小（在绘制之前可以向甲方索要楼层结构平面 CAD 图纸，如果没有图纸，则需要乙方根据现场测量结果绘制）；确定管理间、设备间的位置；确定垂直竖井的位置和大小；桥架的尺寸和铺设要求；进入房间铺设的材料类型和方式；信息点的种类和位置；项目名称、建筑物编号等信息。另外，由于在布线系统施工中，要严格按照施工图进行，所以绘制之前和甲方沟通，并且实地考察测量也是非常重要的一环。

2) 绘制施工图

(1) 绘制楼层平面结构图。
(2) 绘制设备间和管理间机柜、垂直竖井以及连接桥架。
(3) 绘制水平桥架。
(4) 绘制信息点，包括类型、分布（双口面板两个信息点在一条连接线上）。
(5) 绘制信息点到水平桥架的连线，并且标注类型和铺设方式。
(6) 绘制桥架立面施工图和链路平面施工图。
(7) 信息标注之后，通过复制、粘贴、修改细节的方式绘制其余两层的施工图。
(8) 保存为".dwg"和".jpg"格式各一份，并且打印。

3. 绘制样例

根据以上步骤，绘制出"江州职业技术学院综合办公楼网络信息布线施工图"，如图 3-6-40、图 3-6-41、图 3-6-42 所示。

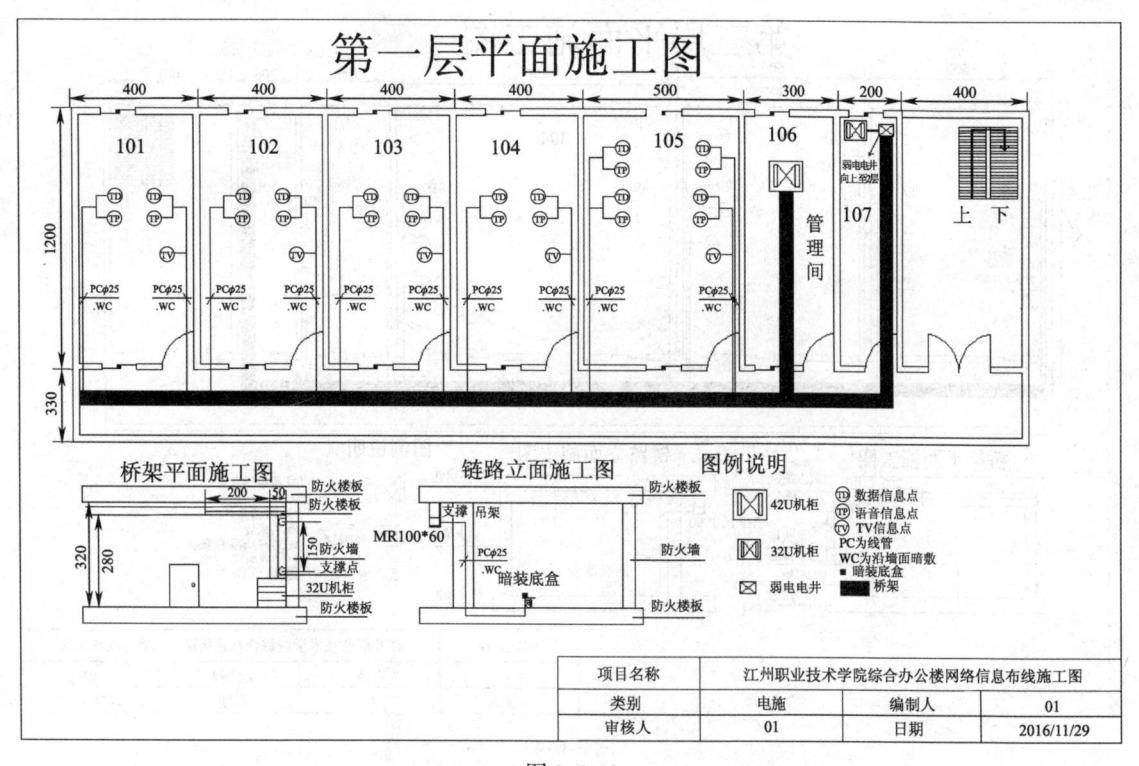

图 3-6-40

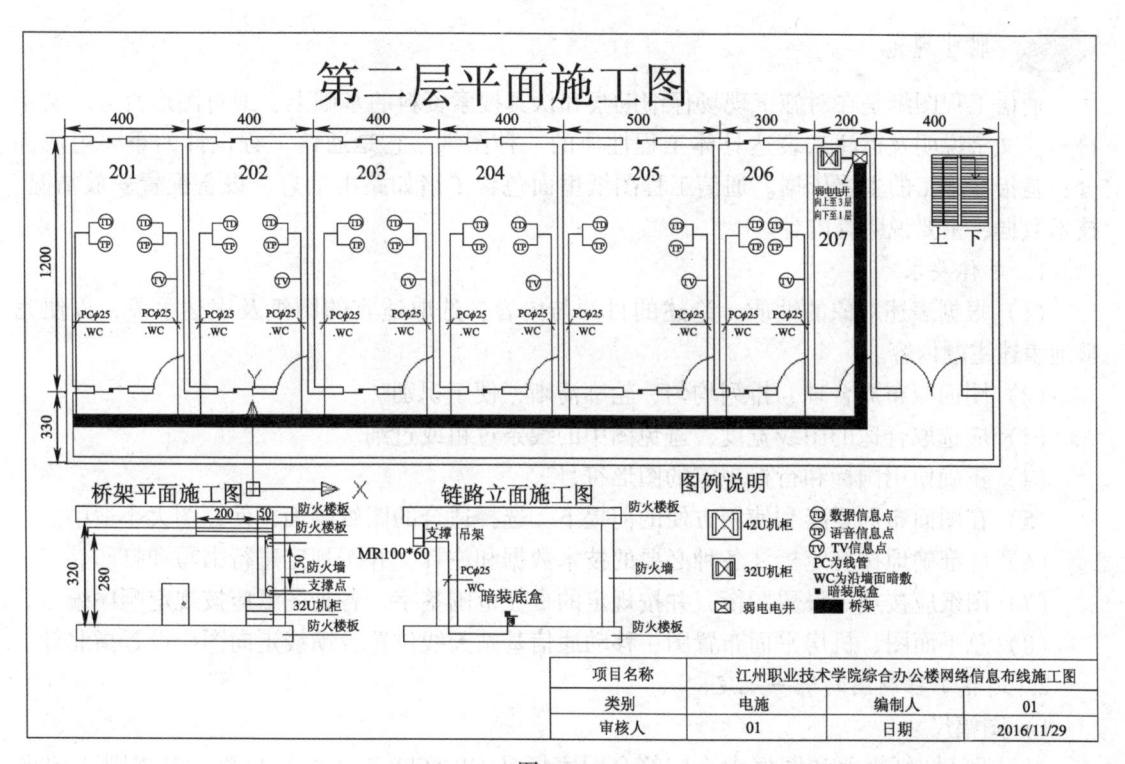

图 3-6-41

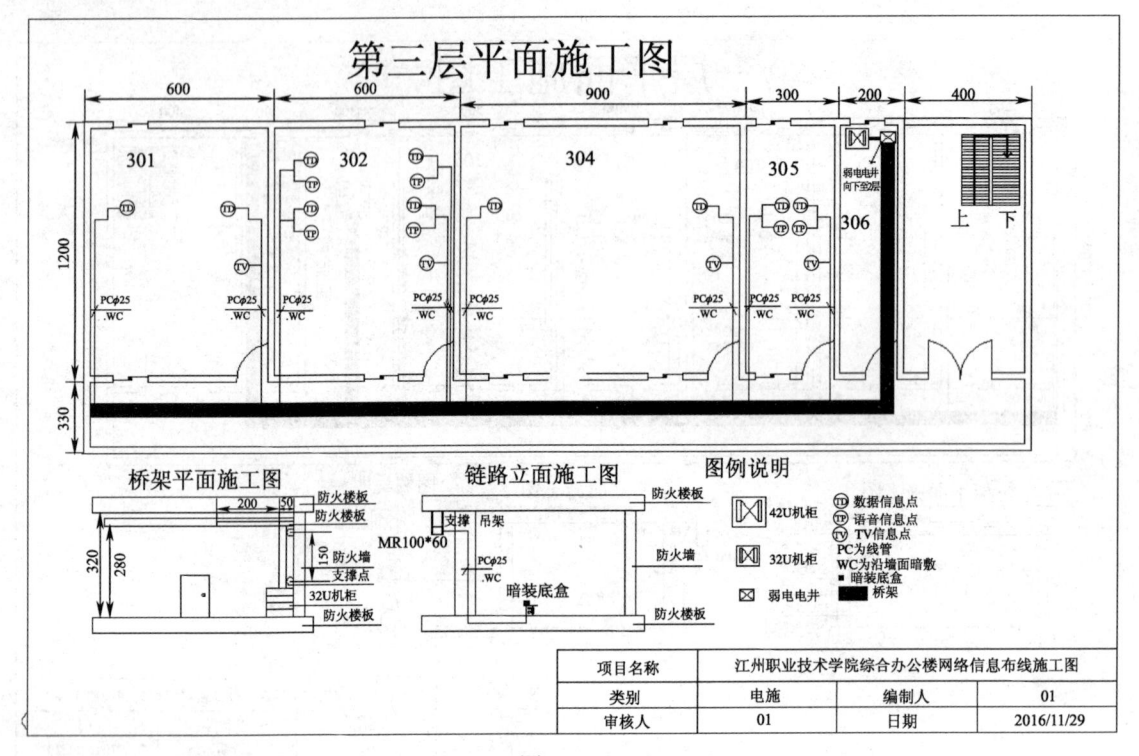

图 3-6-42

职业规范

通信工程图纸是在对施工现场仔细勘察和认真搜索资料的基础上，通过图形符号、文字符号、文字说明及标注来表达具体工程性质的一种图纸。它是通信工程设计的重要组成部分，是指导施工的主要依据。通信工程图纸里面包含了诸如路由信息、设备配置安放情况、技术数据、主要说明等内容。

1. 总体要求

（1）根据表述对象的性质、论述的目的与内容，选取适宜的图纸及表达手段，以便完整地表述主题内容。

（2）图面应布局合理、排列均匀、轮廓清晰，便于识别。

（3）应选取合适的图线宽度，避免图中的线条过粗或过细。

（4）正确使用国标和行标规定的图形符号。

（5）在图面布局紧凑和使用方便的前提下，选择适合的图纸幅面，使原图大小适中。

（6）应准确地按规定标注各种必要的技术数据和注释，并按规定进行书写和打印。

（7）图纸应按规定设置图衔，并按规定的责任范围签字，各种图纸应按规定顺序编号。

（8）总平面图、机房平面布置图、移动通信基站天线位置及馈线走向图应设置指北针。

2. 通信工程制图的统一规定

1）图幅尺寸

工程设计图纸幅面和图框大小应符合国家标准 GB 6988.2《电气制图一般规则》的规定，一般采用 A0、A1、A2、A3、A4 及其加长的图纸幅面。

2）图线型式及其应用

图线宽度一般为 0.25、0.3、0.35、0.5、0.6、0.7、1.0、1.2、1.4（单位为 mm）等。通常只选用两种宽度的图线，粗线的宽度为细线宽度的 2 倍，主要图线粗些，次要图线细些。

3）图纸比例

对于建筑平面图、平面布置图，一般有比例要求，在绘制时，应当选择适合的比例，并在图纸上及图衔相应栏目处注明。

4）尺寸标注

一个完整的尺寸标注应由尺寸数字、尺寸界线、尺寸线及其终端等组成。

5）字体及写法

图中书写的文字（包括汉字、字母、数字、代号等）均应字体工整、笔画清晰、排列整齐、间隔均匀，其书写位置应根据图面妥善安排，文字多时宜放在图的下面或右侧。文字内容从左向右横向书写，标点符号占一个汉字的位置。中文书写时，应采用国家正式颁布的简化汉字，字体宜采用长仿宋体。

6）注释、标注及技术数据

当含义不便于用图示方法表达时，可以采用注释。当图中出现多个注释或大段说明性注释时，应当把注释按顺序放在边框附近。有些注释可以放在需要说明的对象附近；当注释不在需要说明的对象附近时，应使用指引线（细实线）指向说明对象。

3．小结

通信工程图纸就是将图形符号、文字符号按不同专业的要求画在一个平面上，使工程施工技术人员通过阅读图纸就能够了解工程规模、工程内容，统计出工程量及编制工程概预算。只有绘制出准确的通信工程图纸，才能对通信工程施工具有正确的指导性意义。因此，通信工程技术人员必须要掌握通信制图的方法。

课后思考

根据"项目三－任务三－课后思考"中，你所统计的单位或读书学校某栋建筑物的信息点统计表，绘制其施工图，并说出你的设计思路。

任务七　编制材料统计表

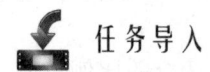

任务导入

天行健网络科技公司承接了江州职业技术学院的综合办公楼信息网络布线工程。目前进入到工程文档设计阶段，此阶段主要是编制各种表格和绘制图纸，为以后的施工与验收提供依据。本任务首先从"企想牌"综合布线实训装置入手，讲解编制材料统计表的步骤。之后学生完成"西元牌"综合布线实训装置材料统计表的编写，最后通过一个实际工程案例，进一步介绍编制的方法。

学习目标

（1）掌握信息网络布线系统材料统计表的编制方法。
（2）可以编制一个材料统计表。

任务实施

材料统计表是信息网络布线系统中必不可少的部分，此表格的编制是根据信息点统计表、施工图等内容计算出工程所需要的器材的使用量，主要为工程报价提供依据。在统计的过程中，务必做到准确无误，允许有适当的误差。特别是线缆、线槽、螺丝等材料基本做不到分毫不差，所以在实际施工过程中，这些都是据实结算。材料统计表和工程造价预算表的区别在于材料统计表只包括材料的名称、规格、数量；而工程造价预算表还需要增加品牌、型号、价格、税费、人工成本、管理费等项目的合计。

（一）背景描述

（1）根据实训设备图3-3-1"实训操作仿真墙正（平）面展开图"所示，模拟给定的综合布线系统工程项目，完成模拟楼宇三个楼层网络布线系统工程项目材料统计表的设计。

（2）所述对象为一模拟楼宇三个楼层网络布线系统工程项目，项目名称统一规定为"模拟楼宇网络布线工程＋学号"（学号取2位数字，不足2位前缀补0）。

（3）所述模拟楼宇每个楼层设置1个电信间，每个楼层电信间配置的机柜为6U吊装机柜（模拟），机柜内放置设备/器材为：TV配线架、110跳线架及网络配线架、光纤配线器。

（4）明装线盒固定于墙体表面，暗装线盒固定于墙体凹槽内；信息点面板有双口、单口、TV三种类型，语音和数据均采用RJ45模块进行端接。

（5）垂直子系统选用φ50 PVC线管进行模拟，垂直干线子系统至每楼层可采用φ50 PVC线管三通、弯头配件进行配线；CD－BD、BD－FD之间选用φ50 PVC线管进行模拟，CD－BD、BD－FD链路转弯可采用φ50 PVC线管弯头等配件。

（6）使用冷压方式制作4条长度为600 mm的SC－SC光纤跳线（单模/单芯）；选用超五类非屏蔽双绞线及水晶头，按照T568A和T568B标准，制作8条网络双绞线跳线，其中4条长度为600 mm交叉线，4条长度为800 mm的直通线。

（7）在实训设备上完成 6 条回路测试链路的布线和模块端接，路由按照图 3-7-1 所示；在实训设备上完成 6 条回路复杂永久链路的布线和模块端接，路由按照图 3-7-2 所示。

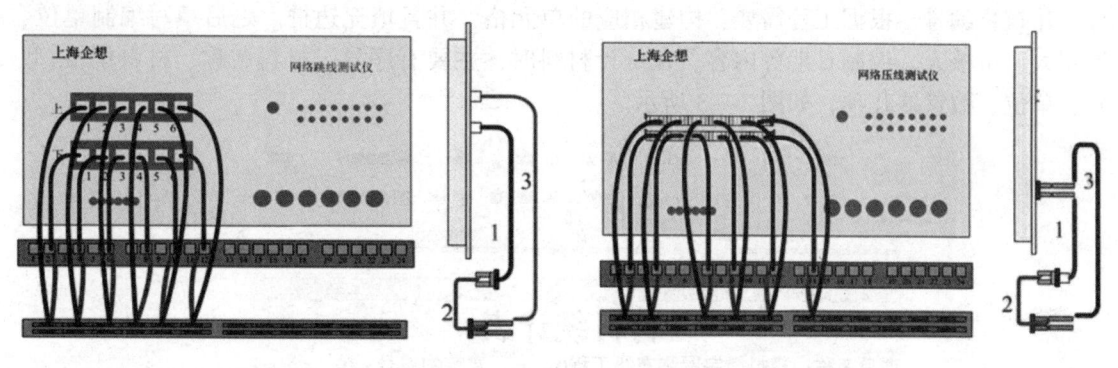

| 图 3-7-1 | 图 3-7-2 |

（8）CD – BD 之间铺设 4 根单芯单模皮线光缆，并且安装 SC 快速连接器，端接在光纤配线架上；铺设 1 根同轴电缆，端接英制 F 头在 TV 配线架上；铺设 1 根 25 对大对数线缆，端接在 110 跳线架底层，上层压接上 110 语音模块。

（9）BD – FD 各层之间分别铺设 2 根单模单芯皮线光缆，端接 SC 光纤快速连接器在光纤配线架上；分别铺设 1 根 25 对大对数线缆，端接在 110 语音跳线架下层，上层端接模块；分别铺设 1 根同轴电缆，端接英制 F 头，安装在 TV 配线架上。

（10）FD – TO 系统，语音和数据信息点全部采用超五类双绞线进行铺设；TV 信息点采用同轴电缆进行铺设；线缆一端分别端接网络模块、TV 面板，另外一端端接在网络配线架、TV 配线架上。

（二）设计图纸

参照"项目三 – 任务三中的图 3-3-1"。

（三）编制要求

采用 Excel 软件编写材料统计表，文件命名为"模拟楼宇网络布线工程 + 学号"（学号取 2 位数字，不足 2 位前缀补 0）。要求：材料名称和规格/型号正确，数量符合实际并统计正确，辅料合适，用途简述清楚，且竞赛机位号（建筑物编号、编制人、审核人、审定人均填写竞赛机位号，不得填写其他内容）和日期说明完整，参见表 3-7-1 项目工程材料统计表。

表 3-7-1

项目名称：＿＿＿＿＿＿＿＿＿＿　　　　　　　　　　　　　　建筑物编号：＿＿＿＿

序号	材料名称	材料规格	单位	数量	备注

编制人签字：＿＿＿＿　审核人签字：＿＿＿＿　审定人签字：＿＿＿＿　日期：　年　月　日

（四）编制过程

1. 建立表格框架

首先要新建一个 Excel 表，文件名命名为"材料统计表"。在打开的表单中填写项目名称、建筑物编号。根据工程需要，构建相应的单元格，并且填充边框。之后填写编制单位、编制人、审核人、编制日期等内容。在统计材料时，主要有序号、材料名称、材料规格/型号、单位、数量这几项，如图 3-7-3 所示。

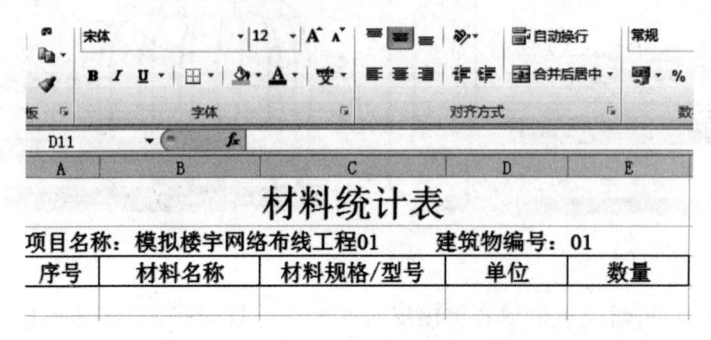

图 3-7-3

2. 填写统计数据

在填写数据的过程中，一定要结合国家相关规范和甲方的施工需求进行统计，统计的内容主要是在施工过程中需要用到的材料，这些材料只包括名称、规格等信息，不涉及品牌。材料统计表是工程造价预算的重要依据，乙方在统计的时候一定要仔细核实，以免提供报价有误，影响公司利润。如果甲方需要变更需求，所增加的材料应协商解决。

1) 分析项目要求

在此编制材料统计表主要设计铜缆系统的铺设和端接材料、光缆系统的铺设和端接材料、管槽、其他辅材这四大类。在统计的时候应该考虑到整个工程的需求量，无法精确的数据应该填写估值，或者在工程结束之后据实结算。

2) 填写数据

（1）填写材料名称、规格、单位信息，填写时尽量按照系统归类，如表 3-7-2 所示。

表 3-7-2

项目名称：模拟楼宇网络布线工程01　　　　　　　　　　建筑物编号：01

序号	材料名称	材料规格	单位	数量
1	39*19 线槽与辅材	39×19 PVC	米	
2		直角	个	
3		阴角	个	
4		三通	个	
5	20*10 线槽与辅材	20×10 PVC	米	
6		直角	个	
7		阴角	个	
8		三通	个	

续表

序号	材料名称	材料规格	单位	数量
9	φ20 线管与辅材	φ20 PVC	米	
10		管卡	个	
11		直接头	个	
12		弯头	个	
13		三通	个	
14	φ50 线管与辅材	φ50 PVC	米	
15		管卡	个	
16		弯头	个	
17		三通	个	
18	信息点底盒	86×86 明装	个	
19		86×86 暗装	个	
20	网络面板	双口	个	
21		单口	个	
22	有线电视面板	TV	个	
23	网络模块	RJ45 超五类非屏蔽	个	
24	网络双绞线	超五类非屏蔽	箱	
25	同轴电缆	SYWV-75-5	卷	
26	大对数线缆	HYV 25*0.4	米	
27	皮线光缆	单模单芯室内	米	
28	水晶头	RJ45	个	
29	英制 F 头	RG6	个	
30	英制 F 双通头	RG6/双通	个	
31	连接块	4 对	个	
32		5 对	个	
33	快速连接器	SC	个	
34	耦合器	SC	个	
35	网络配线架	RJ45	个	
36	TV 配线架	1U12 口	个	
37	110 跳线架	1U100 对	个	
38	光纤配线架	SC12 口	个	
39	十字螺丝	M5	个	

续表

序号	材料名称	材料规格	单位	数量
40	卡扣螺母	M5	个	
41	皇冠螺丝	M5	个	
42	扎带	200×4	包	
43	标签	P型	张	
44	锁母	φ20	个	

编制人签字：_____ 审核人签字：_____ 审定人签字：_____ 日　期：　年　月　日

（2）根据项目描述，逐一填写各个材料所使用的数量，如表3-7-3 材料统计表所示。

表3-7-3

项目名称：模拟楼宇网络布线工程01　　　　　　　　　　建筑物编号：01

序号	材料名称	材料规格	单位	数量
1	39×19 线槽与辅材	39×19 PVC	米	28
2		直角	个	4
3		阴角	个	2
4		三通	个	2
5	20×10 线槽与辅材	20×10 PVC	米	8
6		直角	个	0
7		阴角	个	0
8		三通	个	0
9	φ20 线管与辅材	φ20 PVC	米	12
10		管卡	个	26
11		直接头	个	10
12		弯头	个	0
13		三通	个	0
14	φ50 线管与辅材	φ50 PVC	米	6
15		管卡	个	5
16		弯头	个	7
17		三通	个	2
18	86×86 底盒	86×86 明装	个	23
19		86×86 暗装	个	5
20	网络面板	双口	个	17
21		单口	个	6
22	有线电视面板	TV		5
23	网络模块	RJ45 超五类非屏蔽	个	40

续表

序号	材料名称	材料规格	单位	数量
24	网络双绞线	超五类非屏蔽	箱	1
25	同轴电缆	SYWV-75-5	卷	1
26	大对数线缆	HYV 25*0.4	米	25
27	皮线光缆	单模	米	80
28	水晶头	RJ45	个	40
29	英制 F 头	RG6	个	13
30	英制 F 双通头	RG6/双通	个	13
31	连接块	4 对	个	10
32	连接块	5 对	个	42
33	快速连接器	SC	个	28
34	耦合器	SC	个	28
35	网络配线架	RJ45	个	3
36	TV 配线架	1U12 口	个	3
37	110 跳线架	1U100 对	个	3
38	光纤配线架	SC12 口	个	3
39	十字螺丝	M5	个	200
40	卡扣螺母	M5	个	48
41	皇冠螺丝	M5	个	48
42	扎带	200×4	包	1
43	标签	P 型	张	2
44	锁母	φ20	个	3

编制人签字：_____ 审核人签字：_____ 审定人签字：_____ 日期：__ 年 __ 月 __ 日

课堂练习

1. 背景描述

（1）根据提供的竞赛设备，完成模拟楼宇三个楼层网络布线系统工程项目材料统计表的编制，文件名统一保存为"姓名+学号"形式。

（2）所述对象为一模拟楼宇三个楼层网络布线系统工程项目，项目名称统一为"模拟楼宇网络布线工程+学号"（学号取2位数字，不足2位前缀补0），编制人、审核人等信息统一填写01。

（3）所述模拟楼宇每个楼层设置1个电信间，每个楼层电信间配置的机柜为6U吊装机柜（模拟），机柜内放置设备/器材为：TV配线架、110跳线架及网络配线架、光纤配线器。

（4）明装线盒固定于墙体表面，暗装线盒固定于墙体凹槽内；信息点面板有双口、单口、TV 三种类型，语音和数据均采用RJ45模块进行端接。

（5）垂直子系统选用 φ50 PVC 线管进行模拟，垂直干线子系统至每楼层可采用 φ50 PVC 线管三通、弯头配件进行配线；CD－BD、BD－FD 之间选用 φ50 PVC 线管进行模拟，CD－BD、BD－FD 链路转弯可采用 φ50 PVC 线管弯头等配件。

（6）CD－BD 之间铺设 2 根 4 芯单模光缆，并且安装快速连接器，端接在光纤配线架上；铺设 1 根同轴电缆，端接英制 F 头在 TV 配线架上；铺设 1 根 25 对大对数线缆，端接在 110 跳线架底层，上层压接上 110 语音模块。

（7）BD－FD 各层之间分别铺设 2 根单模单芯皮线光缆，端接 SC 光纤快速连接器在光纤配线架上；分别铺设 1 根 25 对大对数线缆，端接在 110 语音跳线架下层，上层端接模块；分别铺设 1 根同轴电缆，端接英制 F 头，安装在 TV 配线架上。

（8）FD－TO 系统，语音和数据信息点全部采用超五类双绞线进行铺设；TV 信息点采用同轴电缆进行铺设；线缆一端分别端接网络模块、TV 面板，另外一端端接在网络配线架、TV 配线架上。

2．设计图纸

依据项目三－任务三中的图 3-3-5"实训操作仿真墙正（平）面展开图"和项目三－任务五中的图 3-5-28 所示。

3．编制材料统计表

使用 Excel 软件编制 CD－TO 的材料统计表，要求：材料名称和规格/型号正确，数量符合实际并统计正确，辅料合适，竞赛机位号（建筑物编号、编制人、审核人均填写竞赛机位号，不得填写其他内容）和日期说明完整。编制完成后文件保存到指定文件下，保存文件名为"材料统计表＋学号"的形式，格式如表 3-7-4 所示。

表 3-7-4

项目名称：_____ 建筑物编号：_____

序号	材料名称	材料规格	单位	数量	备注

编制人签字：_____ 审核人签字：_____ 审定人签字：_____ 日期：__年__月__日

任务拓展

（一）背景描述

江州职业技术学院是一所省属公办全日制职业院校，随着学校的发展，该校新建了一栋三层综合办公楼，现需要对整栋楼的网络、语音、有线电视系统进行设计施工。参照"项目三－任务三中的图 3-3-6"，具体描述如下：

（1）所述对象为楼宇三个楼层网络布线系统工程项目，项目名称统一规定为"江州职业技术学院网络布线工程"。

（2）信息点采用暗装底盒安装在房间内，针对双口信息面板统一规定：面对信息面板，左侧端口为数据端口，右侧端口为电话通信端口，信息点统计的信息参照"项目三－任务三中的表 3-3-3"。

（3）楼层每层高度为 3.2 m，水平桥架架设距地面高度为 2.8 m，信息盒高度距地面高度为 0.3 m。绘图设计时，走廊宽度为 2.0 m，所述水平配线桥架主体应位于走廊上方，桥架截面尺寸为 100 mm×60 mm。

（4）楼宇每个楼层设置 1 个电信间，每个楼层电信间配置的机柜为 32U 国标交换机柜。按照需要安装网络配线架（一个用于数据点端接、一个用于语音点端接）、TV 配线架、语音配线架、光纤配线架。

（5）所述 CD – BD 之间选用 1 根 12 芯室外铠装光缆和 1 根同轴电缆布线；BD – FD 之间分别选用 1 根 4 芯单模光缆、1 根同轴电缆和 1 根 50 对大对数电缆布线；FD – TO 之间安装桥架与 $\phi 25$ 镀锌线管，并使用超六类双绞线和同轴电缆布线。

（二）设计图纸

参照"项目三 – 任务三中的图 3-3-1"。

（三）编制要求

按照设计图纸所示，参照表 3-7-4 格式，完成 BD→TO 材料统计表的编制。

要求：材料名称和规格/型号正确，数量符合实际并统计正确，辅料合适，学号（建筑物编号、编制人、审核人均填写学号，不得填写其他内容）和日期说明完整。编制完成后，将文件保存到指定文件下，保存文件名为"材料统计表+学号"。

（四）编制表格

1. 建立表格

建立一个 Excel 表格，按照要求修改文件名。

2. 编制材料统计表

1）分析工程需求

在编制材料统计表时，先要确定所使用的各种材料的名称、类型、规格、单位等信息，最好设置一个备注栏，方便以后标注信息。在具体数量的计算上，要严格仔细，不能有遗漏，对于线缆的计算可以通过公式进行（参见本任务职业规范环节）。在实际工程中，有可能材料会出现损耗，所以统计的时候应该考虑到损耗量。

2）编制材料统计表

（1）填写项目名称、建筑物编号、序号、材料名称、规格等信息。

（2）填写各材料的名称、规格、单位等。

（3）下拉序号一栏，统计出材料种类的总和。

（4）根据项目描述，计算出每种材料的使用量，并且填写。

（5）填写编制人、审核人、日期等信息。

（6）调整适当的页面，方便打印。

职业规范

在信息网络布线系统中，在计算材料用量时，可以采用一些公式进行计算。

1. RJ45 水晶头的需求量

公式：$m = n \times 4 + n \times 4 \times 15\%$

（1）m：表示 RJ45 接头的总需求量；

（2）n：表示信息点的总量；

（3）$n \times 4 \times 15\%$：表示留有的富余量。

2. 信息模块的需求量

公式：$m = n + n \times 3\%$

（1）m：表示信息模块的总需求量；

（2）n：表示信息点的总量；

（3）$n \times 3\%$：表示富余量。

3. 每层楼用线量

公式：$C = [0.55 \times (L + S) + 6] \times n$

（1）L：本楼层离管理间最远的信息点距离；

（2）S：本楼层离管理间最近的信息点距离；

（3）n：本楼层的信息点总数；

（4）0.55：备用系数；

（5）6：端接容差。

4. 选用线槽（管）的大小

公式：槽（管）横截面积 =（n×线缆截面积）/[70%×（40%~50%）]

（1）n：用户所要安装的线缆数量；

（2）线缆截面积：选用线缆的面积，可以通过 $S = \pi r^2$ 计算出单根面积，再乘以总根数；

（3）70%：布线标准规定允许的空间；

（4）40%~50%：线缆之间浪费的空间。

课后思考

根据"项目三－任务三－课后思考"中，你所统计的单位或读书学校某栋建筑物的信息点统计表、施工图等内容，编制材料统计表，并说出你的设计思路。

任务八　编制工程造价预算表

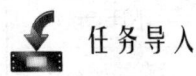

任务导入

天行健网络科技公司承接了江州职业技术学院的综合办公楼信息网络布线工程。目前进入到工程文档设计阶段，此阶段主要是编制各种表格和绘制图纸，为以后的施工与验收提供依据。本任务首先从"企想牌"综合布线实训装置入手，讲解工程造价预算表的步骤。之后学生完成"西元牌"综合布线实训装置工程造价预算表的编写，最后通过一个实际工程案例，进一步介绍编制的方法。

学习目标

（1）掌握信息网络布线系统工程造价预算表的编制方法。
（2）可以编制一个工程造价预算表。

任务实施

根据工程技术要求及规模容量，按设计施工图样统计工程量并乘以相应的定额即可概预算出工程的总体造价。统计工程量时，尽量要按标准化要求进行统计，以便编制概预算，采用信息网络布线工程概预算编制计算机管理系统。工程量统计一定要准确可靠，才能保证概预算的准确度。

（一）背景描述

本项目参见"项目三 – 任务三 – 任务实施一背景描述"。工程造价预算设计到各个方面，特别是设计到建筑方面的内容。在计算工程量中的人工成本时，大型的工程会根据工时定额进行计算。比如中级工制作一根跳线需要消耗的工时，铺设 1 m 线缆所需要消耗的工时等，比较复杂，这里不进行叙述。本任务主要是在之前编制材料统计表的基础上，增加品牌、型号、价格等内容，计算出材料的报价，之后乘以相应的系数，计算出总的工程预算表。

（二）设计图纸

参照"项目三 – 任务三中的图 3-3-1"。

（三）编制要求

按照项目描述，在材料统计表的基础上，完成布线项目施工费预算（建筑物模拟墙及标配网络配线实训装置不包含在预算表中）。

要求按照表 3-8-1 布线项目施工预算表，进行施工费预算。同时要求项目名称正确，表格设计合理，材料名称正确，规格/型号合理，数量合理，单价正确，建筑物编号、编制人、审核人均填写学号，日期说明完整，采用 A4 幅面打印 1 份。

（四）编制过程

1. 建立表格框架

首先要新建一个 Excel 表，文件名命名为"工程造价预算表"。由于工程造价预算的费用组成部分包括材料、人工、税费、管理几个方面，所以工程造价预算需要由两个部分组成，一个是材料费用，一个是税费、人工等费用。

表 3-8-1

项目名称： 建筑物编号：

序号	材料名称	规格	品牌	型号	数量	单位	单价/元	小计/元
1								
2								
3								
A	材料费用合计							
B	施工费：$A \times 20\%$							
C	机械费：$A \times 3\%$							
D	调试费：$A \times 5\%$							
E	税金：$(A+B+C+D) \times 3.5\%$							
	施工费总价：$A+B+C+D+E$							

编制人签字：_____ 审核人签字：_____ 审定人签字：_____ 日期： 年 月 日

在打开的表单中填写项目名称、建筑物编号。根据工程需要，构建相应的单元格，并且填充边框。之后填写编制单位、编制人、审核人、编制日期等内容。

2．填写统计数据

首先编制材料统计表，再填写品牌、型号、价格等信息，最后通过公式计算出每样材料的小计价格和总价。

1）分析工程需求

在工程造价预算表中，主要有以下项目：

（1）材料名称：使用材料的学名，如双绞线、光缆等。

（2）规格：指材料的类型，如双绞线中的非屏蔽超五类。

（3）品牌：材料的商标名称，如双绞线的品牌安普康。

（4）型号：生产厂家给产品的编号，如安普康超五类双绞线的编号为 AMCAT5E48050。

（5）数量和单位：特别地，主要双绞线一般都是按成箱的计算，305 米/箱。

（6）施工费：主要指人工费，表 3-8-1 会给出一个参考值，大型工程可以根据国家定额计算。

（7）机械费：指施工过程中使用的工具、脚手架等费用，表 3-8-1 只是给出一个参考值。

（8）调试费：指测试的费用，表 3-8-1 只是给出一个参考项和参考值。

（9）税金：指开具工程统一施工发票需要上交的税费。

2）填写数据

（1）编制工程造价预算表。

（2）填写品牌（不同品牌的产品价格差别较大，应当选择口碑较好的知名品牌）、型号、价格（不同产品的价格不同，可以结合当地市场或者参考网络产品报价）等信息。

（3）结合统计出来的材料费用总和，然后通过给出的参考公式，计算出施工费等信息。编制的参考结果如表 3-8-2 所示。

表 3-8-2
（工程造价预算表）

项目名称：模拟楼宇网络布线工程 01　　　　　　　　　　　　建筑物编号：01

序号	材料名称	规格	品牌	型号	数量	单位	单价/元	小计/元
1	39×19 线槽与辅材	39×19 PVC	联塑	PVC 阻燃 6 分	28	米	3	84
2		直角	联塑	6 分	4	个	0.5	2
3		阴角	联塑	6 分	2	个	0.5	1
4		三通	联塑	6 分	2	个	0.5	1
5	20×10 线槽与辅材	20×10 PVC	联塑	PVC 阻燃 3 分	8	米	2	16
6		直角	联塑	3 分	0	个	0.3	0
7		阴角	联塑	3 分	0	个	0.3	0
8		三通	联塑	3 分	0	个	0.3	0
9	φ20 线管与辅材	φ20 PVC	联塑	PVC 阻燃 4 分	12	米	2	24
10		管卡	联塑	5 分	26	个	0.3	7.8
11		直接头	联塑	6 分	10	个	0.3	3
12		弯头	联塑	7 分	0	个	0.3	0
13		三通	联塑	8 分	0	个	0.3	0
14	φ50 线管与辅材	φ50 PVC	联塑	B 型管	6	米	4	24
15		管卡	联塑	B 型	5	个	1	5
16		弯头	联塑	B 型	7	个	1	7
17		三通	联塑	B 型	2	个	1	2
18	信息点底盒	86 型明装	联塑	86×86×40	23	个	3	69
19		86 型暗装	联塑	77×77×48	5	个	3	15
20	网络面板	双口	安普康	AM8602	17	个	3	51
21		单口	安普康	AM8601	6	个	3	18
22	电视面板	TV	德力西	EA86TV	5	个	10	50
23	网络模块	RJ45 超五类非屏蔽	安普康	AMCAT5E08	40	个	9	360
24	网络双绞线	RJ45	安普康	AMCAT5E48050	290	米	1.8	522

续表

序号	材料名称	规格	品牌	型号	数量	单位	单价/元	小计/元
25	同轴电缆	SYWV-75-5	正太	NEX3-210-1	90	米	2.2	198
26	大对数线缆	HYV25*0.4	大唐保镖	DT2902-25	25	米	12	300
27	皮线光缆	单模单芯室内	腾飞	LD1-100	80	米	4	320
28	水晶头	超五类RJ45	安普康	AMCAT5E50	40	个	0.6	24
29	英制F头	RG6	耀红	75-5	13	个	1	13
30	英制F双通头	RG6/双通	耀红	75-5	13	个	1	13
31	连接块	4对	泛达	P110CB4-XY	10	个	3	30
32	连接块	5对	泛达	P110CB5-XY	42	个	3	126
33	快速连接器	SC	腾飞	FTTH预埋式	28	个	5	140
34	耦合器	SC	腾飞	SC-SC	28	个	1.5	42
35	网络配线架	RJ45	安普康	AMCAT5E1924	3	个	168	504
36	TV配线架	1U12口	莱特	LT-TV16-2	3	个	160	480
37	110跳线架	RJ11	安普康	AM19100	3	个	96	288
38	光纤配线架	SC12口	菲尼特	PH-ZDH-12C	3	个	37	111
39	螺丝	M5	朋联	十字，不锈钢	200	个	0.2	40
40	卡扣螺母	M5	双圣	卡接式	48	个	0.3	14.4
41	皇冠螺丝	M5	双圣	M5×17	48	个	0.3	14.4
42	扎带	200×4	永达	PA66	1	包	10	10
43	标签	国产	汉唐	84026	2	张	1.5	3
44	锁母	φ20	联塑	4分	3	个	1	3
A		材料费用合计						3 935.6
B		施工费：$A\times 20\%$						787.12
C		机械费：$A\times 3\%$						118.07
D		调试费：$A\times 5\%$						196.78
E		税金：$(A+B+C+D)\times 3.5\%$						176.31
		施工费总价：$A+B+C+D+E$						5 213.88

编制人签字：_____ 审核人签字：_____ 审定人签字：_____ 日期： 年 月 日

课堂练习

1. 背景描述

参见"项目三 – 任务三 – 课堂练习 – 背景描述"。

2. 设计图纸

依据项目三 – 任务三中的图 3-3-5 "实训操作仿真墙正（平）面展开图"和项目三 – 任务五中的图 3-5-28 所示。

3. 编制工程造价预算表

按照项目描述，在材料统计表的基础上，完成布线项目施工费预算（建筑物模拟墙及标配网络配线实训装置不包含在预算表中）。

要求按照表 3-8-3 布线项目施工预算表，进行施工费预算。同时要求项目名称正确，表格设计合理，材料名称正确，规格/型号合理，数量合理，单价正确，建筑物编号、编制人、审核人均填写学号，日期说明完整，采用 A4 幅面打印 1 份。

表 3-8-3

项目名称：　　　　　　　　　　　　　　　　　　　　　　　建筑物编号：

序号	材料名称	规格	品牌	型号	数量	单位	单价/元	小计/元
1								
2								
3								
A	材料费用合计							
B	施工费：$A \times 20\%$							
C	机械费：$A \times 3\%$							
D	调试费：$A \times 5\%$							
E	税金：$(A+B+C+D) \times 3.5\%$							
	施工费总价：$A+B+C+D+E$							

编制人签字：＿＿＿＿　审核人签字：＿＿＿＿　审定人签字：＿＿＿＿　日期：　年　月　日

任务拓展

1. 背景描述

参见"项目三 – 任务三 – 任务拓展 – 背景描述"。

2. 设计图纸

参照"项目三 – 任务三中的图 3-3-6"。

按照项目描述，在"项目三 – 任务七 – 任务拓展"材料统计表的基础上，完成布线项目施工费预算。要求按照项目描述编制施工预算表，进行施工费预算。同时要求项目名称正确，表格设计合理，材料名称正确，规格/型号合理，数量合理，单价正确，建筑物编号、编制人、审核人均填写学号，日期说明完整。编制完成后，将文件保存到指定文件下，保存文件名为"材料统计表+学号"。

3. 编制表格

由于在设计的过程中，每个公司都会采用不同品牌型号的产品，在计算成本和进行工程报价时又有不同的方式，所以本环节不再给出参考结果。

职业规范

1. 概预算的编制程序

（1）收集资料，熟悉图纸。在编制概预算前，应收集有关资料，如工程概况、材料和设备的价格、所用定额、有关文件等，并熟悉图纸，为准确编制概预算做好准备。

（2）计算工程量。根据设计图纸，计算全部工程量，并填入相应表格中。

（3）套用定额，选用价格。根据汇总的工程量，套用《综合布线工程预算定额项目》，并分别套用相应的价格。

（4）计算各项费用。根据费用定额的有关规定，计算各项费用并填入相应的表格中。

（5）复核。认真检查、核对。

（6）拟写编制说明。按编制说明内容的要求，拟写说明编制中的有关问题。

（7）审核出版。填写封皮，装订成册。

2. 概预算的审批

（1）设计概算的审批。设计概算由建设单位主管部门审批，必要时可由委托部门审批；设计概算必须经过批准方可作为控制建设投资及编制修正概算的依据。设计概算不得突破批准的可行性研究报告投资额，若突破时，由建设单位报原可行性研究报告批准部门审批。

（2）施工图预算的审批。施工图预算应由建设单位审批；施工图预算需要由设计单位修改，由建设单位报主管部门审批。

3. 综合布线工程概预算编制软件

综合布线工程概预算过去一直是手工编制，随着计算机的普及和应用，近年来相关技术单位开发出了综合布线工程概预算编制软件。如北京通太科技开发有限公司开发的综合布线工程概预算软件既有 Windows 单用户版，还有网络版。通过实际使用，深爱用户好评。此产品是一套成熟可靠的软件，通用于综合布线行业的建设单位、设计单位施工企业和监理企业进行综合布线工程专业的概预算、结算的编制和审核，同时具有审计功能。

课后思考

根据"项目三 – 任务七 – 课后思考"中的材料统计表，进行工程造价预算表的编制。

项目四

端接信息网络布线系统配线工程技术

项目描述

配线设备作为通信网络中使用最普遍的设备之一,其在线路的维护、防护及测试等方面起到了十分重要的作用。本项目主要是从信息网络布线系统中铜缆和光缆的端接入手,重点介绍配线端接的重要性以及对网络传输信号的影响。其中涉及铜缆的有:水晶头、网络模块、110语音模块的端接原理,并且重点介绍六类铜缆的端接方法。涉及光缆的有:尾纤熔接、室内外光缆熔接、皮线光缆冷接等技术。根据实际教学需要,此项目的操作部分在实训室完成,项目扩展部分会介绍实际工程的内容。

知识目标

(1) 了解配线端接的重要性。
(2) 了解不同光缆和铜缆端接所使用的场合。
(3) 掌握铜缆的端接方法。
(4) 掌握光缆的熔接方法。

任务一　配线端接原理与重要性

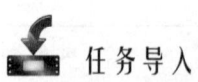

任务导入

天行健网络科技公司承接了江州职业技术学院的综合办公楼信息网络布线工程。目前进入到工程的施工阶段，在本阶段将对布线七个子系统进行施工。工程量比较大而且至关重要的就是线缆的端接，包括铜缆和光缆系统。线缆端接的要点一个是线序、一个就是质量。本任务将从各种模块和线缆的端接线序出发，介绍端接原理。

学习目标

（1）了解配线端接的重要性。
（2）掌握配线端接的原理。

知识准备

信息网络布线系统配线端接主要是指将铜缆或者光缆，端接在相应的水晶头、模块、配线架、尾纤、冷接头等器材上，用以实现数据传输。在布线系统设计和施工中，配线端接技术直接影响网络系统的传输速率、稳定性和可靠性，也直接决定综合布线系统永久链路和信道链路的测试结果。

（一）网络配线端接的意义和重要性

网络配线端接是连接网络设备和布线系统的关键施工技术，通常每个网络系统管理间有数百甚至数千根网线。一般每个信息点需要有：设备跳线→墙面模块→楼层机柜通信配线架→网络配线架→交换机连接跳线→交换机级联线等，需要平均端接 10～12 次，每次端接 8 个芯线，因此在工程技术施工中，每个信息点大约平均需要端接 80 芯或者 96 芯，因此熟练掌握配线端接技术非常重要。

例如，如果进行 1 000 个信息点的布线系统工程施工，按照每个信息点平均端接 12 次计算，该工程总共需要端接 12 000 次，端接线芯 96 000 次，如果操作人员端接线芯的线序和接触不良错误率按照 1% 计算，将会有 960 个线芯出现端接错误，假如这些错误平均出现在不同的信息点或者永久链路，其结果是这个项目可能有 960 个信息点出现链路不通。这样一来，这个 1 000 个信息点的综合布线工程竣工后，仅仅链路不通这一项错误将高达 96%，同时各个永久链路的这些线序或者接触不良错误很难及时发现和维修，往往需要花费几倍的时间和成本才能解决，造成非常大的经济损失，严重时直接导致该综合布线系统无法验收和正常使用。

（二）铜缆端接原理

铜缆端接原理主要指双绞线、大对数线缆的端接原理。

1. 水晶头端接原理

1）端接线序

EIA/TIA 的布线标准中规定了两种双绞线的线序 568A 与 568B。线序的方向是指水晶头带有金属齿的一面朝向自己，从左到右的顺序，如表 4-1-1 双绞线线序表所示。

表 4-1-1

线序号	1	2	3	4	5	6	7	8
568A	白绿	绿	白橙	蓝	白蓝	橙	白棕	棕
568B	白橙	橙	白绿	蓝	白蓝	绿	白棕	棕

注："白橙"是指白线上有橙色的色点或色条的线缆，白绿、白蓝、白棕亦同。

2）端接原理

在百兆以太网中，双绞线只使用1、2、3、6编号的芯线传递数据，即1、2用于发送，3、6用于接收，按颜色来说：白橙、橙两条用于发送；白绿、绿两条用于接收；4、5、7、8是双向线。而在千兆以太网中，8根线缆全部用于数据传输。

超五类双绞线按照相应的线序插入到超五类水晶头之后，8芯线缆处于同一水平线，如图4-1-1所示，然后通过压线钳压接水晶头，压接后8个金属齿刀片的2个刺针分别划破绝缘层插入8个铜线导体中，实现刀片与铜线的长期可靠连接，实现电气连接功能，如图4-1-2所示。

六类双绞线按照相应的线序插入到超五类水晶头之后，8根线缆根据限位槽的结构上下两排排列，水晶头压接后刀片位置也不在同一水平线上，如图4-1-3所示。之后通过压线钳压接水晶头，压接后8个金属齿刀片的3个刺针分别划破绝缘层插入8个铜线导体中，实现刀片与铜线的长期可靠连接，实现电气连接功能，如图4-1-4所示。

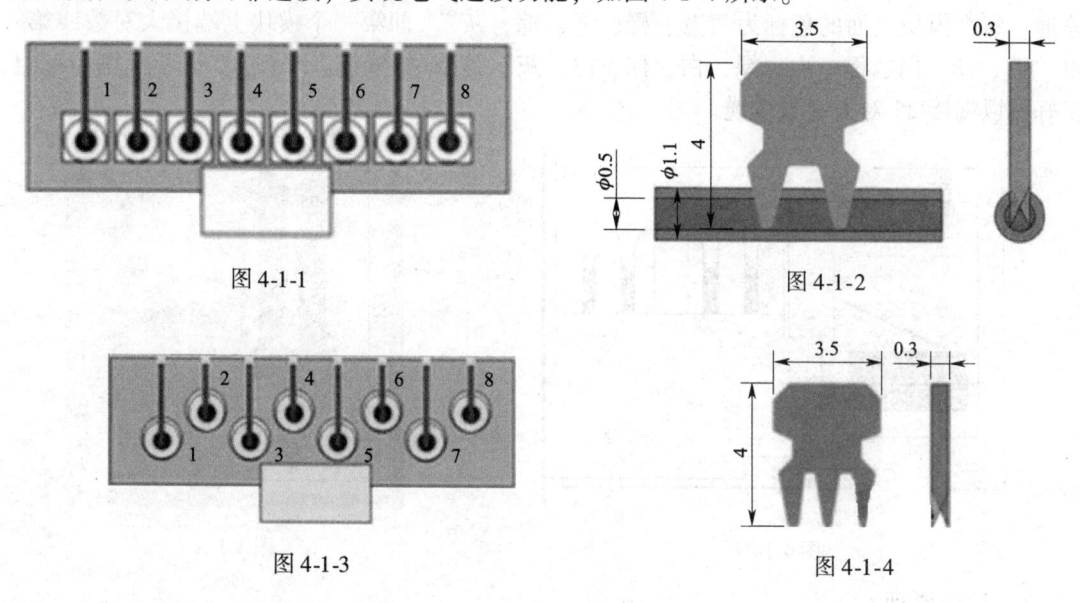

图 4-1-1

图 4-1-2

图 4-1-3

图 4-1-4

2. 网络模块端接原理

1）端接线序

网络模块分为两种，一种是免打式，一种是打接式。两种模块在卡线槽上都有相应的色标，有568A和568B两种线序，但是具体位置由于生产厂家的不同，所以具体线缆的位置也有所不同，图4-1-5（右侧面568A色标为白绿、绿、白蓝、蓝）和图4-1-6（右侧面568A色标为白绿、绿、白橙、橙）就显示了两种不同厂家模块色标的不同。

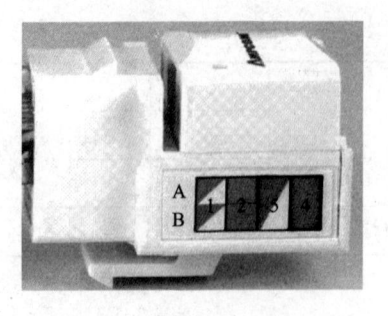

图 4-1-5 　　　　　　　　　　　　　　图 4-1-6

2）端接原理

网络模块每个线柱内镶有一个刀片，如图 4-1-7 所示，刀片长 12 mm，宽 4 mm，如图 4-1-8 所示。刀片下端固定在电路板上，上端穿入塑料线柱中。线芯压入塑料线柱时，被刀片划破绝缘层，夹紧铜导体，实现电气连接功能。插口内有 8 个弹簧插针，弹簧插针一端固定在电路板上，通过电路与刀片连通，另一端与电路板成 30°。水晶头插入后，8 个弹簧插针与水晶头上的 8 个刀片紧密接触。这样就实现了水晶头与模块的电气连接。

3. 110 语音模块端接原理

1）端接线序

25 对大对数线缆端接在 110 语音跳线架底层之后，在上面压接上 110 语音模块，实现连通。每个模块上面的色标为"蓝、橙、绿、棕、灰"，即第一个模块上端接大对数线第一组"白、蓝、白、橙、白、绿、白、棕、白、灰"这 10 根线缆。5 个 110 语音模块为一组，正好可以端接 25 对大对数线缆。

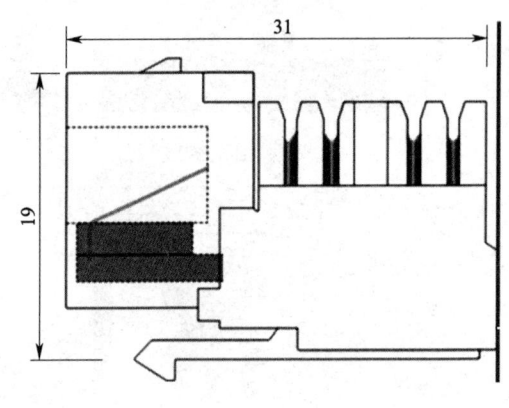

图 4-1-7 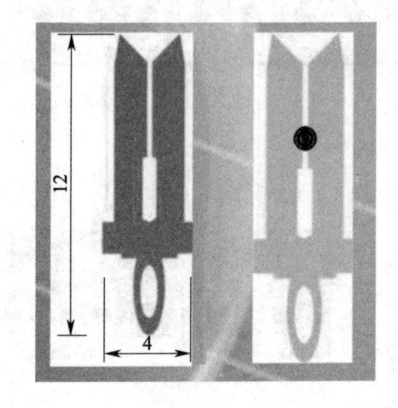　　　　　　　　　　　　　　图 4-1-8

2）端接原理

在 110 语音模块上，也有塑料线柱，内部嵌入刀片，当模块压接到跳线架上时，大对数线缆会进入塑料线柱，刀片会划破线缆塑料皮，与内部铜丝相接触，实现电气连通。原理也如图 4-1-8 所示，模块外层可以端接水平线缆，实现与内部大对数线缆的连接。

4. 配线架端接原理

1）端接线序

在将双绞线端接到配线架上时，一定要按照配线架背面的线序进行端接，如图 4-1-9

所示。这里需要强调的是，配线架的线序排列方式会根据生产厂家的不同而不同，一定要仔细观察后再端接。在免打式配线架中，信息点模块和配线架一般是通用的，两者可以互换。

2）端接原理

配线架的端接原理也是通过背面的塑料线柱内的刀片划破双绞线的塑料外皮，与内部的铜丝相接触，如图 4-1-10 所示，之后通过电路板与配线架前面的 RJ45 接口连通。

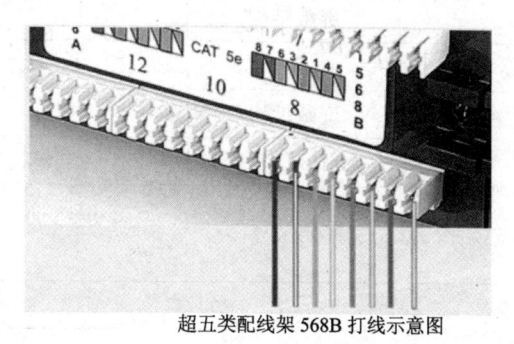

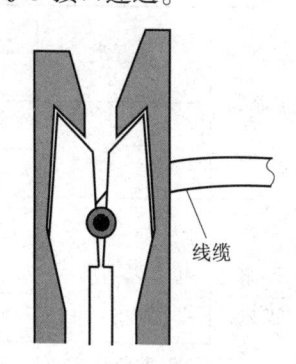

图 4-1-9 超五类配线架 568B 打线示意图

图 4-1-10

（三）光缆端接原理

1. 光缆色谱线序

12 芯光缆为一组，色谱线序如表 4-1-2 所示。如果光缆的芯数不足 12 芯，则从第 1 号颜色依次截取。如果线缆芯数超过 12 芯，如 48 芯光缆，则以 12 芯为一组套松套管，管套的色谱依次是"蓝、橙、绿、棕"，可以参考表 4-1-3 光缆内松套管色谱识别表。

表 4-1-2

光缆序号	1	2	3	4	5	6	7	8	9	10	11	12
颜色	蓝	橙	绿	棕	灰	白	红	黑	黄	紫	粉红	青绿

表 4-1-3

套管号	1	2	3	4	5	6	7	8	9	10	11	12
颜色	蓝	橙	绿	棕	灰	白	红	黑	黄	紫	粉红	青绿

2. 热熔光纤的原理

首先，熔接机使两条光纤的纤芯对准，通过 CCD 镜头找到光纤的纤芯。之后，两根电极棒释放瞬间产生高压（几千伏，不过是很短的瞬间），达到击穿空气的效果，击穿空气后会产生一个瞬间的电弧，电弧会产生高温，将已经对准的两条光纤的前端熔化，由于光纤是二氧化硅材质，也就是通常说的玻璃（当然光纤的纯度高得多），很容易达到熔融状态的，然后两条光纤稍微向前推进，于是两条光纤就粘在一起了。

3. 冷接光纤的原理

机械式光纤接续俗称为光纤冷接，是指不需要熔接机，只通过简单的接续工具，利用机械连接技术实现单芯或多芯光纤永久连接的方式。机械式光纤接续技术在光纤到户（FTTH）中有其特有的应用优势。机械式光纤接续所采用的机械式光纤接续子，又称为光纤冷接子。

课堂练习

请通过在互联网查找，或者在实训室查看实物的基础上，填写表4-1-4的内容。

表4-1-4

水晶头	超五类	刺针数量		屏蔽结构	
		排列结构		特点	
	六类	刺针数量		屏蔽结构	
		排列结构		分体式特点	
网络模块	超五类端接式	1~8号卡槽色标顺序（568B）			
		结构特点			
	六类免打式	结构特点			
110语音模块	四对块	色标顺序			
	大对数线缆色谱1~25对				
网络配线架	超五类端接式	568B 1~8卡位色标			
	六类端接式	色标分布特点			
光缆	光缆色谱				
	48芯光缆色谱结构	第一套管颜色		第二套管颜色	
		第三套管颜色		第四套管颜色	
	热熔光纤的特点				
	冷接光纤的特点				

任务拓展

综合布线系统配线端接的基本原理是，将线芯用机械力量压入两个刀片中，在压入过程中刀片将绝缘护套划破并与铜线芯紧密接触，同时金属刀片的弹性将铜线芯长期夹紧，从而实现长期稳定的电气连接。

按照《综合布线系统工程设计规范》（GB 50311—2007）和《综合布线系统工程验收规范》（GB 50312—2007）两个国家标准的规定，对于永久链路需要进行11项技术指标测试。除了上面提到的线序和电气接触这两个直接影响永久链路测试指标外，还有网线外皮剥离长度、拆散双绞长度、拉力、曲率半径等也直接影响永久链路技术指标，特别在六类、七类综合布线系统工程施工中，配线端接技术是非常重要的。

职业规范

劣质的网线，一般采用的不是真正的铜芯，而是一种掺杂了铁、铝、铜的混合导线，成本上当然比采用纯铜的便宜不少。一般质量较好的超五类双绞线手感饱满，可以任意弯曲，铜芯不软也不硬，长度在 300 m 左右。而那些质量低劣的产品往往手感偏硬，网线有凹陷感，打开之后线与线之间的绞合密度较差，将会引起电缆电阻不匹配，会造成近端串扰缩短传输距离，降低传输速度。

课后思考

请完成以下试题：

1. 判断题

（1）RJ45 连接器是 8 针结构。（　　）
（2）在一个综合布线工程中，只允许一种连接方式，一般为 T568A 型标准连接。（　　）
（3）信息插座的接线方式有 T568A 和 T568B 两种方式。（　　）
（4）信息插座的类型包括三类信息插座模块、五类信息插座模块、超五类信息插座模块、千兆位插座模块、光纤插座模块。（　　）
（5）按 T568B 接线标准传输数据信号的引脚是 1、2、3、6。（　　）
（6）双绞线一般以箱为单位订购，每箱双绞线长度为 600 m。（　　）

2. 单项选择题

（1）EIA/TIA568B 线序为（　　）。
A. 白橙/橙/白绿/绿/白蓝/蓝/白棕/棕
B. 白橙/橙/白绿/蓝/白蓝/绿/白棕/棕
C. 白绿/绿/白蓝/白橙/橙/蓝/白棕/棕
D. 白绿/绿/白橙/蓝/白蓝/橙/白棕/棕

（2）非屏蔽双绞线电缆用色标来区分不同的线对，计算机网络系统中常用的四对双绞线电缆有四种本色，它们是（　　）。
A. 蓝色、橙色、绿色、紫色
B. 蓝色、红色、绿色、棕色
C. 蓝色、橙色、绿色、棕色
D. 白色、橙色、绿色、棕色

（3）根据 TIA/EIA568A 规定，信息插座引针 3、6 脚应接到（　　）。
A. 线对 1　　　B. 线对 2　　　C. 线对 3　　　D. 线对 4

（4）水平电缆方案中应使用（　　）插座连接通信出口处的五类非屏蔽双绞线电缆。
A. RJ45　　　B. TIA74　　　C. UTP55　　　D. EIA45

任务二　制作网络跳线

任务导入

天行健网络科技公司承接了江州职业技术学院的综合办公楼信息网络布线工程。目前进入到工程施工阶段，技术人员需要制作若干根网络跳线。本任务将重点介绍超五类和六类双绞线的制作方法，由于目前工程上很少用到 568A 标准的跳线，所以本任务只按照 568B 标准进行制作讲解。

学习目标

（1）了解制作网络跳线需要的工具和材料。
（2）掌握制作网络跳线的过程与步骤。

任务实施

网络跳线是网络设备互连或者布线设备与网络设备互连必不可少的器件，网络跳线由水晶头、水晶头护套、网线组成，在网络系统中大量使用。在实际工程中，网络跳线的制作不属于真正意义上的信息网络布线的内容，也就是说布线工程中是不需要完成网络跳线制作的。跳线的制作是由进行网络设备安装与调试的公司完成，或者由甲方的网络管理员完成。需要指出的是，在设备安装与调试阶段所用的跳线（特别是管理间和设备间所用跳线）一般都是购买工厂所生产的成品。而用于连接工作区信息点面板和计算机的跳线，一般都由管理员手工制作。另外，平时"做网线"的这个说法是不标准的，其应该是指生产网线的过程，标准的说法应该是"制作网络跳线"。

1. 制作网络跳线的材料与工具

1）材料

制作网络跳线主要用到的材料有：超五类双绞线、超五类水晶头、标签。

2）工具

制作网络跳线主要用到的工具有：压线钳、斜口钳、剥线器，如图 4-2-1 所示。

2. 制作网络跳线

（1）用斜口钳剪取一段合适的网线。

（2）用剥线器将网线外绝缘护套剥掉，在剥线时，要选择剥线器合适的刀口，以免损伤里面的线芯，如图 4-2-2 所示。

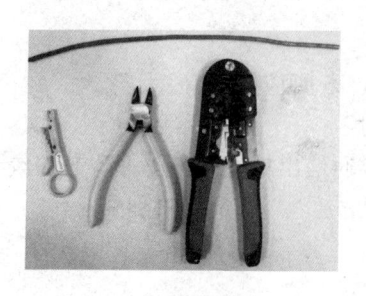

图 4-2-1　　　　　　　　　　　　　图 4-2-2

（3）采用剥线器的刀片将双绞线中的牵引棉线切除，如图 4-2-3 所示。牵引棉线由于在机柜长期受网络设备散热而成棉絮，影响设备正常运行，所以需要切除。

（4）将剥开的双绞线中相互缠绕在一起的线缆逐一解开，并且按照标准的线序排列成一排，采用斜口钳截取适当的长度，此长度应该保证可以使线缆插入到水晶头的顶部，并且双绞线的外皮可以进入水晶头的卡扣中，如图 4-2-4 所示。

图 4-2-3

图 4-2-4

（5）将排列好的线缆插入水晶头，在此环节一定要确保水晶头带有金属齿的一面朝向自己，如图 4-2-5 所示。左面为第 1 号线缆，线序和标准如图 4-2-6 所示。

（6）一只手将水晶头放入压线钳的 8P–RJ–45 口中插实，另一只手握紧压线钳把柄，将水晶头的铜片压入铜丝中，用力夹紧，使 8P–RJ–45 头中的刀片首先压破线芯绝缘护套，然后再压入铜线芯中，实现刀片与线芯的电气连接。握压线钳时，尽量用手握在压线钳的中部靠后的位置，这样方便发力，使水晶头压得更实在。如图 4-2-7 所示。

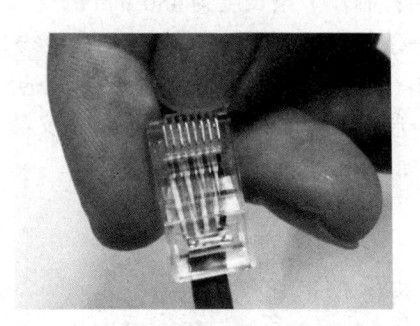

图 4-2-5

图 4-2-6

（7）采用同样的方法，制作双绞线的另一头，形成一根网络跳线，如图 4-2-8 所示。

图 4-2-7

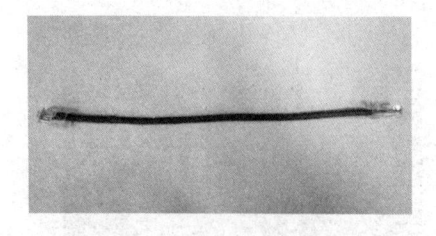

图 4-2-8

（8）如果需要贴标，则采用 P 型标签在跳线的两端进行粘贴，并写上线标，要求线标两端一致，如图 4-2-9 所示，需要说明的是在实际工程中，线标必须使用打码机进行制作。

3. 简易测试

采用普通的跳线测试仪，将网络跳线的一端插入测试仪的发送端，另一端插入测试仪的接收端，开启电源，观察测试仪的亮灯情况，如8个灯全亮，则测试通过，否则不通过，如图4-2-10所示。

图 4-2-9

图 4-2-10

课堂练习

请采用双绞线、水晶头、线标制作若干根网络跳线，具体要求如下：

(1) 选用超五类非屏蔽双绞线和水晶头，制作1条长度为400 mm 的568B直通线。

(2) 选用超五类非屏蔽双绞线和水晶头，制作1条长度为440 mm 的568A直通线。

(3) 选用超五类非屏蔽双绞线、水晶头、标签，制作1条长度为480 mm 的交叉线。

(4) 选用超五类屏蔽双绞线和水晶头，制作一条长度为500 mm 的568B直通线。

(5) 选用超六类非屏蔽双绞线和水晶头，制作一条长度为520 mm 的568B直通线。

(6) 选用六类非屏蔽双绞线、水晶头、标签，制作1条长度为550 mm 的交叉线。

任务拓展

1. 制作六类非屏蔽网络跳线

制作六类网络跳线的方法与超五类基本相同，现将不同点介绍如下：

(1) 采用剥线器之后，六类线中有一个塑料的"十"字骨架，需要采用斜口钳将其剪掉，如图4-2-11所示。

(2) 由于六类水晶头大多数都是分体式，所以将8芯线缆按照标准线序排列整齐后，首先要插入到分线模块中，如图4-2-12所示。

图 4-2-11

图 4-2-12

（3）采用斜口钳将分线模块前面多余的线缆剪去，如图 4-2-13 所示。
（4）将线模块和线缆一起插入水晶头外壳，如图 4-2-14 所示，之后通过压线钳压接。

图 4-2-13 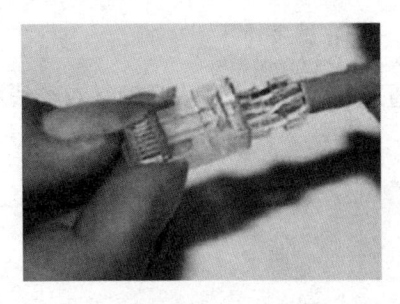　　　　　　　　　　　　　　图 4-2-14

（5）完成以上步骤后，六类网络跳线就制作完毕了。

2．长度控制

在技能大赛中，在考核跳线制作时，会加入具体长度的要求。这时，应当先制作好网络跳线的一头，然后测量程度（长度预留 5 mm，方便之后截取），再通过剥线、排序、插入水晶头、进行压接等步骤完成制作。

职业规范

由于市场、产品、施工等越来越成熟，综合布线系统对链路性能的要求越来越高，很多项目采用永久链路的性能测试方式进行验收，而永久链路测试不包含设备跳线及用户跳线，因而跳线的质量往往容易被忽视，实际上跳线的品质所导致的问题却影响了整个通道（Channel）的性能。正如我们所熟知的木桶短板效应一样，再好的链路性能，也会由于跳线的质量不良而影响通道性能，进而影响网络的传输效率及稳定性。下面将从跳线渠道、跳线原材料材质及制作工艺这几方面作分析，给用户正确地选择跳线提供参考。

通常局域网 LAN 使用的跳线主要来自于三个渠道：与整体链路产品同品牌的配套跳线、现场制作跳线、在电脑市场购买跳线。除配套跳线能获得厂家的专业测试外，一般用户很难知道现场制作或者市场购买的跳线质量状况。质量不合格的跳线将会严重影响网络传输效率及网络的稳定性，而假冒伪劣产品更有甚者对与之配合的连接硬件（计算机或交换机的接口）产生不可逆转的损坏，造成整个系统瘫痪。三种网络跳线的比较如表 4-2-1 所示。

表 4-2-1

项目	品牌成品跳线	现场制作跳线	市场购买跳线
传输性能（电气性能）	好	较差	个体差别大
可靠性（网络连接）	好	较差	未知
价格	较高	低	未知
适配性（配合网卡、连接硬件）	好	较差	个体差别大
灵活性（距离长度）	好	好	较差
使用寿命	长	短	未知
使用方便性	好	差	未知

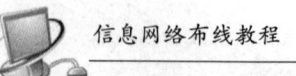

总结：为了使产品能在工程与使用中拥有更高的传输性能，TIA 标准中，不推荐使用自制的跳线，推荐使用品牌成品网络跳线，并且推荐整个系统使用同一厂家的布线产品。

课后思考

通过互联网，查找成品网络双绞线的工业化生产过程。

任务三　端接信息点模块与配线架

任务导入

天行健网络科技公司承接了江州职业技术学院的综合办公楼信息网络布线工程。目前进入到工程施工阶段，技术人员需要在已经铺设好的水平线缆两端，分别端接上网络模块和配线架。本任务分别介绍多种超五类、六类模块和配线架的端接方法，由于目前工程上很少用到568A标准的跳线，所以本任务只按照568B标准进行制作讲解。

学习目标

（1）了解端接网络模块的工具和材料。
（2）了解端接网络模块的工具和材料。
（3）掌握端接网络模块和配线架的过程与步骤。

任务实施

超五类模块和配线架有端接式和免打式，端接式需要的工具较多，免打式的安装相对简单，而且免打式模块可以分别用在工作区信息点面板和管理间网络配线架上。

1. 端接网络模块和配线架的材料与工具

1）材料
端接网络模块和配线架需要的材料有：网络模块、配线架、双绞线，如图4-3-1所示。

2）工具
进行端接需要的工具有：剥线器、单口打线刀、斜口钳，如图4-3-2所示。

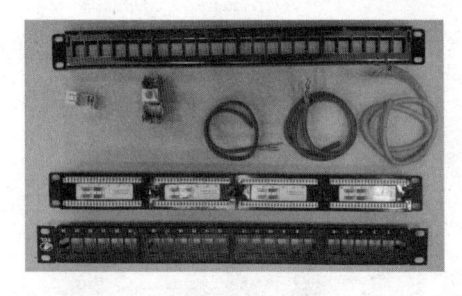

图4-3-1 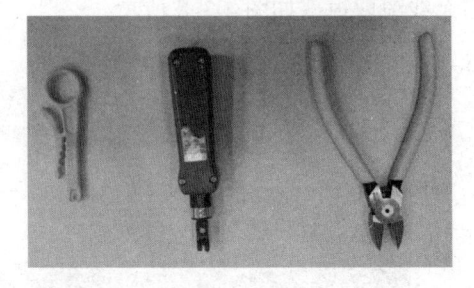　　　　　　　　　　　　图4-3-2

2. 端接网络模块的步骤

1）超五类端接式模块

（1）用剥线器将网线外绝缘护套剥掉，在剥线时，要选择剥线器合适的刀口，以免损伤里面的线芯，如图4-3-3所示。

（2）根据网络模块上的色标（一般选568B线序），将8芯线缆分别卡入模块的线柱，如图4-3-4所示。需要说明的是，对于双绞线的外皮需要进入到什么位置这一问题，目前没有任何标准有明确的定义。只是在卡入的过程中，线缆在模块根部到中部都可以，并且不能破坏双绞线自身的缠绕。

- 151 -

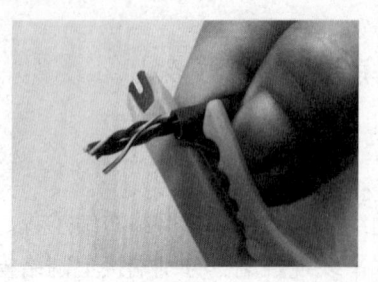

图 4-3-3 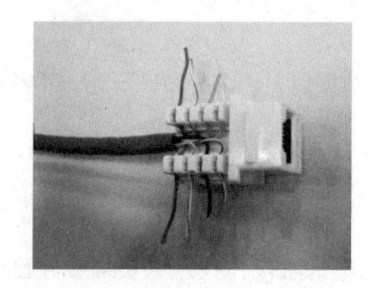　　　　　　　　　　　　　　图 4-3-4

（3）采用单口打线刀将对应的线缆打断，使线缆进入线柱底部，实现电气连通，如图 4-3-5 所示。在端接时，一定要注意单口打线刀的刀口方向，应该向外。

（4）端接线缆完成后效果如图 4-3-6 所示，之后盖上防尘盖，如图 4-3-7 所示，防尘盖的豁口应当朝向双绞线，方便安装在面板上的时候走线。

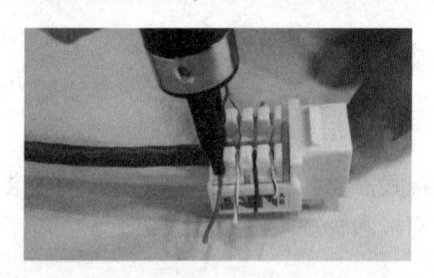

图 4-3-5 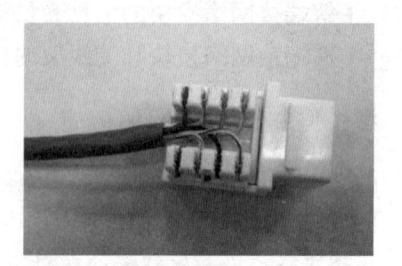　　　　　　　　　　　　　　图 4-3-6

2）超五类免打式模块

（1）采用剥线器剥除适当长度的双绞线外皮，并且切除双绞线中的牵引棉线。

（2）按照免打模块上分线器上的 568B 线序的色标，将线缆卡入其中，之后通过斜口钳将多余线缆剪掉，如图 4-3-8 所示。

图 4-3-7 　　　　　　　　　　　　　　图 4-3-8

（3）将分线部分卡在模块底座上，采用厂家自带的小工具，用力下压，如图 4-3-9 所示。线缆进入模块底座上的卡槽，刀片与线缆接触，实现电气连通，如图 4-3-10 所示。

3. 端接网络配线架的步骤

1）超五类端接式网络配线架

（1）采用剥线器剥除适当长度的双绞线外皮，并且切除双绞线中的牵引棉线。

（2）按照网络配线架背面面板上的 568B 色标的线序，将双绞线卡入线柱，如图 4-3-11 所示。需要注意不要破坏双绞线自身的缠绕性、裸露的线缆高度不超过 5 mm、不得偏芯。

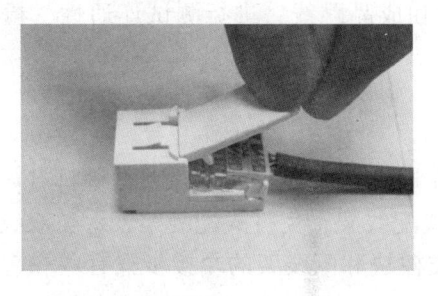

图 4-3-9 　　　　　　　　　　　　　　图 4-3-10

（3）采用打线刀将多余线缆打掉，特别需要注意刀头的方向，如图 4-3-12 所示。

图 4-3-11 　　　　　　　　　　　　　　图 4-3-12

（4）端接完成后，如图 4-3-13 所示。

2）超五类免打式网络配线架

超五类免打式网络配线架首选端接免打式模块，之后将模块安装在配线架之上即可，如图 4-3-14 所示。

图 4-3-13 　　　　　　　　　　　　　　图 4-3-14

课堂练习

根据以下要求，完成网络模块和配线架的端接。

1. 材料与工具

每人 12 个网络模块、1 个网络配线架、12 根长度为 20 cm 的网线，工具共用。

2. 要求

完成 12 根模块—配线架的端接，要求每根网线一端端接 RJ45 网络模块，一端按照顺

序端接网络配线架。端接完成后，通过测线仪和成品跳线，进行测试连通性，检验端接效果。

任务拓展

本环节将介绍六类模块和配线架的端接，在端接之前需要准备的六类材料有：端接式 RJ45 模块、免打式网络模块、屏蔽模块、端接式配线架、免打式配线架、六类双绞线。准备的工具有打线刀、剥线器、斜口钳。由于六类模块和配线架的端接步骤有些和超五类相同，本环节不再叙述，只介绍不同步骤。

1. 端接网络模块的步骤

1) 六类端接式非屏蔽模块

六类端接式非屏蔽模块的样式和超五类基本一样，端接步骤也相同，区别在于端接时需要剪去六类双绞线中的"十"字骨架。

2) 六类免打式非屏蔽模块

（1）采用剥线器剥除适当长度的双绞线外皮，并且切除双绞线中的牵引棉线，采用斜口钳剪掉"十"字骨架。

（2）根据免打模块的分线器上 568B 色标线序，将双绞线卡入其中，如图 4-3-15 所示。

（3）将分线器安装在六类端接式非屏蔽模块上，用手用力拧接，如图 4-3-16 所示。线缆将进入模块线柱，与里面的刀片相接触，实现电气连通。

图 4-3-15 　　　　　　　　　　图 4-3-16

（4）使用斜口钳，将模块上多余的线缆剪掉，如图 4-3-17 所示。

（5）在练习时，可以在双绞线的另一端继续端接一个六类端接式非屏蔽模块，如图 4-3-18 所示，这样可以通过测线仪和网络跳线，测试端接效果。

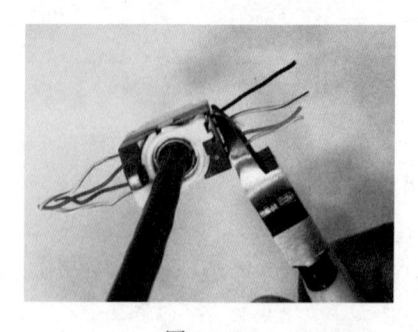

图 4-3-17 　　　　　　　　　　图 4-3-18

由于各生产厂家的不同，免打式六类端接式非屏蔽模块具有不同的结构形式，但是端接原理一样，端接步骤也大致相同。

3）六类免打式屏蔽模块

（1）采用剥线器将六类屏蔽双绞线剥开，裸露出屏蔽层，如图 4-3-19 所示。

（2）将 8 芯线缆分开，屏蔽层单独拧成一芯，如图 4-3-20 所示。

图 4-3-19 　　　　　　　　　　图 4-3-20

（3）根据免打式屏蔽模块的分线器上 568B 色标线序，将双绞线卡入其中，如图 4-3-21 所示，屏蔽层需要放在分线器外侧，之后采用斜口钳剪掉分线器上多余的线缆。

（4）根据六类免打式屏蔽模块上和分线器上箭头的方向，将两者合二为一，如图 4-3-22 所示。

图 4-3-21 　　　　　　　　　　图 4-3-22

（5）用力将六类免打式屏蔽模块金属卡扣压紧，线缆与刀片实现电气连通，如图 4-3-23 所示。

（6）将双绞线的屏蔽层缠绕在模块的金属上，采用扎带将其扎紧，如图 4-3-24 所示。

图 4-3-23 　　　　　　　　　　图 4-3-24

2. 端接六类配线架

1）六类端接式网络配线架

（1）采用剥线器剥除适当长度的双绞线外皮，并且切除双绞线中的牵引棉线和"十"字骨架，之后根据六类配线架背面的线序，将其卡入配线架线柱，要点与端接超五类配线架相同。由于各厂家产品的不同，一定要按照色标进行，如图4-3-25所示。

（2）采用打线刀，将线缆压接进线柱，与刀片接触，实现电气连通，如图4-3-26所示。

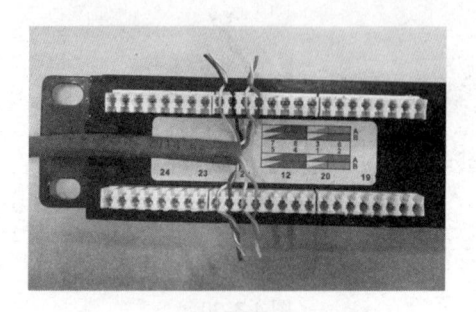

图 4-3-25

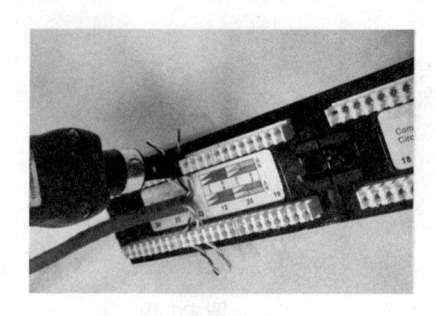

图 4-3-26

（3）端接完成之后如图4-3-27所示，在练习中，可以将一根双绞线的两端端接在不同的接口上。

（4）采用两根跳线和测线仪，进行连通性测试，结构如图4-3-28所示。

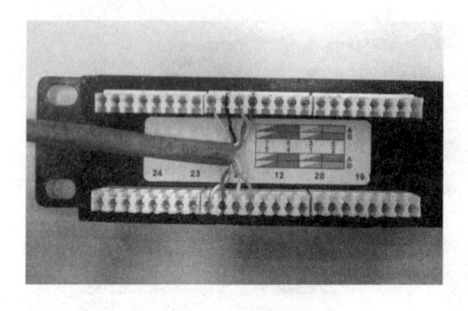

图 4-3-27

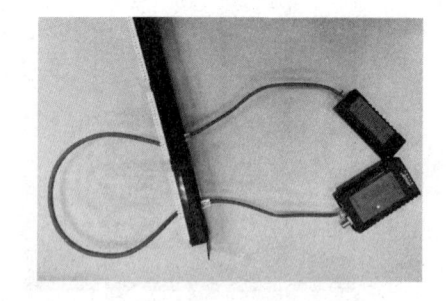

图 4-3-28

2）六类免打式网络配线架

六类免打式网络配线架的端接只需要将端接好的六类屏蔽模块安装在六类配线框架上即可，如图4-3-29和图4-3-30所示。

图 4-3-29

图 4-3-30

职业规范

在一些不规范的信息网络布线系统中,在模块和配线架端接方面主要存在以下问题:

(1)由于超五类布线模块相对价格低,在工程中经常遇到使用超五类模块代替六类模块的情况,模块上虽然标注的是六类模块,但实际上却是超五类模块,使之后的网络传输效率大大降低。

(2)劣质的模块和配线架对布线系统的测试影响极大,接触性较差,使网络的连通效果不稳定,时而测通,时而不通。

(3)没有按照标准的端接方法进行端接,网络损耗极大。

(4)网络配线的端接工作由非专业人士完成(由于成本低),造成后续使用和后续维护困难。

以上劣质的布线工程由于在施工过程把控不严格,又没有经过专业的网络设备和技术人员的测试,很难保障网络的正常运行。作为一名信息网络布线系统的专业人员,要自觉抵制劣质产品进入布线系统,要按照国家标准进行端接。

课后思考

请通过互联网,查找七类布线系统的端接方法。

任务四　端接大对数线缆

任务导入

天行健网络科技公司承接了江州职业技术学院的综合办公楼信息网络布线工程。目前进入到工程施工阶段，工程人员已经铺设好了语音系统线缆，本任务将从 110 跳线架和语音配线架两个器材出发，分别介绍大对数线缆的端接方法。

学习目标

（1）了解端接大对数线缆的工具和材料。
（2）掌握端接大对数线缆的过程与步骤。
（3）了解 25 对以上大对数线缆的色标表示。

任务实施

大对数线缆在弱电工程中一般用作语音主干，而且比较常用。即大对数线缆产品主要用于垂直干线系统。对于缆线类别的选择，应根据工程对综合布线系统传输频率和传输距离的要求，选择线缆的类别。

1. 端接大对数线缆的材料与工具

（1）端接大对数线缆使用的材料有：110 语音跳线架、110 模块、电路板式语音配线架、25 对大多数线缆、扎带，如图 4-4-1 所示。

（2）端接大对数线缆使用的工具有：单口打线刀、五口打线刀、语音打线刀、美工刀，如图 4-4-2 所示。

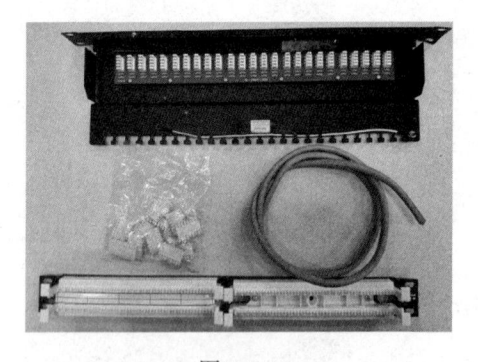

图 4-4-1 　　　　　　　　　　　　图 4-4-2

2. 端接大对数线缆的步骤

1）在 110 语音跳线架上端接大对数线缆

（1）采用美工刀剥除适当长度的大对数线缆外皮，如图 4-4-3 所示，剥线时要控制好力度，不要损伤里面的线芯。另外，剥线长度要大于 110 跳线架底座长度。

（2）用手剥去线缆中的塑料防水层，之后使用美工刀割掉牵引棉线，如图 4-4-4 所示。

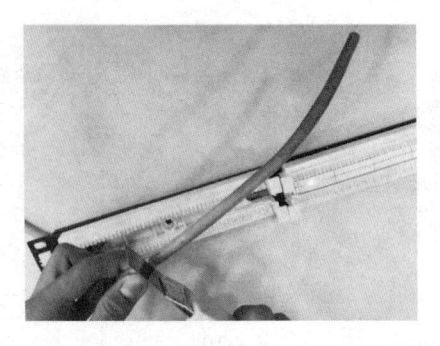

图 4-4-3 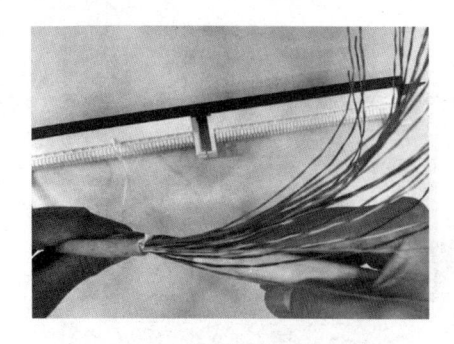　　　　　　　　　　　　　　　　图 4-4-4

（3）将大对数线缆从 110 跳线架的背面穿到前面，并且将根部与跳线架用扎带固定，之后按照大对数线缆的色标线序，将线芯卡入 110 跳线架底层线柱，如图 4-4-5 所示。

（4）之后通过五口打线刀将对应的线缆打掉，如图 4-4-6 所示，注意刀头方向。

图 4-4-5 　　　　　　　　　　　　　　　　图 4-4-6

（5）使用五口打线刀将 110 五对连接块压接到跳线架底座上，如图 4-4-7 所示，压接时需要注意连接块的方向，切勿压反。

（6）大对数线缆端接完成后，如图 4-4-8 所示。

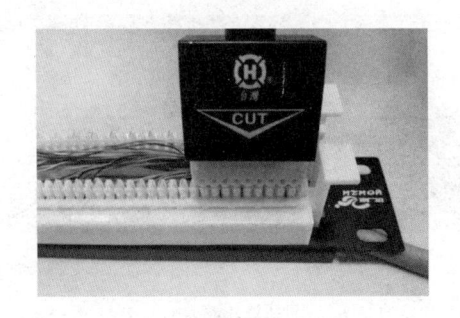

图 4-4-7 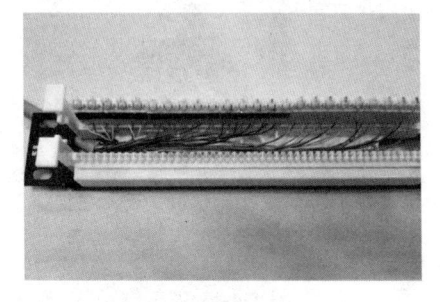　　　　　　　　　　　　　　　　图 4-4-8

2）在 25 口语音配线架上端接大对数线缆

（1）首先采用美工刀剥开适当长度的大对数线缆，线缆的长度要大于语音配线架的长度，并且可以连接到电路板上的线柱，之后采用扎带将线缆固定在语音配线架上，如图 4-4-9 所示。

（2）根据大对数线缆色谱的顺序，将线芯分好，并且采用扎带将线芯固定在语音配线架的相应位置，如图 4-4-10 所示。

图 4-4-9 　　　　　　　　　　　　　　　图 4-4-10

（3）将线缆卡入配线架电路板上的 4 号和 5 号线柱，如图 4-4-11 所示。

（4）采用语音打线刀，端接线缆，如图 4-4-12 所示。由于配线架线柱里的刀片是斜着分布的，所以端接线缆时应使用语音打线刀，如图 4-4-13 所示，特别要注意刀头的方向。

图 4-4-11 　　　　　　　　　　　　　　　图 4-4-12

（5）在端接线缆的过程中，应当每卡入一对线缆，就采用语音打线刀端接一根线缆，进行固定。不可以像将大对数线端接在 110 跳线架上那样一次性卡线完成，再统一进行端接，以免引起线芯脱落，整理较为麻烦。端接完成之后，如图 4-4-14 所示。

图 4-4-13 　　　　　　　　　　　　　　　图 4-4-14

本电路板式的语音配线架为 25 口，可以容纳 25 对线缆的端接，还有一种语音配线架是模块式的，与网络配线架类似，也是 25 口，容纳 25 对线缆的端接。

课堂练习

根据以下要求，完成大对数线缆的端接。

1. 材料与工具

每人 1 根长度为 1m 的 25 对大对数线缆、1 个语音跳线架、1 个 25 口语音配线架、扎带若干，工具共用。

2. 要求

将大对数线缆一端端接在 110 语音跳线架上，一端端接在 25 口语音配线架上。端接完成后，采用网络跳线、鸭嘴跳线、测线仪等工具，测试端接效果。

任务拓展

构建公司内部电话系统

公司内部电话系统是由程控交换机、电话机、配线架、电缆等设备组合而成的一套公司电话通信系统。公司员工可通过这套系统实现内部电话免费通话，就像电话局域网一样，每部话机可以互相通信。除此之外，公司内部电话系统还可以实现通话录音、分机权限、改分机号、线路测试等应用上的功能。同时，在已接入外线的情况下，公司内部电话也可以与外部电话通信，就像互联网一样。

这套系统建设并不复杂，只需要 1 套程控交换机和一些配套产品即可，结构如图 4-4-15 所示。程控交换机在内部电话系统的作用就好像网络交换机在局域网的作用一样，它是实现内部电话间相互通信的主要设备，为每一部话机设定一个分机号。如 801 分机要与 802 分机通话时，801 分机只需要摘机后在话机上拨打 802 即可，两个分机间通话不需要任何费用。剩下的就是综合布线的问题了，这个就需要根据实际情况出发，充分利用音频配线架等配线产品进行布线。

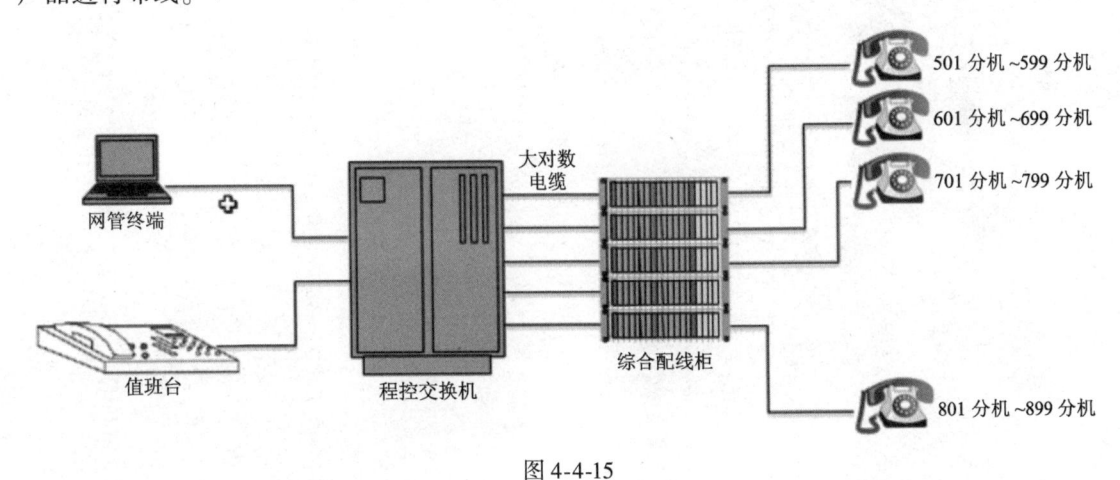

图 4-4-15

职业规范

通信电缆的色谱介绍

通信电缆色谱共由 10 种颜色组成，有 5 种主色和 5 种次色，5 种主色和 5 种次色又组成 25 种色谱。不管通信电缆对数多大，通常都是按 25 对色为 1 小把标识组成。5 种主色：白色、红色、黑色、黄色、紫色；5 种次色：蓝色、橙色、绿色、棕色、灰色。

基本单位间用不同颜色的扎带扎起来以区分顺序。扎带颜色也由基本色组成，其顺序与线对排列顺序相同。若：白蓝扎带为第一组，线序号为1~25；白橙扎带为第二组，线序号为26~50，依此类推。

100对的电话电缆里有4种标识线，第一组的25对是用"白蓝"标识线缠着的；第二组的25对是用"白橙"标识线缠着的；第三组的25对是用"白绿"标识线缠着的；第四组的25对是用"白棕"标识线缠着的。

200对的电话电缆里有8种标识线，第一组的25对是用"白蓝"标识线缠着的；第二组的25对是用"白橙"标识线缠着的；第三组的25对是用"白绿"标识线缠着的；第四组的25对是用"白棕"标识线缠着的；第五组的25对是用"白灰"标识线缠着的；第六组的25对是用"红蓝"标识线缠着的；第七组的25对是用"红橙"标识线缠着的；第八组的25对是用"红绿"标识线缠着的。

200对以上电话电缆色谱线序以此类推。

课后思考

在语音配线架中，每个端口一般都对应4个线柱，即可以端接四芯线缆，在以上的内容中，我们只用到了其中两个线柱进行线缆的端接。请通过互联网，查找其余两个如何使用。

任务五　端接有线电视面板与配线架

任务导入

天行健网络科技公司承接了江州职业技术学院的综合办公楼信息网络布线工程。目前进入到工程施工阶段，技术人员需要对铺设的水平同轴电缆端接信息点面板和配线架。本任务从端接需要的材料和工具出发，介绍端接方法和步骤。在工程中，由于各生产厂家的不同，产品的结构也不一样，但是端接原理和过程基本一致。

学习目标

（1）了解端接有线电视面板和配线架的工具和材料。
（2）掌握端接有线电视面板的过程与步骤。
（3）掌握端接有线电视配线架的过程与步骤。

任务实施

有线电视行业的 F 头可以说是种类繁多，普通接头、冷压头、国标、非标各种接头俱全。公制 F 头和英制 F 头的区别：公制为国内标准，英制为国外的标准，两种螺纹不能互相拧，进口产品基本都是英制的，还有卫星高频头和卫星接收机基本也是英制的。至于国内的面板和分支分配器以及放大器则公英混乱。本任务采用英制 F 头，介绍相应的端接方法。

1. 端接有线电视面板

1）材料与工具

端接有线电视面板的材料和工具有：电视面板、同轴电缆、螺丝刀、同轴剥线器，如图 4-5-1 所示。

2）端接有线电视面板的步骤

（1）采用同轴剥线器剥除适当长度的同轴电缆护套，如图 4-5-2 所示，剥除的长度一般为 15 mm。

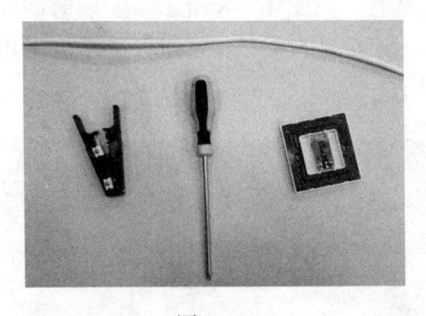

图 4-5-1 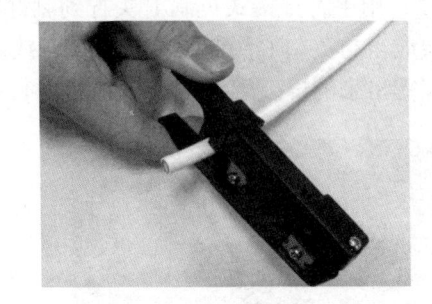　　　　　　　　　　　　图 4-5-2

（2）再次使用同轴剥线器剥除电缆绝缘层，此时应该使用剥线器中不能完全合拢的刀片组，并且预留 6 mm 的绝缘层，如图 4-5-3 所示。

（3）使用螺丝刀将有线电视面板上的螺丝松开，如图 4-5-4 所示，但不需要拧掉。

图 4-5-3 　　　　　　　　　　　　　图 4-5-4

（4）将同轴电缆插入面板，内导体进入面板中心柱，屏蔽层缠绕在绝缘层上，进入面板相应位置。之后，使用螺丝刀，将面板上的所有螺丝拧紧，端接完毕，如图 4-5-5 所示。

2. 端接有线电视配线架

1）材料与工具

端接有线电视配线架的材料和工具有：同轴电缆、拧接式英制 F 头、英制 F 双通头、TV 配线架、同轴剥线器，如图 4-5-6 所示。

2）端接有线电视配线架的步骤

（1）首先采用同轴剥线器剥开适当长度的同轴电缆，并且将屏蔽层缠绕在绝缘层上，如图 4-5-7 所示。可以通过同轴剥线器上不同的刀片组合，来截取线缆和控制剥除长度。

图 4-5-5 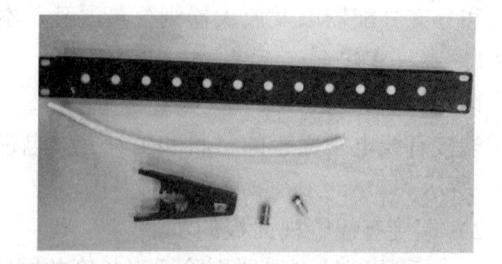　　　　　　　　　　　　　图 4-5-6

（2）用手将拧接式英制 F 头拧到剥好的同轴电缆上，如图 4-5-8 所示。安装时需要注意绝缘层应当与英制 F 头螺纹底部平齐，线缆内导体超出英制 F 头 2 mm 即可。之后采用剪刀剪去裸露出来的屏蔽层线缆，至此端接 F 头工序完毕。

图 4-5-7 　　　　　　　　　　　　　图 4-5-8

（3）将英制 F 双通头拧在 TV 配线架的端口上，如图 4-5-9 所示。需要注意的是，双通头的螺母应该在 TV 配线架的背面。

（4）将安装好英制 F 头的线缆，拧到 TV 配线架的背面，如图 4-5-10 所示，至此端接完毕。

图 4-5-9 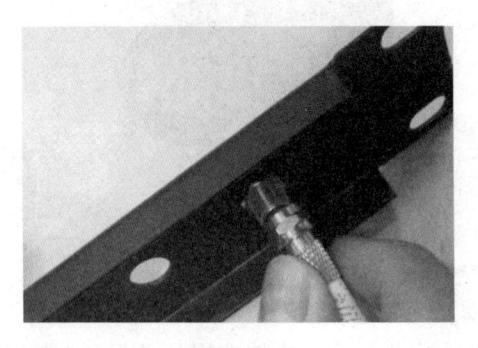　　　　　　　　　　　　图 4-5-10

课堂练习

根据以下要求，完成 TV 面板和配线架的端接。

1. 材料与工具

每人 5 个 TV 面板、1 个 TV 配线架、5 根长度为 300 mm 的同轴电缆，工具共用。

2. 要求

完成 5 根 TV 面板—配线架的端接，要求每根同轴电缆一端安装 TV 面板，另一端端接在 TV 配线架上。端接完成后，检验端接效果，要求规范合理、电气连通。

任务拓展

安装压接式英制 F 头

（1）首先采用同轴剥线器剥开适当长度的同轴电缆，外护套、绝缘层、屏蔽层长度一致，导体略长 6 mm，如图 4-5-11 所示。

（2）与拧接式剥线不同的原因，是由于压接式英制 F 头有两层，内层在安装过程中可以与屏蔽层结合，如图 4-5-12 所示。

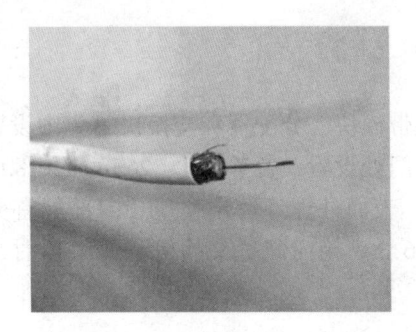

图 4-5-11 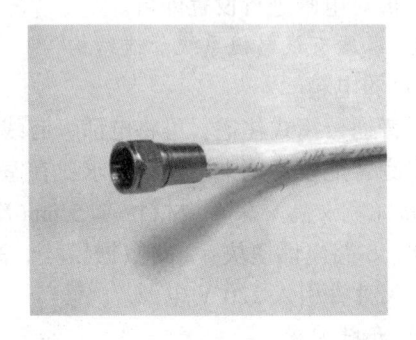　　　　　　　　　　　　图 4-5-12

（3）之后通过同轴压线钳用力下压 F 头，如图 4-5-13 所示。压接完成后，如图 4-5-14 所示。

图 4-5-13

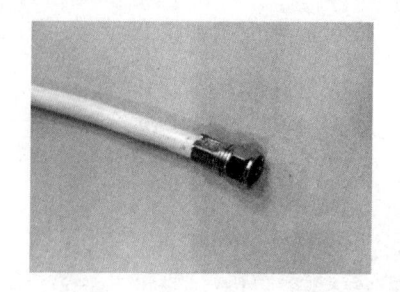

图 4-5-14

职业规范

家庭生活中，有线电视是必不可少的家用电器，下面将介绍家庭有线电视系统的知识。

1. 有线电视线路系统

1）家庭有线电视系统的功能

（1）家庭有线电视系统的功能之一：是将室外的有线电视信号可靠地接入室内的一台或多台电视机上。如果住房面积不大，室内只需要一个电视接口即可满足使用需要，则布线时只需通过 1 根直径 25 mm 的塑料管敷设一路有线电视同轴电缆线，将室外信号引至电视机即可；如果需要在室内不同地点布置多台电视机，则需要通过专用的有线电视分配器将电视信号分别送到各个终端。

（2）家庭有线电视系统的功能之二：家庭需要时可以申请开通宽带上网功能。要使室内线路能可靠地承担上述功能，布线时必须做到：

① 线路结构合理。

② 配置足够的终端数量，同时严格控制分配器的端口数量。

③ 严格控制施工工艺。

④ 严格选用优质器材。

2）有线电视宽带线路系统

家庭宽带线路系统的主要功能是提供高速上网、交互电视、远程教育、网络游戏等服务。通过光纤实现宽带上网，办理开通申请手续后，专业人员将安装宽带机顶盒、接上家用电脑，再对电脑进行设置即可。

2. 家庭有线电视系统管线结构

1）弱电箱

对普通公寓式住宅，可将电话、有线电视、宽带模块、分配器和交换机等集中设置在同一个家庭智能设备箱中。建议要求：在室内靠近大门处设置，参考尺寸：260 mm×180 mm×100 mm（宽×高×深）。材料：1.5 mm 冷轧钢板。表面处理：磷化喷塑。内部配有分支器固定架、6 路电话模块、2 路数据模块。高度为 1.6 m。箱内配置交换机、放大器时，应适当增大尺寸并引入 220 V 电源。

2）布线要求

（1）布线时，电缆必须在管道中穿敷，不得裸线布设，原则上不得将不同种类的线路在同一根管道中穿敷，尤其不得将电话、有线电视、宽带、安防等弱电电缆与电源线同管道穿敷。

（2）电缆在管道中穿敷时，必须保证安全，在管道转弯处保证转弯半径，不得将电缆进行90°直角转弯，否则将影响信号的传输。

（3）系统施工完成后，施工方应提供竣工图纸，由业主保存，以便今后线路维修或改造时使用。

课后思考

通过查找互联网，写一篇数字电视系统的介绍文章。

任务六　端接测试链路

任务导入

天行健网络科技公司承接了江州职业技术学院的综合办公楼信息网络布线工程，目前进入到工程的施工阶段。在之前的任务中，分别介绍了各种铜缆的端接，而本任务主要是铜缆端接的综合性实训——端接测试链路。以下的操作步骤在实际工程中不会存在，教学实训的目的是通过相关设备，完成测试链路端接，检验铜线端接效果。

学习目标

（1）了解端接测试链路的注意要点。
（2）掌握测试链路的端接步骤与过程。

任务实施

端接测试链路环节在各类技能大赛中多有出现，主要是在西安开元和上海企想配线实训装置上完成测试仪、配线架、理线架、跳线架之间的链路端接。

1. 端接要求和准备

1）完成测试链路端接要求

在企想网络跳线测试仪的实训装置（如图 4-6-1 所示）上完成 6 条回路测试链路的布线和模块端接，路由按照"图 4-6-2 跳线测试链路端接路由与位置示意图"所示，每条回路链路由 3 根跳线组成（每回路 3 根跳线结构如图 4-6-2 侧视图所示），端/压接 6 组线束。要求链路端接正确，每段跳线长度合适，端接处拆开线对长度合适，端接位置线序正确，并要剪掉多余牵引线。

图 4-6-1　　　　　　　　　　　图 4-6-2

2）材料与工具

端接测试链路需要的材料有：超五类双绞线、4 对连接块、5 对连接块、超五类水晶头，如图 4-6-3 所示。

端接测试链路需要的工具有：斜口钳、剥线器、单口打线刀、压线钳、五口打线刀，如图 4-6-4 所示。

图 4-6-3

图 4-6-4

2．端接过程

下面我们以图 4-6-2 中最左面的 B1 组测试链路为例，介绍端接方法和步骤。

1）截取线缆制作跳线

（1）截取 1 号线缆。在实训设备上，测量出 1 号线缆需要的长度，如图 4-6-5 所示。

（2）使用斜口钳截取线缆，如图 4-6-6 所示。

图 4-6-5

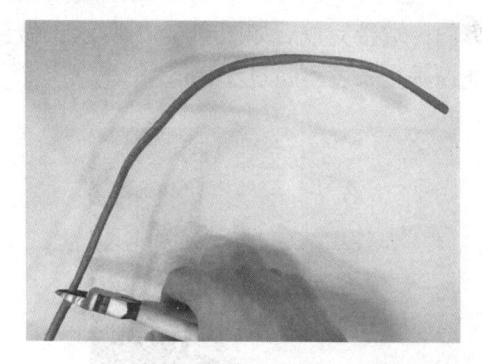

图 4-6-6

（3）在双绞线两端端接水晶头，如图 4-6-7 所示。端接时应该按照 EIA/TIA 568B 的标准，后续都默认 568B 标准。

（4）之后将端接好水晶头的跳线安装在实训设备上，如图 4-6-8 所示。安装时一定要严格根据题目的要求安装在相应的端口，如施工图中配线架的端口是 1，那么就要安装在 1 号端口上。

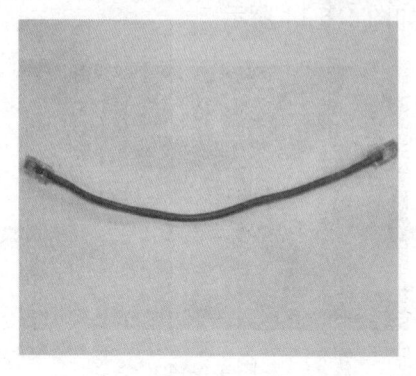

图 4-6-7

图 4-6-8

2）端接线缆

（1）端接 2 号线缆。同样测量出 2 号线缆需要的大概长度，如图 4-6-9 所示。

（2）截取线缆后，采用剥线器剥开适当长度的双绞线，根据网络配线架上 568B 色标的线序，将其卡在线柱上，如图 4-6-10 所示。2 号线缆端接在网络配线架背面的端口，应该与对应的 1 号线缆插入端口相一致。

图 4-6-9 　　　　　　　　　　　　　图 4-6-10

（3）使用单口打线刀，将双绞线端接在网络配线架上，如图 4-6-11 所示，端接时注意刀口方向。端接完成后如图 4-6-12 所示，做到双绞线自身缠绕不破坏、端接不偏芯、剥开裸露线缆垂直长度不超过 5 mm。

图 4-6-11 　　　　　　　　　　　　　图 4-6-12

（4）将 2 号线缆的另一端从跳线架的背面穿过去。剥线后，按照"白蓝、蓝、白橙、橙、白绿、绿、白棕、棕"的顺序卡在跳线架上，如图 4-6-13 所示。特别注意，跳线架每个模块有 25 对，如图端接双绞线可以端接 6 组，每 4 个突起的线柱为 1 组。

（5）使用单口打线刀将线缆端接在跳线架上，如图 4-6-14 所示。

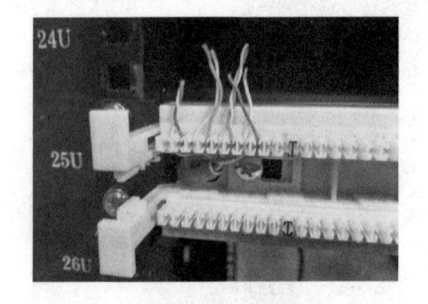

图 4-6-13 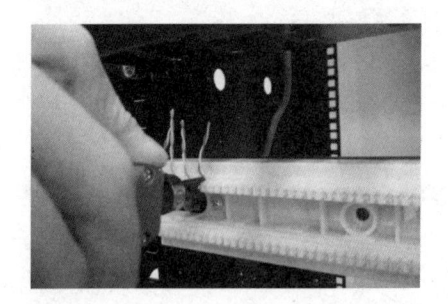　　　　　　　　　　　　　图 4-6-14

(6) 使用五口打线刀，将 4 对连接块压接在 110 跳线架上，如图 4-6-15 所示，注意连接块的方向。压接完成后，如图 4-6-16 所示。

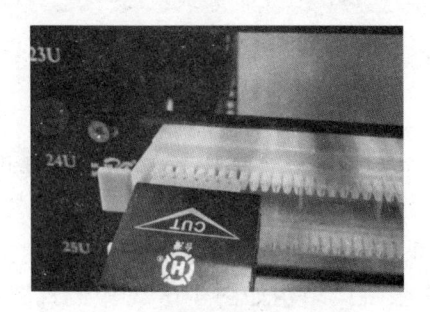

图 4-6-15 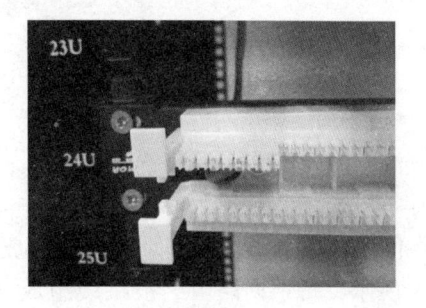　　　　　　　　　　　　图 4-6-16

(7) 端接 3 号线，截取适当长度的双绞线，一端端接水晶头，并且插入到测试仪的相应端口，如图 4-6-17 所示。另外一端卡在 4 对连接块的线柱上，如图 4-6-18 所示，线缆的顺序根据连接块上的色标进行。端接位置不偏芯、不破坏缠绕、垂直距离为 5 mm 以内。

图 4-6-17 　　　　　　　　　　　　图 4-6-18

(8) 使用单口打线刀将线缆压入连接块线柱内，线芯与刀片相接触，实现电气连通，这样一组测试连接就端接完毕，开启实训设备测试仪，观察测试灯的闪亮情况，全亮表示端接连通，如图 4-6-19 所示。

(9) 重复以上过程，完成剩余 5 组测试链路的端接，完成后如图 4-6-20 所示。同样可以开启测试仪电源，检测端接效果。

图 4-6-19 　　　　　　　　　　　　图 4-6-20

注意：在端接6组测试链路时，可以采用批量化的操作方法，即一次性完成1号线制作，之后完成2号线端接，最后一次性完成3号线端接，提高工作效率。

课堂练习

1. 材料与工具

上海企想牌配线实训装置1台/2人；水晶头9个/人；110连接块3个/人；工具共用。

2. 要求

在网络压线测试仪的实训装置上完成3条复杂永久链路的布线和模块端接，路由按照图4-6-21所示，每条回路由3根跳线组成（每回路3根跳线结构如图4-6-21中侧视图所示，图中的X表示1~3，即第1至第3条链路），端/压接3组线束。要求链路端/压接正确，每段跳线长度合适，端接处拆开线对长度合适，端接位置线序正确，剪掉多余牵引线，线标正确。1位同学端接1~3组，另一位同学端接4~6组。

任务拓展

1. 描述与要求

在图4-6-22所示的西元配线实训装置（产品型号KYPXZ-02-05）上完成4组测试链路的布线和模块端接，路由按照图4-6-22所示，每组链路有3根跳线，端接6次。要求链路端接正确，每段跳线长度合适，端接处拆开线对长度合适，并剪掉牵引线。

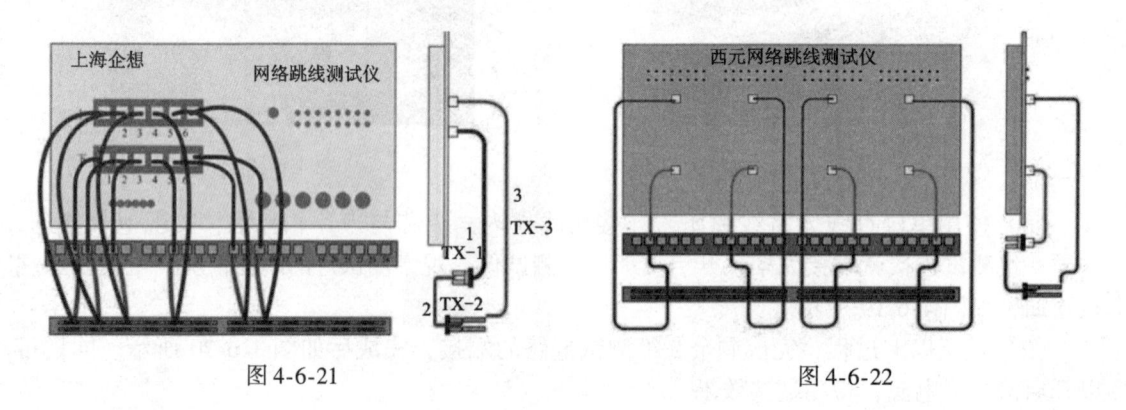

图4-6-21

图4-6-22

2. 端接过程

由于在西元设备上端接测试链路的过程和在企想设备上端接的过程基本一致，在此不再叙述，有条件的读者，可以在实训室完成以上任务的端接。

职业规范

在信息网络布线系统中，配线端接最密集的位置是在管理间和设备间，在端接的过程中要严格按照所设计的端口对应顺序进行端接，应当做到连通、规范、美观，为以后的使用和维护提供帮助。图4-6-23所示是一个优秀的配线端接工程，图4-6-24是一个劣质的配线工程。作为一名专业的工程技术人员，要自觉按照标准化施工，绝不能省一时之力，为后续使用中的网络故障埋下隐患。

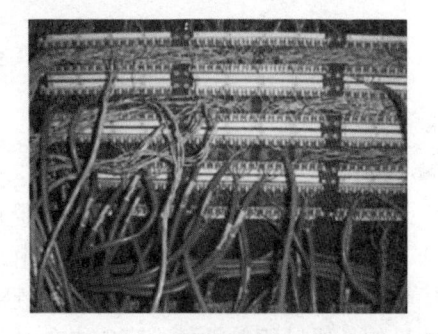

图 4-6-23　　　　　　　　　　　　　　图 4-6-24

课后思考

通过自己的多次练习，写出心得和技巧。

任务七　端接永久复杂链路

任务导入

天行健网络科技公司承接了江州职业技术学院的综合办公楼信息网络布线工程，目前进入到工程的施工阶段。在之前的任务中，分别介绍了各种铜缆的端接，而本任务主要是铜缆端接的综合性实训——端接永久复杂链路。以下的操作步骤在实际工程中不会存在，教学实训的目的是通过相关设备，完成永久复杂链路端接，检验铜线端接效果。

学习目标

（1）了解端接永久复杂链路的注意要点。
（2）掌握永久复杂链路的端接步骤与过程。

相关知识

端接永久复杂链路环节在各类技能大赛中多有出现，主要是在西安开元和上海企想配线实训装置上完成测试仪、配线架、理线架、跳线架之间的链路端接。

1. 端接要求和准备

1）完成永久复杂链路端接要求

在企想网络压线测试仪的实训装置（见图 4-7-1）上完成 6 条回路测试复杂永久链路的布线和模块端接，路由按照图 4-7-2 "压线测试链路端接路由与位置示意图" 所示，每条回路由 3 根跳线组成（每回路 3 根跳线结构如侧视图所示），端/压接 6 组线束（每组线束 3 根跳线，每根跳线 8 芯）。要求链路端/压接正确，每段跳线长度合适，端接处拆开线对长度合适，端接位置线序正确，剪掉多余牵引线，标签粘贴正确合理。

图 4-7-1 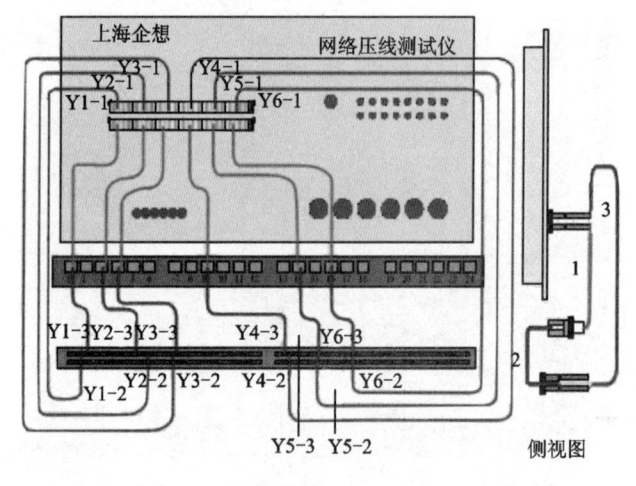　　　　　　　　　　　　图 4-7-2

2）材料与工具

端接永久复杂链路需要的材料有：超五类双绞线、4 对连接块、5 对连接块、超五类水晶头，如图 4-7-3 所示。

端接永久复杂链路需要的工具有：斜口钳、剥线器、单口打线刀、压线钳、五口打线刀，如图 4-7-4 所示。

图 4-7-3

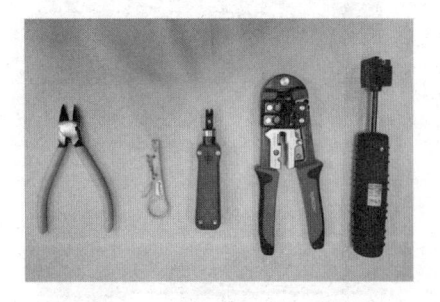

图 4-7-4

2. 端接过程

下面我们以图 4-7-2 中最左面的 B1 组永久复杂链路为例，介绍端接方法和步骤。

1）截取线缆制作跳线

（1）截取 1 号线缆。在实训设备上，测量出 1 号线缆需要的长度，如图 4-7-5 所示。

（2）使用斜口钳截取线缆，如图 4-7-6 所示。

图 4-7-5

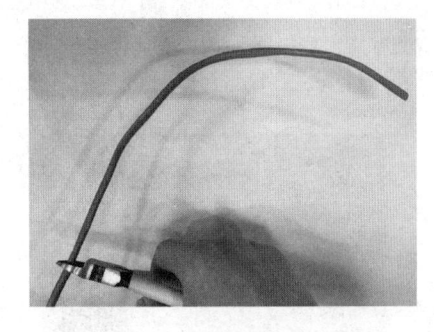

图 4-7-6

（3）在双绞线的一端按照 568B 线序端接水晶头后，插在网络配线架的 1 号端口，另外一端按照"白蓝、蓝、白橙、橙、白绿、绿、白棕、棕"的顺序（下同）卡在实训设备下层的连接块上，如图 4-7-7 所示。注意，线缆应该做到不偏芯、不破坏双线自身的缠绕、裸露线缆的直线长度不超过 5 mm。

（4）使用单口打线刀，将双绞线端接到连接块上，注意刀口方向，如图 4-7-8 所示。线缆进入线柱，线芯与刀片接触，实现电气连通。

2）端接线缆

（1）端接 2 号线缆。同样测量出 2 号线缆需要的大概长度，如图 4-7-9 所示。

（2）截取线缆后，采用剥线器剥开适当长度的双绞线，根据网络配线架上 568B 色标的线序，将其卡在线柱上，如图 4-7-10 所示。2 号线缆端接在网络配线架背面的端口，应该与对应的 1 号线缆插入端口相一致。

图 4-7-7    图 4-7-8

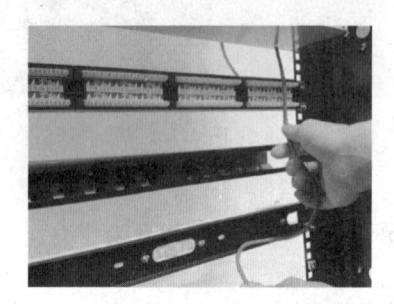

图 4-7-9 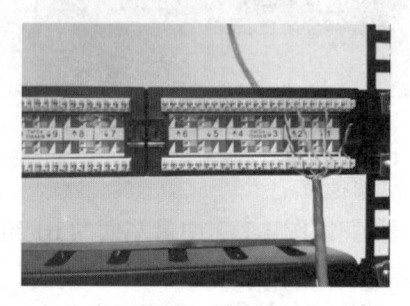   图 4-7-10

（3）使用单口打线刀，将双绞线端接在网络配线架上，如图 4-7-11 所示，端接时注意刀口方向。端接完成后如图 4-7-12 所示，做到双绞线自身缠绕不破坏、端接不偏芯、剥开裸露线缆垂直长度不超过 5 mm。

图 4-7-11    图 4-7-12

（4）将 2 号线缆的另一端从跳线架的背面穿过去。剥线后，按照"白蓝、蓝、白橙、橙、白绿、绿、白棕、棕"的顺序卡在跳线架上，如图 4-7-13 所示。特别注意，跳线架每个模块有 25 对，如图端接双绞线可以端接 6 组，每 4 个突起的线柱为 1 组。

（5）使用单口打线刀将线缆端接在跳线架上，如图 4-7-14 所示。

（6）使用五口打线刀，将 4 对连接块压接在 110 跳线架上，如图 4-7-15 所示，注意连接块的方向。压接完成后，如图 4-7-16 所示。

（7）端接 3 号线，截取适当长度的双绞线，一端按照色标线序卡在测试仪上层连接块，并使用单口打线刀进行端接，如图 4-7-17 所示。

项目四 端接信息网络布线系统配线工程技术

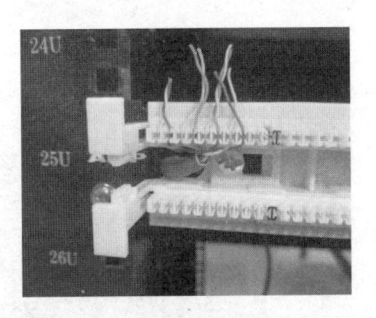

图 4-7-13

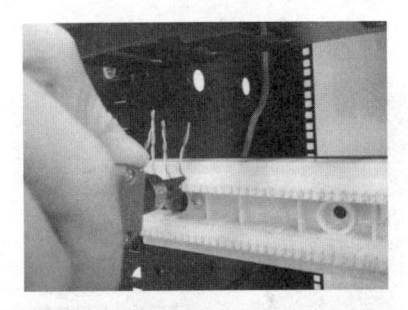

图 4-7-14

图 4-7-15

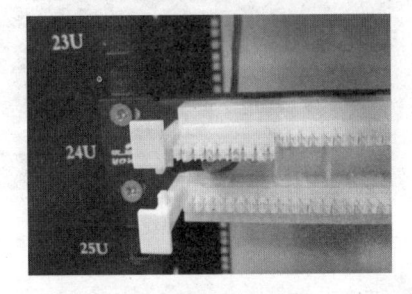

图 4-7-16

（8）另外一端卡在 4 对连接块的线柱上，并使用单口打线刀端接，如图 4-7-18 所示，线缆的顺序根据连接块上的色标进行。应做到端接位置不偏芯、不破坏缠绕、垂直距离为 5 mm 以内。

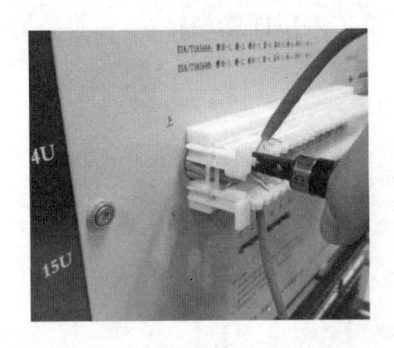

图 4-7-17

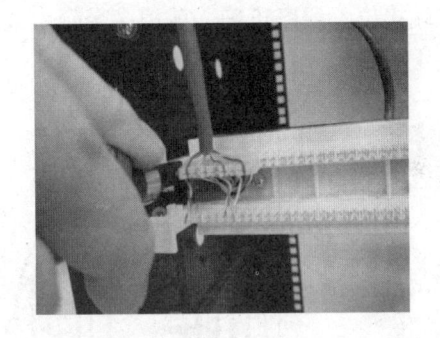

图 4-7-18

（9）将线芯与刀片相接触，实现电气连通，这样 1 组永久复杂链路就端接完毕，开启实训设备测试仪，观察测试灯的闪亮情况，全亮表示端接连通，如图 4-7-19 所示。

（10）重复以上过程，完成剩余 5 组永久复杂链路的端接，完成后如图 4-7-20 所示。同样可以开启测试仪电源，检测端接效果。

注意：在端接 6 组永久复杂链路时，可以采用批量化的操作方法，即一次性完成 1 号线制作，之后完成 2 号线端接，最后一次性完成 3 号线端接，提高工作效率。

课堂练习

1. 材料与工具

上海企想牌配线实训装置 1 台/2 人；水晶头 3 个/人；110 连接块 3 个/人；工具共用。

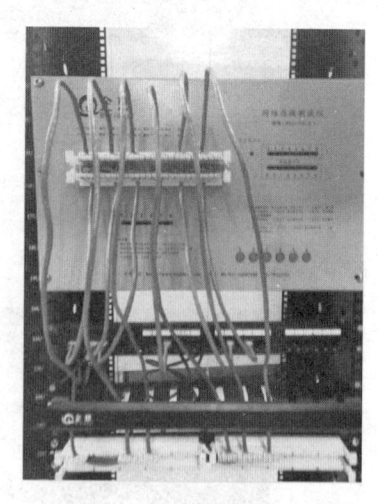

图 4-7-19　　　　　　　　　　　　　　　图 4-7-20

2. 要求

在企想网络压线测试仪的实训装置上完成 3 个永久复杂链路的布线和模块端接，路由按图 4-7-21 "压线永久复杂链路端接路由与位置示意图" 所示，每条回路由 3 根跳线组成（每回路 3 根跳线结构如图 4-7-21 中侧视图所示，图中的 X 表示 1～3，即第 1 至第 3 条链路），端/压接 3 组线束。要求链路端/压接正确，每段跳线长度合适，端接处拆开线对长度合适，端接位置线序正确，剪掉多余牵引线，线标正确。一位同学端接 1～3 组，另一位同学端接 4～6 组。

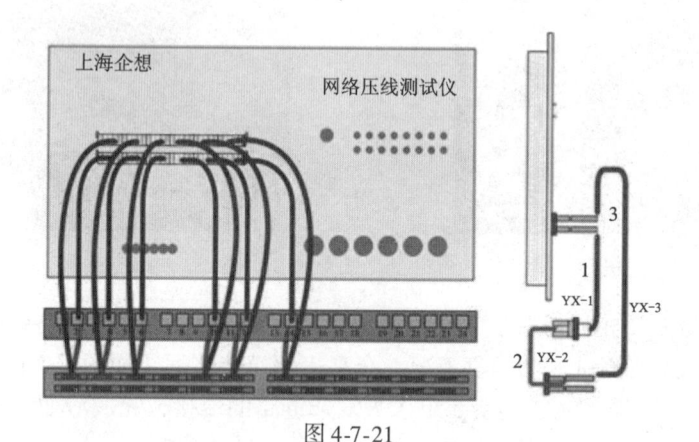

图 4-7-21

任务拓展

1. 描述与要求

在图 4-7-22 所示西元配线实训装置（产品型号 KYPXZ－02－05）上完成 6 组永久复杂链路的布线和模块端接，路由按照图 4-7-22 所示，每组链路有 3 根跳线，端接 6 次。要求链路端接正确，每段跳线长度合适，端接处拆开线对长度合适，剪掉牵引线。

图 4-7-22

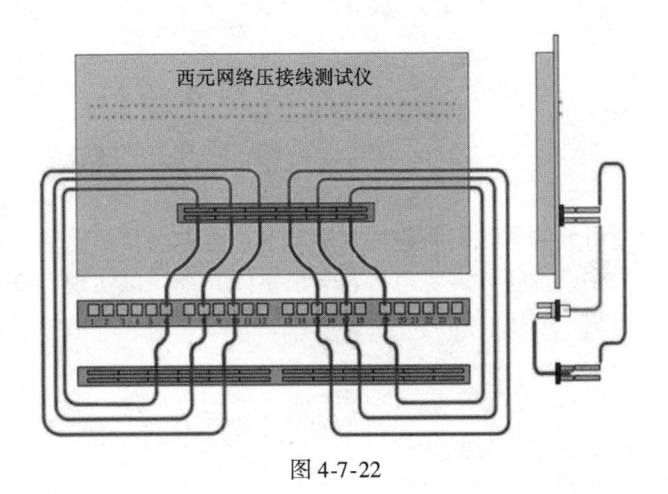

2. 端接过程

由于在西元设备上端接永久复杂链路的过程和在企想设备上端接的过程基本一致,在此不再叙述,有条件的读者,可以在实训室完成以上任务的端接。

职业规范

在国标 GB 50311—2007 中,对于信道、链路、永久链路等做了以下定义:

(1) 信道(channel):连接两个应用设备的端到端的传输通道。信道包括设备电缆、设备光缆和工作区电缆、工作区光缆。

(2) 永久链路(permanent link):信息点与楼层配线设备之间的传输线路。它不包括工作区线缆和连接楼层配线设备的设备线缆、跳线,但可以包括一个 CP 链路。

(3) 水平线缆(horizontal cable):楼层配线设备到信息点之间的连接线缆。

(4) CP 线缆(CP cable):连接集合点(CP)至工作区信息点的线缆。

综合布线系统信道应由最长 90 m 水平线缆、最长 10 m 的跳线和设备线缆及最多 4 个连接器件组成,永久链路则由 90 m 水平线缆及 3 个连接器件组成。概念和组成如图 4-7-23 所示。

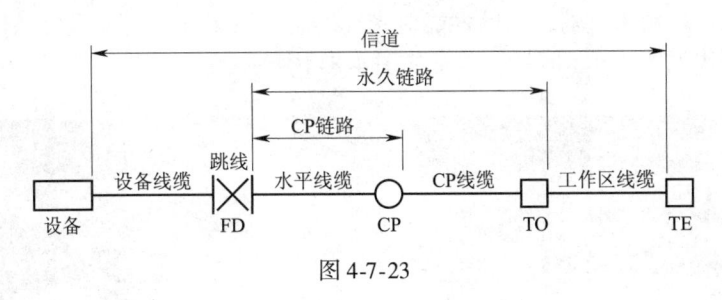

图 4-7-23

课后思考

通过自己的多次练习,写出心得和技巧。

任务八　熔接室内光缆

任务导入

天行健网络科技公司承接了江州职业技术学院的综合办公楼信息网络布线工程。目前进入到工程的施工阶段，在设备间，需要熔接若干根室内光缆，以实现各设备间的高速数据传输。本任务从剥纤、切割、熔接、加热等步骤出发，介绍室内光缆的熔接过程。

学习目标

（1）了解室内光缆的色谱和熔接顺序。
（2）掌握熔接室内光缆的步骤与过程。
（3）掌握室内光缆的盘纤方法。
（4）可以完成室内光缆的熔接与盘纤。

任务实施

室内光缆是敷设在建筑物内的光缆，主要用于建筑物内的通信设备，如计算机、交换机和终端用户的设备等，以便传递信息。熔接室内光缆是指将室内光缆的两端熔接上尾纤，以便端接在光纤配线架上，实现数据传输。

1. 材料与工具

1）材料

熔接室内单模光缆需要的材料有：单模尾纤（光纤跳线一分为二）、室内单模光缆、热缩管、酒精棉，如图4-8-1所示。需要说明的是：在实际工程中，特别是熔接室外光缆时，需要用棉球蘸工业级酒精，浓度较高。此材料易燃，为安全起见，在实训时，可以采用成品医用酒精棉代替，效果较好。

2）工具

熔接室内单模光缆需要的工具有：光纤熔接机、切割刀、剪刀、米勒钳，如图4-8-2所示。光纤熔接机是高精密仪器，它的性能对光纤的熔接效果起着至关重要的作用，光纤熔接机底座各功能模块如图4-8-3所示，盖子如图4-8-4所示。

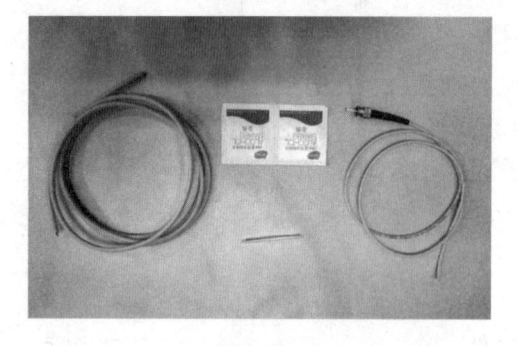

图4-8-1　　　　　　　　　　　　　　图4-8-2

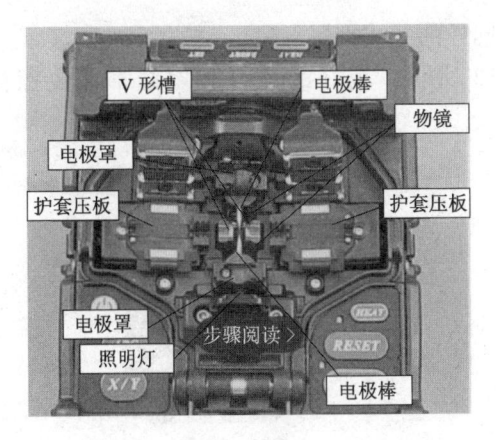

图 4-8-3 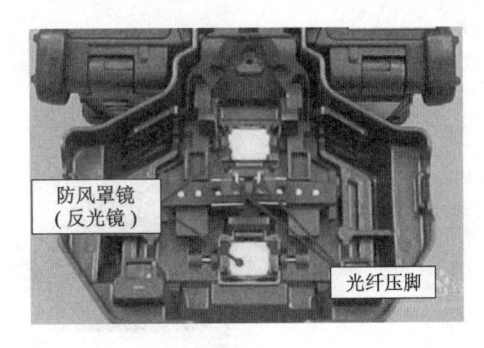　　　　　　　　　　　　　　　图 4-8-4

2．熔接过程
1）准备工作
首先设定光纤熔接机熔纤类型、加热时间、方式类型等参数。
2）开缆与剥纤
（1）使用米勒钳剥开适当长度的室内光缆，长度为 60 cm 左右，如图 4-8-5 所示。
（2）使用剪刀将抗拉棉线剪掉，如图 4-8-6 所示，分纤抗拉棉线的技巧是将光缆悬空平放，抖动光缆，利用重力即可使棉线和光纤分离。

图 4-8-5 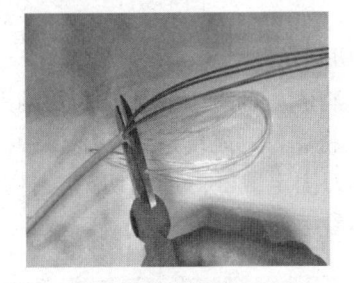　　　　　　　　　　　　　　　图 4-8-6

（3）使用米勒钳剥除适当长度的尾纤护套，如图 4-8-7 所示。
（4）使用剪刀剪去尾纤中的抗拉棉线，如图 4-8-8 所示。

图 4-8-7 　　　　　　　　　　　　　　　图 4-8-8

（5）在室内光缆中，选择第一芯蓝色的光纤，套上热缩管，如图 4-8-9 所示。
（6）使用米勒钳剥除光纤有色涂覆层，如图 4-8-10 所示，之后再次使用米勒钳剥除光纤的包层，如图 4-8-11 所示，裸露出纤芯。采用同样的方式剥尾纤。

（7）使用酒精棉擦拭光纤纤芯，如图 4-8-12 所示，剥好的光纤和尾纤都需要擦拭 3 次。

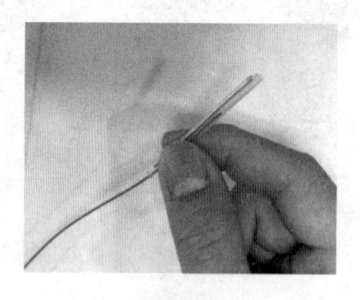

图 4-8-9

图 4-8-10

图 4-8-11

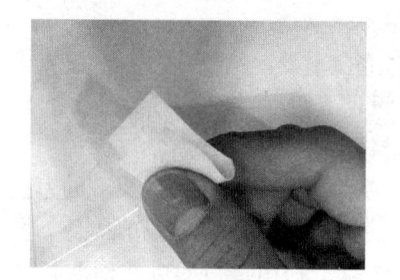

图 4-8-12

3）切割光纤

（1）将剥好的室内光纤放入切割刀中，进行切割，如图 4-8-13 所示，过程一定要细致。

（2）将剥好的尾纤放入切割刀中，如图 4-8-14 所示。具体过程：放入光纤置适当位置，盖上切割刀固定盖子，推动切刀，打开盖子，拿出光纤，完成切割。不同切割刀的用法不同，具体参考产品说明书。

图 4-8-13

图 4-8-14

4）熔接光纤

（1）将切割好的光纤放入熔接机的 V 形槽，并且合拢护套压板，如图 4-8-15 所示。纤芯放置位置如图 4-8-16 所示。

（2）盖上光纤机盖子，按下"RUN"按钮，开始熔接，如图 4-8-17 所示。

（3）拿出熔接后的光纤，再把热缩管套在熔接处，如图 4-8-18 所示。

项目四　端接信息网络布线系统配线工程技术

图 4-8-15 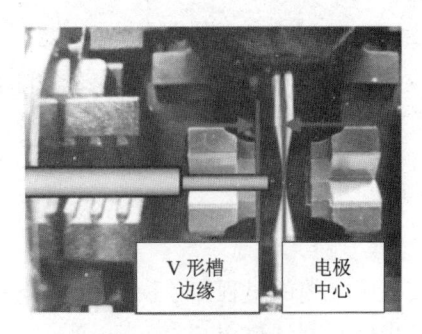　　　　　　　　　　　　图 4-8-16

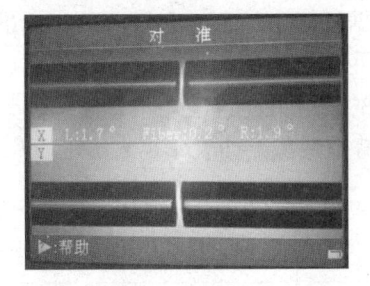

图 4-8-17 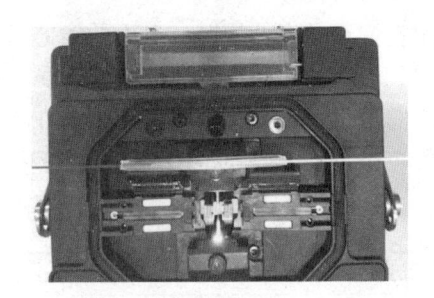　　　　　　　　　　　　图 4-8-18

（4）将热缩管放入加热槽，按下"加热"按钮，将热缩管固定在熔接点，起到保护作用，如图 4-8-19 所示。熔接机放电溶解后，屏幕显示的光纤熔接损耗不得高于 0.03 dB，否则熔接不通过，需要重新熔接。

5）盘纤

重复以上的步骤，完成剩余 4 芯室内光缆的熔接，之后将尾纤插入光纤配线架的适配器上，将室内光缆固定在配线架上。多余的线缆进行盘纤，带有护套的光纤在光纤配线架中，带有涂覆层的光纤盘在配线架的盘纤盘中，如图 4-8-20 所示。

图 4-8-19 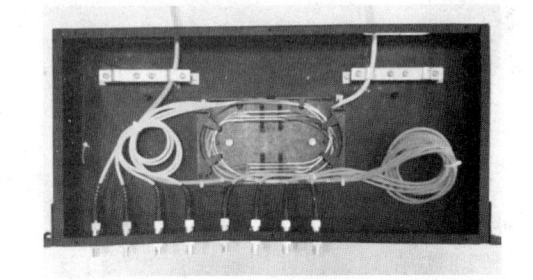　　　　　　　　　　　　图 4-8-20

课堂练习

根据以下要求，完成单模室内光缆的熔接。

1. 材料与工具

2 人/组、室内单模 4 芯光缆 2 米/组、单模尾纤 8 根、酒精棉若干，工具共用。

- 183 -

2. 要求

一位学生完成 4 芯室内光缆一端尾纤的熔接，另一位学生完成另一端的熔接。并且将这 8 根尾纤端接在光纤配线架的端口上，之后进行盘纤。

任务拓展

1. 熔接多模光缆简介

熔接多模光缆的过程和单模光纤基本一致，只需要将光纤熔接机的熔纤类型调整为多模即可，这里不再叙述过程。

2. 光缆色谱介绍

无论室内还是室外光缆，里面的线芯顺序都是根据国标中的色谱来排序的，标准的厂家也是按照其生产的。作为专业的技术人员，必须熟记并且严格执行。目前，光缆内的光纤和光纤套管的颜色一般采用全色谱识别，在不影响识别的情况下允许使用本色。一般地，光缆内的套管色谱排列如表 4-8-1 所示。套管内光纤的色谱排列情况如表 4-8-2 所示。

表 4-8-1

套管号	1	2	3	4	5	6	7	8	9	10	11	12
颜色	蓝	橙	绿	棕	灰	白	红	黑	黄	紫	粉红	青绿

注：（1）缆芯内含有填充绳和套管时，套管色谱将从 1 号起依次截取，填充绳一般紧靠红管排列，含有特殊要求的除外；

（2）缆芯内没有填充绳时，套管色谱将从 1 号起依次截取。

表 4-8-2

光纤序号	1	2	3	4	5	6	7	8	9	10	11	12
颜色	蓝	橙	绿	棕	灰	白	红	黑	黄	紫	粉红	青绿

注：当套管内光纤不足 12 芯时，光纤的色谱从 1 号起依次截取。

职业规范

下面介绍一下光缆熔接的注意事项和职业规范。

1. 在操作过程常注意的问题

（1）清洁光纤熔接机的内外，光纤的本身，重要的就是 V 形槽、光纤压脚和反光镜片等部位。

（2）切割时，保证切割端面 89°±1°，近似垂直，在把切好的光纤放在指定位置的过程中，光纤的端面不要接触任何地方，若有接触端面则需要重新清洁、切割。注意强调先清洁后切割。

（3）放光纤在其位置时，不要太远也不要太近，1/2 处为宜，操作要熟练。

（4）在熔接的整个过程中，不要打开防风盖。

（5）加热热缩套管，这个过程学名叫作光纤接续部位的补强，加热时，光纤熔接部位一定要放在正中间，加一定张力，防止加热过程出现气泡、固定不充分等现象。

（6）把光缆装入光纤盒时，光纤盒容量要分配得当，避免分芯。

（7）尾纤固定时不要用扎带扎得太紧。

2. 熔接设备的日常维护

熔接机和切割刀具属于比较精密的仪器，如果所处的工作条件不好，也会影响熔接的质量，甚至引起故障。

1）对于切割刀具

主要在于刀头和光纤夹具的清洁，并根据光纤的抗拉程度调整拉力。刀头如沾污物，会在切割时附在光纤端面上。夹具拉力太大，光纤容易被拉断或损伤；夹具拉力太小，会使光纤端面不平，产生毛刺和裂口。此外还应定期调整刀口位置，以保持良好状态。

2）对于熔接机

（1）应在每次使用完后用软布擦拭机壳上的灰尘，用吹气球由内向外吹除留在夹具和V形槽上的粉尘和光纤碎末，注意防潮防雨、清洗电极。

（2）在熔接机搬运过程中，一定要轻拿轻放，避免强烈震动。

（3）保洁工具（常用）：棉花、棉签棒、光纤本身、空气气囊、酒精。

（4）清洁光纤压脚：用棉花棒蘸酒精按同一方向擦拭。

（5）清洁V形槽：一般熔接机都有专门的清洁工具，没有时可以用酒精棒，也可以用裸光纤来清洁。一般多用空气气囊吹气，但是避免用口吹气，那样有湿气。熔接机调芯方向的上下驱动范围各只有数十微米，稍有异物就会使光纤图像偏离正常位置，造成不能正常对准。这时候需及时清洁V形槽。

课后思考

通过查找互联网，了解吹光纤的技术。

任务九　冷接和热熔皮线光缆

任务导入

天行健网络科技公司承接了江州职业技术学院的综合办公楼信息网络布线工程。目前进入到工程的施工阶段，在某些需要光缆到桌面的信息点，铺设了单模皮线光缆，实现数据传输。本任务将从皮线光缆的剥纤、切割、端接等步骤出发，介绍皮线光缆的冷接和热熔过程。

学习目标

（1）了解皮线光缆的应用场合。
（2）掌握冷接皮线光缆的方法。
（3）掌握热熔皮线光缆的方法。

任务实施

皮线光缆一般应用于用户终端的布线，在国内光纤接入市场呈现出良好的发展势头的情况下，光纤接入已成为光通信领域中的热点。在光纤接入工程中，靠近用户的室内布线是最为复杂的环节，常规室内光缆的弯曲性能、抗拉性能已不能满足FTTH（光纤到户）室内布线的需求，皮线光缆在上述环境中成为主力军。下面，将介绍冷接皮线光缆的方法。

1. 材料与工具

1）材料

冷接皮线光缆需要的材料有：单模单芯皮线光缆、光纤快速连接器，如图4-9-1所示。

2）工具

冷接皮线光缆需要的工具有：酒精棉、皮线光缆开剥器、米勒钳、光纤切割刀，如图4-9-2所示。

图4-9-1 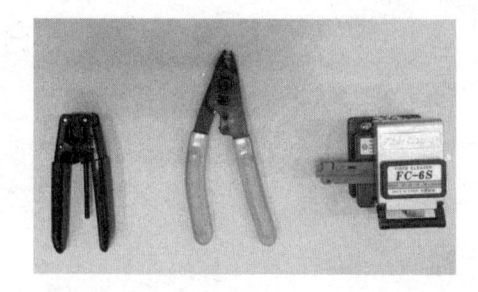　　　　　　　　　　　　　　图4-9-2

2. 冷接过程

1）剥纤

（1）首先将光纤快速连接器拆开成三个部分，并且确定插芯处于连接器主体的根部，如图4-9-3所示。

（2）将快速连接器的防尘帽套入皮线光缆，如图4-9-4所示，注意防尘帽的方向。

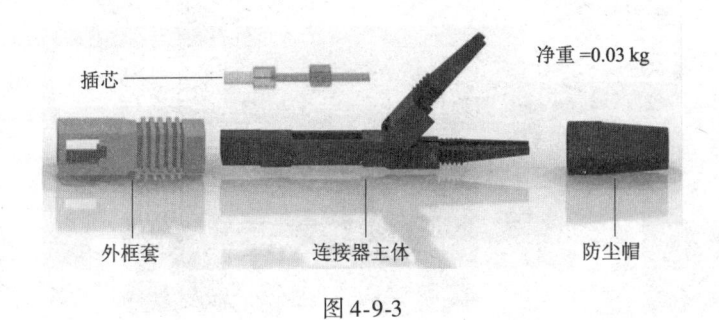

图 4-9-3 　　　　　　　　　　　　　图 4-9-4

（3）使用皮线光缆开剥器剥除光缆护套，如图 4-9-5 所示，可以通过开剥器上的刻度来控制剥除长度。

（4）使用米勒钳剥除皮线光缆的包层，如图 4-9-6 所示，露出纤芯。

图 4-9-5 　　　　　　　　　　　　　图 4-9-6

2）切割光纤和安装快速连接器

（1）使用酒精棉擦拭纤芯，如图 4-9-7 所示，注意擦拭 3 次。

（2）将皮线光缆放入定长器，再将定长器放入光纤切割刀进行切割，如图 4-9-8 所示。切割的长度需要根据快速连接器的长度而定，不同厂家生产的长度略有不同，需要查看产品说明书进行确定。

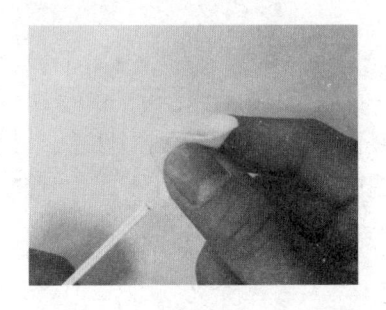

图 4-9-7 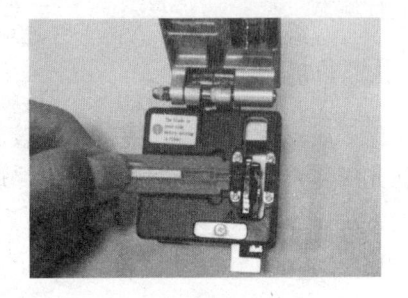　　　　　　　　　　　　　图 4-9-8

（3）将皮线光缆插入快速连接器，如图 4-9-9 所示，过程一定要仔细，以免损坏纤芯。

（4）将防尘盖拧到连接器主体上去，如图 4-9-10 所示。

（5）把插芯推到连接器主体的顶部，如图 4-9-11 所示。

（6）从连接器主体的顶部安装上外框套，端接完成，如图 4-9-12 所示。

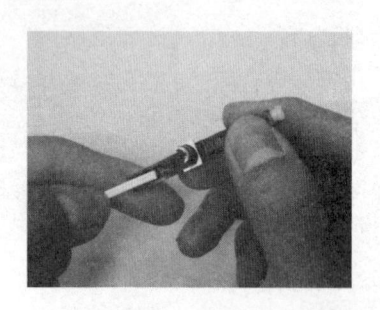

图4-9-9 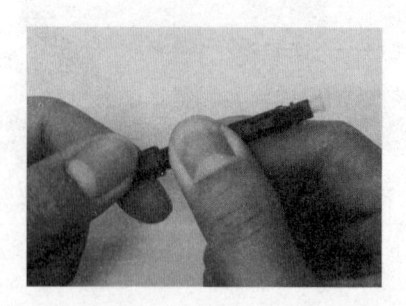　　　　　　　　　　　　　图4-9-10

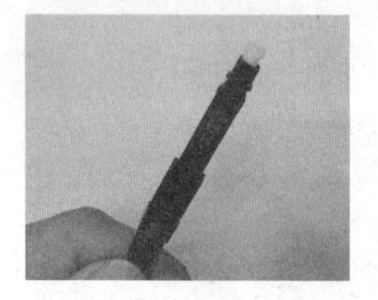

图4-9-11 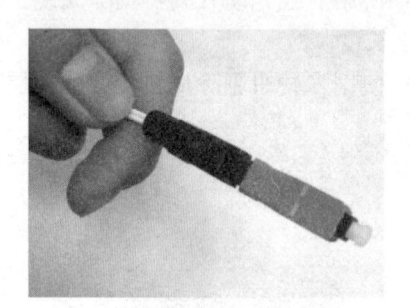　　　　　　　　　　　　　图4-9-12

课堂练习

根据以下要求，完成单模皮线光缆的冷接。

1. 材料与工具

光纤快速连接器4个/人，皮线光缆2米/人，酒精棉若干，工具共用。

2. 要求

每位学生完成两个长度为800 mm的冷接皮线光缆跳线的端接，端接完成后通过红光笔进行连通性测试，检验端接效果。

任务拓展

由于施工成本低，冷接光缆曾经比较流行。但是由于其损耗大，耐用性差，目前，各大电信商在光纤到户时，都在用户家采用热熔皮线光缆的方式进行端接。下面，就介绍热熔皮线光缆的方法。

1. 材料与工具

1）材料

热熔皮线光缆需要的材料有：单模单芯皮线光缆、保护盒、热缩管、单模尾纤，如图4-9-13所示。

2）工具

热熔皮线光缆需要的工具有：酒精棉、皮线光缆开剥器、米勒钳、光纤切割刀、光纤熔接机，如图4-9-14所示。

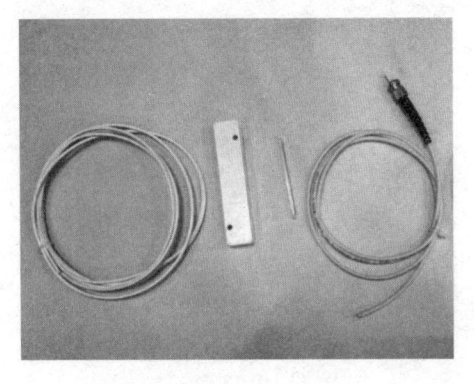

图 4-9-13 　　　　　　　　　　　　　　　图 4-9-14

2. 热熔过程

1）剥纤

使用米勒钳剥除尾纤，直到露出纤芯。使用开剥器和米勒钳剥除皮线光缆护套，直到露出纤芯。

2）切割光纤和热熔

（1）将热缩管套入皮线光缆，这个热缩管比熔接室内光缆所用的略大。

（2）使用光纤切割刀对尾纤、皮线光缆进行切割。

（3）将尾纤和皮线光缆放入光纤熔接机的 V 形槽，并且盖上光纤熔接机的护套压板，如图 4-9-15 所示。

（4）盖上熔接机盖板后，按下"熔接"按钮。熔接成功后，屏幕上会显示相关信息，如图 4-9-16 所示。

图 4-9-15 　　　　　　　　　　　　　　　图 4-9-16

3）加热热缩管和安装护套

（1）将热缩管套在熔接点，之后放入光纤熔接机的加热槽，按下"加热"按钮对热缩管加热，使其起到保护熔接点的作用，如图 4-9-17 所示。

（2）用手将熔接保护盒拆开，如图 4-9-18 所示。

（3）将带有热缩管的熔接部位放入保护盒内，如图 4-9-19 所示。

（4）合拢保护盒，完成皮线光缆和尾纤的热熔端接，如图 4-9-20 所示。

图 4-9-17

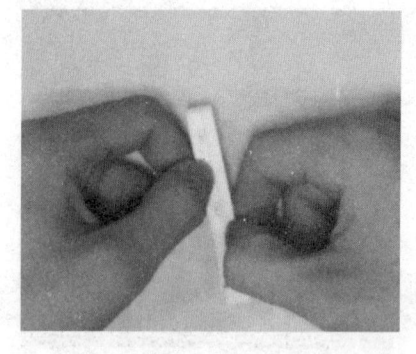

图 4-9-18

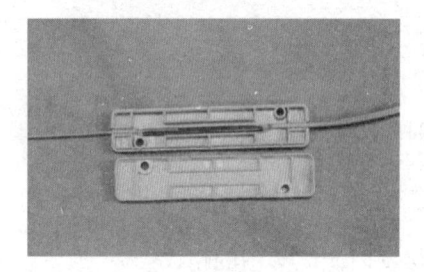

图 4-9-19

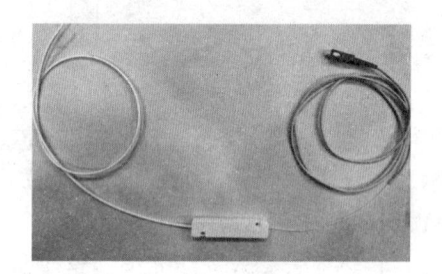

图 4-9-20

职业规范

FTTX 工程中大规模使用皮线光缆，主要采用了两种接续方式：一种是以冷接子为主的光缆冷接技术（物理接续），一种是以熔接机为工具的热熔技术。

1. 冷接技术

冷接技术：光纤冷接子是两根尾纤对接时使用的，它内部的主要部件就是一个精密的 V 形槽，在两根尾纤剥纤之后利用冷接子来实现两根尾纤的对接。操作起来更简单快速，比用熔接机熔接省时间。

从表面上看，冷接操作简单快速，比熔接机热熔节省时间，但是冷接技术还主要应用在光缆通信中断后应急应用。

2. 冷接技术存在的明显缺陷

(1) 冷接损耗大。由于采用物理接续，两根光纤完全靠 V 形槽和匹配液来实现接续，这样的损耗明显要大于热熔连接点。在 FTTX 工程中，虽然对于线路的损耗要求没有干线要求严格，但是大损耗点就是潜在的故障点。

(2) 使用寿命短，维护成本高。冷接技术中，匹配液的作用很重要。引用运营商客户统计的数据，进口的匹配液，一般的寿命会在 3 年左右，而国产的匹配液，寿命只有 1.5 ~ 2 年。这样，增加了维护的成本。而且一个冷接子的成本一般为 30 ~ 50 元（可拆卸重复利用，但是拆卸后再用的精准度大大降低，所以冷接子标称是可重复，实际是在施工过程中都是只用一次的），实际使用维护成本高。

3. 热熔技术的优点

(1) 熔接损耗小。两根光纤采用热熔技术，按照干线标准来进行的熔接，大大降低了熔接损耗。

（2）使用寿命长，维护成本低。由于热熔标准按照干线施工进行要求，一般熔接点的寿命都会和普通光缆的寿命相差不多，不存在单个点的寿命问题。

课后思考

在布线系统的产品中，也有两芯的单模皮线光缆。通过互联网查找相关知识，写出两芯皮线光缆的端接方法。

项目五

施工综合布线系统工程

项目描述

本项目主要是从信息网络布线系统的实际施工出发，介绍七大子系统的安装过程。主要涉及信息点底盒与面板的安装；线槽、线管、网线的铺设；配线架、模块的端接等内容。在信息网络布线系统中，以上材料由于结构简单、配线灵活、安全可靠、整齐美观以及使用寿命长的特点，被广泛应用在施工中。无论是工程的项目经理、现场工程师还是施工人员都非常重视该系统的设计与施工操作。一般设计和施工中都需要完成相应的准备工作，具体包括技术、材料、工具和施工套件准备等。根据实际教学需要，此项目的操作部分在实训室完成，项目扩展部分会介绍实际工程的内容。

知识目标

（1）掌握七大子系统的施工方法和步骤。
（2）掌握线槽、线管的安装方法。
（3）掌握线缆的铺设和理线过程。

任务一 安装工作区子系统

任务导入

天行健网络科技公司承接了江州职业技术学院的综合办公楼信息网络布线工程。目前进入到工程的施工阶段，技术人员将安装信息点底盒和面板。为了便于实施，本任务以实训设备为基础，介绍底盒安装、模块端接、面板安装的过程。在职业规范中，将介绍在实际工程中，安装工作区的过程和注意要点。

学习目标

（1）了解安装工作区子系统所用到的材料和工具。
（2）掌握安装工作区子系统的步骤。
（3）了解工作区标识的粘贴。

任务实施

工作区信息点一般安装在地面或者活动地板上、墙体上、办公桌表面，类型主要有数据、语音、TV 信息点，有些光纤到桌面的信息点铺设的是皮线光缆。

1. 材料与工具

1）材料

安装工作区子系统需要用到的材料有：明装底盒、双口面板、RJ45 模块、网线、同轴线缆、TV 面板、标签，如图 5-1-1 所示。

2）工具

安装工作区子系统需要用到的工具有：电钻、螺丝刀、打线刀、剥线器、斜口钳，如图 5-1-2 所示。

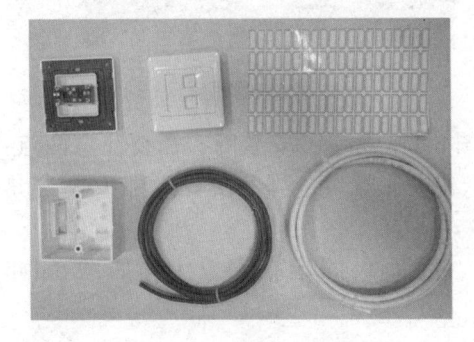

图 5-1-1 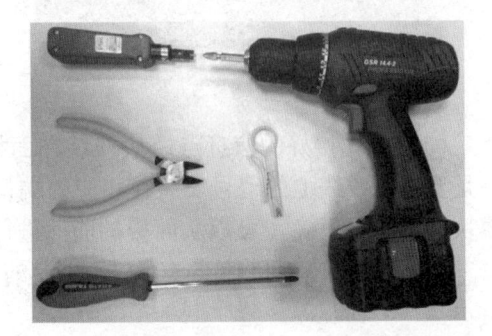　　　　　　　　　　　　　　图 5-1-2

2. 安装双口信息点

1）安装底盒

由于本过程只涉及信息点的安装，所以在底盒安装之后，默认线缆铺设到位。双口面板端口的作用是由管理间配线架跳线的端接而决定的，可以是数据点，也可以是语音点。根据数据/语音互换原则，两个端口均使用 RJ45 网络模块进行端接。

（1）使用电钻和钻头对底盒开孔，位置处于底盒正中心，如图 5-1-3 所示，孔的大小应该与实训墙体螺丝孔的大小一致。

（2）使用电钻和螺丝，将底盒安装固定在实训墙体，如图 5-1-4 所示。

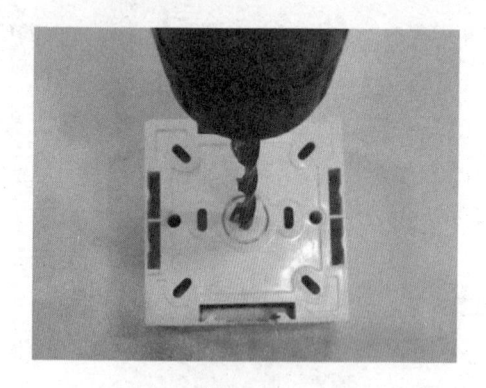

图 5-1-3

图 5-1-4

2）端接与安装面板

（1）将准备好的水平线缆穿入信息点底盒，如图 5-1-5 所示。

（2）根据之前所介绍的网络模块的端接方法，完成工作区 RJ45 模块的安装，如图 5-1-6 所示。

图 5-1-5

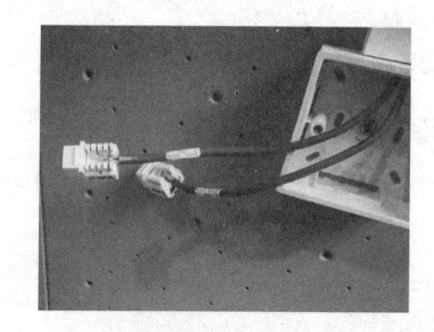

图 5-1-6

（3）将端接好的信息点模块安装在面板上，如图 5-1-7 所示，安装时，需要注意两点：一是要根据线缆上的编号安装在相应的端口（即哪个在左侧端口，哪个在右侧端口）；二是模块的方向要正确（可以从面板的前面进行查看）。

（4）使用电钻和信息点面板自带的 M4 螺丝，将面板固定在底盒上，如图 5-1-8 所示。

（5）将信息点面板上的护盖盖上，如图 5-1-9 所示。

3）贴标

粘贴端口编号在面板的指定位置，如图 5-1-10 所示，工程中多用打码机完成此过程。

3. 安装有线电视信息点

1）准备工作

由于本过程只涉及信息点的安装，所以在底盒安装之后，默认线缆铺设到位。

图 5-1-7

图 5-1-8

图 5-1-9

图 5-1-10

2）端接与安装面板
（1）安装信息点底盒，之后同轴线缆铺设到位，如图 5-1-11 所示。
（2）根据之前所介绍的端接 TV 面板的方法，安装电视面板，如图 5-1-12 所示。

图 5-1-11

图 5-1-12

（3）使用螺丝将 TV 面板安装在底盒上，并且安装上盖板，如图 5-1-13 所示。
3）贴标
粘贴端口编号在面板的指定位置，如图 5-1-14 所示，工程中多用打码机完成此过程。

图 5-1-13　　　　　　　　　　　　　　图 5-1-14

课堂练习

根据以下要求，完成工作区子系统的安装。

1. 材料与工具

信息点底盒 4 个/人、网络模块 4 个/人、网络双口面板 2 个/人、TV 面板 2 个/人、标签和螺丝若干，工具共用。

2. 要求

（1）在实训墙体上完成 2 个双口面板信息点的安装。

（2）在实训墙体上完成 2 个双口 TV 面板信息点的安装。

（3）摸索完成 1 个光纤信息点的安装。

任务拓展

1. 光纤信息点介绍

光纤信息盒又称光纤桌面盒，主要作用是用以固定模块，保护信息出口处的线缆，起到类似屏风的作用。用 SC 法兰盘和光纤快速连接器，通过光纤跳线连接。可以实现千兆、万兆的数据传输，光纤到桌面的布线技术是发展的趋势。

2. 安装光纤信息点

1）材料

安装光纤信息点所需要的材料有：底盒、光纤面板、螺丝、皮线光缆、SC 快速连接器、SC 适配器、标签等。

2）工具

安装光纤信息点所需要的工具有：斜口钳、皮线光缆开剥器、螺丝刀、米勒钳、打码机、光纤切割刀等。

3）准备工作

由于本过程只涉及信息点的安装，所以在底盒安装之后，默认线缆铺设到位。

4）端接与安装面板

（1）根据图纸，在固定位置安装信息点底盒，并且拆开光纤面板。

（2）由于皮线光缆为两根，根据线标，将皮线光缆穿入光纤面板，如图 5-1-15 所示。

（3）使用螺丝把光纤面板固定在信息点底盒上，并且分纤，如图 5-1-16 所示。

项目五　施工综合布线系统工程

图 5-1-15

图 5-1-16

（4）根据之前介绍的安装皮线光缆快速连接器的步骤，端接好快速连接器，如图 5-1-17 所示。注意，在端接时，快速连接器上的护套不得拿掉。

（5）将端接好快速连接器的皮线光缆插入 SC 适配器，如图 5-1-18 所示。

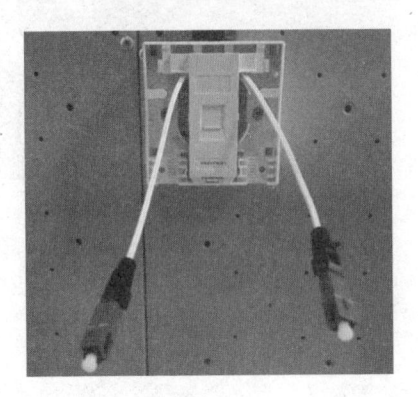

图 5-1-17

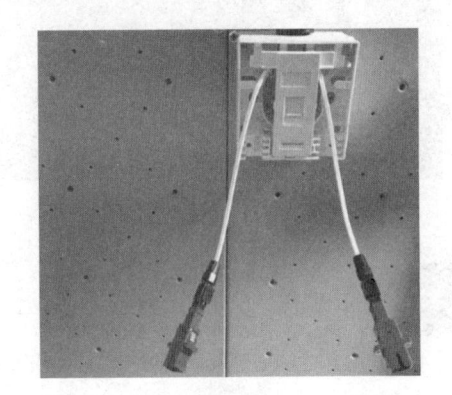

图 5-1-18

（6）将皮线光缆在底盒内盘纤后，把 SC 适配器安装在底盒上，如图 5-1-19 所示。

（7）安装上光纤面板的盖子，如图 5-1-20 所示，安装完毕。

图 5-1-19

图 5-1-20

职业规范

《综合布线系统工程设计规范》（GB 50311—2007）国家标准第六章安装工艺要求中，

对工作区的安装工艺提出了具体要求。安装在地面上的接线盒应防水和抗压,安装在墙面或柱子上的信息插座底盒、多用户信息插座盒及集合点配线箱体的底部离地面的高度宜为300 mm。

在实际工程中,使用暗装底盒的情况较多。暗装底盒只能安装在墙体或者装饰隔断内,安装面板后就隐蔽起来了,施工中不允许把安装底盒明装在墙体表面。暗装底盒一般在土建工程施工时安装,直接与穿线管端头连接固定在建筑物墙内或者立柱内,外沿低于墙面 10 mm,中心距离地面高度为 300 mm。底盒安装完毕后,必须用钉子或者水泥砂浆笃定在墙内,如图 5-1-21 所示。并且在墙面或者地面进行开槽安装,如图 5-1-22 所示。

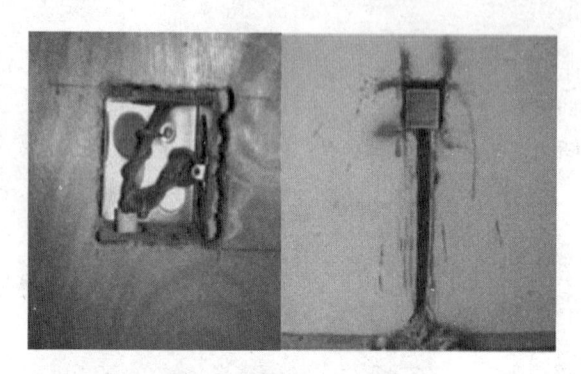

图 5-1-21

图 5-1-22

课后思考

学生通过互联网查找地弹式插座的端接安装方法,并写出过程。

任务二 安装水平子系统线槽

任务导入

天行健网络科技公司承接了江州职业技术学院的综合办公楼信息网络布线工程。目前进入到工程的施工阶段，技术人员将铺设水平子系统线槽。为了便于实施，本任务以综合布线实训设备为基础，介绍路由测量、线槽截取与安装等过程。在任务拓展中，将介绍在实际工程中水平桥架的安装方法和过程。

学习目标

（1）了解安装水平子系统线槽所用到的材料和工具。
（2）掌握安装水平子系统线槽的步骤。
（3）了解实际工程中安装线槽的方法。

任务实施

水平子系统铺设线槽，一般是在装修之后，用于明装信息点的环境。本任务根据图 5-2-1 所示的施工路由图，完成 F102 号信息点水平线槽的铺设。

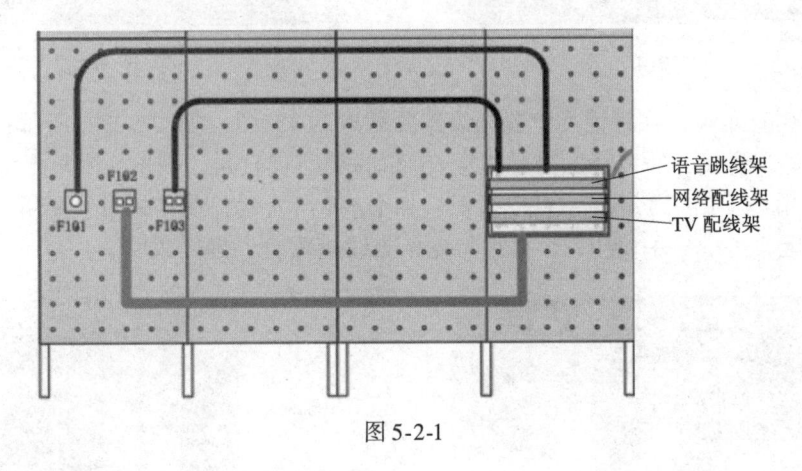

图 5-2-1

1. 材料与工具
1）材料
安装水平子系统线槽需要的材料有：PVC 线槽、螺丝，如图 5-2-2 所示。
2）工具
安装水平子系统线槽需要的工具有：电钻、手工锯、直角尺、铅笔、卷尺，如图 5-2-3 所示。
2. 施工步骤
为方便实施，在安装之前，工作区底盒和管理间机柜已经根据施工图安装到位。
1）测量长度截取线槽
（1）使用卷尺，测量图 5-2-1 中 F102 号信息点的四个部分路由长度，分别做好记录，如图 5-2-4 所示。

（2）量取线槽长度，在需要的地方画线，做好截取准备，如图 5-2-5 所示。

图 5-2-2

图 5-2-3

图 5-2-4

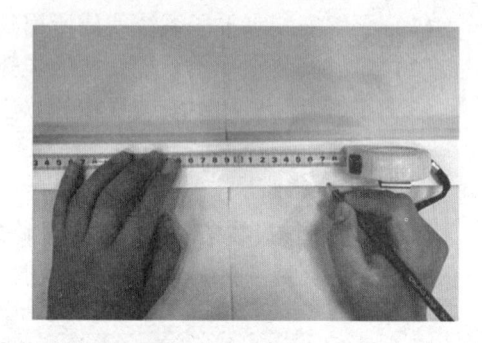

图 5-2-5

（3）使用直角尺，在标记的位置画出需要截取的 45°角，如图 5-2-6 所示，由于后期需要两根线槽进行拼接，所以特别需要注意 45°角的类型（直角、平角、阴角、阳角）。

（4）使用手工锯在工作台上截取线槽，如图 5-2-7 所示，在锯的时候要用一只手压住线槽，使其固定。另一只手使用锯，要保持锯条与线槽垂直，慢慢截取。

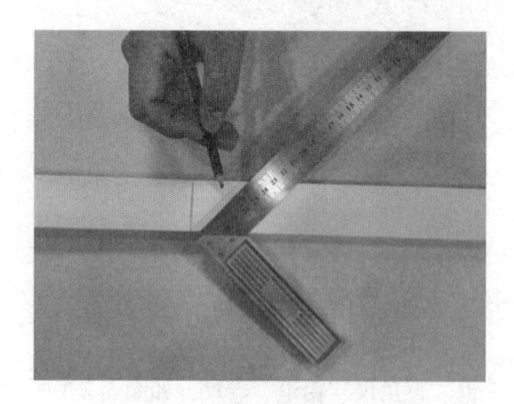

图 5-2-6

图 5-2-7

2）安装线槽

（1）揭开线槽，使线槽的盖子和底座相分离，如图 5-2-8 所示。

（2）将线槽底座放在相应的路由上，使用电钻在实训墙螺丝孔位置开孔，如图 5-2-9 所示。开孔时一定要注意位置在线槽底座的正中间，且开孔力度适当，以免损坏实训墙体。

图 5-2-8 　　　　　　　　　　　　　　　　图 5-2-9

（3）使用电钻将螺丝安装在实训墙体上的螺丝孔，这样线槽底座就固定在墙体上了，如图 5-2-10 所示。重复以上步骤，将其他三根线槽也固定在实训墙体上，如图 5-2-11 所示。

图 5-2-10 　　　　　　　　　　　　　　　图 5-2-11

（4）将线槽的盖子卡到线槽底座上，盖子和底座要全部贴合，如图 5-2-12 所示。
（5）重复以上步骤，将其他路由的线槽盖子也盖上，安装完毕，如图 5-2-13 所示。

图 5-2-12 　　　　　　　　　　　　　　　图 5-2-13

课堂练习

根据以下要求，完成水平子系统线槽的安装。
1. 材料与工具
39×18 PVC 线槽 2 米/人、20×10 PVC 线槽 1 米/人、信息点底盒 2 个/人、螺丝若干，工具共用；4人/工位，2人在上层工位，1人在下层工位。

2. 要求

根据图5-2-14所示，完成F203和F204信息点线槽的铺设。

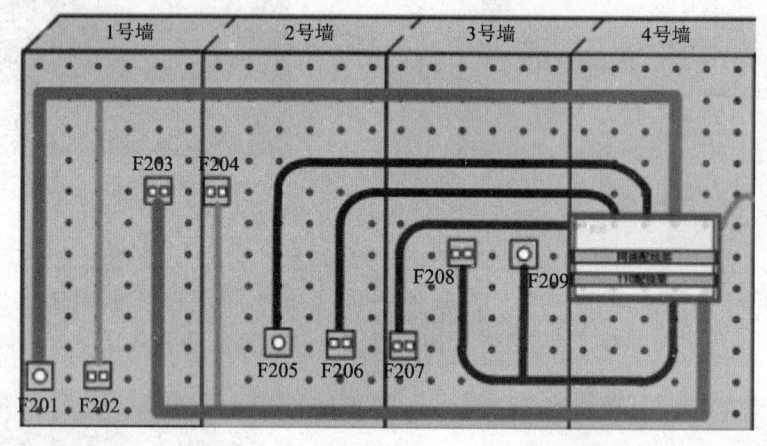

图 5-2-14

任务拓展

在水平子系统中，房间内部多安装线槽，楼层走廊中基本都安装水平金属桥架。下面将介绍桥架的安装方法和过程。

1. 电缆桥架安装工艺流程

定位放线——预埋铁件或膨胀螺栓——支、吊、托架安装——桥架安装——保护接地安装。

2. 确定安装位置和走向

根据施工图确定始端到终端位置，沿图纸标定走向，找好水平、垂直、弯通，用粉线袋或画线沿桥架走向在墙壁、顶棚、地面、梁、板、柱等处弹线或画线，并以均匀挡距画出支、吊、托架位置。

3. 预埋铁件或膨胀螺栓

（1）预埋铁件的自制加工不应小于120 mm×80 mm×6 mm，其锚固圆钢的直径不小于10 mm。

（2）紧密配合土建结构的施工，将预埋铁件平面紧贴模板，将锚固圆钢用绑扎或焊接的方法固定在结构内的钢筋上；待混凝土模板拆除后，预埋铁件平面外露，将支架、吊架或托架焊接在上面进行固定。

4. 支、吊架安装

（1）支架与吊架应安装牢固，保证横平竖直，在有坡度的建筑物上安装支架与吊架应与建筑物的坡度、角度一致。

（2）严禁用电气焊切割钢结构或轻钢龙骨任何部位。

（3）固定支点间距一般不应大于1.5~2 m。在进出接线盒、箱、柜、转角、转弯和变形缝两端及丁字接头的三端500 mm以内应设固定支撑点。

（4）严禁用木砖固定支架与吊架。

5. 桥架安装

电缆桥架水平敷设时,支撑跨距一般为 1.5~3 m,电缆桥架垂直敷设时固定点间距不宜大于 2 m。桥架弯通弯曲半径不大于 300 mm 时,应在距弯曲段与直线段结合处 300~600 mm 的直线段侧设置一个支、吊架。当弯曲半径大于 300 mm 时,还应在弯通中部增设一个支、吊架。支、吊架和桥架安装必须考虑电缆敷设弯曲半径满足规范最小弯曲半径。

学习水平桥架详细的安装方法,可以参看以下网址:

http://bbs.co188.com/thread-9185994-1-1.html。

职业规范

1. PVC 线槽的安装方式

对于 PVC 线槽的安装,需要根据不同区域的线路来决定,不同区域线路铺装的方式不同,其采用的安装方法也不同,如图 5-2-15 所示。而一般家庭中安装 PVC 线槽主要有四种:在天花板吊顶采用吊杆或者托式桥架;在天花板吊顶外采用托架桥架敷设;在天花板吊顶外采用托架加配固定槽敷设;在墙面上明装,使用钻洞放胶塞后用自攻螺丝或粗短钢钉固定。各种安装方法都有优点和缺点,在安装的时候需要根据具体情况来决定不同的安装方法。

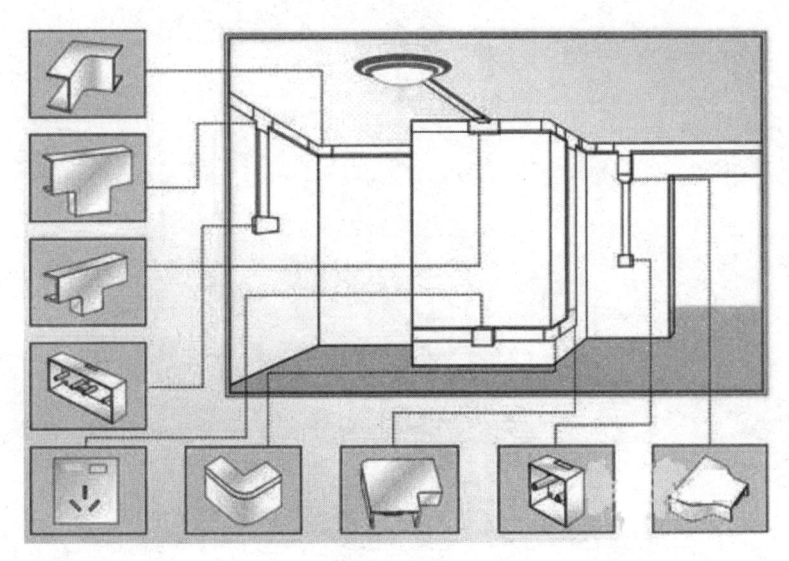

图 5-2-15

2. 线槽安装的整体规划

在安装之前,要对房屋规划和布线有一个明确的规划,为了房屋美观和各方面的考虑,走线应该紧贴房屋墙壁,如果是平面走线,应该做到走线沿墙角,这样整体规划的线路会更加井然有序,而且在装饰上也不会太过影响美观。

3. 线槽安装的基本要求

(1) 购买线槽并检查其零件的完整性之后,在安装时应该注意直线安装要求紧密对齐。

(2) 交叉转弯时应该采用单通或多通的变通连接方式,导线接头处应设置接线盒。

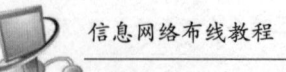

（3）线槽中非导体的部分应该相互连接或跨接，使其成为一体的连续导体。
（4）线槽与盒、箱等连接时，进线和出线处都应采用包角连接。
（5）线槽在不平稳的物体表面布线时，应该注意线槽随其坡度的变化而变化。
（6）在线槽铺设完毕，确认合格后才能进行槽内配线。

课后思考

反复实训后，写出安装线槽的步骤和心得，特别是提高效率的方法。

任务三　安装水平子系统线管

任务导入

天行健网络科技公司承接了江州职业技术学院的综合办公楼信息网络布线工程。目前进入到工程的施工阶段，技术人员将铺设水平子系统线管。为了便于实施，本任务以综合布线实训设备为基础，介绍路由测量、线管截取与安装等过程。在任务拓展中，将介绍波纹管的安装方法和过程。

学习目标

（1）了解安装水平子系统线管和波纹管所用到的材料和工具。
（2）掌握安装水平子系统线管的步骤。
（3）了解实际工程中铺设线管的过程。

任务实施

水平子系统铺设线管，一般是与土建或者装修工程并行的，暗埋在墙体或者地面。本任务根据图5-3-1所示的使用路由图，完成F101号信息点水平线槽的铺设。

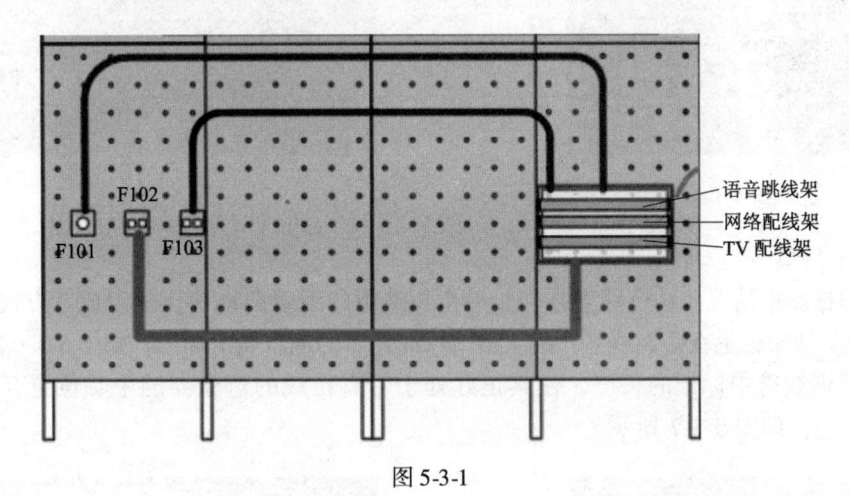

图 5-3-1

1. 材料与工具
1）材料
安装水平子系统线管需要的材料有：$\phi 20$ PVC线管、$\phi 20$ 管卡、螺丝、直通、弯头、三通、锁母，如图5-3-2所示。
2）工具
安装水平子系统线管需要的工具有：电钻、线管剪、铅笔、弯管器，如图5-3-3所示。
2. 施工步骤
1）安装管卡
（1）首先根据图5-3-1所示，规划F101号信息点的路由，以便安装管卡。使用M6螺丝

安装 φ20 管卡时，需要使用钻头对管卡进行拓孔，之后将螺丝按入管卡孔，使用电钻把管卡安装在实训设备墙体表面，如图 5-3-4 所示。

（2）重复以上过程，在路由中的适当位置，安装上管卡，如图 5-3-5 所示。需要说明两点：管卡的安装数量要合理，一般一条直线上需要安装两个管卡，以固定线管；在本实训设备上是明装线管，需要用到管卡，实际工程中大多是暗埋线管，无须用到管卡。

图 5-3-2

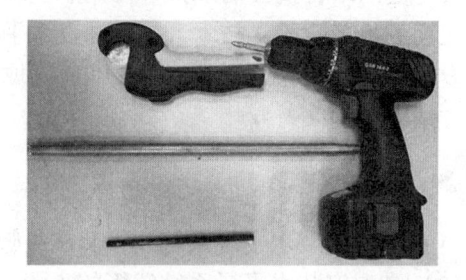

图 5-3-3

图 5-3-4

图 5-3-5

2）安装线管

（1）根据路由情况，结合线管技巧，一个长路由的线管要由两段来组成，方便安装和以后铺设线缆。使用铅笔在距离线管一端大概 50 cm 左右的地方做上标记，如图 5-3-6 所示。

（2）根据线管中标记的长度，使其正好处于带有拉线的弯管器的中心位置，之后在拉线上做好标记，如图 5-3-7 所示。

图 5-3-6

图 5-3-7

（3）将弯管器插入线管至适当位置，双手握住弯管器所在位置的两端，用膝盖或者大腿作为支点用力弯下去，如图 5-3-8 所示。在弯管时，可以滑动线管来控制弯曲半径。

（4）把弯好的线管安装在管卡上，如图 5-3-9 所示，较长的一端在机柜一侧。

图 5-3-8

图 5-3-9

（5）在机柜一侧，线管的适当位置，使用铅笔做一个标记，如图 5-3-10 所示。

（6）将线管从管卡上拆掉，使用同样的方式，以标记为中心，再弯曲一个拐角，如图 5-3-11 所示，此拐角应该与之前的拐角成垂直的平面。

图 5-3-10

图 5-3-11

（7）使用第二根线管，以信息点底盒为基点，在需要弯曲的位置做上标记，如图 5-3-12 所示。

（8）根据之前步骤，将第二根线管弯曲，并且安装在管卡上，如图 5-3-13 所示。

图 5-3-12

图 5-3-13

（9）在两根线管重合的部位，使用线管剪，剪掉多余的线管，如图 5-3-14 所示。

（10）之后安装直通连接线管，如图 5-3-15 所示。至此，F101 信息点的线管路由铺设完毕，如图 5-3-16 所示。在明装线管时，还会用到弯头、三通等辅材。而在暗埋线管施工中，为方便穿线，只允许使用直通，其他辅材基本不用。

图 5-3-14

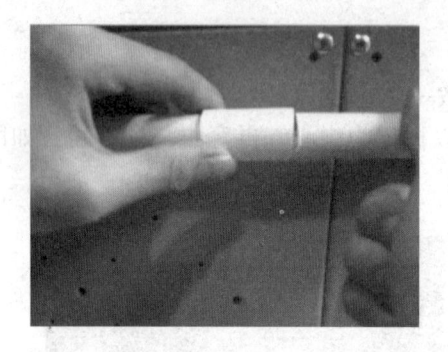

图 5-3-15

图 5-3-16

课堂练习

根据以下要求，完成水平子系统线管的安装。

1. 材料与工具

$\phi 20$ PVC 线管 2 米/人、$\phi 20$ 管卡 10 个/人、信息点底盒 3 个/人、螺丝若干、线管辅材若干，工具共用；4 人/工位，2 人在上层工位，1 人在下层工位。

2. 要求

根据图 5-3-17 所示，完成 F207、F208 和 F209 信息点线管的铺设，使用成品三通，弯头自制。

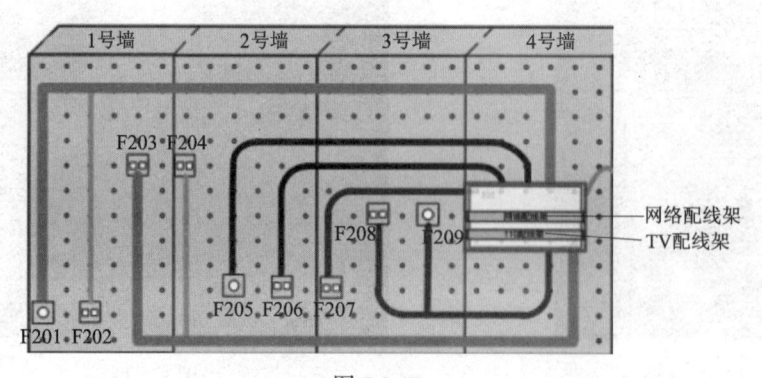

图 5-3-17

任务拓展

PE 波纹管可以用来保护电线和电缆不受划断，具有柔韧性好、弯曲性好、耐酸、耐磨等优点，起保护线束、电线、电缆的作用，更适用于一些墙角或弯曲的线缆，起到保护作用。如视频监控布线中，从摄像头到墙体线缆的保护；水平布线走廊金属桥架和房间内线管的连接处线缆保护等。

世界技能大赛信息网络布线项目中，就涉及铺设波纹管的考核内容，现介绍如下。

1. 材料与工具

1）材料

安装水平子系统波纹管需要的材料有：φ21.2 PE 波纹管、φ20 管卡、螺丝、接头，如图 5-3-18 所示。

2）工具

安装水平子系统线管需要的工具有：电钻、开孔器、剪刀，如图 5-3-19 所示。

图 5-3-18

图 5-3-19

2. 施工步骤

为方便实施，在安装之前，工作区底盒和管理间机柜已经根据施工图安装到位。

（1）使用电钻和开孔器，在信息点底盒上开孔，如图 5-3-20 所示。

（2）在信息点底盒上安装波纹管接头，如图 5-3-21 所示。

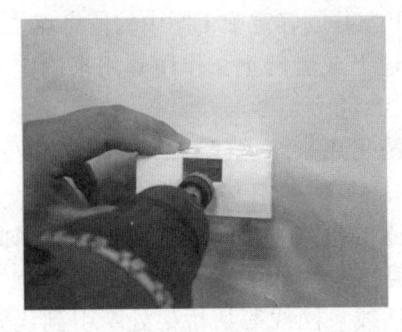

图 5-3-20

图 5-3-21

（3）根据布线路由，在网络机柜的相应位置，安装波纹管接头，如图 5-3-22 所示。

（4）将波纹管的一端固定在网络机柜的接头上，并且卡入事先装好的管卡上，如图 5-3-23 所示。

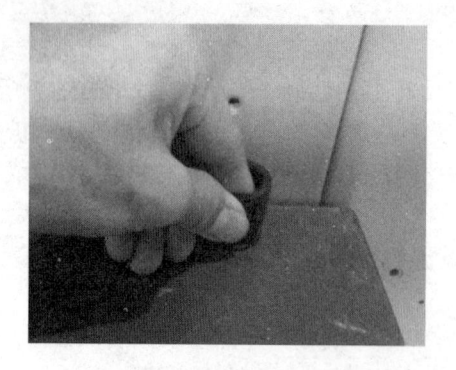

图 5-3-22

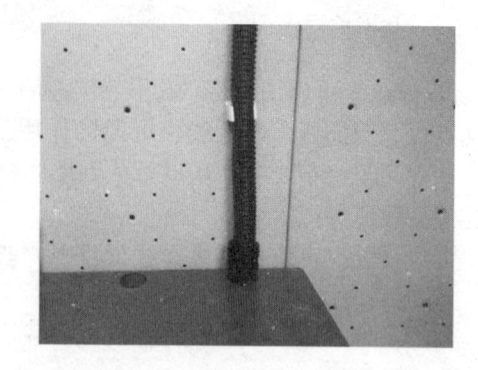

图 5-3-23

（5）根据路由线路，将波纹管依次卡入路由中所有管卡，如图 5-3-24 所示。

（6）在信息点底盒的一端，使用剪刀剪去多余长度的波纹管，并且安装在锁母中，至此，一条波纹管路由铺设完毕，如图 5-3-25 所示。

图 5-3-24

图 5-3-25

职业规范

1. 实际工程中暗埋线管铺设的步骤

（1）确定接入点的位置。在这一环节，乙方和甲方共同确定施工图中的信息点位置。

（2）弹线。弹线即使用一条沾了墨的线，弹在地上或者墙上，作用是用来确定弱电线从信息点到管理间的走线位置，为后期的暗埋线提供参考。

（3）剔槽。根据走线的路径，在墙体上人工开凿出用来暗埋线管的线槽，需要注意的是，剔槽时一定不能破坏墙体内的钢筋。

（4）预埋管路。在暗埋线的过程中，严禁将裸露的电线直接暗埋在墙体内，因此需要线管。通常用于暗埋线的线管分为 PVC 材质线管和镀锌铁管两种。

（5）开始穿线。将所要暗埋的电视信号线、电话线、网线等从桥架处牵引到线管，穿过线管，直至最终墙面上的接口处。

（6）验收线路是否通畅。穿线完毕后，就需要用万用表等设备对所穿的电线进行验收，查看线路是否通畅，是否存在断点或短路。

（7）在整体装修工程完工后，在墙面上的弱电埋管和接口处安装相应的面板。

2. 安装工艺要求

（1）在砖墙上定线弹出水平线，对照图纸用线及水平尺测出盒箱准确位置，并标出尺寸。

（2）配合主体施工，按图纸找出盒、箱的准确位置，然后凿洞，所凿洞口要求比线盒大一些。安装线盒时要求用水湿润砖面，并将桶口内杂物清除。用水泥砂浆将盒箱按要求放入洞中，待水泥砂浆凝固后，再接入短管入盒、箱。

（3）敷设管道时应尽量减少弯曲。管子最小弯曲半径、管子弯曲处的弯扁度要求符合质量要求评定标准。

（4）管进线盒、箱的连接：管进箱内不许凹凸不平，要求与盒、箱体里口对齐，一管一孔。

暗埋线管与走廊水平桥架相组合的布线方式如图 5-3-26 所示。

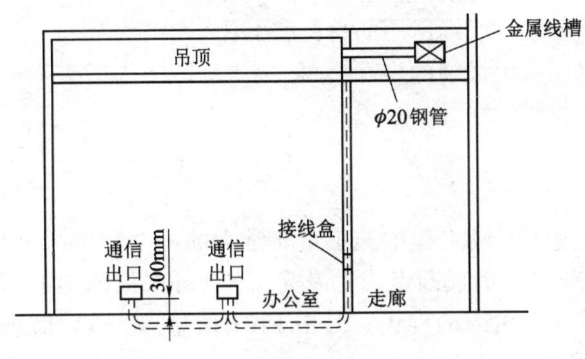

图 5-3-26

课后思考

反复实训后，写出安装线管的步骤和心得，特别是提高效率的方法。

任务四　铺设水平子系统线缆

任务导入

天行健网络科技公司承接了江州职业技术学院的综合办公楼信息网络布线工程。目前进入到工程的施工阶段，技术人员将铺设水平子系统线缆。为了便于实施，本任务以综合布线实训设备为基础，介绍在线槽、线管中铺设双绞线、同轴电缆的过程。在任务拓展中，将介绍在波纹管中铺设皮线光缆的安装方法和过程。

学习目标

（1）了解铺设水平子系统线缆所用的材料和工具。
（2）掌握铺设水平子系统线缆的步骤。
（3）了解实际工程中铺设线缆的过程。

任务实施

铺设水平子系统线缆是布线工程中施工量非常大的一个环节，也是成本控制的关键一环。线缆长度控制不准确，会造成断点或者浪费。本任务根据图 5-4-1 所示的路由图，完成已经铺设好的线槽、线管中线缆的铺设。其中 F101 信息点为 TV 信息点，铺设同轴电缆；F103 为双口信息点，铺设超五类双绞线。

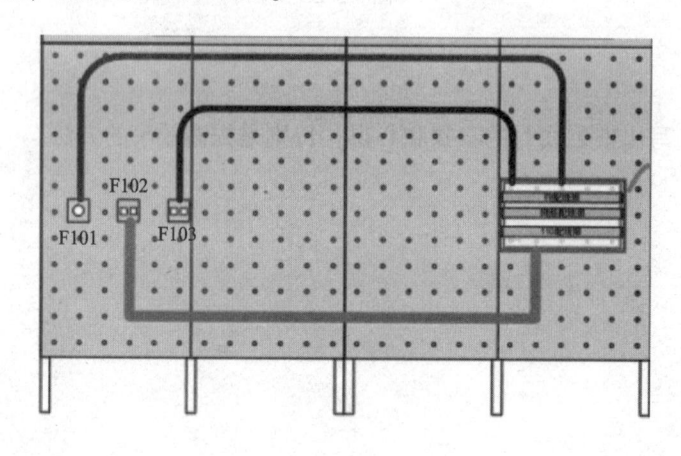

图 5-4-1

1. 材料与工具
1）材料
铺设水平子系统线缆需要的材料有：双绞线、同轴电缆、标签，如图 5-4-2 所示。
2）工具
铺设水平子系统线缆需要的工具有：斜口钳、记号笔，如图 5-4-3 所示。

项目五 施工综合布线系统工程

图 5-4-2

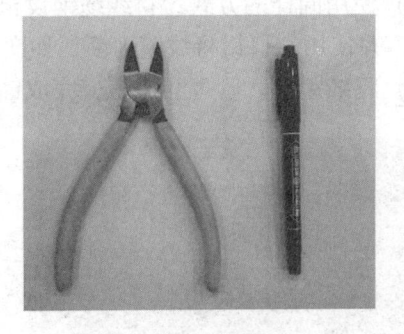

图 5-4-3

2. 施工步骤

1) 在线槽中铺设双绞线

在实际工程中，铺设信息点线缆时，相近的信息点使用若干箱线缆一起铺设，效率较高。所以，以下步骤使用两箱网线同时进行铺设线缆。

(1) 首先揭去已铺设线槽上的盖子，并摆放整齐，如图 5-4-4 所示。

(2) 使用两箱双绞线，分别抽出线缆，并且打上标签，如图 5-4-5 所示。双绞线的箱子上也要做上标记，用于表明做上标记的双绞线是属于哪箱线缆的。

图 5-4-4

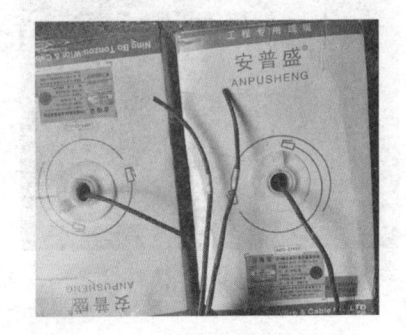

图 5-4-5

(3) 将线缆穿入信息点底盒，预留长度 10～15 cm，如图 5-4-6 所示。

(4) 沿着路由放线，边铺设线缆，边用手按上线槽上盖，如图 5-4-7 所示。

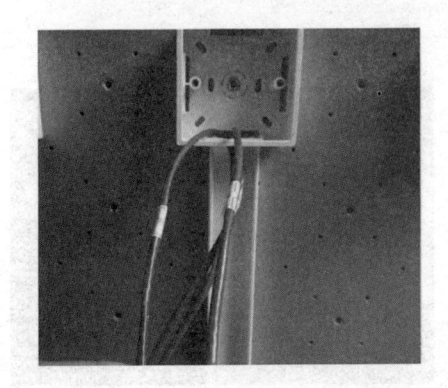

图 5-4-6

图 5-4-7

- 213 -

（5）使用同样的方式，将线缆铺设至管理间机柜，预留 1~1.5 m 的长度，在线缆上做上标签，并使用斜口钳将线缆剪断，如图 5-4-8 所示。

（6）将线缆穿入管理间机柜，完成铺设，效果如图 5-4-9 所示。

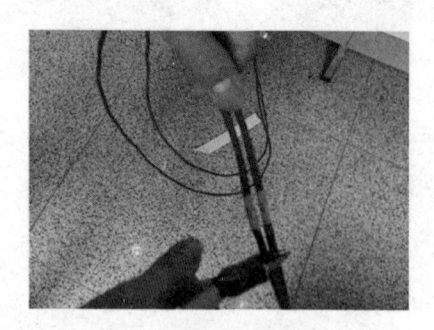

图 5-4-8

图 5-4-9

2）在线管中铺设同轴电缆

（1）在同轴电缆的一端做上标签，如图 5-4-10 所示。

（2）将同轴电缆从管理间机柜的一端穿入，如图 5-4-11 所示。

图 5-4-10

图 5-4-11

（3）如果线缆在穿管过程中遇到困难，可以从预留的断点处续穿，如图 5-4-12 所示。

（4）之后线缆会从底盒处穿出，预留 10~15 cm 即可，如图 5-4-13 所示。

（5）在管理间机柜一侧，预留 1~1.5 m 的长度，贴上标签之后，使用斜口钳剪断线缆，如图 5-4-14 所示。

（6）线缆铺设完毕，如图 5-4-15 所示。

图 5-4-12

图 5-4-13

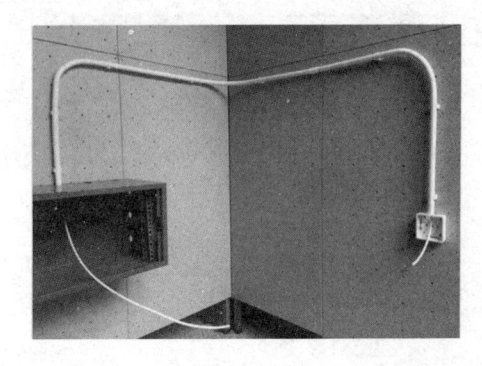

图 5-4-14   图 5-4-15

课堂练习

根据以下要求，完成水平子系统线缆的铺设。

1. 材料与工具

双绞线 1 箱/工位、同轴电缆 1 卷/工位、标签若干，工具共用；4 人/工位，2 人在上层工位，1 人在下层工位。

2. 要求

根据图 5-4-16 所示，完成 F201 至 F209 信息点水平线缆的铺设。其中，F201、F205、F209 为 TV 信息点，铺设同轴电缆；F202、F203、F207 为双口信息点面板，铺设超五类双绞线；F204、F206、F208 为光纤信息点面板，铺设皮线光缆。

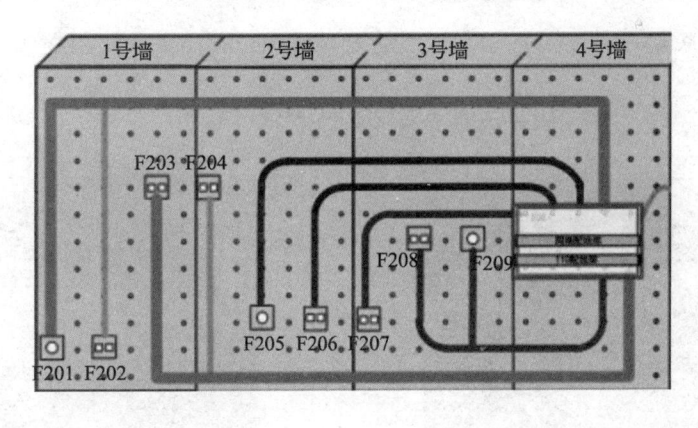

图 5-4-16

任务拓展

1. 材料与工具

铺设水平子系统皮线光缆需要的材料有皮线光缆、标签；需要的工具有：蛇头剪。

2. 铺设水平子系统皮线光缆的步骤

（1）在皮线光缆的一端做上线标，如图 5-4-17 所示。

（2）从信息点底盒的一端将皮线管穿入波纹管，如图 5-4-18 所示。

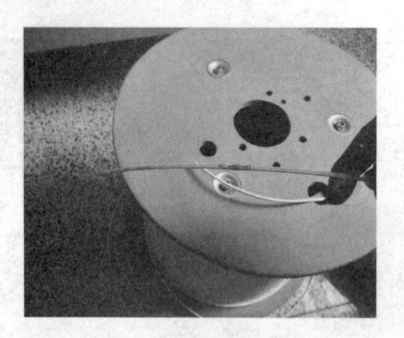

图 5-4-17

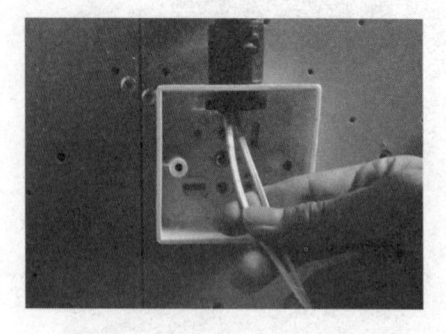

图 5-4-18

（3）将波纹管从之前的管卡中拆下，以方便穿线，如图 5-4-19 所示。
（4）在管理间机柜一侧预留 1～1.5 m 的长度，如图 5-4-20 所示。

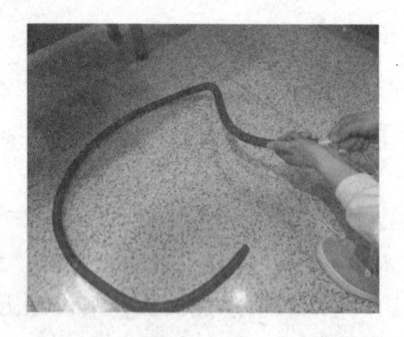

图 5-4-19

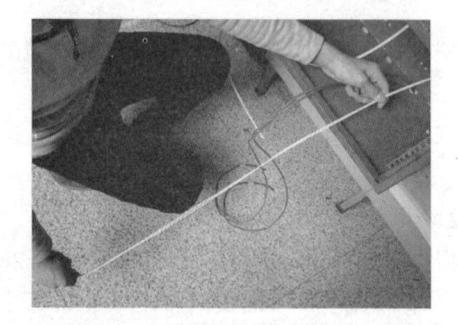

图 5-4-20

（5）信息点底盒一层，做上标签，预留 25～30 cm 的长度，使用蛇头剪截取皮线光缆，如图 5-4-21 所示。
（6）铺设完成后，如图 5-4-22 所示。

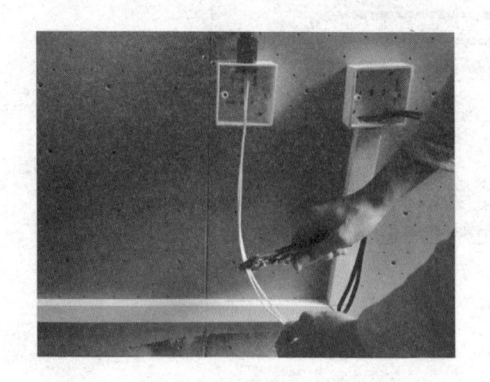

图 5-4-21

图 5-4-22

职业规范

1. 敷设双绞线缆的基本要求
（1）槽道检查。

(2) 文明施工。

(3) 放线记录。

(4) 线缆应有余量以适应终接、检测和变更。对绞电缆预留长度：在工作区宜为 3~6 cm，电信间宜为 0.5~2 m，设备间宜为 3~5 m；有特殊要求的应按设计要求预留长度。

(5) 桥架及线槽内线缆绑扎应符合要求。

(6) 电缆转弯时弯曲半径应符合规定。

(7) 电缆与其他管线的距离应符合规定。

(8) 预埋线槽和暗管敷设线缆应符合规定。

(9) 拉绳速度和拉力应符合规定。

(10) 双绞线牵引应符合规定。

2. 布线环境与要求

1) 暗道布线

暗道布线是指在浇筑混凝土时已预埋好地板管道或墙体管道，管道内应有牵引电缆线的钢丝或铁丝，如果没有，就用小型穿线器牵引。安装人员只需索取管道图纸来了解布线管道系统，确定布线路由。管道一般从配线间或走廊水平主干槽道埋到信息插座安装孔，安装人员只要将 4 对电缆线固定在信息插座的拉线端，从管道的另一端将线缆牵引拉出。

2) 天花板内布线

水平布线最常用的方法是在天花板内布线。具体施工步骤如下：

(1) 确定布线路由。

(2) 沿着所设计的路由，打开天花板，用双手推开每块镶板，由于多条 4 对线很重，为了减轻压在吊顶上的压力，可使用 J 形钩、吊索及其他支撑物来支撑。

(3) 以同一工作区信息点为一组，每组布放 6 根双绞线缆为宜。

(4) 加标签。在箱上或放线记录表上写标识编号，在线缆的末端注上标识编号。

(5) 在离电信间最远的一端开始，拉到电信间。

(6) 将线缆整理进机柜。

3) 墙壁线槽布线

墙壁线槽布线是一种明铺方式，均为短距离段落。如已建成的建筑物中没有暗敷管槽时，只能采用明敷线槽或将线缆直接敷设，在施工中应尽量把线缆固定在隐蔽的装饰线下或不易被碰触的地方，以保证线缆安全。在墙壁上布线槽一般遵循下列步骤：

(1) 确定布线路由。

(2) 沿着路由方向放线（讲究直线美观）。

(3) 线槽每隔 1 m 要安装固定螺钉。

(4) 布线时线槽容量为 70%。

(5) 盖塑料槽盖。盖槽盖时应错位盖。

3. 机柜进线及理线

(1) 一般机柜顶部进线，如图 5-4-23 所示。

(2) 活动地板机柜底部进线，如图 5-4-24 所示。

(3) 水泥地板机柜底部进线，如图 5-4-25 所示。

图 5-4-23

图 5-4-24   图 5-4-25

课后思考

在任务实施环节中，铺设六类双绞线，记录铺设过程。

任务五　安装垂直子系统

任务导入

天行健网络科技公司承接了江州职业技术学院的综合办公楼信息网络布线工程。目前进入到工程的施工阶段，技术人员将铺设垂直子系统。为了便于实施，本任务以综合布线实训设备为基础，介绍路由测量、线管截取与安装、线缆铺设等过程。在任务拓展中，将介绍在实际工程中安装垂直子系统的方法和过程。

学习目标

(1) 了解铺设垂直子系统线缆所用的材料和工具。
(2) 掌握铺设垂直子系统线缆的步骤。
(3) 掌握在设备间端接垂直子系统的方法。

任务实施

垂直子系统一般是在建筑的土建阶段预留的弱电井中铺设金属桥架，之后在其内部铺设线缆。本环节根据图 5-5-1 所示的安装施工立面图和俯视图，完成垂直子系统的安装与线缆铺设。垂直子系统桥架采用 ϕ50 PVC 线管模拟，配合成品弯头和三通安装，内铺设大对数线缆、室内 4 芯多模光缆、同轴电缆、BD 机柜模拟本楼的管理间。

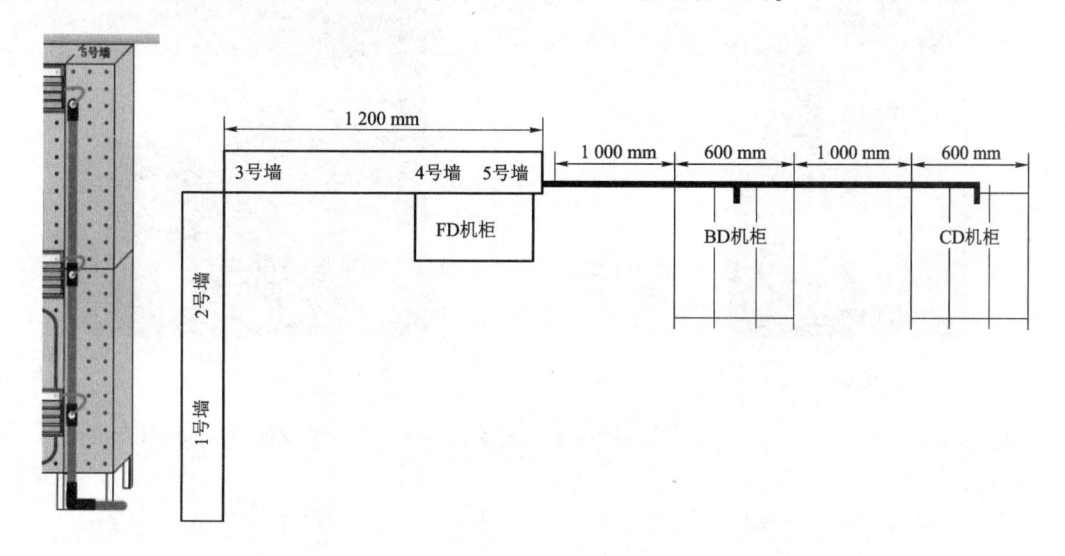

图 5-5-1

1. 材料与工具
1) 材料

安装垂直子系统需要的材料有：ϕ50 PVC 线管、ϕ50 管卡、线管辅材、室内光缆、大对数线缆、同轴电缆、标签、黄蜡管、螺丝，如图 5-5-2 所示。

2）工具

安装垂直子系统需要的工具有：手工锯、单口打线刀、五口打线刀、剪刀、剥线器、光纤熔接机、光纤切割刀、米勒钳、同轴剥线器、卷尺、美工刀，如图 5-5-3 所示。

图 5-5-2 　　　　　　　　　　　　　　图 5-5-3

2．施工步骤

1）铺设线管

（1）使用卷尺测量 BD – FD 之间各段的长度，并且记录，如图 5-5-4 所示。

（2）在 φ50 PVC 线管上测量出长度，做出标记，并且使用手工锯在工作台上截取线管，如图 5-5-5 所示。

图 5-5-4 　　　　　　　　　　　　　　图 5-5-5

（3）在实训设备的适当位置，使用电钻和螺丝安装 φ50 PVC 管卡，如图 5-5-6 所示。管卡在之前需要使用电钻进行二次铣孔后才能安装上 M6 螺丝。

（4）将截取的线管配合成品辅材，安装在实训设备上，如图 5-5-7 所示。

2）铺设线缆

（1）截取适当长度的线缆，按照每层的需求做上标签，并且使用扎带扎在一起，如图 5-5-8 所示。

（2）将扎成 3 组的线缆，依次穿入在实训设备一侧的线管里，如图 5-5-9 所示。在成品三通处需要进行楼层分线，穿线过程中要有耐心，切勿让线缆脱离扎带。

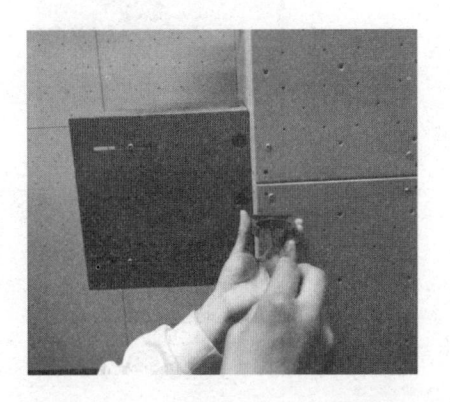

图 5-5-6 　　　　　　　　　　　　　　图 5-5-7

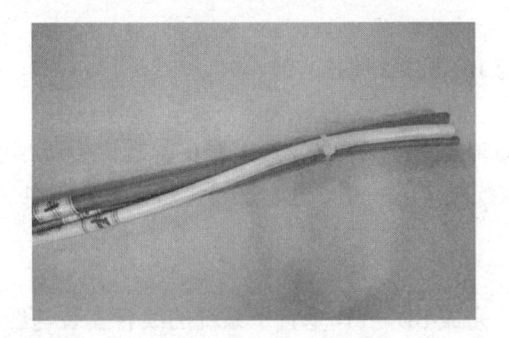

图 5-5-8 　　　　　　　　　　　　　　图 5-5-9

（3）在 FD 机柜一侧，使用 φ20 黄蜡管套在线缆上，如图 5-5-10 所示。之后将线缆穿入 FD 机柜，如图 5-5-11 所示。线缆在 FD 机柜内要预留 1～1.5 m 的长度，完成之后的效果如图 5-5-12 所示。

图 5-5-10 　　　　　　　图 5-5-11 　　　　　　　图 5-5-12

（4）将 FD 的 3 组线缆，使用 φ50 黄蜡管一起穿入 BD 机柜，如图 5-5-13 所示。
（5）垂直子系统线管安装与线缆铺设完毕，效果如图 5-5-14 所示。

图 5-5-13　　　　　　　　　　　　　　　图 5-5-14

课堂练习

根据以下要求，完成垂直子系统的安装与 BD 机柜线缆端接。

1. 材料与工具

φ50 PVC 线管 3 米/人、φ50 管卡若干、φ50 黄蜡管 0.3 米/组、φ20 黄蜡管 1 米/组、室内光缆 20 米/组、同轴电缆 20 米/组、大对数线缆 20 米/组、标签若干，工具共用；4 人/工位，2 人/组，轮流练习。

2. 要求

根据图 5-5-15 所示施工立面图和俯视图，完成 BD – FD 垂直子系统的线管安装与线缆铺设，具体要求如下：

（1）从标识为 BD 的模拟设备向模拟 FD1、FD2 机柜外侧安装 1 根 φ50 PVC 线管，采用沿地面和沿墙体凹槽敷设方式，使用管卡固定，安装中线管使用配套成品弯头、三通和黄蜡管接入 FD1、FD2 机柜内。模拟管路内需布放 2 根同轴电缆、2 根室内光缆和 2 根 25 对大对数电缆，分别接入 FD1、FD2 机柜内，各 FD 机柜进线类型、数量相同。要求此间所有线缆从该管路中布放，每个 FD 出口处使用 φ50 PVC 线管配件模拟完成。

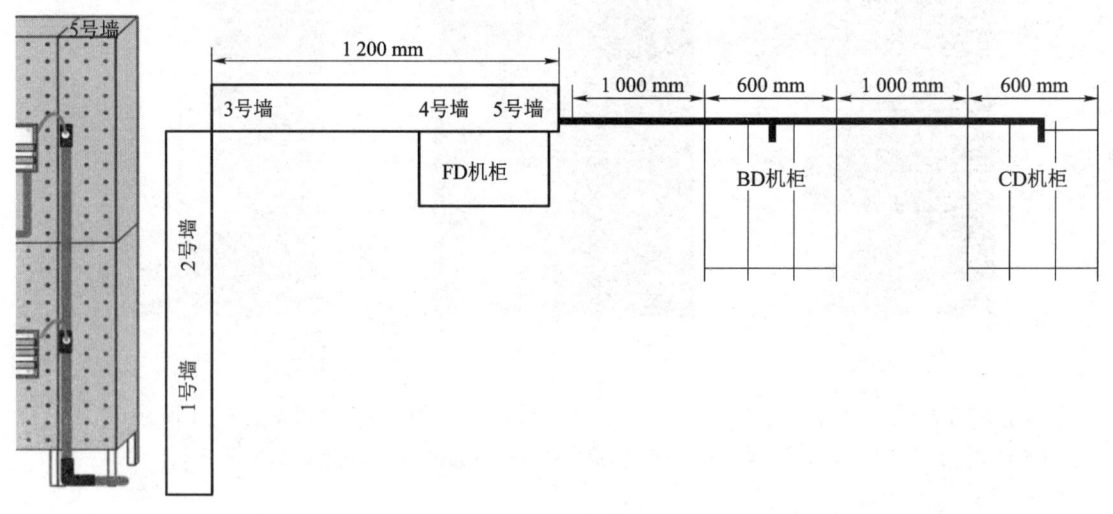

图 5-5-15

（2）3根同轴电缆选用配套英制F头连接，一端在BD机架TV配线架依次按FD1、FD2接入第1、2个进线端口。要求标签扎带正确合理。

（3）2根室内光缆一端穿入BD机架光纤配线架，熔接SC尾纤，安装在光纤配线架的1~8号端口。

（4）2根25对大对数电缆依据色标端接，其中第1根一端端接在BD机架29U处110配线架底层的1~25线对（配线架左上位置）上，第2根一端端接在BD机架29U处110配线架底层的26~50线对（配线架右上位置）上，并正确安装各顶层的端接连接模块。

任务拓展

铺设到BD机柜端的垂直子系统线缆需要进行端接，即端接设备间子系统，本任务将从端接3组室内光缆、同轴电缆、大对数线缆的过程出发，介绍垂直子系统的端接方法。由于之后的建筑群子系统线缆也需要在设备间进行端接，所以本模块不再以单独任务的形式来介绍设备间子系统的模拟实训施工。

1. 材料与工具

1）材料

在BD机柜端接垂直子系统线缆使用的材料有：从垂直子系统铺设过来的室内光缆、同轴电缆、大对数线缆、热缩管、尾纤、英制F头、英制双通头、SC适配器、理线环、螺丝。

2）工具

在BD机柜端接垂直子系统线缆使用的工具有：光纤熔接机、光纤切割刀、米勒钳、美工刀、单口打线刀、五口打线刀、螺丝刀、同轴剥线器。

2. 施工步骤

（1）使用螺丝刀和螺丝，将理线环安装在BD机柜内侧的适当位置，如图5-5-16所示。

（2）将线缆穿过理线环，在适当的位置进行分纤，并且穿入同轴配线架、110跳线架、光纤配线架，如图5-5-17所示。

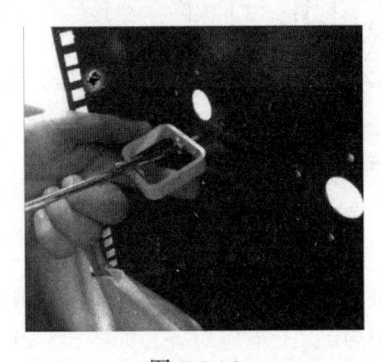

图5-5-16 　　　　　　　　　　　图5-5-17

（3）依次将其他线缆也按照上述过程穿入理线环，进入配线设备。根据"项目四　端接信息网络布线系统配线工程技术"中"任务五　端接有线电视面板与配线架""任务四　端接大对数线缆""任务八　熔接室内光缆"的知识，完成同轴电缆的端接与安装、大对数线缆的安装与端接、室内光缆的熔接与盘纤，如图5-5-18所示。

（4）在机柜内侧，使用扎带将线缆扎成环，之后安放在机柜底座上，如图 5-5-19 所示，端接完毕。要求盘纤美观、合理、相同类型的线缆扎在一起。

图 5-5-18

图 5-5-19

职业规范

建筑物垂直干线布线通道可以采用电缆孔和电缆井两种方法进行安装。

1. 电缆孔安装方法

干线通道中所用的电缆孔是很短的管道，通常是用一根或数根直径为 10 cm 的钢管做成。他们嵌在混凝土地板中，这是在浇注混凝土地板时嵌入的，比地板表面高出 2.5～10 cm，也可以在地板上预留一个大小适当的空洞。电缆往往捆在钢绳上，而钢绳又固定到墙上已经安装好的金属条上。当楼层配线间在建筑物同一垂直位置时，一般采用电缆孔方法，如图 5-5-20 所示。

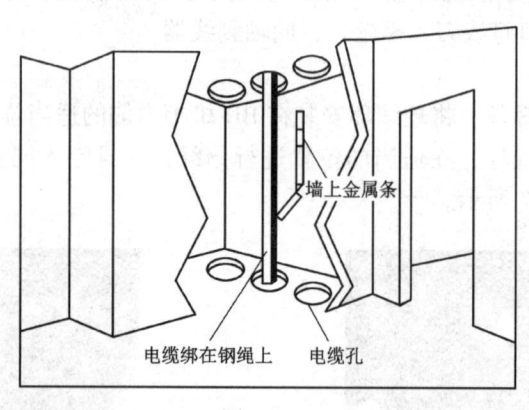

图 5-5-20

2. 电缆井安装方式

电缆井方法常用于干线通道，也就是常说的竖井。电缆井是指在每层楼板上开出一些方孔，使电缆可以穿过这些竖井并从这层楼伸到相邻的楼层，上下应对齐，如图 5-5-21 所示。电缆井的大小依所用电缆的数量而定。与电缆孔方法一样，电缆也是捆在或者箍在支撑用的钢绳上的，钢绳由墙上的金属条或地板三脚架固定。离电缆很近的墙上的立式金属架可以支撑很多电缆。电缆井可以让粗细不同的各种电缆以任何组合方式通过。电缆井虽然比电缆孔灵活，但在原有建筑物中采用电缆井安装电缆造价较高，它的另一个缺点是不使用的电缆井很难防火。如果在安装过程中没有采取措施防止损坏楼板的支撑杆，则楼板的结构完整性将受到破坏。

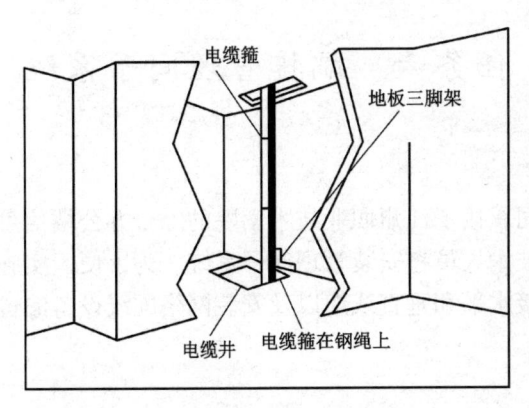

图 5-5-21

在多层楼房中，经常需要使用横向通道，干线电缆才能从设备间连接到干线通道或在各个楼层上从二级交接间连接到任何一个楼层配线间。横向走线需要寻找一条易于安装的方便通路，因而两个端点之间很少是一条直线。对水平和干线子系统布线时，可以考虑数据线、语音线以及其他弱电系统共槽问题。

课后思考

反复实训后，写出安装垂直子系统的步骤和心得，特别是提高效率的方法。

任务六 端接管理间子系统

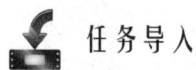

📽 任务导入

天行健网络科技公司承接了江州职业技术学院的综合办公楼信息网络布线工程。目前进入到工程的施工阶段,技术人员将安装管理间子系统。为了便于实施,本任务以综合布线实训设备为基础,介绍端接水平和垂直线缆以及安装网络配线设备的过程。

学习目标

(1) 了解端接管理间子系统所用的材料和工具。
(2) 掌握端接管理间子系统的步骤。
(3) 了解安装网络器材的原则。

任务实施

管理间子系统是设置在楼层的某个房间内的,是用来汇聚水平和垂直子系统的地方,主要端接的线缆有:光缆、双绞线、皮线光缆、大对数线缆、同轴电缆。本任务完成任务三、任务四、任务五所进入管理间的水平和垂直线缆的端接,端接顺序按照底盒编号由小到大的顺序依次从相应配线架的 1 号端口开始端接。

在本环节,介绍在管理间端接水平子系统线缆的步骤。

1. 材料与工具

1) 材料

安装管理间子系统需要的材料有:网络配线架、TV 配线架、光纤配线架、扎带、卡扣螺母、皇冠螺丝,如图 5-6-1 所示。

2) 工具

安装管理间子系统需要的工具有:螺丝刀、单口打线刀、剥线器、光纤熔接机、光纤切割刀、同轴剥线器、米勒钳、斜口钳,如图 5-6-2 所示。

图 5-6-1

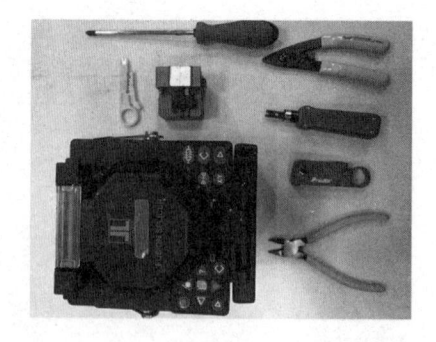

图 5-6-2

2. 施工步骤

从水平子系统铺设过来的线缆如图 5-6-3 所示,下面将对其进行端接,端接之前要仔细对照线缆上的标签和端接要求,以免端口错误。

1)端接皮线光缆

(1)根据之前介绍的内容,在皮线光缆上端接光纤冷接头,并且插入管线配线架相应端口的 SC 适配器上,如图 5-6-4 所示。

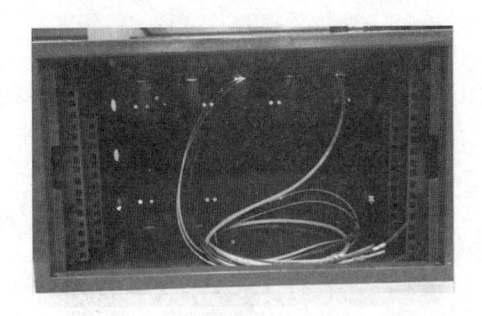

图 5-6-3 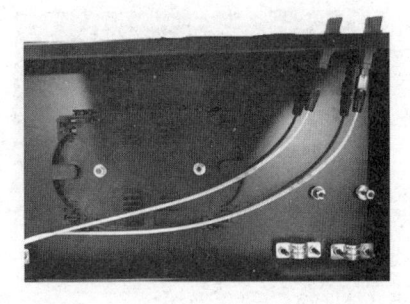　　　　　　　　　　　　　图 5-6-4

(2)将皮线光缆盘在光纤配线架的盘纤盘中,并且使用扎带固定,如图 5-6-5 所示。

(3)把卡扣螺母安装在网络机柜上,每个网络器材需要 4 个卡扣螺母,占用 1U 的大小,如图 5-6-6 所示。在安装时,需要注意将设备安装在机柜内的整 U 上,即带有豁口的方孔和其上下两个方孔共同组成 1U。

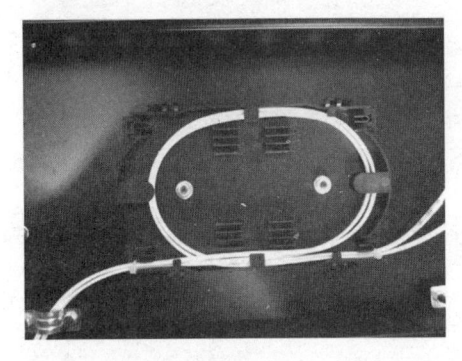

图 5-6-5 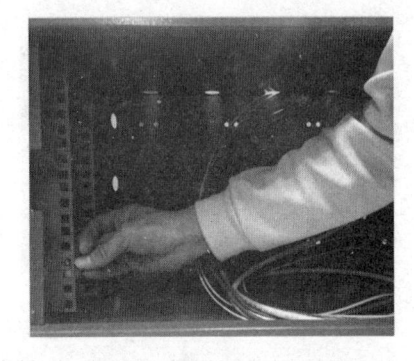　　　　　　　　　　　　　图 5-6-6

(4)使用螺丝刀和皇冠螺丝,把光纤配线架安装在机柜上,如图 5-6-7 所示。

(5)在机柜内安装好光纤配线架的效果如图 5-6-8 所示。特别注意,在安装网络器材时,必须要安装 4 个螺丝,绝不允许偷工减料。

图 5-6-7 　　　　　　　　　　　　　图 5-6-8

2）端接同轴电缆

（1）根据之前介绍的知识，在同轴电缆上安装英制 F 头，并且端接在 TV 配线架的规定端口上，如图 5-6-9 所示。

（2）将机柜内的同轴电缆盘成一个圆，通过扎带进行固定，如图 5-6-10 所示。

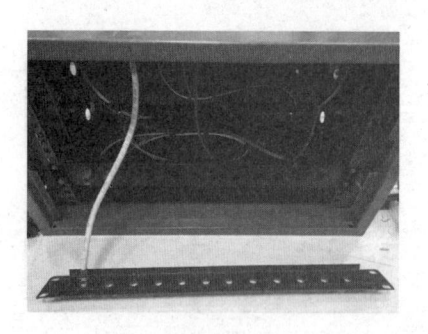

图 5-6-9

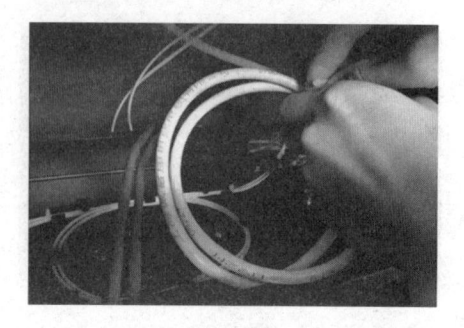

图 5-6-10

（3）按照之前的步骤，同样安装上卡扣螺母，使用螺丝刀和皇冠螺丝将 TV 配线架安装在网络机柜上，如图 5-6-11 所示。

3）端接双绞线

（1）根据之前的知识，将双绞线端接在网络配线架的规定端口上，如图 5-6-12 所示。

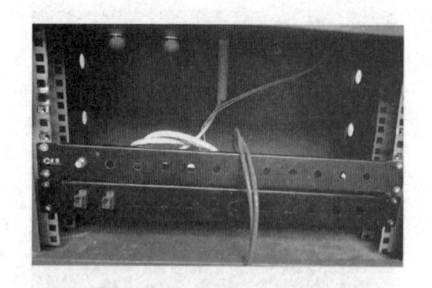

图 5-6-11

图 5-6-12

（2）将机柜内的双绞线盘成一个圆，通过扎带进行固定，如图 5-6-13 所示。

（3）按照之前的步骤，同样安装上卡扣螺母，使用螺丝刀和皇冠螺丝将网络配线架安装在机柜上，如图 5-6-14 所示。

至此，在管理间端接水平线缆的过程介绍完毕。

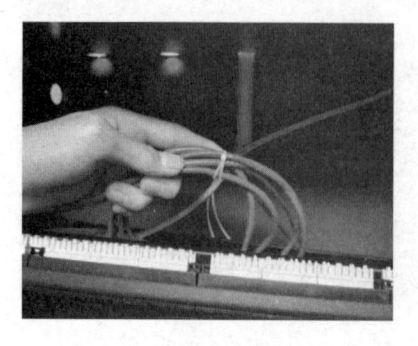

图 5-6-13

图 5-6-14

课堂练习

根据以下要求，完成管理间子系统线缆的端接与器材安装。

1. 材料与工具

TV 配线架 1 个/工位、网络配线架 1 个/工位、光纤配线架 1 个/工位、110 跳线架 1 个/工位，工具共用。

2. 要求

根据图 5-6-15 所示，端接在管理间机柜内的水平线缆，并且安装上 110 跳线架，为之后的垂直线缆端接做好预留。在端接时，按照信息点底盒编号由小到大的顺序，一次从相应配线架的 1 号端口开始端接。网络布线器材安装在 6U 机柜内的顺序由上到下分别为：网络配线架、TV 配线架、110 跳线架、光纤配线架，且机柜最上和最下各空 1U。

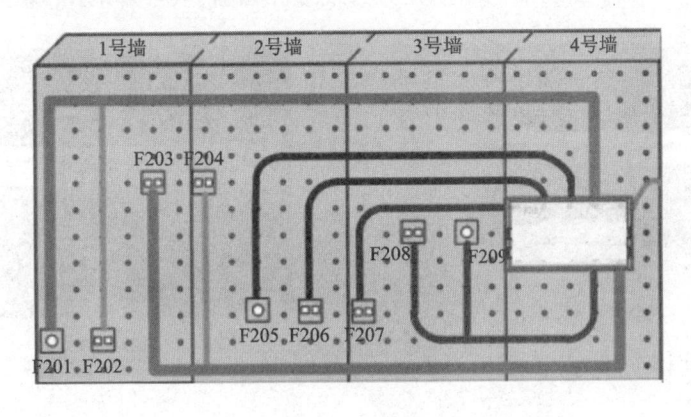

图 5-6-15

任务拓展

在本环节，介绍在管理间端接垂直子系统线缆的步骤。

1. 材料与工具

1）材料

安装管理间子系统需要的材料有：110 语音跳线架、TV 配线架、光纤配线架、扎带、卡扣螺母、皇冠螺丝、光纤尾纤。从垂直子系统铺设进来的线缆有皮线光缆、大对数线缆、同轴电缆。

2）工具

安装管理间子系统需要的工具有：螺丝刀、单口打线刀、五口打线刀、剥线器、光纤熔接机、光纤切割刀、同轴剥线器、米勒钳、斜口钳。

2. 端接步骤

（1）根据之前介绍的知识，在光纤配线架内熔接光纤尾纤，并且插入规定的端口，多余光纤进行盘纤，如图 5-6-16 所示。之后将光纤配线架安装在网络机柜的规定位置。

（2）根据之前介绍的知识，在同轴电缆上端接英制 F 头，并且安装在规定的端口上，多余的同轴电缆使用扎带扎成一个圆，如图 5-6-17 所示，之后将 TV 配线架安装在规定位置。

图 5-6-16 　　　　　　　　　　　　　　图 5-6-17

（3）将110语音跳线架安装在机柜上，大对数线缆从中露出，如图5-6-18所示。根据之前介绍的内容，在110配线架上端接大对数线缆，如图5-6-19所示。至此，端接完毕。

图 5-6-18 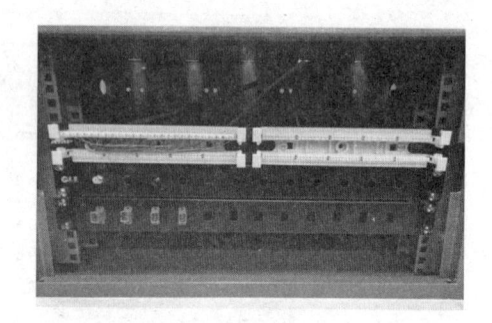　　　　　　　　　　　　　　图 5-6-19

职业规范

在完成管理间子系统线缆端接与安装后，作为一名专业的布线技术人员，还需要对线缆和配线架的临时标线进行更换，更换为标准的机打标签。管理间子系统标识管理如下：

在综合布线标准中，EIA/TIA 606标准专门对布线标识系统作了规定和建议，该标准是为了提供一套独立于系统应用之外的统一管理方案。

1. 标识信息

完整的标识应提供以下的信息：建筑物的名称、位置、区号和起始点。信息布线使用了两种标识：电缆标识，如图5-6-20所示；插入标识，如图5-6-21所示。

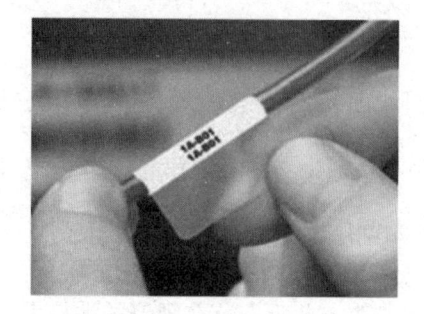

图 5-6-20 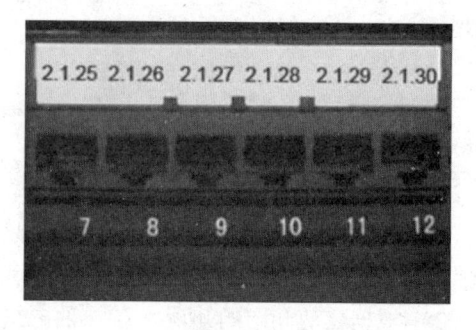　　　　　　　　　　　　　　图 5-6-21

2. 线缆标签种类与印制

《商业建筑物电信基础设施管理标准》ANSI/TIA/EIA 606 中推荐了两类：一类是专用标签，另一类电缆标签是套管和热缩套管。

（1）专用标签。专用标签可直接粘贴缠绕在线缆上。这类标签通常以耐用的化学材料作为基层而绝非纸质。

（2）套管和热缩套管。套管类产品只能在布线工程完成前使用，因为需要从线缆的一端套入并调整到适当位置。如果为热缩套管还要使用加热枪使其收缩固定。套管线标的优势在于紧贴线缆，提供最大的绝缘和永久性。

标签可通过几种方式印制而成：使用预先印制的标签；使用手写的标签；借助软件设计和打印标签；使用手持式标签打印机现场打印。

3. 标识管理要求

（1）应该由施工方和用户方的管理人员共同确定标识管理方案的制定原则。

（2）需要标识的物理件有线缆、通道（线槽/管）、管理间、端接件和接地 5 个部分。

（3）标识除了清晰、简洁易懂外，还要整齐美观。

（4）标识材料要求防水、耐高温。

（5）标识编码。越是简单易识别的标识越易被用户接受，因此标识编码要简单明了，符合日常的命名习惯。比如信息点的编码可以按：信息点类别 + 楼栋号 + 楼层号 + 房间号 + 信息点位置号来编码。

（6）变更记录。随时做好移动或重组的各种记录。

课后思考

反复实训后，写出安装管理间子系统的步骤和心得，特别是提高效率的方法。

任务七　安装配线子系统综合实训

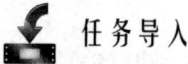

任务导入

天行健网络科技公司承接了江州职业技术学院的综合办公楼信息网络布线工程，目前进入到工程的施工阶段。本任务是对本模块前面几个任务的总结，通过若干个基于实训设备的题目，完成安装配线子系统的综合性实训。

学习目标

（1）了解安装配线子系统的综合实训。
（2）掌握安装配线子系统的实训过程与步骤。

任务实施

配线子系统应由工作区的信息插座、信息插座至楼层配线设备（FD）的配线电缆或光缆、楼层配线设备和跳线等组成。在基于实训设备的布线系统中，施工量最大。

1. 材料与工具

在安装配线子系统中一般会用到以下材料：线槽、线管、桥架、波纹管、双绞线、同轴电缆、皮线光缆、信息点底盒、双口面板、单口面板、TV面板、网络机柜、配线架、光纤配线架、理线架、螺丝、扎带、标签等。

在安装配线子系统中一般会用到以下工具：电钻、手工锯、弯管器、线管剪、直角尺、斜口钳、蛇头剪、皮线光缆开剥器、光纤切割刀、米勒钳、剥线器、单口打线刀、五口打线刀、铅笔等。

2. 施工步骤

在实训设备上安装配线子系统的步骤一般为：

安装机柜——安装底盒——铺设线槽——安装管卡——铺设PVC线管——铺设波纹管——穿双绞线——穿同轴电缆——穿皮线光缆——端接并安装光纤配线架——端接并安装网络配线架——端接并安装TV配线架——端接信息点模块——端接TV面板——端接光纤面板——安装面板——粘贴标签。

课堂练习

根据以下要求，完成配线子系统的安装。

1. 分组

采用分组的形式，一组2位同学，在西安开元牌网络布线实训装置上完成一层路由的铺设与配线端接。

2. 施工图

安装配线子系统施工图如图5-7-1所示。

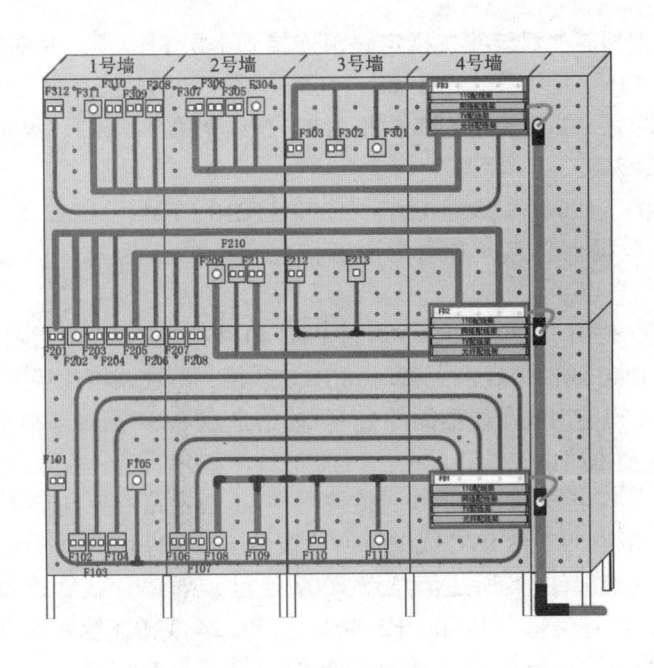

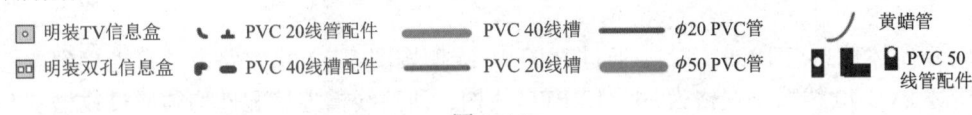

图例说明：
- ▫ 明装TV信息盒　　🭬🭭 PVC 20线管配件　　▬▬▬ PVC 40线槽　　▬▬▬ φ20 PVC管　　⌒ 黄蜡管
- ▭ 明装双孔信息盒　　🭬🭭 PVC 40线槽配件　　▬▬▬ PVC 20线槽　　▬▬▬ φ50 PVC管　　🭬🭭 PVC 50 线管配件

图 5-7-1

3. FD–TO 的链路布线与端接要求

按照图 5-7-1 所示，完成以下指定路由的线槽/线管安装布线与端接，底盒、模块、面板的安装。具体包括如下任务：

1）FD1 配线系统施工

（1）F101、F102、F103、F104、F106、F107、F109、F110 为双口信息点，信息盒（面板）左边为数据信息点，右边为语音信息点；F105、F108 和 F111 信息盒为 TV 信息点。

（2）所述信息点 F101～F105 通过 φ20 PVC 线管连接到本楼层机柜，其中 F105 号信息点通过成品三通接入到 F101 信息点的主路由中。路由中其余弯头自制，不得使用成品弯头。所述线管进入机柜时，直接进入本楼层机柜 FD1，完成安装与布线。

（3）所述信息点 F106、F107 通过 φ20 PVC 线管连接到本楼层机柜，所有弯头自制。

（4）所述信息点 F108、F109 号信息点通过 PVC 40 线槽连接到本楼层机柜。所述 PVC 40 线槽是规格为 39×18 PVC 线槽，此路由中所有平角、阴角、三通全部使用成品辅材，不得自制。所述信息点 F110、F111 通过 PVC 24 线槽连接到相应的 24×10 PVC 线槽主路由中，在连接处使用配套成品变径三通安装，不得自制。

（5）分别完成 FD1 机柜内 110 配线架、网络配线架、TV 配线架的安装与端/压接。F101 数据、F102 数据、F103 数据、F104 数据、F106 数据、F107 数据、F109 数据、F110 数据均使用超五类双绞线按指定路由连接到本层 FD1 中，并依次端接到网络配线架上端口 1、端口 2、……、端口 8 上；F101 语音、F102 语音、F103 语音、F104 语音、F106 语音、F107 语音、F109 语音、F110 语音模块（根据数据/语音互换原则，全部模块均使用 RJ45 模

- 233 -

块进行安装）均使用超五类双绞线按指定路由连接到本层 FD1 中，并依次端接到网络配线架上端口 13、端口 14、……、端口 20 上；F105、F108、F111 信息（电视）插座的同轴电缆压接完成后，线缆另一端端接到 FD1 机柜内 TV 配线架第 2、第 3、第 4 进线端口上。

2）FD2 配线系统施工

（1）F201、F203、F204、F205、F207、F208、F210、F211、F212 为双口信息点，信息盒（面板）左边为数据信息点，右边为语音信息点；F213 为单口信息点；F202、F206、F209 信息盒为 TV 信息点。

（2）所述信息点 F201、F202、F203 通过 PVC 40 线槽按图 5-7-1 指定路由各自连接到本楼层机柜，所述 PVC 40 线槽是规格为 39×18 PVC 线槽，所述线槽连接配件均须通过线槽切割拼接自制完成（不得使用成品线槽配件）。所述信息点 F204 通过 ϕ20 PVC 线管连接到相应的 39×18 PVC 线槽主路由中。

（3）所述信息点 F205 通过 PVC 40 线槽按图 5-7-1 指定路由各自连接到本楼层机柜，所述 PVC 40 线槽是规格为 39×18 PVC 线槽，所述线槽连接配件均须通过线槽切割拼接自制完成（不得使用成品线槽配件）。所述信息点 F207 通过 ϕ20 PVC 线管连接到相应的 39×18 PVC 线槽主路由中。所述信息点 F206、F208 通过 PVC 24 线槽连接到相应的 39×18 PVC 线槽主路由中，所述线槽连接配件均须通过线槽切割拼接自制完成（不得使用成品线槽配件）。

（4）所述信息点 F209、F211 通过 PVC 40 线槽按图 5-7-1 指定路由各自连接到本楼层机柜，所述 PVC 40 线槽是规格为 39×18 PVC 线槽，所述线槽连接配件均须通过线槽切割拼接自制完成（不得使用成品线槽配件）。所述信息点 F210 通过 PVC 24 线槽连接到相应的 39×18 PVC 线槽主路由中，所述线槽连接配件均须通过线槽切割拼接自制完成。

（5）所述信息点 F212、F213 通过 ϕ20 PVC 线管连接到本楼层机柜，所有弯头、三通全部采用成品辅材安装，不得自制。

（6）分别完成 FD2 机柜内 110 配线架、网络配线架、TV 配线架的安装与端/压接。F201 数据、F201 语音、F203 数据、F203 语音、F204 数据、F204 语音、F205 数据、F205 语音、F207 数据、F207 语音、F208 数据、F208 语音、F210 数据、F210 语音、F211 数据、F211 语音、F212 数据、F212 语音、F213 语音模块（根据数据/语音互换原则，全部模块均使用 RJ45 模块进行安装）均使用超五类双绞线按指定路由连接到本层 FD2 中，并依次端接到网络配线架上端口 1、端口 2、……、端口 19 上。F202、F206、F209 信息（电视）插座的同轴电缆压接完成后，线缆另一端端接到 FD2 机柜内 TV 配线架第 3、第 4、第 5 进线端口上。

3）FD3 配线系统施工

（1）F302、F303、F305、F306、F307、F308、F309、F310、F312 为双口信息点，信息盒（面板）左边为数据信息点，右边为语音信息点；F301、F304、F311 信息盒为 TV 信息点。

（2）所述信息点 F303 通过 PVC 40 线槽按图 5-7-1 指定路由各自连接到本楼层机柜，所述 PVC 40 线槽是规格为 39×18 PVC 线槽，所述线槽连接配件均须通过线槽切割拼接自制完成（不得使用成品线槽配件）。所述信息点 F301、F302 通过 PVC 24 线槽连接到相应的 39×18 PVC 线槽主路由中，所述线槽连接配件均须通过线槽切割拼接自制完成。

（3）所述信息点 F307 通过 PVC 40 线槽按图 5-7-1 指定路由各自连接到本楼层机柜，所

述 PVC 40 线槽是规格为 39×18 PVC 线槽，所述线槽连接配件均须通过线槽切割拼接自制完成（不得使用成品线槽配件）。所述信息点 F306 通过 φ20 PVC 线管连接到相应的 39×18 PVC 线槽主路由中。所述信息点 F304、F305 通过 PVC 24 线槽连接到相应的 39×18 PVC 线槽主路由中，所述线槽连接配件均须通过线槽切割拼接自制完成（不得使用成品线槽配件）。

（4）所述信息点 F311 通过 PVC 40 线槽按图 5-7-1 指定路由各自连接到本楼层机柜，所述 PVC 40 线槽是规格为 39×18 PVC 线槽，所述线槽连接配件均须通过线槽切割拼接自制完成（不得使用成品线槽配件）。所述信息点 F309 通过 φ20 PVC 线管连接到相应的 39×18 PVC 线槽主路由中。所述信息点 F308、F310 通过 PVC 24 线槽连接到相应的 39×18 PVC 线槽主路由中，所述线槽连接配件均须通过线槽切割拼接自制完成（不得使用成品线槽配件）。

（5）分别完成 FD3 机柜内 110 配线架、网络配线架、TV 配线架的安装与端/压接。F302 语音、F302 数据、F303 语音、F303 数据、F305 语音、F305 数据、F306 语音、F306 数据、F307 语音、F307 数据、F308 语音、F308 数据、F309 语音、F309 数据、F310 语音、F310 数据、F312 语音、F312 数据模块（根据数据/语音互换原则，全部模块均使用 RJ45 模块进行安装）均使用超五类双绞线按指定路由连接到本层 FD3 中，并依次端接到网络配线架上端口 3、端口 4、……、端口 20 上。F301、F304、F311 信息（电视）插座的同轴电缆压接完成后，线缆另一端端接到 FD3 机柜内 TV 配线架第 3、第 4、第 5 进线端口上。

任务拓展

1. 分组
采用分组形式，一组 2 位同学，在上海企想牌网络布线实训装置上完成一层路由的铺设与配线端接。

2. 施工图
安装配线子系统施工图如图 5-7-2 所示。

3. FD–TO 的链路布线与端接要求
1）FD1 配线子系统 PVC 线槽/线管安装和布线
完成以下指定路由的线槽/线管安装布线与端接，底盒、模块、面板的安装。要求设备安装位置合理，剥线长度合适，线序和端接正确，预留线缆长度合适，剪掉多余牵引线。具体包括以下任务：

（1）101、102、104、106、108、109 信息盒为双口信息点，信息盒（面板）左边为数据信息点，右边为语音信息点；103 信息盒为单口数据信息点；107 信息盒为单口语音信息点；105 信息盒为 TV 信息点。

（2）101、103、104、105 插座布线路由。使用 39×18 PVC 线槽与 20×10 PVC 线槽组合安装与布线。主链路使用 39×18 PVC 线槽自制直角、阴角安装；101、103、105 信息盒垂直部分使用 39×18 PVC 线槽，104 信息盒垂直部分使用 20×10 PVC 线槽，垂直线槽与主链路线槽连接配件均需通过线槽切割拼接完成。

（3）102、108 插座布线路由。使用 φ20 PVC 冷弯管和直接头，并自制弯头安装线管和布线。

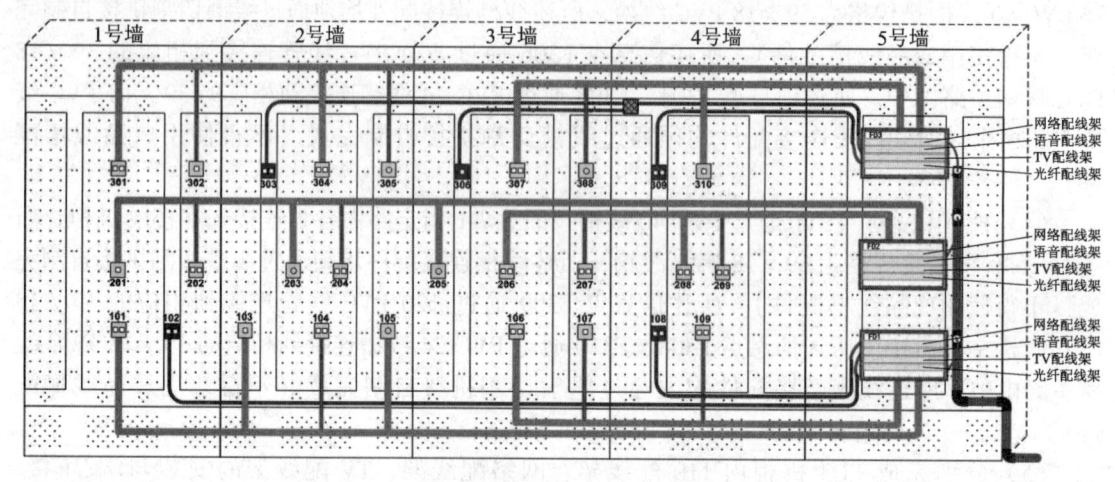

图 5-7-2 实训操作仿真墙正（平）面展开图

（4）106、107、109 插座布线路由。使用 39×18 PVC 线槽与 20×10 PVC 线槽组合安装与布线。主链路使用 39×18 PVC 线槽自制直角、阴角安装；106 信息盒垂直部分使用 39×18 PVC 线槽，107、109 信息盒垂直部分使用 20×10 PVC 线槽，垂直线槽与主链路线槽连接配件均需通过线槽切割拼接完成。

（5）分别完成 FD1 机柜内 TV 配线架和网络配线架的端/压接。所有数据信息点均使用超五类双绞线按指定路由连接到本层 FD1 中，并从 RJ45 网络配线架上端口 1 开始依次端接；所有语音信息点（根据数据/语音互换要求，此处语音信息点也使用数据模块端接）均使用超五类双绞线按指定路由连接到本层 FD1 中，并从 RJ45 网络配线架上端口 10 开始依次端接；所有 TV 信息点从 TV 配线架的 2 号进线端口顺序向后压接。

2）FD2 配线子系统 PVC 线槽/线管安装和布线

完成以下指定路由的安装和布线，底盒、模块、面板的安装，要求设备安装位置合理，剥线长度合适，线序和端接正确，预留线缆长度合适，剪掉多余牵引线。包括以下任务：

（1）202、204、206、207、208、209 为双口信息点，信息盒（面板）左边为数据信息点，右边为语音信息点；201 信息盒为单口数据信息点；203、205 信息盒为 TV 信息点。

（2）201、202、203、204、205 插座布线路由。使用 39×18 PVC 线槽与 20×10 PVC 线槽组合安装与布线。主链路使用 39×18 PVC 线槽自制直角、阴角安装，201、203、205 信息盒垂直部分使用 39×18 PVC 线槽，202、204 信息盒垂直部分使用 20×10 PVC 线槽，垂直线槽与主链路线槽连接配件均需通过线槽切割拼接完成。

（3）206、207、208、209 插座布线路由。使用 39×18 PVC 线槽与 20×10 PVC 线槽组合安装与布线。主链路使用 39×18 PVC 线槽和配套直角、阴角辅材安装；206、208 信息盒垂直部分使用 39×18 PVC 线槽，与主链路线槽拼接时使用配套直角、三通辅材安装；207、

209信息盒垂直部分使用20×10 PVC线槽，与主链路线槽拼接时全部自制安装。

（4）分别完成FD2机柜内TV配线架和网络配线架的端/压接。所有数据信息点均使用超五类双绞线按指定路由连接到本层FD2中，并从RJ45网络配线架上端口1开始依次端接；所有语音信息点（根据数据/语音互换要求，此处语音信息点也使用数据模块端接）均使用超五类双绞线按指定路由连接到本层FD2中，并从RJ45网络配线架上端口10开始依次端接；所有TV信息点从TV配线架的2号进线端口顺序向后压接。

3）FD3配线子系统PVC线槽/线管安装和布线

按照图5-7-2所示位置，完成以下指定路由的安装和布线，底盒、模块、面板的安装，要求设备安装位置合理，剥线长度合适，线序和端接正确，预留线缆长度合适，剪掉多余牵引线。具体包括以下任务：

（1）301、303、304、307、309为双口信息点，信息盒（面板）左边为数据信息点，右边为语音信息点；302、306信息盒为单口数据信息点；310信息盒为单口语音信息点；305、308信息盒为TV信息点。

（2）301、302、304、305插座布线路由。使用39×18 PVC线槽与20×10 PVC线槽组合安装与布线。主链路使用39×18 PVC线槽自制直角、阴角安装；301、304信息盒垂直部分使用39×18 PVC线槽，302、305信息盒垂直部分使用20×10 PVC线槽安装，垂直线槽与主链路线槽连接配件均需通过线槽切割拼接完成。

（3）303、306、309插座布线路由。使用φ20 PVC冷弯管和直接头，并自制弯头安装线管和布线，且在303、306信息点链路分支点设置链路维护孔。

（4）307、308、310插座布线路由。使用39×18 PVC线槽与20×10 PVC线槽组合安装与布线。主链路使用39×18 PVC线槽和配套直角、阴角辅材安装；307、310信息盒垂直部分使用39×18 PVC线槽，与主链路线槽拼接时使用配套直角、三通辅材安装；308信息盒垂直部分使用20×10 PVC线槽，垂直线槽与主链路线槽连接配件均需通过线槽切割拼接完成。

（5）分别完成FD3机柜内TV配线架和网络配线架的端/压接。所有数据信息点均使用超五类双绞线按指定路由连接到本层FD3中，并从RJ45网络配线架上端口1开始依次端接；所有语音信息点（根据数据/语音互换要求，此处语音信息点也使用数据模块端接）均使用超五类双绞线按指定路由连接到本层FD3中，并从RJ45网络配线架上端口10开始依次端接；所有TV信息点从TV配线架的2号进线端口顺序向后压接。

职业规范

在以上综合实训中，要注意以下几点：

（1）现场设备、材料、工具摆放整齐、有序，人员着装整齐。

（2）使用工具方法正确，操作符合规范及工艺要求。

（3）线缆扎捆、施工整体效果（外观）良好。

（4）安全施工、文明施工、合理使用材料。

课后思考

安装配线子系统有哪些技巧和批量施工的方法，写出心得体会。

任务八　安装建筑群子系统

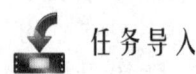

任务导入

天行健网络科技公司承接了江州职业技术学院的综合办公楼信息网络布线工程。目前进入到工程的施工阶段，技术人员将铺设建筑群子系统。为了便于实施，本任务以综合布线实训设备为基础，介绍路由测量、线管截取与安装、线缆铺设与端接等过程。在任务拓展中，将介绍在实际工程中室外光缆续接的方法与过程。

学习目标

（1）了解铺设建筑群子系统线缆所用的材料和工具。
（2）掌握铺设建筑群子系统线缆的步骤。
（3）掌握室外光缆续接的方法。

任务实施

建筑群子系统的安装主要是在楼宇之间铺设室外光缆，方式有地沟、暗埋管道、架空三种方式。本环节根据图 5-8-1 所示的安装平面示意图，完成建筑群子系统的安装、线缆铺设与端接。建筑群子系统采用 φ50 PVC 线管模拟，配合成品弯头和三通安装，内铺设大对数线缆、室内 4 芯多模光缆、同轴电缆，BD 机柜模拟本楼的管理间。

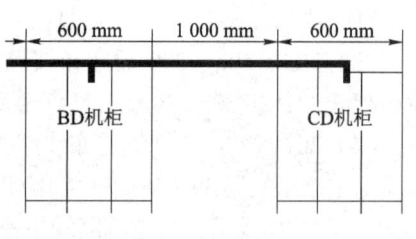

图 5-8-1

1. 材料与工具

1）材料

安装建筑群子系统需要的材料有：φ50 PVC 线管、φ50 管卡、φ50 黄蜡管、线管辅材、室内光缆、大对数线缆、同轴电缆、标签，如图 5-8-2 所示。

2）工具

安装建筑群子系统需要的工具有：手工锯、单口打线刀、五口打线刀、剪刀、剥线器、光纤熔接机、光纤切割刀、米勒钳、同轴剥线器、卷尺、美工刀，如图 5-8-3 所示。

图 5-8-2

图 5-8-3

2. 施工步骤

(1) 使用卷尺，测量 BD – CD 之间的长度，如图 5-8-4 所示。

(2) 在 φ50 PVC 线管上测量出适合的长度，做上标记，如图 5-8-5 所示。

图 5-8-4 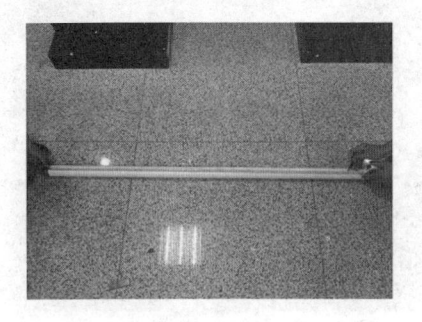　　　　　　　　　　　　图 5-8-5

(3) 截取线槽，将所有配件放在实训设备旁，如图 5-8-6 所示。

(4) 使用扎带将三根线缆扎在一起，之后穿入 φ50 PVC 线管，如图 5-8-7 所示。

图 5-8-6 　　　　　　　　　　　　图 5-8-7

(5) 线缆穿过黄蜡管进入 BD 和 CD 机柜，两端各预留 2.5 m 的长度，如图 5-8-8 所示。

(6) 在 BD 和 CD 机柜适当的位置安装理线环，线缆分别从其中穿过，进入配线设备，如图 5-8-9 所示。

图 5-8-8 　　　　　　　　　　　　图 5-8-9

(7) 根据之前所介绍的知识，完成大对数、同轴电缆、室内光缆的端接，如图 5-8-10 所示，在端接时一定要根据要求安装在相应的接口。

（8）机柜内部线路使用扎带进行捆扎和理线，线缆放在机柜底座上，如图5-8-11所示。

图5-8-10

图5-8-11

课堂练习

根据以下要求，完成建筑群子系统的安装。

1. 材料与工具

φ50 PVC线管1.5米/组、φ50弯头2个/组、φ50黄蜡管0.3米/组、室内光缆20米/组、同轴电缆10米/组、大对数线缆10米/组、标签若干，工具共用；4人/工位，2人/组，轮流练习。

2. 要求

根据图5-8-12所示施工俯视图，完成BD－CD建筑群子系统的线管安装与线缆铺设，具体要求如下：

（1）完成CD－BD线管安装，线管采用沿地面敷设方式安装，安装中φ50 PVC线管两端使用配套成品弯头和黄蜡管接入CD与BD机架内，并在管内布放1根同轴电缆、2根4芯单模光缆和1根25对大对数电缆。

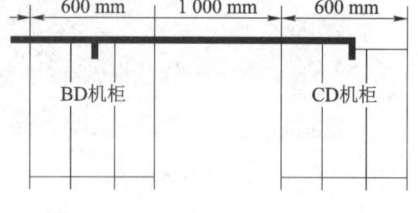

图5-8-12

（2）同轴电缆两端分别用配套英制F头接入CD与BD机架TV配线架第12个进线端口。

（3）光缆的一端穿入BD机架光纤配线架，另一端穿入CD机架10U光纤配线架，熔接单模或者多模尾纤，并按照表5-8-1所示接入光纤配线架的端口。

表5-8-1

端口号	1	2	3	4	5	6	7	8
尾纤种类	单模ST	单模SC	单模ST	单模SC	单模ST	单模SC	单模ST	单模SC

（4）大对数电缆依据色标线序压接所有25对线缆（主色依次为：白、红、黑、黄、紫；次/辅色依次为：蓝、橘、绿、棕、灰，以下相同，不再复述），一端至BD机架29U处110配线架底层的76～100对（配线架右下位置），另一端压接至CD机架29U处110配线架底层的76～100线对（配线架右下位置），并正确安装顶层的端接连接模块。

要求：主干链路路由正确，端接端口对应合理，端接位置符合上述要求，标签扎带正确合理。

任务拓展

在实际工程中，建筑群子系统的施工主要是室外光缆的铺设与端接。进入设备间之后，室外光缆的熔接步骤将在下个任务中介绍。本环节将介绍室外光缆续接的过程，即将两根 48 芯室外单模光缆熔接在一起，多芯室外光缆结构如图 5-8-13 所示。

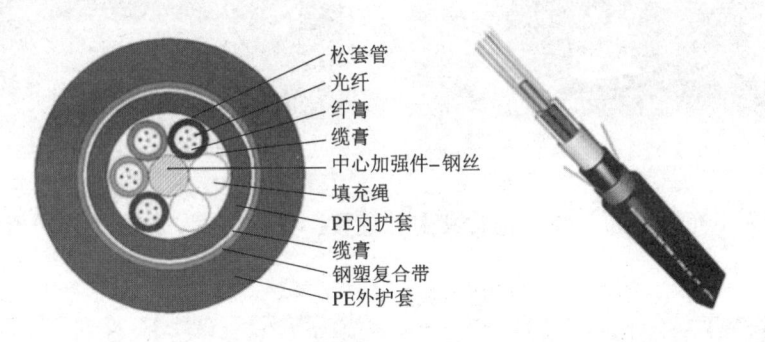

图 5-8-13

1. 材料与工具

1）材料

光缆续接使用到的材料有：48 芯室外光缆、热缩管、续接包，如图 5-8-14 所示。

2）工具

光缆续接使用到的材料有：光纤熔接机、光纤切割刀、米勒钳、蛇头剪、剪刀、剥纤钳、酒精棉、横向开缆刀、扳手，如图 5-8-15 所示。

图 5-8-14    图 5-8-15

2. 操作步骤

1）开缆

（1）使用扳手和螺丝刀将续接包拆开，如图 5-8-16 所示。

（2）将室外光缆从固定卡中穿入续接包，并使用横向开缆刀在光缆适当的位置进行开缆，如图 5-8-17 所示。用手拉掉室外光缆护套，裸露出内部光缆束管，如图 5-8-18 所示。

图 5-8-16

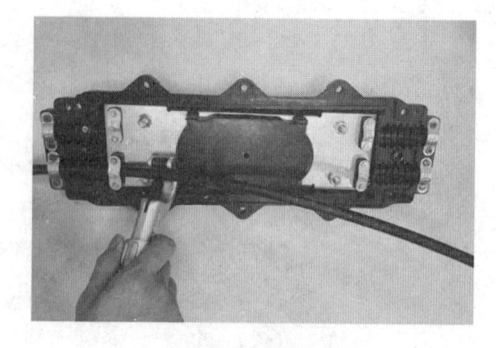

图 5-8-17

（3）使用无尘布和剪刀，擦拭松管套上的缆膏，将 4 束管、抗拉钢丝分开，如图 5-8-19 所示。

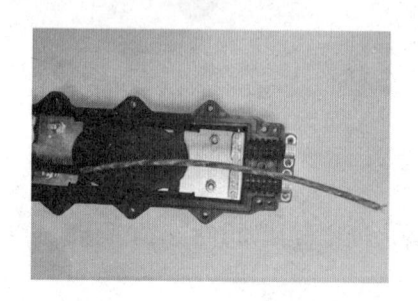

图 5-8-18

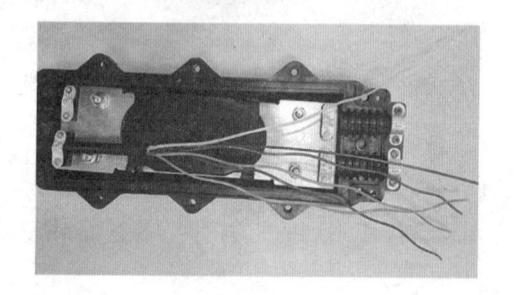

图 5-8-19

（4）使用蛇头剪剪掉抗拉钢丝，如图 5-8-20 所示。留取适当长度的钢丝固定在续接包的钢丝固定处，同时需要使用螺丝刀将光缆的黑色外护套固定在续接包的相应位置，如图 5-8-21 所示。注意固定的力度，既要使线缆稳固，也不能使线缆受压变形。

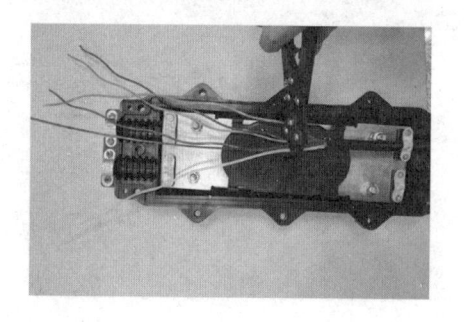

图 5-8-20

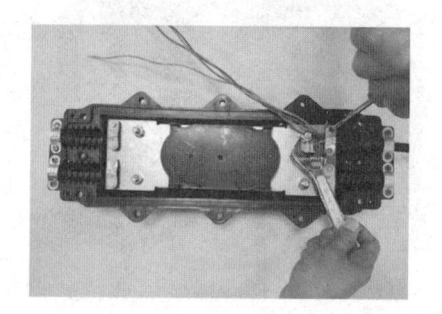

图 5-8-21

（5）采用同样步骤，穿入、剥开、固定另一根 48 芯室外单模光缆，如图 5-8-22 所示。

（6）使用剥纤钳剥除蓝色的松套管，如图 5-8-23 所示。这是根据 48 芯光缆松套管的色谱为"蓝、橙、绿、棕"的原则。

（7）使用卫生纸擦除剥开松套管之后的纤膏，使 12 芯光纤分开，如图 5-8-24 所示。

项目五 施工综合布线系统工程

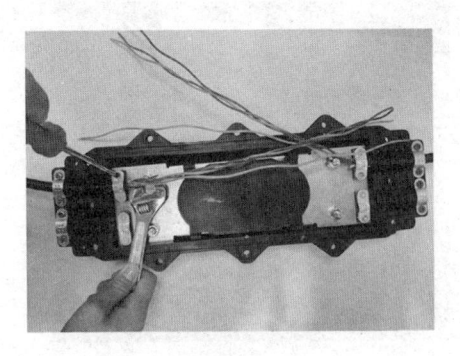

图 5-8-22

图 5-8-23

2）熔纤

（1）使用米勒钳剥除蓝色的光纤外套和包层，裸露出纤芯，如图 5-8-25 所示。

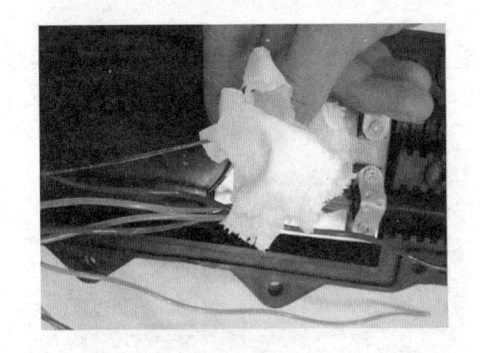

图 5-8-24

图 5-8-25

（2）使用酒精棉擦拭纤芯，如图 5-8-26 所示，之后放入光纤切割刀中进行切割，如图 5-8-27 所示，整个过程需要特别仔细，以免损伤纤芯。

图 5-8-26

图 5-8-27

（3）将切割光纤放入光纤熔接机。另一根光缆也使用同样的方式进行剥纤，套上热缩管之后进行切割，之后也放入光纤熔接机，如图 5-8-28 所示。

（4）盖上熔接机盖子之后，按下"熔接"按钮，开始熔接。放电熔接之后，将热缩管放在光纤熔接处，并且放入光纤熔接机加热槽，按下"加热"按钮进行加热，如图 5-8-29 所示。

- 243 -

图 5-8-28 　　　　　　　　　　　　　　图 5-8-29

3）盘纤与安装

（1）重复以上过程，熔接蓝色护套管内的光纤，将热缩管安装在续接包的盘纤盒内，并且进行盘纤，如图 5-8-30 所示。

（2）重复以上过程，熔接剩余的光纤并且固定，如图 5-8-31 所示。光缆熔接必须相同颜色护套内的相同色标光纤熔接在一起，同时可以利用盘纤盒的另外几层进行盘纤。

图 5-8-30 　　　　　　　　　　　　　　图 5-8-31

（3）在续接包的凹槽处，粘贴上固态防水胶，如图 5-8-32 所示。

（4）安装上续接包的盖子，使用扳手和螺丝刀将其固定，如图 5-8-33 所示。至此，48 芯室外光缆续接完成。

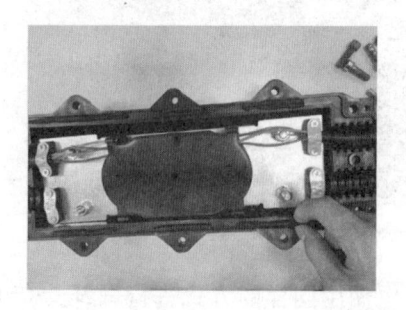

图 5-8-32 　　　　　　　　　　　　　　图 5-8-33

职业规范

光缆作为传输信号的载体，其优点也显而易见：传输频带宽，通信容量大；损耗低；不

受电磁干扰；线径细、重量轻以及丰富的资源等。但是，事物不可能百分之百完美，光纤本身也有缺点，如质地较脆、机械强度低就是它的致命弱点。稍不注意，就会折断于光缆外皮当中。当遇到类似的问题时，其布线过程中也就需要掌握一定的技巧，最大限度减少信号的衰减。

1. 重视光纤的选择

光纤的选用除了根据光纤芯数和光纤种类以外，还要根据光缆的使用环境来选择。

（1）传输距离在 2 km 以内的，可选择多模光纤，超过 2 km 可用中继或选用单模光纤。

（2）建筑物内用的光纤在选用时应注意其阻燃、毒和烟的特性。一般在管道中或强制通风处可选用阻燃但有烟的类型；如果是暴露的环境中，则应选用阻燃、无毒和无烟的类型。

（3）在户外进行光缆直埋时，宜选用铠装光缆。架空时，可选用带两根或多根加强筋的黑色塑料外护套的光纤。

2. 规范施工

在光纤布线中，信号衰减同样不可避免。其产生的原因有内在和外在两方面：内在衰减与光纤材料有关，而外在衰减就与施工安装有关了！因此应该注意的是：

（1）应该做到的是必须由受过严格培训的技术人员去进行光纤的端接和维护。

（2）必须要有很完备的设计和施工图纸，以便施工和今后检查方便可靠。施工中要时时注意不要使光缆受到重压或被坚硬的物体扎伤；另外，牵引力不应超过最大铺设张力。

（3）光纤要转弯时，其转弯半径应大于光纤自身直径的 20 倍。

（4）光纤穿墙或穿楼层时，要用加带护口的保护用塑料管，并且要用阻燃的填充物将管子填满。在建筑物内也可以预先敷设一定量的塑料管道。

（5）一次布放长度不要太长（一般 2 km），布线时应从中间开始向两边牵引。

（6）当光纤应用于主干网络时，每个楼层配线间至少要用 6 芯光缆，高级应用最好能使用 12 芯光缆。这是从应用、备份和扩容三个方面去考虑的。

（7）较长距离的光纤敷设最重要的是选择一条合适的路径。这里不一定最短的路径就是最好的，还要注意土地的使用权，架设的或地埋的可能性等。

（8）在山区、高电压电网区铺设时，要注意光纤中金属物体的可靠接地，一般应每公里有 3 个接地点，或者就选用非金属光纤。

课后思考

反复实训后，写出安装建筑群子系统的步骤和心得，特别是提高效率的方法。

任务九　安装进线间子系统

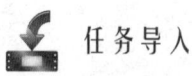

任务导入

天行健网络科技公司承接了江州职业技术学院的综合办公楼信息网络布线工程。目前进入到工程的施工阶段，电信人员将在本学校的网络中心安装进线间子系统。为了便于实施，本任务以综合布线实训设备为基础，介绍 48 芯室外光缆的熔接、48 芯 ODF 光纤配线箱的安装与使用。在任务拓展中，将介绍在实际工程中用户单元插卡式光分路箱的使用。

学习目标

（1）掌握安装进线间子系统的步骤与过程。
（2）掌握 48 芯室外光缆熔接与安装配线架的过程。
（3）了解小区光缆到户的铺设方法与步骤。

任务实施

进线间子系统是在《综合布线工程设计规范（含条文说明）》（GB 50311—2007）中新增加的系统，该系统主要是为 ISP 提供一个光缆接入的场所。若干家运营商铺设的光缆都接入此子系统，用户可以自由地选择网络服务商，只需要将对外端口插入相应服务商的光缆接口上即可。

1. 材料与工具

1）材料

安装进线间子系统需要的材料有：48 芯 ODF 光缆配线箱、48 芯室外光缆、尾纤、热缩管、扎带，如图 5-9-1 所示。

2）工具

安装进线间子系统需要的工具有：钢丝钳、剥纤钳、开缆刀、剪刀、米勒钳、酒精泵，如图 5-9-2 所示。

图 5-9-1

图 5-9-2

2. 端接过程

1）准备工作

（1）抽出 ODF 中的光纤熔接盘纤盒，如图 5-9-3 所示。

（2）打开盘纤盒的盖子，观察盘纤盒的构造，如图 5-9-4 所示。

图 5-9-3

图 5-9-4

2）光缆固定与开缆

（1）将室外光缆穿过 ODF 固定口，使用开缆刀开剥适当长度的光缆，如图 5-9-5 所示。

（2）使用蛇头剪剪断抗拉钢丝，留取适当长度用于固定，如图 5-9-6 所示。

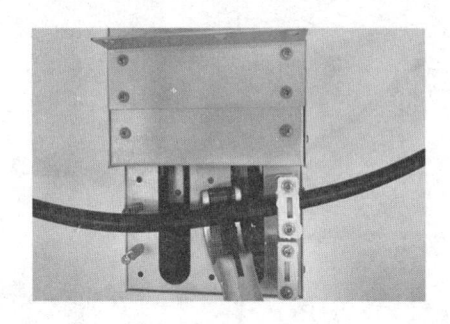

图 5-9-5

图 5-9-6

（3）使用螺丝刀对光缆进行固定，一个是固定光缆的黑色护套，一个是固定光缆内的抗拉钢丝，如图 5-9-7 所示。

（4）使用无尘布擦拭光缆内的纤膏，务必要仔细清洁，如图 5-9-8 所示。

图 5-9-7

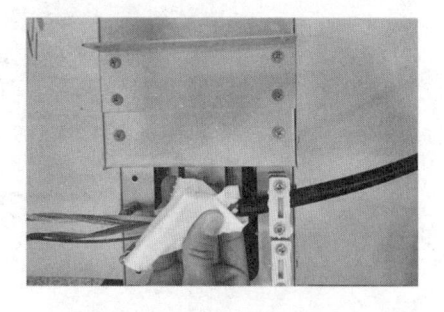

图 5-9-8

（5）48 芯光缆对应 48 口 ODF，光缆每个色谱管套的 12 芯光纤对应 ODF 中的一层，首先进行剥缆和熔纤的是蓝色护套管中的蓝色光缆。

3) 切割与熔接光纤

将护套管插入 ODF，将蓝色护套管内的光纤熔接安装在 1 号盘纤盒，由于之前的任务中已经介绍了光缆开剥和光纤熔接的步骤，本环节省略。熔接后，盘纤进入盘纤盒，如图 5-9-9 所示。需要注意，盘纤盒分为两层，上层用于剥除护套管的光纤和已剥尾纤，下层用于盘带有护套管的光缆和未剥尾纤。

4) 安装

将光纤安装在盘纤盘上，全部熔接之后，将 ODF 安装在机架上，如图 5-9-10 所示。

图 5-9-9

图 5-9-10

课堂练习

根据以下要求，完成室外光缆熔接与测通。

1. 材料与工具

48 芯室外单模光缆 2 米/人、固定吸盘 4 个/人、热缩管 50 个/人、扎带若干。

2. 要求

（1）将 2 m 长的 48 芯单模光缆 1 根，如图 5-9-11 所示，用尼龙扎带和粘扣固定在台面，在中间做一个圈，同时考虑熔接机和工具等位置，方便快速操作。

（2）要求将两根光缆环形续接，将光缆按照光纤的色谱顺序，依次熔接，如图 5-9-12 所示，连接串成一条通路。

图 5-9-11

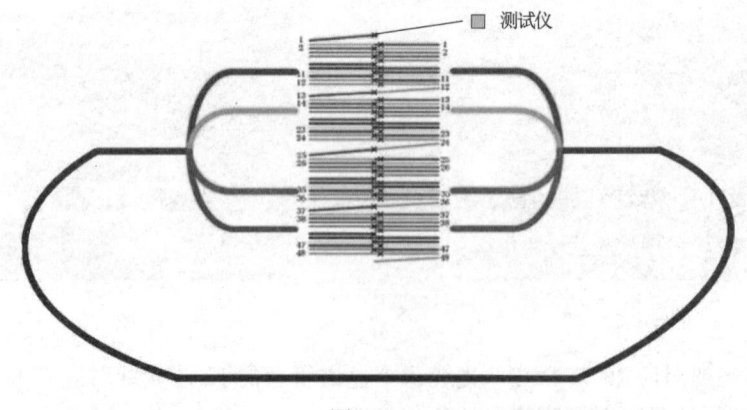

图 5-9-12

(3) 将熔接好的光纤整齐放在台面，不要放在熔接机托盘中。在保证光损很小的前提下，记录熔接点的个数。

(4) 另外注意熔接点外观质量、操作规范、带护目镜等劳动保护、环境卫生等。

任务拓展

在实际的家庭光纤宽带用户中，ISP 的室外光缆铺设到小区单元时，会安装光分路箱，也叫光纤分纤箱。其中插卡式光分路箱，是光纤楼道箱中最常用的一种。分光器是一种无源器件，它们不需要外部能量，只要有输入光即可。分光器由入射和出射狭缝、反射镜和色散元件组成，其作用是将所需要的共振吸收线分离出来。分光器的关键部件是色散元件，现在商品仪器都是使用光栅。

1. 材料与工具

1) 材料

安装小区单元光分路箱需要用到的材料有：光分路箱、光分路器、室外光缆、尾纤、皮线光缆、热缩管，如图 5-9-13 所示。其中光分路器内部结构如图 5-9-14 所示。

图 5-9-13 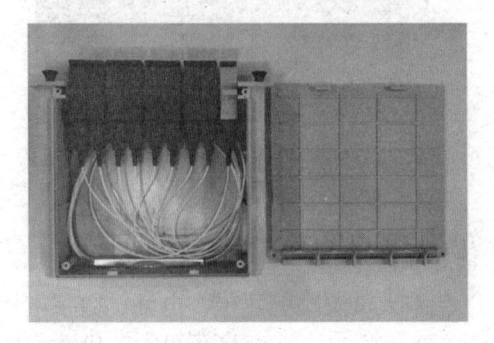　　　　　　　　　　图 5-9-14

2) 工具

光缆续接使用到的材料有：光纤熔接机、光纤切割刀、米勒钳、蛇头剪、剪刀、剥纤钳、酒精棉、横向开缆刀、扳手。

2. 操作步骤

(1) 室外光缆从光分路箱的进线孔插入，并且固定，如图 5-9-15 所示。通向用户端的皮线光缆也进入光分路箱，并且卡在槽上。

(2) 根据之前介绍的内容，对室外光缆进行剥缆、切割、熔纤等操作。之后将熔接的光纤盘在光分路器的盘纤盒中，如图 5-9-16 所示。

(3) 根据之前介绍的内容，对铺设到用户端的皮线光缆进行熔接操作，之后在盘纤盒中进行盘纤，如图 5-9-16 所示。

(4) 盘纤盒在箱体的下层，而光分路器在箱体的上层。将室外光缆的尾纤插入到光分路器的主端口（绿色），将皮线光缆的尾纤插入到光分路器的分端口（蓝色），如图 5-9-17 所示。

(5) 之后，盖上盖子即可完成端接与安装，如图 5-9-18 所示。需要注意的是，在老小区中，一般是先将箱体安装在墙上，之后熔接室外光缆进光分路器。用户的皮线光缆是根据需要后期铺设和熔接进分端口的。

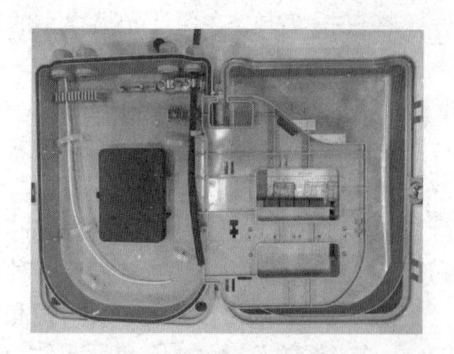

图 5-9-15

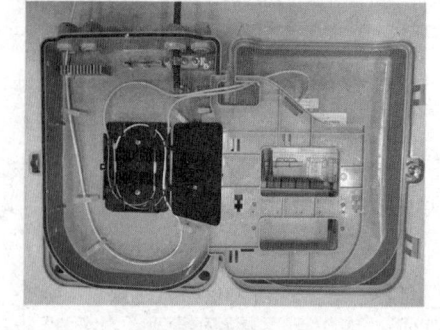

图 5-9-16

图 5-9-17

图 5-9-18

职业规范

代维人员及家庭宽带、电话、数字电视的安装与维修人员，是家庭用户平时接触到最多的 ISP 一线员工，下面将介绍一下代维人员的操作规范。

1. 上门前的准备工作

代维人员进行售中、售后服务时，应事先准备好"五个一"：一双鞋套、一块垫布、一块抹布、一个垃圾袋、一张服务记录表。出发前需佩戴工号牌、统一工作服，检查必要的工具和备件，如光功率计、切割刀、网线测试仪等，防止中途离场、反复上门打扰客户。

2. 上门服务前预约

（1）上门服务前必须与客户预约，说明我方上门工作内容，上门服务时间应征询客户意见，应尽量选择不影响客户工作的时间段。抢修故障出发前同样需要提前致电客户说明上门事宜。

（2）上门代维人员应在预约时间前 5~10 min 到达现场。若因特殊原因无法准时到达的，应及时通知客户并取得客户的谅解；若因特殊原因确实需要改变上门服务时间的，应至少提前 2 个小时通知客户，解释时间变更的原因并致歉，态度要诚恳，语气要委婉，取得客户理解并根据客户的具体情况重新约定上门服务时间。上门服务前不得饮酒。

3. 上门服务过程

（1）到达客户家时，敲门动作要轻，敲门声音要适当。如无人应答且与客户联系不上时，应在留下到访留言后方可离去，到访留言上应写明到访时间、离开时间、联系电话、联系人等相关内容。

（2）见到客户后要面带微笑，颔首示意，主动向客户出示印有"中国XX公司"标志的工号牌并自我介绍，得到允许后方能进入。

（3）进入后，需要回手关门，不能大力、粗暴，进入客户家需穿戴鞋套，放工具时需先使用垫布，拿设备等物品轻拿轻放，不制造噪声，不影响客户工作。

（4）作业前需先向客户说明我司的服务政策及有关规定，同时将服务质量记录表交客户阅读，请客户在作业期间监督自己的安装维修服务操作。

（5）在服务工作中，对客户提出的要求，在符合规定、条件允许的情况下，应予满足；对客户的不合理要求，应给予耐心解释并婉言拒绝；对不清楚或没有把握回答、解决的问题，不能当场承诺，要以"客户满意就是我们的工作标准"为前提，做好解释工作，并详细记录，请示上级后尽快将解决方案或处理结果反馈给客户。

（6）代维人员应尽量避免对客户设备进行操作，如果确实需要操作客户设备的，必须获得客户授权，并在客户监督之下进行，在操作过程中不得擅自更改客户设备配置。

（7）维护中原则上不得使用客户的电话，若测试需要应尽量拨打免费号码，确实需要拨测收费电话的，应向客户说明并得到同意后方可使用，使用时间应尽量简短。对客户需求的各项服务功能开放情况无法当场检验的，应与客户协商安排适当时间进行检验，直至客户满意。

（8）安装维护完成后，必须对客户进行必要的技术指导。让客户了解必要的用户设备使用、病毒防护等操作事项。

（9）经用户同意将写有维护员号码及4001110790服务热线的便利贴张贴于用户电脑、路由器、机顶盒等显眼位置，并在便利贴上注明用户的宽带账号、密码及WiFi密码，便于用户使用。

（10）上门服务完成后，应及时清理现场，做好卫生，并将垃圾装袋。请客户填写相关开通确认单、现场服务三联单等服务记录表，请客户提出宝贵意见并签字，并给客户留档存底，严禁代客户签名。

（11）在上门服务过程中不能收取用户任何额外费用。

课后思考

通过社会调研或者查找互联网，了解ISP接入企业用户的方式和类型。

项目六

测试、验收、维护信息网络布线系统

项目描述

本项目主要是从信息网络布线系统的测试、验收、后期维护出发，介绍测试类型、测试标准、测试工具、铜缆和光缆的测试方法、信息网络布线系统的验收方法与过程、后期维护布线系统的注意事项等内容。在布线系统中，建设单位应对布线系统进行反复的论证评估，保证设计方案的科学和经济性。而开工之后，建设方和监理方应该组织对工程所用的器材进行抽样检测，特别是信息网络布线系统需要通过工程测试和系统验收两个环节。验收合格后，用户单位一般先向施工方结清90%~95%的费用，预留5%~10%的工程费用作为质量保障金，保修期（一般为1年）后再结清余款。在信息网络布线系统交付使用后，只有平时注重检查与维护工作，才能使系统始终保持较高的质量水平和可靠性水准。

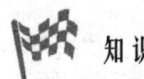

知识目标

（1）掌握信息网络布线系统工程测试的方法。
（2）掌握信息网络布线系统工程验收的内容和形式。
（3）掌握布线系统维护的方法和内容。

任务一　测试铜缆布线

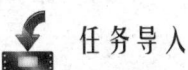

任务导入

天行健网络科技公司承接了江州职业技术学院的综合办公楼信息网络布线工程，目前进入到工程测试阶段。由用户、施工、监理三方组成的技术小组，将对本工程进行测试，以检验其是否符合预期设计要求。信息网络布线系统的测试是施工方向用户方移交网络的正式手续，也是用户对工程的认可手段。测试主要测试工程的布线系统是否符合要求，如果布线系统的性能指标达不到要求，会对网络的整体性能产生较大的影响，工程测试是网络建设中非常重要的一个环节。

学习目标

（1）理解测试的标准和测试参数。
（2）掌握选型测试、进场测试、验收测试、诊断测试和维护测试的方法。

知识准备

在建网、用网和管网的过程中，信息网络布线系统的质量都需要保持较高的水准，只有高质量的布线系统才能稳定地负担各种高速、复杂的应用。高标准施工和严格的测试，是工程质量的保证，而不是在系统即将开通或者升级时，才发现潜在的危险，导致巨额损失。为了达到高质量的系统要求，就需要在建网、用网和管网的过程中进行相应的测试。这些测试包括选型测试、进场测试、随工测试、验收测试、诊断测试、再认证测试和定期维护测试等方面的内容。

1. 铜缆测试内容
1）布线系统测试内容
布线系统的测试涉及双绞线系统与光缆系统，通常测试双绞线系统。测试内容为：
（1）工作间到设备间的连通状况。
（2）主干线连通状况。
（3）跳线测试。
（4）信息传输速率、衰减、距离、接线图、近端串扰等。

2）测试标准
国际上制定布线测试标准的组织主要有国际标准化委员会（ISO/IEC）、欧洲标准化委员会（CENELEC）和北美工业技术标准化委员会（ANSI/TIA/EIA）。

国际上第一部综合布线系统现场测试技术规范是由北美工业技术标准化委员会（ANSI/TIA/EIA）在1995年10月发布的《现场测试非屏蔽双绞线（UTP）电缆布线系统传输性能技术规范》（TSB-67）。由于网络传输速度和综合布线技术进入高速发展时期，综合布线测试标准也在不断修订和完善。如1995年10月发布的ANSI/TIA/EIA TSB 95《100Ω 4对五类线附加传输性能指南》提出了回波损耗、等电平远端串音等吉比特以太网所要求的指标。1999年11月又推出了ANSI/TIA/EIA TSB 95《100Ω 4对增强五类线附加传输性能指南》，

这个现场测试标准称为 ANSI/TIA/EIA 568A.5 - 2000。2002 年 6 月，ANSI/TIA/EIA 发布了支持六类（Cat6）布线标准的 ANSI/TIA/EIA 568B，标志着综合布线测试标准进入了一个新的阶段。中国建设部于 2007 年颁布了《综合布线工程验收规范》（GB 50312—2007），作为我国综合布线系统验收最权威的依据。

3）测试参数

超五类、六类布线系统的测试参数主要有以下内容。

（1）接线图：该步骤检查电缆的接线方式是否符合规范。错误的接线方式有开路（或称断路）、短路、反向、交错、分岔线对及其他错误。

（2）连线长度：局域网拓扑对连线的长度有一定的规定，如果长度超过了规定的指标，信号的衰减就会很大。连线长度的测量是依照 TDR（时间域反射测量学）原理来进行的，但测试仪所设定的 NVP（额定传输速率）值会影响所测长度的精确度，因此在测量连线长度之前，应该用不短于 15 m 的电缆样本做一次 NVP 校验。

（3）衰减量：信号在电缆上传输时，其强度会随传输距离的增加而逐渐变小。衰减量与长度及频率有着直接关系。

（4）近端串扰（NEXT）：当信号在一个线对上传输时，会同时将一小部分信号感应到其他线对上，这种信号感应就是串扰。串扰分为 NEXT（近端串扰）与 FEXT（远端串扰），但 TSB - 67 只要求进行 NEXT 的测量。NEXT 串扰信号并不仅仅在近端点才会产生，但是在近端点所测量的串扰信号会随着信号的衰减而变小，从而在远端处对其他线对的串扰也会相应变小。实验证明在 40 m 内所测量到的 NEXT 值是比较准确的，而超过 40 m 处链路中产生的串扰信号可能就无法测量到，因此，TSB - 67 规范要求在链路两端都要进行对 NEXT 值的测量。

（5）SRL（Structural Return Loss）：SRL 是衡量线缆阻抗一致性的标准，阻抗的变化引起反射（Return refection）、噪声（Noise）的形成，并使一部分信号的能量被反射到发送端。SRL 是测量能量的变化的标准，由于线缆结构变化而导致阻抗变化，使得信号的能量发生变化，TIA/EIA 568A 要求在 100 MHz 下 SRL 为 16 dB。

（6）等效式远端串扰（ELFEXT，Equal Level FEXT）：是信噪比的另一种表示方式，即两个以上的信号朝同一方向传输时的情况。远端串扰与衰减的差值以 dB 为单位。

（7）综合远端串扰（Power Sum ELFEXT）：综合近端串扰和综合远端串扰的指标正在制定过程中，有许多公司推出自己的指标，但这些指标在作者写作本书时还没有标准化组织认可。

（8）回波损耗（Return loss）：回波损耗是关心某一频率范围内反射信号的功率，与特性阻抗有关，有 3 种因素是影响回波损耗数值的主要因素，即电缆制造过程中的结构变化、连接器、安装情况。

（9）特性阻抗（Characteristic Impedance）：特性阻抗是线缆对通过的信号的阻碍能力，它受直流电阻、电容和电感的影响。要求在整条电缆中必须保持一个常数。

（10）衰减串扰比（ACR，Attenuation-to-crosstalk Ratio）：是同一频率下近端串扰 NEXT 和衰减的差值，用公式可表示为：

ACR = 衰减的信号 - 近端串扰的噪声

它不属于 TIA/EIA 568A 标准的内容，但它对于表示信号和噪声串扰之间的关系有着重要的价值。

2. 测试类型介绍

1）验证测试

验证测试是要求比较简单的一种测试，一般只检测物理连通性，不对链路的电磁参数和最大传输性能等进行检测。在施工过程中及验收之前，由施工者对所铺设的传输链路进行施工连通测试，测试时重点检验传输链路连通性，发现问题及时处理，并对施工后的链路参数进行预测，做到工程质量心中有数，以便验收顺利通过。例如每完成一个楼层后，对该水平线及信息插座进行测试。

验证测试仪器具有最基本的连通测试功能（如接线图测试），检测线缆连接是否正确，测试线缆及连接部件性能，包括开路、短路。有些测试仪器还有附加功能，如测试线缆长度或对故障定位。验证测试仪器应在现场环境中随工使用，操作简便。

2）鉴定测试

鉴定测试是对链路支持应用能力（带宽）的一种鉴定，比验证测试要求高，但比认证测试要求低，测试内容和方法也简单一些。例如，测试电缆通断、线序等属于验证测试，而测试链路是否支持某个应用和带宽要求，如能否支持 10/100/1 000 Mbit/s，则属于鉴定测试；只测试光纤的通断、极性、衰减值或接收功率而不依据标准值去判断"通过/失败"，也属于鉴定测试。

3）认证测试

认证测试是线缆置信度测试中最严格的。认证测试仪在预设的频率范围内进行许多种测试，并将结果同 TIA 或 ISO 标准中的极限值相比较。这些测试结果可以判断链路是否满足某类或某级（例如超五类、六类、D 级）的要求。此外，验证测试仪和鉴定测试仪通常是以通道模型进行测试，而认证测试仪还可以测试永久链路模型。永久链路模型是综合布线时最常用的安装模式。另外，认证测试仪通常还支持光缆测试，提供先进的图形终端能力并提供内容更丰富的报告。世纪星一个重要的不同点是只有认证测试仪能提供一条链路是"通过"或"失败"的判定能力。

（1）元件级测试。元件级测试就是对链路中的元件（电缆、跳线、插座模块等）进行测试，其测试标准是最严格的，进场测试就要求进行元件级测试。

（2）链路级测试。链路级测试是指对"已安装"的链路进行的认证测试，由于链路是由多个元件串接而成的，所以链路级测试对参数的要求一定比单个的元件级测试要求低。被测对象是永久链路和信道两种（已基本上退出市场），工程验收测试时一般都选择链路级的认证测试报告作为验收报告，这作为一种行业习惯已被多数乙方、第三方和监理所选择。

（3）应用级测试。部分甲方会要求乙方或维护外包方给出链路是否能支持高速应用的证明，例如，证明链路能否支持升级运行 1 000 Bate – T 和 10 GBase – T 等应用，可以选择 DTX 电缆分析仪中的 1 GBase – T 和 10 GBase – T 等标准来进行测试，这种基于应用标准要求的测试就是应用级测试。

课堂练习

由于 Fluke 测试仪是比较昂贵的设备，所以教师要强调测试仪的使用注意事项，每个小组确定一个使用负责人，保证设备的正确使用。最好是在教师的监督指导下由学生使用。

将班级学生分为小组，完成以下工作任务：

1. 双绞线缆的测试

每组学生制作一根 2 m 以上的双绞线缆，使用超五类的标准测试该双绞线的参数，并将测试结果以自己的姓名为文件名保存。

2. 永久链路的测试

每组学生在学校的校园网内选择一个永久链路进行测试，注意需要更换接口跳线。将测试结果以组号为文件名保存。

3. 测试报告的输出

各小组完成测试任务后，使用线缆将 Fluke 测试仪与一台计算机连接，使用 LinkWare 软件将保存的数据读出并打印出来。各小组打印自己小组的测试数据。

4. 测试报告的解读

教师给每个小组各准备一份 Fluke 测试报告（或使用学生自己导出的测试报告），请各小组学生进行解读，多份报告在各小组之间轮换。解读内容请教师根据报告情况自写。

任务拓展

1. Fluke DTX – LT 测试仪

对布线系统进行测试，必须使用电缆测试仪来进行。目前不少用户对所安装的双绞线不做认证测试，而是在网络调试过程中进行检验，当网络可以 Ping 通时就认为所安装的布线系统是合格的。这种做法不仅是错误的而且是十分危险的。因为网络调试可以连通并不表示布线系统符合安装标准，也不表示该布线系统在网络日常运行时可以准确无误地工作。按照标准进行测试，其内容是相当广泛和严格的，不可以用网络调试的方法来代替。

电缆测试仪有很多种，所有的测试仪都包括测试仪主机和远端单元，还包括一些配套件，根据测试仪的测试方式，分为模拟测试仪和数字测试仪两类。目前有些施工单位采用极为简易的测试装置来测试，通常情况下测试能力是极为有限的，只能测试电缆的连续性，不能用它来对布线系统进行认证测试，要作认证测试必须使用专用的测试仪才能完成，现在工程中广泛使用 Fluke 线缆分析仪。

Fluke DTX – LT 电缆认证测试仪是 DTX 系列测试仪中的简配产品，主要由 DTX – LT 主测试仪和智能远端测试仪、LinkWare PC 软件、Cat 6/E 类永久链路适配器、6/E 类通道适配器及相关辅助设备组成。其外形及主控端的控制面板如图 6-1-1 Fluke DTX 系列测试分析仪和图 6-1-2 主测试仪控制面板所示。

图 6-1-1    图 6-1-2

Fluke 测试仪各个控制键的功能如表 6-1-1 所示。

表 6-1-1

KEY	名称	功能
	功能键	提供与当前的屏幕画面有关的功能。功能显示于屏幕画面功能键之上
	退出键	退出当前的屏幕画面而不保存更改
	测试键	开始目前选定的测试。如果没有检测到智能远端，则启动双绞线布线的音频发生器。当两个测试仪均接妥后，即开始进行测试
	保存健	将"自动测试"结果保存于内存中
	输入键	输入键可从菜单内选择选中的项目
	对话键	按下此键可使用耳机来与链路另一端的用户对话
	灯光键	按该键可以将背照灯在明亮和暗淡之间进行切换。通过按住 1 秒钟来调整显示屏的对比度
	开关键	电源开关
旋转开关		旋转开关可选择测试仪的模式
	箭头键	箭头键可用于导览屏幕画面并递增或递减字母数字的值

2. 永久链路及永久链路的测试

永久链路又称为固定链路，在工程中一般是指从配线架上的跳线插座算起，到工作区信息面板插座位置的那段链路。对该段链路进行的物理性能测试，称为永久链路测试，如图 6-1-3 所示。永久链路不包括现场测试仪插接线和插头，以及两端 2 m 测试电缆，电缆总长度最长为 90 m，而基本链路包括两端的 2 m 测试电缆，电缆总计长度为 94 m。

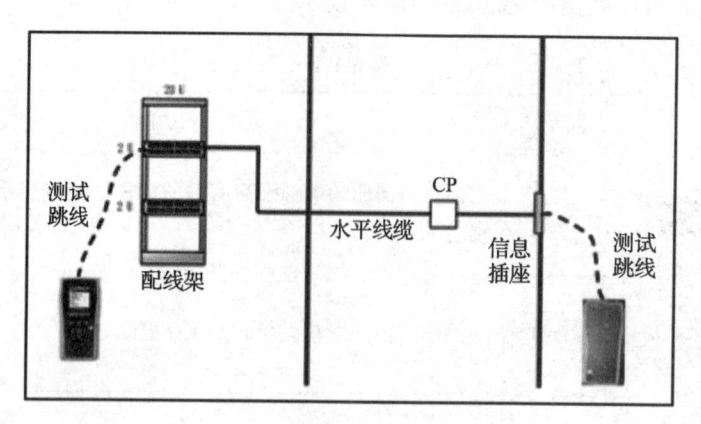

图 6-1-3

3. 测试双绞线

Fluke 测试仪测试链路的基本操作程序是：安装测试适配器（信道或永久链路）→开机→选择测试标准→测试→保存数据→测试下一条链路。使用计算机读出测试仪中保存的结果（使用随机 LinkWare 软件），打印测试报告等。

1）安装测试适配器

将适用于该任务的适配器连接至测试仪及智能远端，如图 6-1-4 所示。

2）开机

按下主测试仪右下角的电源开关键，此时测试仪会启动自检。

3）设置

将旋转开关调整到"setup"挡，然后选择"双绞线"，从双绞线选项卡中设置以下设置值。

（1）线缆类型：选择一个线缆类型列表，然后选择要测试的线缆类型。

（2）测试极限：选择执行任务所需的测试极限值。屏幕会显示最近使用的 9 个极限值。按 F1 键来查看其他极限值列表。

4）测试

将旋转开关转至"AUTOTEST"（自动测试），将测试线缆插入适配器的接口中，按下测试仪或智能远端的"TEST"键，测试仪将会对链路进行测试，如图 6-1-5 所示。如果要停止测试，可以按下"EXIT"键。

图 6-1-4 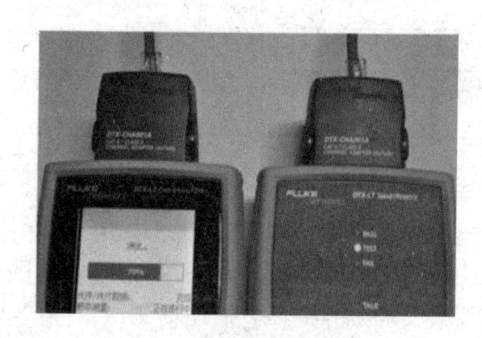　　　　　　　　　　　　　　　　图 6-1-5

5）保存数据

如果要保存测试结果，可以按下"SAVE"键，选择或建立一个线缆标识码，然后再按一次"SAVE"键保存数据。

永久链路的测试方法与双绞线的测试方法基本相同，只是与测试仪通道模块连接的是随机配送的测试跳线，如图6-1-6所示。

4. Fluke测试数据的导出

Fluke测试的结果可以通过测试仪查看，也可以将测试结果保存在测试仪中，再通过专用的管理软件导出到计算机中，以文件的形式保存在计算机中，并可以通过打印机打印出测试结果，这就是人们常说的Fluke测试报告。管理软件是购买测试仪时，随机配送的LinkWare Cable Test Management Software。

图 6-1-6

在计算机中安装好该软件后，将测试仪的主控端通过连接线缆与计算机的USB接口相连，启动软件，执行"File"→"Import From"→"DTX Cable Analyzer"命令，打开如图6-1-7所示的"导入"对话框，单击"Import All Records"按钮导入所有的记录后，所测试的记录会在主窗口中显示出来，如图6-1-8所示。

图 6-1-7

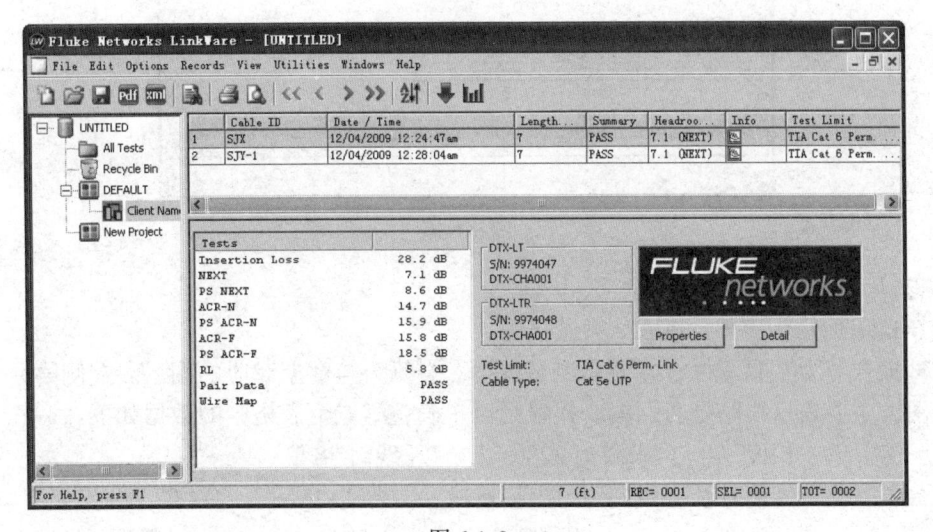

图 6-1-8

通过该软件可以查看到测试数据的详细信息，如图 6-1-9 所示。

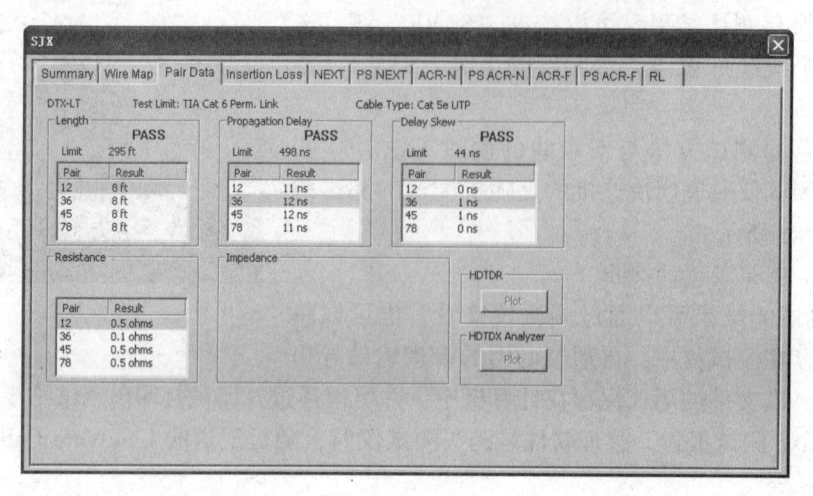

图 6-1-9

由于测试仪的测试结果具有权威性，其数据不允许用户自行修改，所以输出的文件类型主要有两个格式：pdf 和 xml 格式。如图 6-1-10 所示为 xml 格式的输出报告，输出的数据只供用户阅读。

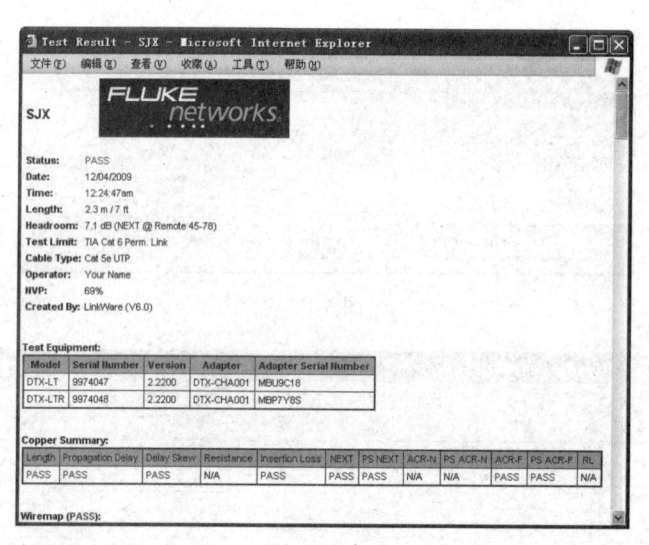

图 6-1-10

5. 测试报告及解读

图 6-1-11 所示为完整的 Fluke 测试报告。

测试报告分为左右两栏，左侧是测试数据，右侧为与数据对应的图示。左侧第一个表格是接线图，主要表示线路是否通畅，接线是否正确；第二个表格中的数据如下：

    长度（ft），极限值 328　　　　［线对 78］　　　31
    传输时延（ns），极限值 555　　［线对 12］　　　47
    时延偏离（ns），极限值 50　　　［线对 12］　　　1

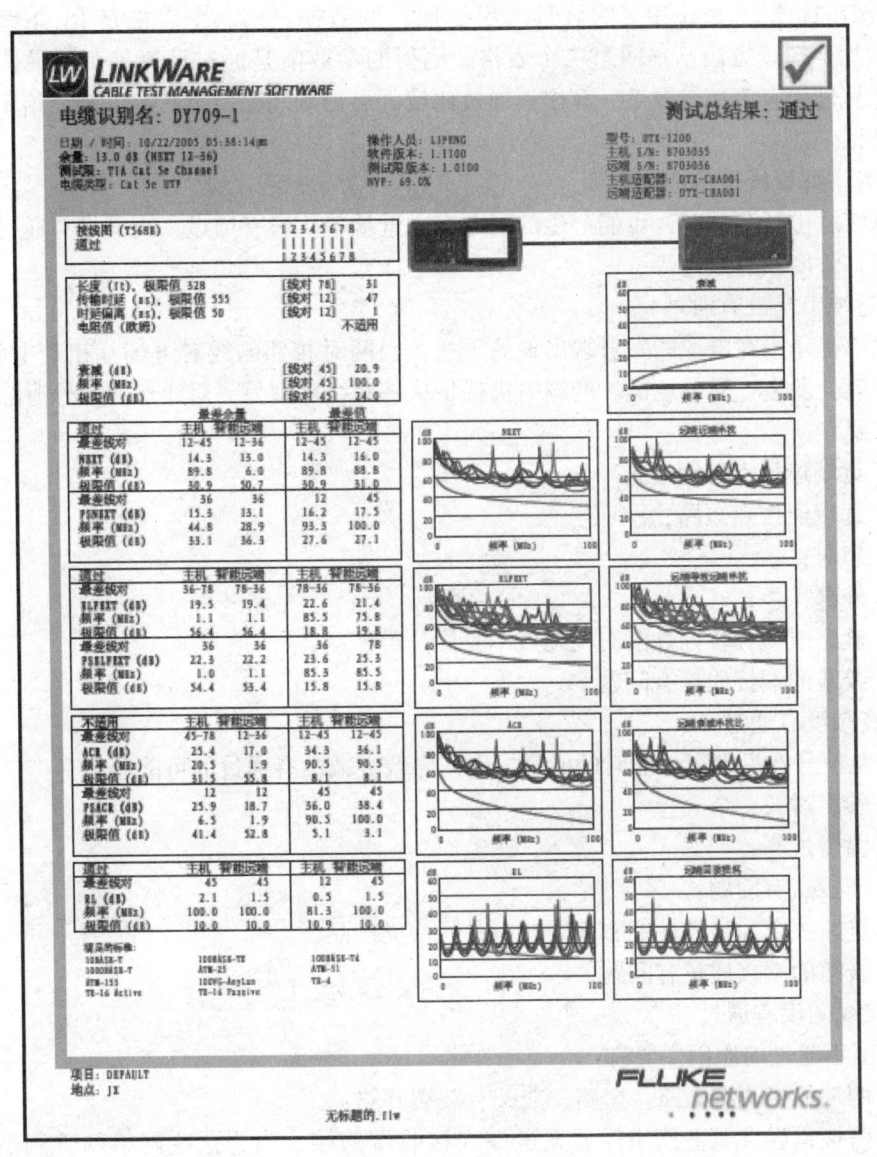

图 6-1-11

电阻值（欧姆）		不适用
衰减（dB）	[线对 45]	20.9
频率（MHz）	[线对 45]	100.0
极限值（dB）	[线对 45]	24.0

测试仪使用的长度单位是 foot（英尺），一英尺 = 0.304 8 米，这次测的线长度是 31 ft，就是 9.448 8 米。这个长度指的是线对 78 的长度，也就是代表整根线缆的长度。传输时延的极限值为 555，线对 12 的时延是 47。时延偏离的极限值是 50，线对 12 的值是 1。线对 45 在测试频率为 100 MHz 时的衰减值为 20.9，衰减的极限值为 24。

第三个表格是 NEXT（近端串扰）、PSNEXT（综合近端串扰）的数据；第四个表格是 ELFEXT（等效远端串扰）、PSELFEXT（综合等效远端串扰）的数据；第五个表格是 ACR

（远端衰减串扰比）、PSACR（综合远端串扰比）的数据；第六个表格是 RL（远端回波损耗）的数据。解读方法基本同第二个表格。测得的参数值是通过计算得到的最差余量和最差值，计算过程应该比较复杂，算出后通过比较，可得到线路质量状况，然后给出一个是否通过的结论。

6. 测试报告错误信息分析

对双绞线进行测试时，可能产生的问题有：近端串扰没有通过、衰减没有通过、接线图没有通过、长度没有通过等。

1）近端串扰没有通过

近端串扰是指在电缆的发射端出现的干扰，当两对相邻的线对电场互相产生假信号时，近端串扰就会发生。简单地说，近端串扰就是从一对线对到另一对线对的信号泄漏。其产生的原因主要有：

（1）近端连接点有问题；

（2）远端连接点短路；

（3）串对；

（4）外部噪声；

（5）链路线缆和接插性能有问题或不是同一类产品；

（6）线缆的端接质量有问题。

2）衰减没有通过

衰减是信号在沿电缆传输时的能量损失，导致衰减没有通过的可能原因有：

（1）长度过长；

（2）温度过高；

（3）连接点有问题；

（4）链路线缆和接插性能有问题或不是同一类产品；

（5）线缆的端接质量有问题。

3）接线图没有通过

接线图不通过的原因主要有：

（1）两端的接头有断路、短路、交叉、破裂开路；

（2）跨接错误（某些网络需要发送端和接收端跨接，当为这些网络构筑测试链路时，由于设备线路的跨接，测试接线图会出现交叉）。

4）长度没有通过

可能的原因有：

（1）NVP（额定传输速率）设置不正确，可用已知的好线确定并重新校准 NVP；

（2）实际长度过长；

（3）开路或短路；

（4）设备连线及跨接线的总长度过长。

职业规范

作为一名布线系统专业人员，在工程测试时，一定要掌握测试模型的选择，严格按照标准使用测试工具进行测试。

在 TSB-67 标准中规定了两种连接测试模型，分别是信道（Channel）测试模型和基本链路（Basic Link）测试模型，这是两种测试连接结构。

1. 永久链路测试模型

包含固定电缆的安装部分，但是不包含两端设备跳线的链路。该链路是建筑物中的固定布线，即从电信间接线架到用户端的墙上信息插座的连线（不含两端的设备连线），最大长度是 90 m，如图 6-1-12 所示。

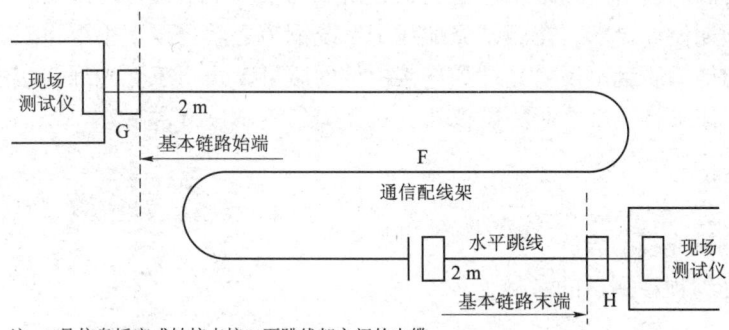

注：F 是信息插座或转接点接口至跳线架之间的电缆；
　　G、H 是测试设备软线。

图 6-1-12

2. 信道测试模型

从网络设备跳线到工作区跳线间的端到端的通道（Channel）连接。信道测试模型定义了包括端到端的传输要求，含用户末端设备电缆，最大长度是 100 m，如图 6-1-13 所示。

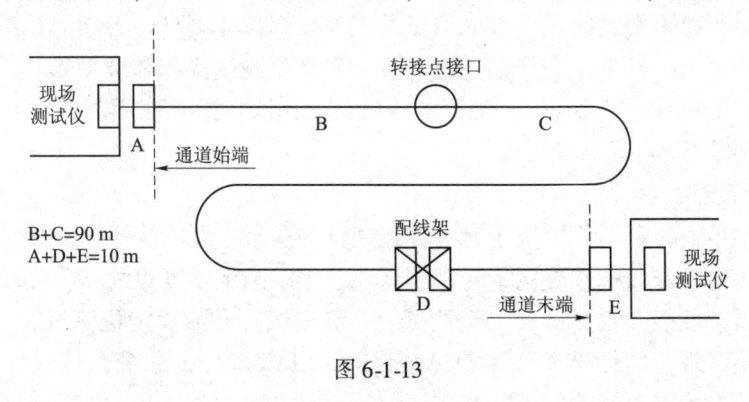

图 6-1-13

课后思考

通过学习和查找互联网，写出综合布线系统测试的内容。

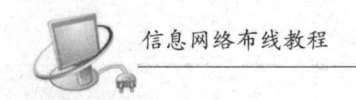

任务二　测试光缆布线

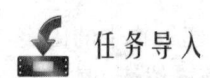

任务导入

天行健网络科技公司承接了江州职业技术学院的综合办公楼信息网络布线工程，目前进入到工程测试阶段。由用户、施工、监理三方组成的技术小组，将对本工程进行测试，以检验其是否符合预期设计要求。在测试完配线子系统铜缆之后，技术小组将对光缆主干进行测试。光纤链路的传输质量不仅受光纤和连接器件的质量影响，还受光纤连接的安装水平和应用环境影响。本任务将通过专业测试仪器，对光缆的测试进行讲解。

学习目标

（1）掌握测试光缆的方法。
（2）了解光缆损耗测试的参数。

知识准备

在光纤工程项目中必须执行一系列的测试以便确保其完整性，一根光缆从出厂到工程安装完毕，需要进行机械测试、几何测试、光测试以及传输测试。前3个测试一般都是在工厂进行，传输测试则是光缆布线系统工程验收的必要步骤。国家标准《综合布线工程验收规范（含条文说明）》（GB 50312—2007）中明确要求对综合布线工程进行验收测试："综合布线工程电气测试包括电缆系统电气性能测试及光纤系统性能测试。各项测试结果应有详细记录，作为竣工资料的一部分。在产品选型、进场验货、测试验收和维护诊断等过程中都可能对光纤链路进行测试或"再认证"。测试的目的是确保即将投入使用的光纤链路的整体性能符合标准参数要求。

（一）光纤测试分类

光纤链路的传输质量不仅取决于光纤和连接件的质量，还取决于光纤连接的安装水平及应用环境。光通信本身的特性决定了光纤测试比双绞线测试难度更大些。光纤测试的基本内容是连通性测试、性能参数测试（一级测试、二级测试）和故障定位测试。

光纤性能测试规范的标准主要来自 ANSI/TIA/EIA 568C.3 标准，这些标准对光纤性能和光纤链路中的连接器和接续的损耗都有详细的规定。而 TIA TSB 140 对光纤定义了两个级别（Tier1 和 Tier2）的测试，即一级测试和二级测试。

1. 光纤一级测试（Tier1，TSB 140）

一级测试主要测试光缆的衰减（插入损耗）、长度以及极性，要求相对简单。需要使用光缆损耗测试设备（OLTS），如光功率计等来测量每条光缆链路的衰减，通过光纤延迟量测量或借助电缆护套标记计算出光缆长度。可用 OLTS 或可见光源如可视故障定位器（VFL）来验证光缆极性。

2. 光纤二级测试（Tier2，TSB 140）

二级测试是选择性测试，但是非常重要的测试。二级测试包括了一级测试的参数测试报告，并在此基础上增加了对每条光纤链路的 OTDR 追踪评估报告。OTDR 曲线是一条光缆随

长度变化的反射能量的衰减图形。通过检查整改光纤路径的每个不一致性（点），可以深入查看由光缆、连接器或熔接点构成这条链路的详细性能及施工质量。OTDR 曲线可以近似地估算链路的衰减值，可用于光缆链路的补充性评估和故障准确定位，但不能替代使用 OLTS 进行的插入损耗测量。结合上述两个等级的光纤测试，施工者可以最全面地认识光缆的安装质量。对于关系光纤高速链路质量的网络拥有者（甲方），二级测试具有非常重要的作用，它可以帮助减少"升级阵痛"（升级阵痛的典型表现是 100 Mbit/s 或 1 Gbit/s 以太网使用正常，但升级到 1 Gbit/s 特别是 10 Gbit/s 以太网则运行不正常甚至不能连通，检查其长度、衰减值又都符合 1 Gbit/s 或 10 Gbit/s 的参数要求）。网络所有者可借助二级测试获得安装质量的更高级证明和对未来质量的长期保障。

二级光纤测试需要使用光时域反射计（Optical Time – Domain Reflect Meter，OTDR），并对链路中的各种"事件"进行评估。

（二）光纤测试波段与损耗参数

1. 波段与长度

光纤有多模和单模之分。对于多模光纤，ANSI/TIA/EIA 568C 规定了 850 nm 和 1 300 nm 两个波长，因此要用 LED 光源对这两个波段进行测试；对于单模光纤 ANSI/TIA/EIA 568C 规定了 1 310 nm 和 1 550 nm 两个波长，要用激光光源对这两个波段进行测试。

2. 光纤损耗参数

光纤链路包括光纤布线系统两个端接点之间的所有部件，这些部件都定义为无源器件，包括光纤、光纤连接器和光纤接续子。必须对链路上的所有部件进行损耗测试，因为链路距离较短，与波长有关的衰减可以忽略，光纤连接器损耗和光纤接续子损耗是水平光纤链路的主要损耗。

1）光纤损耗参数

（1）布线系统所采用光纤的性能指标及光纤信道指标应符合设计要求。不同类型光缆的标称波长、每公里的最大衰减值应符合表 6-2-1 的规定。

表 6-2-1

项目	最大光缆衰减/（dB·km^{-1}）			
	OM1、OM2 及 OM3 多模		OS1 单模	
波长	850 nm	1 300 nm	1 310 nm	1 550 nm
衰减	3.5	1.5	1.0	1.0

（2）光缆布线信道在规定的传输窗口测量出的最大光衰减（介入损耗）应不超过表 6-2-2 的规定，该指标已包括接头与连接插座的衰减在内。

2）连接端子损耗参数

（1）ANSI/TIA/EIA/568 规定光纤连接器对的最大损耗为 0.75 dB。

（2）ANSI/TIA/EIA/568 规定所有光纤接续子（机械或熔接型）的最大损耗为 0.75 dB。

表 6-2-2

级别	最大信道衰减/dB			
	单模		多模	
	1 310 nm	1 550 nm	850 nm	1 300 nm
OF-300	1.80	1.80	2.55	1.95
OF-500	2.00	2.00	3.25	2.25
OF-2000	3.50	3.50	8.50	4.50

注：每个连接处的衰减值最大为 1.5 dB。

（三）光纤插入损耗极值

1. 计算公式

光纤链路损耗 = 光纤损耗 + 连接器件损耗 + 光纤连接点损耗

光纤损耗 = 光纤损耗系数（dB/km）×光纤长度（km）

连接器件损耗 = 连接器件损耗/个 × 连接器件个数

光纤连接点损耗 = 光纤连接点损耗/个 × 光纤连接点个数

2. 损耗参考

光纤链路损耗参考值如表 6-2-3 所示。

表 6-2-3

种类	工作波长/nm	衰减系数/（dB·km^{-1}）
多模光纤	850	3.5
多模光纤	1 300	1.5
单模室外光纤	1 310	0.5
单模室外光纤	1 550	0.5
单模室内光纤	1 310	1.0
单模室内光纤	1 550	1.0
连接器件衰减/dB	0.75	
光纤连接点衰减/dB	0.3	

3. 测试结果

所有光纤链路测试结果应有记录，记录在管理系统中并纳入文档管理。

（四）光纤测试参数

光纤测试一般应执行以下几个重要参数：

（1）端到端光纤链路损耗；

（2）每单位长度的衰减速率；

（3）熔接点、连接器与耦合器各个事件；
（4）光缆长度或者事件的距离；
（5）每单位长度光纤损耗的线性（衰减不连续性）；
（6）反射或者光回损（ORL）；
（7）色散（CD）；
（8）极化模式色散（PMD）。

课堂练习

用 DTX 线缆分析仪测试光纤需要使用光纤模块。下面根据福禄克（Fluke 设备）教程，以多模光纤模块 DTX – MFM2 为例简单介绍光纤认证测试的步骤（一级认证），由于操作方法与之前任务介绍的测试电缆链路的操作方法类似，故这里只介绍一些不同点。

在选择测试标准、测试类型时，按以下步骤操作。

（1）将旋钮转至"SETUP"。
（2）选择"光纤测试"或"Opti Fiber"。
（3）选择"电缆类型"或"Cable Type"。
（4）选择"多模"或"MM"。
（5）选择"测试极限"或"Test Limit"。
（6）选择"骨干光纤"或"TIA Backbone MM"。
（7）将旋钮置于特殊功能挡"Special Function"。
（8）选择"设置基准"，即按照仪器屏幕提示的跳线连接方法安装测试跳线和滤波用的"心轴"，按下"TEST"键将光源和光功率计归零并保存。
（9）将旋钮置于"Auto Test"挡，按下"TEST"键，按照屏幕提示选择"测试极限"或"Test Limit"。

任务拓展

1. 光纤一级测试方法

1）连通性测试。

连通性测试是最简单的测试方法，只需在光纤一端导入光线（如红光激光笔），最远可达大约 5 千公里的距离，通过发送可见光，技术人员在光纤的另外一端查看是否有红光即可（注意保护眼睛，不可直视光源），有光闪表示连通，看不到光即可判定光缆中有断裂与弯曲。此测试方式成为尾纤、跳线或者光纤段连续性测试的非常有用的工具。在对使用要求不高的项目中经常被用作验收标准。

2）收发功率测试。

收发功率测试是测定布线系统光纤链路的有效方法，使用的设备主要是光纤功率测试仪和一段跳接线，如图 6-2-1 所示。在实际应用中，链路的两端可能相距很远，但只要测得发送端和接收端的光功率，即可判定光纤链路的状况。具体操作过程如下：如图 6-2-2 所示，在发送端将测试光纤取下，用跳接线取而代之，跳接线一端为原来的发送器，另一端为光功率测试仪，使光发送器工作，即可在光功率测试仪上测得发送端的光功率值。在接收端，用跳接线取代原来的跳线，接上光功率测试仪，在发送端的光发送器工作的情况下，即可测得接收端的光功率值。发送端与接收端的光功率值之差，就是该光纤链路所产生的损耗。

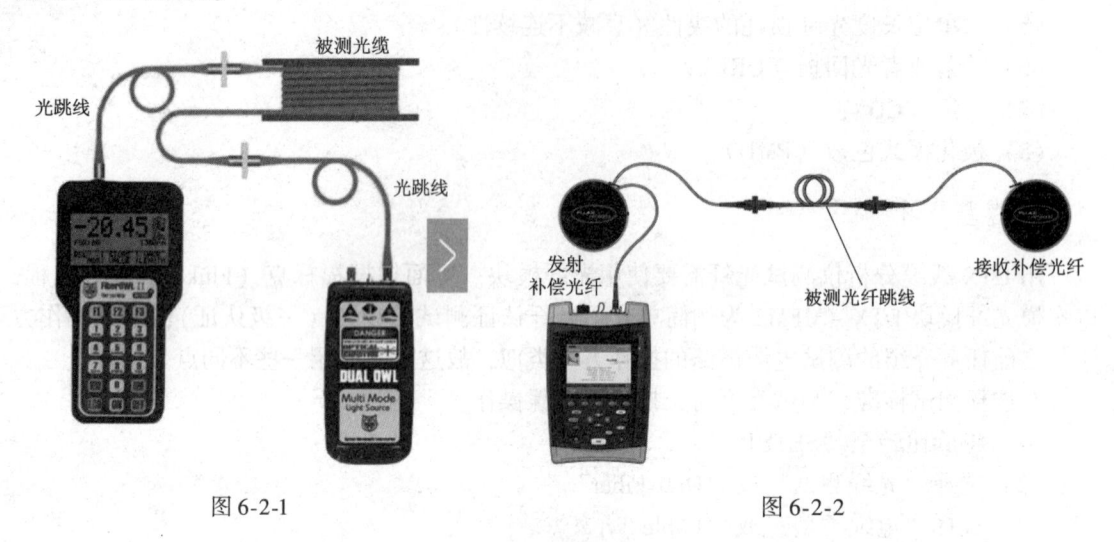

图 6-2-1

图 6-2-2

2. 光纤二级测试方法

光功率计只能测试光功率损耗，如果要确定损耗的具体位置和损耗的原因，就要采用光时域反射计（OTDR）。光时域反射计（OTDR）是一个用于确定光纤与光网络特性的光纤测试仪，OTDR 的目的是检测、定位与测量光纤链路的任何位置上的事件。OTDR 的一个主要优点是它能够作为一个一维的雷达系统，能够仅由光纤的一端获得完整的光纤特性，OTDR 的分辨力在 4 厘米到 40 厘米之间。

OTDR 测试是光纤线路检修非常有效的手段，它使用光时域反射计（OTDR）来完成测试工作，基本原理就是利用导入光与反射光的时间差来测定距离，如此可以准确判定故障的位置。OTDR 测试时将探测脉冲注入光纤，在反射光的基础上估计光纤长度。OTDR 测试适用于故障定位，特别是用于确定光缆断开或损坏的位置。OTDR 测试文档对网络诊断和网络扩展提供了重要数据。

OTDR 可测试的主要参数有长度事件点的位置、光纤的衰减和衰减分布/变化情况、光纤的接头损耗、熔接点的损耗、光纤的全称回损，并能给出事件评估表。

职业规范

福禄克网络（FlukeNetworks）公司是网络测试行业公认的领导者，总部位于美国，成立于 1992 年（2000 年成为独立公司）。福禄克网络提供的创新性解决方案用于测试、监测、分析企业网络和电信网络，以及组成这些网络基础结构的光缆和铜缆的安装和认证。

1. 公司简介

福禄克网络公司总部位于美国华盛顿州的埃弗雷德，目前在全球范围内拥有 800 多名员工，在 50 多个国家设有产品销售点，财富 100 强中有 96 家公司是它的用户。目前，福禄克网络整个系列的网络超级透视解决方案提供给网络施工单位、业主以及维护人员。卓越的网络透视能力，兼具速度、准确度和易用性可优化网络性能。

2. 发展简史

1992年，福禄克网络开始成为福禄克的一个业务部门。福禄克拥有50多年的历史，一直是世界上电子测试工具领域的领导者，当时也在不断为公司的增长寻找新的市场。

2000年，福禄克网络已经取得了极大的发展，并且福禄克网络和福禄克之间的差异非常明显——不同的客户、不同的销售渠道和销售流程，以及针对不同应用的不同产品。2000年，福禄克的母公司美国丹纳公司（Danaher Corporation）将福禄克网络从福禄克分离出来。现在它是一家独立运行的公司，具有新的品牌和独立的形象。自那以后，福禄克网络一直持续保持赢利。

2004年，公司年收入超过2.25亿美元。公司的收入中，近50%来自美国以外的市场。

2010年至今，福禄克网络在中国本地市场迅猛发展，并保持着超过35%的年复合增长率，据保守估计，2012年福禄克网络将继续保持这一高于业界平均水平的复合增长率。

未来，福禄克网络会对市场作进一步细分，将运用新的组织架构进一步专注于大客户及行业客户的服务，深度挖掘客户需求，以解决方案带动产品营销，加强行业渠道建设和渠道映射管理。

3. 社会责任

在福禄克网络公司，我们通过向企业捐赠、公司补助和员工义工服务及向非营利组织提供专家支持等方式，向我们经营所在的社区提供帮助和支持。

福禄克网络发起了一项紧急援助计划，其目的是为了向全球范围内遭受自然灾难和发生其他紧急事故的地区提供现金捐款、设备和技术支持，帮助救灾和重建工作。过去我们所支持的领域包括飓风救灾、南亚海啸救灾和911后纽约市的重建工作。

4. 主营业务

福禄克网络以三大主营业务为基础——IT组网、数据通信布线和电信。

福禄克网络的IT组网业务向网络技术人员、工程师和架构师提供分布式和手持局域网、广域网测试和分析解决方案。数据通信布线业务则向网络业主和布线安装承包商提供铜缆和光缆安装、认证、故障诊断和测试所需的工具。以电信服务提供商业为服务重点的业务，向运营商提供现有网络视频鉴定工具、流程改进解决方案和访问管理及测试解决方案。

课后思考

1. 判断题

（1）光功率计是用来测量光功率大小、线路损耗、系统冗余度以及拉收灵敏度的仪表。（　　）

（2）光纤线缆的损耗 = 光纤线缆长度（km）×（0.50 dB/km 在 1 310 nm 处或 0.50 dB/km 在 1 550 nm 处）。（　　）

（3）光功率计用于测量光功率大小或通过一段光纤的光功率相对损耗等。（　　）

（4）光纤链路的测试方法虽然有几种，但步骤都是一样的，即先设置参考值，再测试。

不同的方法，要选择合适的连接方式设置参考值，并且确保设置参考值后，能方便地将被测链路加进来，测试出准确的损耗。（　　）

（5）光纤用来传递光脉冲。（　　）

（6）陶瓷头连接器可以保证每个连接点的损耗只有 0.4 dB 左右。（　　）

2. 单选题

（1）检测光纤链路时，必须对光纤链路上的所有部件进行（　　）测试。

A. 损耗　　　　B. 衰减　　　　C. 串扰　　　　D. 干扰

（2）OTDR 测试使用于（　　），特别是用于确定光缆断开或损坏的位置。

A. 故障定位　　B. 线路定位　　C. 数据传输　　D. 电信号

（3）检测光纤链路时，必须对光纤链路上的所有部件进行（　　）测试。

A. 损耗　　　　B. 衰减　　　　C. 串扰　　　　D. 干扰

（4）对网络诊断和网络扩展提供了重要数据的测试文档是（　　）。

A. ACR　　　　B. PDDI　　　　C. OTDR　　　　D. NVP

任务三　验收信息网络布线系统工程

任务导入

天行健网络科技公司承接了江州职业技术学院的综合办公楼信息网络布线工程，经过近四个月的工程建设和测试，现已完工，技术小组将根据设计要求和相关标准与规范进行此工程的验收。布线工程的验收是一项系统性的工作，它不仅包括链路的连通性、电气和物理特性的测试，还包括施工环境、工程器材、设备安装等方面的工作。

学习目标

（1）了解工程验收的原理与方法。
（2）掌握工程验收的项目和内容。
（3）了解整理工程文档的内容。

知识准备

信息网络布线工程经过施工阶段后进入测试和验收阶段，工程验收是全面考核布线系统的建设工作，检验工程质量和建设效果。同时也是施工方向建设方移交手续，也是用户对工程的认可。工程验收是一项系统性的工作，它不仅包含之前任务中所介绍的链路连通性、电气和物理特性测试，还包括对施工环境、工程器材、设备安装、线缆铺设与端接、竣工技术文档等的验收。验收工作贯穿于整个综合布线工程中，包括施工前检查、随工验收、初步验收、竣工验收等几个阶段，对每一阶段都有具体的内容。

（一）工程验收要求

1．组织形式

当前国内综合布线工程竣工验收有以下几种情况。
（1）施工单位自己组织验收。
（2）施工监理机构组织验收。
（3）第三方测试机构组织验收（分两种）：质量检查部门提供验收服务；第三方测试认证服务提供商提供验收服务。

2．验收原则与依据

工程的验收主要以《综合布线系统工程验收规范》（GB 50312—2007）作为技术验收规范。另外根据工程技术设计方案、施工图设计方案、设备技术说明书、设计修改变更单、现行的技术验收规范进行验收。

3．工程验收阶段

1）开工前检查

布线系统工程的验收应该从工程材料的验收开始，严把质量关。开工前对产品的规格、数量、型号是否符合设计要求进行验收，检查线缆的外护套有无破损，抽查线缆的电气性能指标是否符合技术规范。环境检查包括土建、电源插座与接地、机房面积和预留孔洞等。

2）随工验收

在布线系统中，有些验收是随着工程施工进行的。比如布线系统的电气性能测试工作、隐蔽工程等。这样可以尽早地发现问题，避免工程返工，从而造成浪费。

3）初步验收

初步验收是在工程完成施工调测之后进行的，包括检查工程质量、审核竣工资料，对发现的问题提出处理建议，并组织相关部门落实解决。

4）竣工验收

一般信息网络布线系统工程完工后，在尚未进入电信、计算机网络或其他视频系统的运行阶段，应限期对综合布线系统进行竣工验收。对布线系统各项检测指标认真考核审查，如果全部合格、竣工图纸文档资料齐全，即可进行单项竣工验收。

（二）施工项目验收内容

一个网络工程涉及的项目非常多，而且工期比较长，工程验收需要非常仔细，将网络中存在的问题以及所采购设备的型号等内容要核对清楚，以免给后期的网络维护带来不必要的麻烦。网络工程验收的主要项目有：现场物理验收和文档与系统测试验收。

1．现场物理验收

现场物理验收主要从物理层面上对整个网络工程的布线情况进行验收，主要对工作区子系统、水平干线子系统、垂直干线子系统以及设备间、管理间的线缆布放情况进行检查验收，并主要从外观上进行必要的检查。工程验收需要由甲乙双方组成一个验收小组，由该小组对网络工程的情况进行验收，并签字确认，小组成员通常为双方的工程技术人员，也可以聘请第三方的相关人士参与。现场物理验收通常是按不同的工作区进行验收的。

1）工作区子系统的验收

网络布线工程中，工作区一般比较多，在工作区进行验收时，可能不能逐个工作区进行验收，可以随机选择一些工作区进行验收，主要验收的内容如下：

（1）线槽走向、布线是否美观大方，符合规范。

（2）信息座是否按规范进行安装。

（3）信息座安装是否做到等高、等平、牢固。

（4）信息面板是否都固定牢靠。

2）配线子系统的验收

配线子系统涉及较多的楼层，主要验收的内容如下：

（1）线槽安装是否符合规范。

（2）槽与槽、槽与槽盖是否接合良好。

（3）托架、吊杆是否安装牢固。

（4）水平干线与垂直干线、工作区交接处是否出现裸线。

（5）水平干线槽内的线缆有没有固定。

3）干线子系统的验收

干线子系统的验收除了类似于配线子系统的验收内容外，要检查楼层与楼层之间的洞口是否封闭，线缆是否按间隔要求固定，拐弯线缆是否留有弧度。

4）管理间、设备间、进线间子系统的验收

其验收主要检查设备安装是否规范整洁，各房间的面积、高度、照明、电源、接地、温度、湿度、防火防水灯是否符合设计要求。

2. 检查设备安装

布线系统的设备安装主要涉及机柜的安装、配线架的安装和信息模块的安装等内容。

1）机柜和配线架的安装

在配线间或设备间内通常都安放有机柜（或机架），机柜内主要包括：基本柜架、内部支撑系统、布线系统、通风系统。根据实际需要在其内部安装一些网络设备。配线架安装在机柜中的适当位置，一般为交换机、路由器的上方或下方，将水平线缆首先连入配线架模块，然后再通过跳线接入交换机。对于干线系统的光纤要先连接到光纤配线架，再通过光纤跳线连接到交换机的光纤模块接口。

2）机柜和配线架的验收

（1）机柜安装时要检查机柜安装的位置是否正确，规格、型号、外观是否符合要求。

（2）机柜内的网络设备安装是否有序、合理。

（3）跳线制作是否规范，配线面板的接线是否美观整洁。

（4）线序是否合理、清楚，标识是否清晰明了。

3）信息模块的安装

工作区的信息插座包括面板、模块、底盒，其安放的位置应当是用户认为使用最方便的位置，一般安放位置在距离墙角线 0.3 m 左右，也可以安放在办公桌的相应位置。专用的信息插座模块可以安装在地板上或是大厅、广场的某一位置。

4）信息模块的验收

（1）信息插座安装的位置是否规范。

（2）信息插座、盖安装是否平、直。

（3）信息插座、盖是否用螺丝拧紧。

（4）标志是否齐全。

3. 检查线缆的安装与布放

双绞线电缆和光缆是网络布线中使用最多的传输介质，布线量非常大，所以在工程验收时，这一块是重点的检查项目，验收均应在施工过程中由用户与督导人员随工检查。发现不合格的地方，做到随时返工，如果在布线工程完成后再检查，出现问题处理起来比较麻烦。

1）桥架和线槽的安装

（1）位置是否正确。

（2）安装是否符合要求。

（3）接地是否正确。

2）线缆布放

（1）线缆的型式、规格是否与设计规定相符合。

（2）线缆的标号是否正确，线缆两端是否贴有标签，标签书写应清晰，标签是否选用不易损坏的材料等。

（3）线缆拐弯处是否符合规范。

（4）竖井的线槽、线固定是否牢固。

（5）是否存在裸线。

3）室外光缆的布线

室外光缆布线有以下几种方式：架空布线、管道布线、挖沟布线、隧道布线等，针对不同的布线方式，需要检查的内容有一定的差异。

4）架空布线

（1）架设竖杆位置是否正确。

（2）吊线规格、垂度、高度是否符合要求。

（3）卡挂钩的间隔是否符合要求。

5）管道布线

（1）使用的管孔、管孔位置是否合适。

（2）线缆规格是否符合要求。

（3）线缆走向路由是否正确。

（4）防护设施是否完好。

6）挖沟布线（直埋）

（1）光缆规格是否符合要求。

（2）敷设位置、深度是否符合要求。

（3）是否加了防护铁管。

（4）回填时是否进行了复原与夯实。

7）隧道线缆布线

（1）线缆规格是否符合要求。

（2）安装位置、路由是否正确。

（3）设计是否符合规范。

（三）设备的清点与验收

1. 明确任务目标

对照设备订货清单或者中标书清点设备，确保到货设备与订货或中标型号一致，并做好必要的记录，必要时应将各设备的设备号记录在册，以使验货工作有条不紊地进行。

2. 先期准备

由系统集成商负责人员在设备到货前根据订货清单填写《到货设备登记表》的相应栏目，以便到货时进行核查、清点。《到货设备登记表》仅为方便工作而设定，所以不需任何人签字，只需由专人保管即可。

3. 开箱检查、清点、验收

一般情况下，设备厂商会提供一份验收单。可以设备厂商的验收单为准，仔细验收各设备的型号、数量以及设备的外观以及网络设备的附加模块、线缆等内容，并做好记录。妥善保存设备随机文档、质保单和说明书，软件和驱动程序应单独存放在安全的地方。

4. 登记、贴标

设备验收后，就由本单位负全部责任，是本单位的固定资产。根据本单位的固定资产编号情况，将所有的设备进行登记造册，并归属不同的部门保管，贴上单位固定资产编号，请相关责任人签字认可。

(四) 文档与系统测试验收

1. 网络系统的初步验收

对于网络设备,其测试成功的标准为:能够从网络中任一机器和设备(有 Ping 或 Telnet 能力)Ping 及 Telnet 通网络中其他任一机器或设备(有 Ping 或 Telnet 能力)。由于网内设备较多,不可能逐对进行测试,故可采用如下方式进行。

(1) 在每一个子网中随机选取两台机器或设备,进行 Ping 和 Telnet 测试。

(2) 对每一对子网测试其连通性,即从两个子网中各选一台机器或设备进行 Ping 和 Telnet 测试。

(3) 测试中,Ping 测试每次发送数据包不应少于 300 个,Telnet 连通即可。Ping 测试的成功率在局域网内应达到 100%,在广域网内由于线路质量问题,视具体情况而定,一般不应低于 80%。

(4) 测试所得的具体数据填入《验收测试报告》。

2. 网络系统的试运行

从初验结束时刻起,整体网络系统进入为期两到三个月的试运行阶段。整体网络系统在试运行期间不间断地连续运行时间不应少于两个月。试运行由系统集成厂商代表负责,用户和设备厂商密切协调配合。在试运行期间要完成以下任务:

(1) 监视系统运行。

(2) 网络基本应用测试。

(3) 可靠性测试。

(4) 下电—重启测试。

(5) 冗余模块测试。

(6) 安全性测试。

(7) 网络负载能力测试。

(8) 系统最忙时访问能力测试。

3. 网络系统的最终验收

各种系统试运行满三个月后,由用户对系统集成商所承做的网络系统进行最终验收。

(1) 检查试运行期间的所有运行报告及各种测试数据。确定各项测试工作已做充分,所有遗留的问题都已解决。

(2) 验收测试。按照测试标准对整个网络系统进行抽样测试,测试结果填入《验收测试报告》。

(3) 签署《验收报告》,该报告后附《验收测试报告》。

(4) 向用户移交所有技术文档,包括所有设备的详细配置参数、各种用户手册等。

4. 交接和维护

(1) 网络系统交接。交接是一个逐步使用户熟悉系统,进而能够掌握、管理、维护系统的过程。交接包括技术资料交接和系统交接,系统交接一直延续到维护阶段。技术资料交接包括在实施过程中所产生的全部文件和记录,需要提交如下资料:总体设计文档;工程实施设计;系统配置文档;各个测试报告;系统维护手册(设备随机文档);系统操作手册(设备随机文档);系统管理建议书。

(2) 网络系统维护。在技术资料交接之后,进入维护阶段。系统的维护工作贯穿系统的整个生命期，用户方的系统管理人员将要在此期间内逐步培养独立处理各种事件的能力。在系统维护期间，系统如果出现任何故障，都应详细填写相应的故障报告，并报告相应的人员（系统集成商技术人员）处理。在合同规定的无偿维护期之后，系统的维护工作原则上由用户自己完成，对系统的修改用户可以独立进行。为对系统的工作实施严格的质量保证，建议用户填写详细的系统运行记录和修改记录。

（五）工程鉴定会

1．准备鉴定材料

一般情况下，网络工程结束后，用户方与施工方需要共同组织一个工程鉴定会，用户方聘请相关专家对工程施工情况、网络配置项目等进行鉴定，而施工方需要准备相应的鉴定材料。施工方为鉴定会准备的材料有：网络工程建设报告；网络布线工程测试报告；网络工程资料审查报告；网络工程验收报告等。

（1）网络工程建设报告。主要由工程概况、工程设计与实施、工程特点、工程文档等内容组成。

（2）网络布线工程测试报告。网络布线工程测试报告主要包含检测的内容，如线缆的检测、桥架和线槽的查验、信息点参数的测试等内容。

（3）网络工程资料审查报告。主要报告工程技术资料的审查情况，审查施工方为用户提供了哪些技术资料。

（4）网络工程用户意见报告。主要报告用户对工程的相关意见。

（5）工程验收报告。对工程的一个综合评价。

2．聘请领导、专家

聘请领导、专家的工作是由用户方完成的，具体聘请的人员由用户方自己确定。通常情况下，聘请的专家最好是校园网络工程方面的专家，当然也可以聘请其他网络公司的工程技术人员。

3．召开鉴定会

鉴定会一般是在网络工程的现场进行的，由用户方与施工方共同组织，施工方作网络工程建设报告，用户方做工程验收报告等工作，最后，多方在鉴定结论上签字认可。必要时，与会专家可以对施工方就网络施工、设计等方面的问题进行提问，由施工方给出相应的答复。

4．材料归档

在验收、鉴定会结束后，将施工方所交付的文档材料，验收、鉴定会上所使用的材料一起交给用户方的有关部门，由用户方的有关部门对材料进行整理存档。

课堂练习

将班级学生分成若干组，完成以下工作任务：

1．网络搭建实训室做物理验收

选择网络搭建实训室作为物理验收对象，请各个小组自己设计表格对该实训室的设备进行物理验收。要能登记清楚设备型号、数量等信息。各个小组分别验收，最后可以比较各小组的验收质量。

2. 检查工作区的信息面板的安装

请学生到教师的办公室，对教师办公室工作区的信息插座的安装进行检查，统计出安装不规范的信息插座，并指出其不规范之处。各个小组分别验收，最后可以比较各小组的验收质量。

3. 检查设备安装

检查校园网中各配线装置的安装情况、校园网设备间的设备安装情况。各小组自行设计表格统计检查的情况。各个小组分别验收，最后可以比较各小组的验收质量。

4. 根据工程情况，组织模拟工程鉴定会

考察自己学校的教学楼的网络布线情况，以小组为单位准备工程鉴定会，主要是对该楼的网络工程给出自己的评价。

任务拓展

1. 文档资料

工程竣工后，施工单位应在工程验收以前，将工程竣工技术资料交给建设单位。竣工技术文件要保证质量，做到外观整洁，内容齐全，数据准确。综合布线系统工程的竣工技术资料应包括以下内容：

（1）安装工程量。
（2）工程说明。
（3）设备、器材明细表。
（4）竣工图纸。
（5）测试记录（宜采用中文表示）。
（6）工程变更、检查记录及施工过程中，需更改的设计或采取的相关措施，建设、设计、施工等单位之间的双方洽商记录。
（7）随工验收记录。
（8）隐蔽工程签证。
（9）工程决算。

2. 布线系统工程检验项目及内容

《综合布线系统工程验收规范》（GB 50312—2007）规定，布线系统工程验收的项目及内容如表 6-3-1 所示。

表 6-3-1

阶段	验收项目	验收内容	验收方式
施工前检查	1. 环境要求	（1）土建施工情况：地面、墙面、门、电源插座及接地装置； （2）土建工艺：机房面积、预留孔洞； （3）施工电源； （4）地板铺设； （5）建筑物入口设施检查	施工前检查

续表

阶段	验收项目	验收内容	验收方式
施工前检查	2. 器材检验	(1) 外观检查； (2) 型式、规格、数量； (3) 电缆及连接器件电气特性测试； (4) 光纤及连接器件特性测试； (5) 测试仪表和工具的检验	施工前检查
	3. 安全、防火要求	(1) 消防器材； (2) 危险物的堆放； (3) 预留孔洞防火措施	
设备安装	1. 电信间、设备间、设备机柜、机架	(1) 规格、外观； (2) 安装的垂直、水平度； (3) 油漆不得脱落，标志完整齐全； (4) 各种螺丝必须紧固； (5) 抗震加固措施； (6) 接地措施	随工检验
	2. 配线模块及8位模块式通用插座	(1) 规格、位置、质量； (2) 各种螺丝必须拧紧； (3) 标志齐全； (4) 安装符合工艺要求； (5) 屏蔽层可靠连接	
电、光缆布放（楼内）	1. 电缆桥架及线槽布放	(1) 安装位置准确； (2) 安装符合工艺要求； (3) 符合布放线缆工艺要求； (4) 接地	随工检验
	2. 线缆暗敷（包括暗管、线槽、地板下等方式）	(1) 线缆规格、路由、位置； (2) 符合布放线缆工艺要求； (3) 接地	隐蔽工程签证
电、光缆布放（楼间）	1. 架空线缆	(1) 吊线规格、架设位置、装设规格； (2) 吊线垂度； (3) 线缆规格； (4) 卡、挂间隔； (5) 线缆的引入符合工艺要求	随工检验
	2. 管道线缆	(1) 使用管孔孔位； (2) 线缆规格； (3) 线缆走向； (4) 线缆防护设施的设置质量	隐蔽工程签证

续表

阶段	验收项目	验收内容	验收方式
电、光缆布放（楼间）	3. 埋式线缆	(1) 线缆规格； (2) 敷设位置、深度； (3) 线缆防护设施的设置质量； (4) 回土夯实质量	隐蔽工程签证
	4. 通道线缆	(1) 线缆规格； (2) 安装位置、路由； (3) 土建设计符合工艺要求	随工检验或隐蔽工程签证
	5. 其他	(1) 通信路线与其他设施的间距； (2) 进线室设施安装、施工质量	
线缆终接	1. 8位模块式通用插座	符合工艺要求	随工检验
	2. 光纤连接器件	符合工艺要求	
	3. 各类跳线	符合工艺要求	
	4. 配线模块	符合工艺要求	
系统测试	1. 工程电气性能测试	(1) 连接图； (2) 长度； (3) 衰减； (4) 近端串音； (5) 近端串音功率和； (6) 衰减串音比； (7) 衰减串音比功率和； (8) 等电平远端串音； (9) 等电平远端串音功率和； (10) 回波损耗； (11) 传播时延； (12) 传播时延偏差； (13) 插入损耗； (14) 直流环路电阻； (15) 设计中特殊规定的测试内容； (16) 屏蔽层的导通	竣工检验
	2. 光纤特性测试	(1) 衰减； (2) 长度	

续表

阶段	验收项目	验收内容	验收方式
管理系统	1. 管理系统级别	符合设计要求	竣工检验
	2. 标识符与标签设置	(1) 专用标识符类型及组成； (2) 标签设置； (3) 标签材质及色标	
	3. 记录和报告	(1) 记录信息； (2) 报告； (3) 工程图纸	
工程总验收	1. 竣工技术文件 2. 工程验收评价	清点、交接技术文件 考核工程质量，确认验收结果	

注：系统测试内容的验收亦可在随工中进行检验。

职业规范

文档验收主要是检查乙方是否按协议或合同规定的要求，交付所需要的文档。系统测试验收就是由甲方组织的专家组，对信息点进行有选择的测试，检验测试结果。

工程竣工报告通常有非常多的内容，比较详细地记录了整个工程的施工情况，一般由四大类文件组成：交工技术文件、验收技术文件、施工管理文件和竣工图纸等内容。以下给出工程文档的若干参考表格，供读者学习。

1. 材料、设备进场记录表

材料、设备进场记录表主要记录施工中采购的材料及设备情况，该表是核算工程量的重要依据。表格主要记录名称、型号、生产厂家以及数量等情况，如表6-3-2 和表6-3-3 材料进场记录表所示。

表6-3-2

项目名称：　　　　　　　　　　　　项目编号：

序号	材料名称	型号/规格	生产厂家	性能参数	数量
1	××PVC 线管	φ32			720 米
2	××PVC 线管	φ20			4 000 米
3	××PVC 线管	φ25			720 米
4	××PVC 线槽	40×18			2 100 米
5	××PVC 线槽	25×14			450 米
6	双绞线	IBDN 超五类			58 箱
7	镀锌铁桥架	100×80			2 600 米
8	镀锌铁桥架	150×75			450 米

续表

序号	材料名称	型号/规格	生产厂家	性能参数	数量
9	镀锌铁桥架	60×30			60米
10	室内光纤	六类多模			1 000米

记录人：　　　　　　监督人：　　　　　　日期：

注：本报告一式三份，建设单位、监理单位、施工单位各一份。

表 6-3-3

项目名称：　　　　　　　　　　　项目编号：

序号	设备名称	设备型号	生产厂家	数量/个	备注
1	落地式机柜	落地式机柜		1	
2	挂墙式机柜	挂墙式机柜		8	
3	绕线架	PA2212（02）		8	
4	光纤耦合器	PG5101－ST		56	
5	光纤接头	PJ50ST－MM		56	
6	12口光纤盒	PD5012－ST		6	
7	24口光纤盒	PD5024－ST		1	
8	24口配线架	PD1124		2	
9	48口配线架	PD1148		6	

记录人：　　　　　　监督人：　　　　　　日期：

注：本报告一式三份，建设单位、监理单位、施工单位各一份。

2. 设计变更报告

设计变更报告是在工程实施过程中，由于情况的变化原设计方案可能不能满足用户的需求或不方便施工，由施工方会同设计方共同向用户方及监理方提出的变更申请，其基本结构如表 6-3-4 所示。

表 6-3-4

项目名称：　　　　　　　　　　　　项目编号：

原设计方案：
修改原因及新的设计方案：
对监理工作的影响：
报告人：　　　　　　　　　　　　　报告时间：

注：本报告一式三份，建设单位、监理单位、施工单位各一份。

3. 工程延期申请表

网络工程的施工工期通常比较长，在一个时间段内，各种不可知的因素都有可能对工期带来影响，会影响工程的如期完工，施工方可以根据情况向用户方和监理方提出工程延期的申请。其格式如表 6-3-5 工程临时延期申请报告和表 6-3-6 工程最终延期审批表所示。

表 6-3-5

项目名称：　　　　　　　　　　　　项目编号：

致：_____（监理单位）
　　根据施工合同条款第＿＿条第＿＿款的规定，由于_____原因，我方申请工程延期，请予以批准。
　　附件：
　　　　1. 工程延期的依据及工期计算：

　　合同竣工日期：××××年×月×日
　　申请延长竣工日期：××××年×月×日
　　　　2. 证明材料

　　　　　　　　　　　　　　　　　　　　承建单位：_____
　　　　　　　　　　　　　　　　　　　　项目经理：_____
　　　　　　　　　　　　　　　　　　　　日　　期：_____

注：本报告一式三份，建设单位、监理单位、施工单位各一份。

表 6-3-6

项目名称：　　　　　　　　　　　项目编号：

致：_____（承包单位）
　　根据施工合同条款_____条的规定，我方对你方提出的_____工程延期申请（第___号）要求延长工期_____日历天的要求，经过审核评估：
　　□ 最终同意工期延长_____日历天，使竣工日期（包括已指令延长的工期）从原来的_____年_____月____日延迟到_____年_____月____日，请你方执行。
　　□ 不同意延长工期，请按约定竣工日期组织施工。
　　说明：

　　　　　　　　　　　　　　　　　　　　　　　　　　　　项目监理机构
　　　　　　　　　　　　　　　　　　　　　　　　　　　　总监理工程师

　　日　　期

注：本报告一式三份，建设单位、监理单位、施工单位各一份。

4．工程交接书

工程交接书是工程经施工方、监理方和建设单位在工程完成、初步检验后，签发的一种文档，文档中的实质性材料不多，但需要提供很多的附件。其基本格式如表 6-3-7 所示。

表 6-3-7

　　本工程于_____开工_____完工。经建设单位、监理单位、施工单位三方检查，工程质量符合要求。
　　附件：
　　　　1．测试报告
　　　　2．竣工图纸
　　　　3．竣工验收资料
　　　　4．……

工程交接意见：

验收人员：（签名）

建设单位（盖章）：	监理单位（盖章）：	施工单位（盖章）：
项目负责人：	监理工程师：	项目负责人：
日期：	日期：	日期：

注：本报告一式三份，建设单位、监理单位、施工单位各一份。

5. 工程竣工验收报告

工程验收报告主要描述工程的基本情况，重点内容是验收意见和施工质量评语，其基本格式如表 6-3-8 所示。

表 6-3-8

建设项目名称			建设单位	
单位工程名称	综合布线单项工程		施工单位	
建设地点			监理单位	
开工日期		竣工日期		终验日期
工程内容	详见安装工程量总表			
验收意见及施工质量评语：				
施工单位代表： 施工单位签章： 日　　期：　　年　　月　　日				
监理单位代表： 监理单位签章： 日　　期：　　年　　月　　日				
建设单位代表： 建设单位签章： 日　　期：　　年　　月　　日				

6. 验收技术文件

验收技术文件主要由安装设备清单、设备安装工艺检查情况表、信息点抽检验收记录表等各种类型的检查表组成，表 6-3-9～表 6-3-13 给出了若干参考样例。

表 6-3-9

(安装设备清单)

项目名称：　　　　　　　　　　　　项目编号：

序号	设备名称及型号	单位	数量	安装地点	备注
1	42U 落地式机柜安装	个	1	中央机房	
2	15U 挂墙式机柜安装	个	8	各个楼层的分机柜	
3	超五类 48 口配线架安装	个	6	分机柜	
4	超五类 24 口配线架安装	个	2	分机柜	
5	24 口光纤盒安装	个	2	分机柜及中央机柜	
6	12 口光纤盒安装	个	7	分机柜及中央机柜	
7	1U 绕线架安装	个	8	分机柜及中央机柜	

注：(1) 本报告一式三份，建设单位、监理单位、施工单位各一份；
(2) 工程简要内容：中心机房、配线间终端设备安装。

表 6-3-10

(设备安装工艺检查情况表)

项目名称：　　　　　　　　　　　　项目编号：

序号	检查项目	检查情况
1	配线架端接安装	安装、线缆标签及扎放工艺良好
2	PVC 线管安装	水平度、稳固度、接头及安装工艺符合施工规范
3	底盒、面板安装	水平度、稳固度、接头及安装工艺符合施工规范
4	镀锌铁线槽安装	水平度、垂直度、接口、稳固度符合施工规范
5	线缆敷设、扎放	线缆标签、预留长度、扎放松紧符合设计要求和施工规范，无扭曲、打结现象
6	水晶头端接	端接工艺、接触性能符合施工规范
7	光纤头端接	端接工艺、接触性能符合施工规范
8		

检查人员：　　　　　　　　　　　　日期：

注：(1) 本报告一式三份，建设单位、监理单位、施工单位各一份；
(2) 工程简要内容：安装 PVC 线管、镀锌铁桥架，安装机柜，敷设光纤、超五类线缆，端接测试。

表 6-3-11

（综合布线系统线缆穿布检查记录表）

项目名称： 　　　　　　　　　项目编号：

施工单位		施工负责人		完成日期	
工程完成情况					
序号	线缆品牌、规格型号	根数	均长	备注	
1	IBDN 超五类双绞线缆	218	68 m	网络布线	
2	TCL/PC51MM50－6 六芯室内光纤	9	110 m	网络布线	
3	TCL/PC51MM50－6 六芯室外光纤	3	120 m	网络布线	
4					
检查情况					
两端预留长度有无编号					
线缆弯折有无情况					
线缆外皮有无破损					
松紧冗余					
槽、管利用率					
过线盒安装是否符合标准					

检查人员： 　　　　　　　　　日期：

注：本报告一式三份，建设单位、监理单位、施工单位各一份。

表 6-3-12

(综合布线信息点抽检电气测试验收记录表)

项目名称:					项目编号:			218			抽验日期:		年 月 日	
信息点总数	218	其中	数据点		配线间数(设备间)		9		拟抽检点数			20 个点		
			语音点											
线缆厂家型号	IBDN 超五类双绞线				模块厂家型号		TCL PM1011/超五类信息模块			配线架厂家型号		TCL PD11/48/24 口配线架		
测试标准	TIA/EIA 568A, ISO/IEC 11801 标准				使用的测试仪器		Fluke							
设计单位							施工单位							
选点及抽检结果														
序号	配线间	信息点编号	长度/m	接线图	工作电容		绝缘电阻		近端串扰/dB		直流电阻	回波损耗/dB		结果
1	五楼 C 区中央机房	3FA-05	75.8		≤5.2		5 000		58		≤9.4	26.3		合格
2	五楼 C 区中央机房	3FA-12	79.5		≤5.2		5 000		80.54		≤9.4	27.7		合格
3	五楼 C 区中央机房	3FA-15	48.3		≤5.4		5 000		58.2		≤9.4	23.3		合格
4	五楼 C 区中央机房	3FA-18	19.3		≤5.2		5 000		69.35		≤9.4	29.6		合格
5	五楼 C 区中央机房	3FA-20	78.4		≤5.2		5 000		48.33		≤9.4	24.5		合格
6														
7														
8														
9														

测量人员: 监视人员: 记录人员: 日期/时间:

注:本报告一式三份,建设单位、监理单位、施工单位各一份。

表 6-3-13

(综合布线光纤抽检测试验收记录表)

项目名称： 项目编号： 抽验日期： 年 月 日

光纤总根数（段数）	12	其中室内（分芯数）	9	室外（分芯数）	3	拟抽检根数	5根
光纤厂家型号	TCL/PC51MM50-6 六芯室内光纤/PC51MM50-6 六芯室外光纤					端接设备厂家型号	TCL/PG5024-ST
测试标准	YD/T901-2001 国际标准		使用的测试仪器		Fluke		
设计单位					施工单位		

序号	起始配线间（设备间）	端止配线间	光纤类型编号	选点及抽检结果				结果
				典型插入损耗/dB	最大回波损耗	插入损耗/dB	回波损耗/dB	振动
1	五楼C区中央机房	一楼A区分机房	PC51MM50-6 六芯室内光纤	≤0.25	≤-50	≤0.1	≤0.2	10~60 单振幅	合格
2	五楼C区中央机房	三楼B区分机房	PC51MM50-6 六芯室内光纤	≤0.24	≤-50	≤0.1	≤0.2	10~60 单振幅	合格
3	五楼C区中央机房	二楼B区分机房	PC51MM50-6 六芯室内光纤	≤0.251	≤-50	≤0.1	≤0.2	10~60 单振幅	合格
4	五楼C区中央机房	食堂	PC51MM50-6 六芯室外光纤	≤0.25	≤-50	≤0.1	≤0.2	10~60 单振幅	合格
5	五楼C区中央机房	体育馆	PC51MM50-6 六芯室外光纤	≤0.25	≤-50	≤0.1	≤0.2	10~60 单振幅	合格

测量人员： 监视人员： 记录人员： 日期/时间：

注：本报告一式三份，建设单位、监理单位、施工单位各一份。

课后思考

完成以下习题:

1. 判断题

(1) 布线工程验收分4个阶段:开工前检查、随工验收、初步验收、竣工验收。
(　　)

(2) 综合布线项目完工后,可以直接交给业主使用。(　　)

(3) 综合布线系统工程安装完后一般要进行验收,验收检测应在连接任何设备之前进行。主要验收三点:检验接地网络;检验综合布线系统;检测连接电路。(　　)

(4) 综合布线系统工程验收项目内容为施工前检查设备安装、电缆与光缆布放、线缆终端、系统测试、工程总验收。(　　)

(5) 综合布线系统工程的验收,标志着综合布线系统工程的结束。(　　)

(6) 综合布线系统工程竣工验收工作是对整个工作的全面验证和施工质量评定。
(　　)

2. 单选题

(1) 综合布线工程验收的4个阶段中,对隐蔽工程进行验收的是(　　)。
A. 开工检查阶段　　　　　　　　　　　B. 随工验收阶段
C. 初步验收阶段　　　　　　　　　　　D. 竣工验收阶段

(2) 下列有关验收的描述中,不正确的是(　　)。
A. 综合布线系统工程的验收贯穿了整个施工过程
B. 布线系统性能检测验收合格,则布线系统验收合格
C. 竣工总验收是工程建设的最后一个环节
D. 综合布线系统工程的验收是多方人员对工程质量和投资的认证

(3) 在对综合布线系统设备间进行环境验收时,不需要考虑(　　)的内容。
A. 设备间温度应为10 ℃~35 ℃,相对湿度应为20%~80%,并且有良好的通风
B. 设备间内应该有足够的设备安装空间,其使用面积不应该小于10 m²
C. 设备间梁下净高不应小于2.5 m,采用外开双扇门,门宽不应小于1.5 m
D. 设备间的位置应该远离建筑物线缆竖井位置,从而减少布线安装时对竖井的损坏

(4) 综合布线工程监理既属于计算机信息系统工程监理范围,也属于智能建筑工程的监理范围,其主要的内容不包括(　　)。
A. 帮助用户做好需求分析
B. 帮助用户选择施工单位,并最大限度地监督施工单位,让其无利可图
C. 帮助用户控制施工进度并严把质量关
D. 帮助用户做好各项测试工作

任务四 信息网络布线系统故障与排除

任务导入

天行健网络科技公司承接了江州职业技术学院的综合办公楼信息网络布线工程，经过近四个月的工程建设，现已经顺利通过验收，交由用户单位使用。布线系统在用户日常使用过程中也会面临质量下降和故障等问题，等到出现故障时才发现是由于潜在的危险没有及时排除而导致的则可能太晚了。所以，只有注重平时的检查维护工作，才能使系统始终保持较高的质量水平和可靠性水准。

学习目标

（1）了解定期维护、视情维护的关系。
（2）掌握故障检测与排除的方法和步骤。

知识准备

信息网络布线系统在使用的过程中也会面临质量下降和故障等问题，造成这问题的原因有器件的老化、使用环境的变化、更新网络设备等。对于高质量网络的运行来说，如果出现了故障才发现潜在的质量问题可能就太晚了。业务的停运、设计延期造成的损失可能是巨大的。只有在平时使用网络的过程中，重视检查维护工作，才能使系统始终保持较高的质量水平和可靠程度。

1. 建立信息网络布线系统管理文档

管理文档一般由标签标识管理系统、设计施工、测试、故障诊断记录及变更更新和定期检测文档组成。

（1）管理系统文档主要描述信息点分布、布线走线、端接记录和标签标识等。
（2）布线分布图一般由设计和施工图提供，更新后需重新制作并保存好原来的布放图。
（3）端接记录一般指施工和工作记录。
（4）标签识别系统是资产管理和升级、设备更新、拓扑结构改变最常用的文档。

2. 引发故障的因素

1）电缆元器件质量

链路中用错元件或者使用了不符合质量要求的元件是常见的故障，例如，使用Cat5e模块误装入Cat6链路中，使用不同厂家的Cat6元件混装入Cat6链路，使用不兼容模块、劣质电缆、超长电缆、不合格跳线、劣质水晶头等。这类问题均可能引发链路的衰减值、NEXT和RL等核心参数不合格，也会使得兼容性被破坏。这些问题都可能引起高速链路、大负荷链路的误码率增高，或者链接受限等问题。故障诊断就是要找出这类问题的具体位置，判断可能的原因。

2）光缆元器件质量

链路中使用劣质光纤（如衰减斜率过大、直径误差超差、不均匀、有气泡、弯曲、裂

纹、应力损伤、质量等级不达标等）会增大光纤的衰减和色散，使用了劣质的跳线、连接器等则可能引发更多的传输问题。

3）安装工艺差

电缆链路最常见的问题是线序错误、开路、短路、接触不良、串绕线、解开线对过长、线对位置不对称、电缆损伤、弯曲过度、连续弯曲、绑扎过紧过密、电缆受力过大、应力持续等。光缆链路最常见的问题就是损伤光纤、弯曲半径过小、捆扎过紧、挤压、光纤端面质量差、端面污渍、光纤熔接质量差等。

4）电磁环境

靠近强电设备、供电系统、辐射过大可能引入干扰，降低链路信噪比，导致误码率增高，因此在相关设计标准中有强弱电分隔距离和方式的要求。屏蔽问题、接地回路问题也可能因干扰回窜引发误码率增加，雷击也可能循此路径损坏设备。线束太大可能引起外部串扰过量，UPS 滤波功能故障或者电源本身谐波含量太高，也可能增加误码率。

课堂练习

根据福禄克教程及设备使用说明书，完成以下故障现象的分析，并且提出解决方案。

1. 环境改变如加装了强电线路引发干扰

1）故障现象

由于缺少强电线槽，一个新的装修工程将动力电缆敷设到了弱电线槽内，并与数据电缆捆扎在一起，引起多个用户网速奇慢。用 DTX 电缆分析仪测试链路时仪器屏幕会跳出特别提示："检测到链路中有干扰信号，仍要继续测试吗？"

2）故障分析

小组讨论，完成故障分析。

3）解决方案

小组讨论，提出解决方案。

2. 其他施工工程弄断或鼠害咬断链路

1）故障现象

网络突然中断，上网信号消失，没有任何先兆。使用 MS2（MicroScanner2）电缆验证仪单端测试电缆，显示长度是 17 m，顺着链路路由的大致方向推断，估计 17 m 的断点应该在隔壁第二间房间内。

2）故障分析

小组讨论，完成故障分析。

3）解决方案

小组讨论，提出解决方案

3. 使用了劣质电缆或模块

1）故障现象

某城域网中心城区 IDC 机房，数据集中后视频流量迅速增加，故将视频服务器和交换机升级到 10 Gbit/s，但用户反映服务器的访问处理速度没有任何提升，仍然很慢。检查服务器网卡端口，发现仍处在 1 GBase – T 全双工状态，未能升级到 10 Gbit/s 状态。强行将交换机和服务器端口设置为 10 Gbit/s 全双工状态，结果失去连接。

2）故障分析

小组讨论，完成故障分析。

3）解决方案

小组讨论，提出解决方案。

4. 使用了劣质或低档跳线

1）故障现象

调整网络拓扑结构（调整跳线），并重新划分了网段和 VLAN，结果有一天服务器所有用户都不能访问。

2）故障分析

小组讨论，完成故障分析。

3）解决方案

小组讨论，提出解决方案。

任务拓展

系统整改是指增加、减少和更改综合布线线缆。这一阶段的工作类似于在信息机房内进行一次新的综合布线工程，难度高，在系统整改时还不能影响机房的正常工作。为此，有必要按照综合布线工程的管理方法进行施工准备和安装调试。

（1）综合布线系统在整改前应填写变更单，附施工图纸后报批，在获得批准后整改方可实施。

（2）在整改过程中，应先抽出所有的废弃线缆（包括双绞线和光缆）和跳线，然后添加新的线缆和跳线。

（3）施工人员应事先制定完善的施工方案，在尽量短的时间内完成自己的工作，把对机房内温湿度、粉尘等因素的影响降至最低。

（4）施工完毕应立即组织验收，对整改线路及相邻线路的综合布线系统进行性能测试。其中相邻线路是指在整改时被波及的线路。如将 24 口配线架取出进行整改其中的一条链路，则该配线架上的 24 条链路均属于相邻线路；如果使用 4 联装的前翻式模块框架，则 4 条链路均属于相邻线路（因为在处理一根线路时，其他线路已经产生了位移）；如果使用的是单模块前拆式配线架结构（即单个模块可以从配线架正面取出，进行维护。它不会波及旁边的线路），则没有相邻线路。

（5）整改完毕后，应按工程要求保留实施过程中所有的图纸、变更单、日志、检测报告、检测记录和相关文件，在有条件时，使用照片作为日志的基本内容。

职业规范

作为一名专业的网络技术人员，在网络运行过程中，要提高自己的日常维护意识，定期保养和检查网络运行状况。在出现网络故障时，要根据操作流程，规范处理相关问题。

1. 日常维护

一般每隔数月就应该进行一次，而不是等到出现问题时再进行维护。日常维护可以做的事情很多，其中包括：

(1) 清除机柜内外综合布线系统上的灰尘。

(2) 检查综合布线桥架的平整度，如果发生变形、支架螺丝脱落等与安装图纸不相符合的情况应立即修复。以免桥架断裂或脱落致使信息业务突然中断。

(3) 检查机房内双绞线上、面板上、配线架、跳线上的标签，将脱落的标签补全，将粘连不牢的标签固定好，更换有损伤的标签。

(4) 使用性能测试仪对铜缆信道和未使用的光纤信道（由于光纤信道比较"娇嫩"，容易受磨损和灰尘的影响。所以对于正在使用的光纤信道，不建议进行抽检，以免因测试而损坏光纤信道或网络设备的光纤模块）进行抽检，测试方法为永久链路测试和所用跳线的性能测试，并与原始记录进行核对。

(5) 电子配线架系统同样应进行抽样检查，检查可人为设置故障，检查实时报警的响应时间和报警音响。

(6) 同理，综合布线管理软件（含电子配线架中的软件）应对电子记录进行人工检查，检查范围包含施工记录和上次维护至今的日常记录。

(7) 施工记录应检查其完整性，不应发生遗失或损坏。

日常维护工作的目的只有一个：将隐患消除在萌芽状态。只有这样，才能确保综合布线系统始终处于经久耐用的水平上。

2. 故障排除

再好的系统都有出现故障的可能性，在机房运行之初就有必要制定周全的故障排除预案，当然在机房运行的任何时候制定故障排除预案也都是有价值的。

在网络管理系统、电子配线架软件报警或接到故障投诉后，当班管理人员应立即进行故障确认并将故障对机房运行的影响降至最低。在故障发生后，至少需完成以下工作：

(1) 确认故障现象，初步判定故障所发生的位置（精确至链路/信道），并将故障缩小至综合布线范围，通知相应的代维机构/部门来修理。

(2) 在代维人员尚未到达前，根据预案使用备品备件进行线路应急修复，先保障信息传输畅通无阻，再交给维护人员予以完善和修复。

(3) 对故障情况及时进行记录，记录方式包括文字及故障位置的照片。这些记录需长期保存，并定期进行统计和分析，确定综合布线系统的整改计划。

(4) 在故障排除过程中，当班管理人员的综合布线水平对于排除故障是至关重要的，平日里也要对机房管理人员进行综合布线水平和故障排除技能的反复训练。

(5) 备足所需的备品备件，准备好必要的应急工具和材料，这样大大缩短故障定位时间和平均无故障时间，并为专业维护人员修复线路提供有价值的参考意见。

课后思考

1. 判断题

(1) 综合布线系统工程的验收，标志着综合布线系统工程的结束。（   ）

(2) 综合布线工程监理控制要点包括工程质量控制、工程进度控制、工程投资控制。

（   ）

(3) 在整个工程进行过程中，适当安排对工程器材的抽测是确保工程质量的重要环节。

（   ）

（4）在综合布线施工中，由于端接技巧和放线穿线技术差错等原因，会产生开路、短路、反接/交叉、跨接/错对和串扰等接线错误。   （   ）

（5）结构化布线系统对业主非常重要，因为它可以减少以后的维护和管理费用。
                                                                （   ）

2. 多选题

（1）综合布线系统通常利用标签进行管理，标签类型通常有（   ）。
A. 粘贴型　　　　B. 插入型　　　　C. 光电型　　　　D. 特殊型

（2）插入标记所用的底色及其含义不正确的是（   ）。
A. 蓝色表示与工作区的信息插座（TO）实现连接
B. 白色表示与工作区的信息插座（TO）实现连接
C. 绿色表示来自电信部门的输入中继线
D. 蓝色表示实现干线和建筑群电缆的连接

（3）当综合布线路由上存在干扰源，且不能满足最小净距要求时，可选用（   ）布线。
A. 采用 UTP 布线方式
B. 采用 STP 布线方式
C. 采用光缆布线
D. 采用金属管对非屏蔽双绞线进行屏蔽方式

3. 单选题

（1）下列哪项不属于施工质量管理的内容？（   ）
A. 施工图的规范化和制图的质量标准
B. 系统运行的参数统计和质量分析
C. 系统验收的步骤和方法
D. 技术标准和规范管理

（2）对健康运行的网络进行测试和记录，建立一个基准，以便当网络发生异常时可以进行参数比较，知道什么是正常或异常。这就是（   ）。
A. 电缆的验证测试　　　　　　　　B. 网络听证
C. 电缆的认证测试　　　　　　　　D. 电缆的连通测试

项目七

信息网络布线技能大赛

项目描述

本项目主要是从技能大赛信息网络布线项目的基本情况入手，介绍大赛及实训设备。从多年技能大赛学生集训方法着手，分别介绍队员选拔的过程与方法，并且给出一套技能训练计划方案。由于网络综合布线项目为三人一组的团体性项目，所以本项目还将给出一个较为合理的分工与施工方案。最后会给出几套各种类型的技能大赛模拟试题，供读者参考。

知识目标

（1）了解技能大赛的基本情况。
（2）了解技能大赛的集训方法和过程。
（3）可以完成技能大赛模拟试题的相关内容。

任务一　信息网络布线技能大赛简介

任务导入

综合布线系统教学中的实训设备一般会由综合布线实训墙、网络配线实训设备、光纤配线实训设备、网络故障检测装置组成。主要的品牌有西安开元电子实业有限公司生产的"西元牌"、上海企想信息技术有限公司生产的"企想牌"、广州市唯康通信技术有限公司生产的"唯康牌"。其中2010年和2011年国赛采用"西元牌",2013年、2014年和2015年国赛采用"企想牌"。各省市的比赛以上三个品牌都有采用。

内容要点

(1) 了解大赛和实训设备的型号与类型。
(2) 了解各设备型号的功能。

"西元牌"网络综合布线实训装置

(一) 组成

"西元牌"网络综合布线实训装置在技能大赛中由以下各设备组成。

1. 综合布线实训墙

一组网络综合布线实训墙（L形两面墙,产品型号KYSYZ-12-1233）模拟施工楼层,如图7-1-1所示。

图7-1-1

1）型号

产品型号和技术规格,如表7-1-1所示。

2）产品特点

(1) 实训装置为国家专利产品,模块化设计,可任意组合,体积庞大,美观漂亮,适合各种教室安装。

表 7-1-1

	类别		技术规格		
1	产品型号		KYSYZ-08-0833	KYSYZ-12-1233	KYSYZ-16-1633
2	实训组数（同时）		8 组	12 组	16 组
3	实训人数（同时）		24 人	36 人	48 人
4	产品质量		1 100 千克	1 640 千克	2 180 千克
5	外形尺寸	长	5.28 米	7.92 米	10.56 米
6	外形尺寸	宽	2.64 米	2.64 米	2.64 米
7	外形尺寸	高	2.60 米	2.60 米	2.60 米
8	实训次数		>10 000 次	>10 000 次	>10 000 次
9	实训课时		24 课时	24 课时	24 课时
10	安装方式		十	十十	十十十
11	布局特点		十字连接布局，教室利用率最高，设备利用率最高，实训方式最多，性价比最高，采光最好，管理方便。		

（2）实训装置为全钢结构，预设各种网络器材安装螺孔和穿墙布线孔，无尘操作，突出工程技术原理实训。

（3）能够模拟进行综合布线工程各个子系统的关键技术实训。

（4）能够进行万种布线路由设计和实训操作，并且实训一致性好。

（5）能够进行各种线槽或桥架的多种方式安装布线实训。

（6）能够进行各种线管的明装或暗装方式的安装布线实训。

（7）每个角区域模拟三层结构，配套 3 个机柜，模拟 3 个配线子系统。

（8）十字连接方式布局，教室利用率最高，设备利用率最高，性价比最高，实训方式最多，采光最好，管理方便。

3）实训功能

（1）满足综合布线工程技术设计、实训、展示、测试、平台功能。

（2）满足 8~16 组，每组 3~4 人同时实训。

（3）满足综合布线各个子系统实训功能，同时或交叉进行布线系统工程七个子系统实训。

（4）模拟万种永久链路实训和测试功能；强大的扩展功能。

（5）能够扩展为智能化管理系统、电气工程技术等多种实训平台。

2. 光纤配线实训装置

一台光纤配线实训装置（产品型号 KYPXZ-02-05）模拟 BD 或者 CD，如图 7-1-2 所示。

1）型号

产品型号和技术规格，如表 7-1-2 所示。

图 7-1-2

表 7-1-2

序号	类别	技术规格
1	产品型号	KYPXZ-02-05
2	外形尺寸	长 600 mm，宽 530 mm，高 1 800 mm
3	电压/功率	交流 220 V/50 W
4	配套设备	网络综合配线实训架 1 套；网络跳线测试仪 1 台；
		网络端接实验仪 1 台；网络理线架 2 个；
		24 口网络配线架 2 台；组合式光纤配线架 2 台；
		110 型配线架 2 台；其余见产品配置表。
		立柱具有布线穿管和安装网络插座实训功能
5	实训人数	每台设备能够满足 2~4 人同时实训
6	实训课时	16 课时（光纤熔接测试、RJ45 接头和模块端接、跳线测试、配线架端接、通信架端接、永久链路测试、信道链路测试）

2）产品特点

（1）实训装置为国家专利产品，真实模拟标准网络机柜配线端接工程技术。
（2）组合式光纤配线架，多种光纤接口。
（3）实验仪能够直观和持续显示跨接、反接、短路、断路等各种故障。
（4）故障模拟功能。例如跨接、反接、短路、断路。
（5）落地安装，立式操作，稳定实用，节约空间。
（6）立柱具有布线穿管和安装网络插座实训功能。

3）实训功能

（1）能够进行光缆配线和熔接实训。每台设备安装有组合式光纤配线架 2 个，两个光纤配线架之间相互连接进行熔接操作实训，也能与其他光纤配线架相互连接进行熔接操作实训。西元光纤配线架针对教学实训专门设计和生产。采用多功能组合式结构；钢板厚度和强度远远超过工程产品，结实坚固，特别适合数千次的反复安装和拆卸实训操作；光纤配线架安装的耦合器既能满足单模光纤也能满足多模光纤；既能安装室外光缆，也能安装室内光缆；既有 ST 圆口，也有 SC 方口；组合式光纤配线架既有 ST 口，也有 SC 口，包括 8 个 ST 接口和 8 个 SC 接口，每次能够熔接 16 芯光纤，也能插接 8 根 ST-ST 光纤跳线或者 8 根 SC-SC 光纤跳线，或者 16 根 ST-SC 光纤跳线。

（2）能够进行网络铜缆的配线和端接实训，每台设备每次端接 6 根铜缆双绞线的两端，每根双绞线两端各端接线 8 次，每次实训每人端接线 96 次。每芯线端接时有对应的指示灯直观和持续显示端接连接状况和线序，共有 96 个指示灯，分 48 组，同时显示 6 根双绞线的全部端接情况，能够直观判断网络双绞线的跨接、反接、短路、断路等故障。

（3）能够制作和测量 4 根网络跳线，对应指示灯显示两端 RJ45 接头的压接线端接连接状况和线序，每根跳线对应 8 组 16 个指示灯，直观和持续显示连接状况和线序，共有 64 个指示灯，分为 32 组，同时显示 4 根跳线的全部线序情况，能够直观判断铜缆的跨接、反接、

短路、断路等故障。

(4) 能与网络配线架、通信跳线架组合进行多种端接实训，仿真机柜内配线端接。

(5) 能够模拟配线端接、永久链路常见故障，也能进行故障维修训练。如跨接、反接、短路、断路等。

(6) 实训设备具有 5 000 次以上的端接实训功能。

(7) 能够搭建多种网络链路和测试链路的平台。

3. 故障检测实训装置

一台综合布线故障检测实训装置（产品型号 KYGJZ – 07 – 01）模拟 CD，如图 7-1-3 所示。

图 7-1-3

1) 型号

产品型号和技术规格，如表 7-1-3 所示。

表 7-1-3

类别	产品技术规格
产品型号	KYGJZ – 07 – 01
外形尺寸	长 1 800 mm，宽 650 mm，高 1 800 mm
电压/功率	交流 220 V/400 W
主要配套设备	开放式操作台 1 套；布线实训螺孔板 1 套；
	网络端接实验仪 1 台；网络跳线测试仪 1 台；
	24 口网络配线架 2 台；网络理线架 2 个；
	110 型配线架 2 台；组合式光纤配线架 2 台；
	显示器安装支架 1 个；综合布线故障模拟箱 1 台；
	其余见产品配置表
实训人数	每台设备能够同时满足 4 人同时实训
实训课时	20 课时

2）产品功能

（1）能够模拟数千种综合布线系统永久链路常见故障。如跨接、反接、短路、开路、串扰、回波损耗、超长等。每类故障有数百种设置方式，能够满足教师根据教学和实训需要随时自由设置各种故障。

（2）能够进行链路故障检测和故障分析。

（3）能够进行故障维修实训。能够模拟和维修数千种综合布线系统永久链路常见故障。如跨接、反接、短路、开路、串扰、回波损耗等常见故障。

（4）能够进行水平子系统管/槽布线技术实训和工作区子系统网络插座安装实训。

（5）真实展示完整的综合布线系统功能。实训装置可以用多种线缆连接，例如，5E类和六类双绞线、25对电缆、光缆相连，组建完整的综合布线系统。

（6）完整的网络应用系统。增加相关网络设备和软件后能够组成完整的网络应用系统。

（7）预留显示器安装支架和主机安装位置。

（8）实训考核功能。指示灯直接显示考核结果，易评判和打分。

3）配置清单

综合布线故障检测实训装置的产品配置清单，如表7-1-4所示。

表 7-1-4

序号	配套设备名称	配套设备技术规格	数量	单位
1	开放式操作台	长1 800 mm，宽650 mm，高1 800 mm	1	台
2	综合布线故障模拟箱	长480 mm，宽200 mm，高450 mm	1	台
3	网络压接线实验仪	长480 mm，宽80 mm，高310 mm	1	台
4	网络跳线测试仪	长480 mm，宽40 mm，高310 mm	1	台
5	网络配线架	24口网络配线架	2	个
6	理线架	1U	2	个
7	110通信配线架	110型、标准1U、100对	2	个
8	光纤配线架	组合式8个ST口，8个SC口	2	个
9	地弹插座	120型220 V/10 A 5口电源插座	1	个
10	地弹插座	120型RJ45网络+RJ11电话接口	1	个

（二）技能竞赛设备布局

在国赛以及各省赛中，"西元牌"网络综合布线实训设备的摆放布局如图7-1-4所示。

图 7-1-4

"企想牌"网络综合布线实训装置

(一) 组成

"企想牌"网络综合布线实训装置在技能大赛中由以下各设备组成。

1. 综合布线实训墙

一组网络综合布线实训墙（U 形五面墙，产品型号 QX–Z–PAWA）模拟施工楼层，如图 7-1-5、图 7-1-6 所示。

图 7-1-5 　　　　　　　　　　　图 7-1-6

1）产品型号

产品型号与规格：每个模块长 1.2 m，宽 0.25 m，高 2.45 m。

2）产品结构

（1）全钢结构。

（2）单体由 12 块不同功能的金属面板组成。每座模拟墙上有进管孔、钢面板、安装孔、纵向凹槽、横向凹槽等功能模块。

（3）钢面板表面必须有横向、纵向网状均匀布置的安装孔，钢板内侧对应安装孔位置焊有螺帽，模拟墙体钢板背面不得用木板代替螺帽来进行螺丝安装。安装孔直径为 5 mm，开孔间距为 60 mm。

（4）模拟墙正上方开有进管孔，直径为 20 mm，由桥架引 20 mm PVC 管弯折操作后通过进管孔进入模拟墙，再由上部横向凹槽穿出。

3）产品特点

（1）多面单座模拟墙按照"十""U""王"字等形态进行拼接组合，满足不同的教学设备需求。

（2）模拟墙体表面布有很多直径为 5 mm 的安装孔，实现各种路由设计的要求。

（3）表面无安装螺丝，直立式安装方式，操作便捷，稳固可靠，节约占地面积。

（4）配套有壁挂式机柜，可进行综合布线各大子系统的模拟实训。

（5）可进行多楼层模拟。

4）实训功能

（1）综合布线系统的设计。

（2）综合布线系统结构的搭建。

（3）综合布线各子系统的搭建。

（4）综合布线管材的敷设。

（5）综合布线物理链接的敷设。

（6）面板、模块、水晶头、跳线的制作。

（7）各子系统间及设备间的端接操作。

（8）线路故障的判断与处理。

（9）设备故障的判断与处理。

（10）模拟建筑包含一座建筑物的所有综合布线功能区域，根据场地情况还可增设室外线管线井环境，从而构建仿真的实训环境。

2. 光纤配线实训装置

两台光纤配线实训装置（产品型号 QX－Z－GQZA，如图 7-1-7 所示；QX－Z－GQZB，如图 7-1-8 所示）模拟 BD 和 CD。

图 7-1-7　　　　　　　　　　图 7-1-8

1）规格

产品规格：长 0.6 m，宽 0.6 m，高 2 m。

2）结构

实训设备为开放式机架结构，落地安装，长 0.6 m，宽 0.6 m，高 2 m。设备上安装的有 24 口配线架 2 个、110 配线架 2 个、理线器 4 个、带故障显示的电子打线测试装置 6U 模块 1 套（数字乘法显示灯 6 盏红色灯×16 盏绿色灯）、7 寸触控式光纤性能测试仪 6U 模块 1 套、信息地插 1 个、电源地插 1 个、零件/工具盒 1 个，铜地插式 RJ45 网络端口、RJ11 语音端口和 220 V 电源端口各 1 个，光纤 FC/SC/ST/LC 配线架各 1 个，光纤接续盒 4 个，光纤耦合器 FC/SC/ST/LC 1 套。

3）产品特点

（1）开放式机柜，设备安装位置灵活，可适应不同类型和模式的比赛要求。

（2）能反映端接、压线的线序、开路、短路、反接等故障。

（3）能进行光纤熔接、冷接的检测和排障处理；能进行故障导出操作。

（4）地插与机架上的配线架连通可以构建永久链路。

（5）能够进行网络配线、模块端接、故障测试实训、链路的搭建。

（6）可以作为永久链路、信道链路等网络链路测试平台。

4）实训功能

（1）能够进行网络配线、端接、测试实训。

（2）能与配线架、跳线架等设备配合进行多次和多种链路压接线实训，真实体现综合布线工程技术应用。

（3）能反映端接、跳线的线序、开路、短路、反接等故障。完成一个模块 8 芯打压之后，能通过指示灯逐个显示通断及错误判断。当 8 芯打压完成后，出现反接等错误时能通过闪烁指示灯判断错误。

（4）与电子配线装置配合能够搭建多种网络永久链路、通道链路，配合测试仪器就能进行不同永久链路、通道链路的测试。

（二）技能大赛设备布局

在国赛以及各省赛中，"企想牌"网络综合布线实训设备的摆放布局如图 7-1-8 所示。

课后思考

通过查找互联网，介绍一下其他品牌信息网络布线实训产品。

任务二　技能大赛集训思路与过程

任务导入

技能大赛网络综合布线项目集中训练是对技能竞赛成绩取得具有关键性的过程，在这个过程中涉及的方面较多。如各级领导和学校的重视程度、人力财力的投入情况、人员选拔的正确性、训练计划的合理性、人员分工与工序的高效性等。本任务将介绍一整套技能大赛集训方略，为各学校技能大赛集训工作提供一些参考。

内容要点

（1）技能大赛设备与历年成绩。
（2）技能大赛集训过程。
（3）队员的选拔与分工。
（4）训练计划。

技能大赛介绍

1. 技能大赛的意义

职业院校计算机类技能大赛每年都会举行，大赛充分体现了以"工作过程为导向"的中、高职职业技术人才培养模式的改革与创新，引导着计算机产业升级背景下职业院校教学改革与专业调整方向。学校在技能大赛中的表现如何，最根本的在于学校的专业建设和师资力量，但是科学严谨的赛前集训，对于良好成绩的取得具有极大的推动作用。网络综合布线项目是由三位选手组成的团队性项目，这需要每位选手都有良好的竞技水平和现场发挥，难度较大。所以，精准正确的队员挑选与组合、合理规范的训练计划与执行是很重要的环节。

2. 大赛设备与成绩

2009年和2010年全国职业院校技能大赛网络综合布线项目在天津举行，采用西安开元品牌的网络综合布线实训设备。包括1套网络综合布线实训装置（西安开元电子实业有限公司的KYSYZ-12-1233，两面墙）、2台网络配线实训装置（西安开元电子实业有限公司的KYSYZ-01-05）、1台计算机和相关耗材。在2010年技能大赛中增加了1套网络综合布线实训装置（西安开元电子实业有限公司的KYSYZ-12-1233，四面墙），1台综合布线故障检测实训装置（西安开元电子实业有限公司的KYGJZ-07-01）、1台标准网络实训机架（广州市唯康通信技术有限公司的VS0802）、1台光纤熔接机（西安开元电子实业有限公司的KYRJ-369）、2套工具箱（西安开元电子实业有限公司的KYGJX-12）、1套光纤工具箱（西安开元电子实业有限公司的KYGJX-31）、1台计算机（供设计施工图）等设备、材料。可以看出，2010年在2009年的基础上主要增加了光纤熔接和故障检测分析。2009年获得一等奖的第一名为江苏代表队，2010年获得一等奖的有江苏、河南、山东、安徽4个代表队。

2013年、2014年和2015年全国职业院校技能大赛网络布线项目再次在天津举行，两年采用的设备没有变化，分别为1套钢制实训墙组（上海企想信息技术有限公司的QX-PAW-L1.1，五面墙）、1台光纤实训装置（上海企想信息技术有限公司的QXPLD-PX13-A）、1

台光纤实训装置（上海企想信息技术有限公司的QXPLD-PX13-B）、综合布线工具箱（上海企想信息技术有限公司的QXPNT-13-1）、光纤工具箱（上海企想信息技术有限公司的QXPNT-13-2）、电动工具箱（上海企想信息技术有限公司的QXPNT-13-3）、1台计算机（供设计施工图）等设备、材料。2013年获得一等奖的有江苏、山东、江苏、天津4个代表队。2014年获得一等奖的有江苏、江苏、青岛、河南、浙江、广东、山东7个代表队。2015年获得一等奖的有江苏、江苏、河南、山东、青岛、重庆、上海7个代表队。

总体来说，网络综合布线项目在7年中举行了5届国赛，而大多数的省市在每年的省赛、市赛中都有此项目，可见网络综合布线对高职网络专业的引领具有举足轻重的作用。从成绩上看，东部沿海经济较发达的省市技能水平较高，在以后的内容上面，作者主要是从全国和以江苏为例，重点针对技能大赛，从网络综合布线项目的集训、工程实际与施工、测试与评分这几个角度，进行介绍详细。

3. 集训过程

网络综合布线项目的集训过程是一个比较系统复杂的过程，设计到的知识点较多，再加上此项目为团队项目，要让三位选手能达到完美的发挥与配合，实属不易。以下就从几个角度来谈谈集训的一些经验。

1）坚定指导思想

职业院校教育大赛是检阅职业教育教学成果，展示职业院校学生精湛技能，体现职业学生既有专业知识又有拓展能力和实际操作能力的重要平台。每所职业院校在各类别技能大赛中吸取经验，取得优异的比赛成绩，对学校的发展具有重要意义。

从历年取得较好成绩学校的赛前集训来看，领导都极为重视，树立目标、坚定信念、多次召开专项会议、统一思想、调动各方面力量，保证集训工作的顺利进行。在整个集训过程中，多次召集会议，认真听取各项目集训组的意见和建议，多次到集训地督促检查比赛训练，在检查中，一旦发现问题及时处理，确保训练项目顺利地开展。

最后，学校领导要为一线主教练提供学习交流的机会和平台，聘请真正具有竞赛实力派的专家上门培训该项目。同时，也要将队伍拉出去锻炼，到其他水平较高的学校进行技术交流。

2）教练团队组建

（特别说明：教练团队的方式是建立在学校教师可以统一思想、积极上进并且富有团队精神的基础之上的。否则，非但不能提高集训水平，反而会相互扯皮，影响训练的正常进行，请各位读者慎思而行。从笔者本身来说，更倾向于一位主教练负责一个项目，实行责任制，遇到问题可以请教其他专业教师，但其他教师不参与技能训练。以下内容之所以写作，主要表明技能竞赛对于教学团队的建设会有一定的促进作用，仅供参考。）

一人为主、多人参与。教练团队的组建要挑选在此专业、此项目上技能过硬、工作上踏实上进的教师担任主教练。同时，应该再配备几名教师担任助理教练，形成教练团队。这样可以做有以下两个好处：

（1）集思广益、分项实施。技能训练是一个庞大的系统工作，另外，技能比赛的试卷上又涵盖了一个项目的方方面面，用到的专业知识比较细致、全面。一个人的能力和精力毕竟有限，这样就需要若干个教师分工去完成。主教练的工作职责是研究专业知识和技能考核知识、制订科学的训练计划，同时还需要做好队员的心理沟通工作，并全面负责本项目的各项备战工作。助理教练的工作职责是监督队员完成主教练每天布置的训练任务，保证按质按量、切实提高队员的技术水平。同时，助理教练还需和主教练一道积极解决训练过程中遇到的各种难题，所谓"术业有专攻。"将许多有能力的教师组合在一起，形成一个有机的团队，这对技能训练至关重要。

（2）举办技能大赛的目的之一就是要帮助职业院校建设其过硬的教学队伍。教练团队的组建，可以切实提高教师的专业知识和业务能力。教练团队给予教师更多交流学习的机会，同时也为相关信息类教师找到了自己的专业定位，成为本专业的骨干教师，促进信息类专业的课程建设。如网络综合布线、企业网组建与管理、程序设计、影视动漫等方向。这样可以为专业团队的组建，提供必需的帮助。

3）规章制度与后勤保障

集训工作的顺利进行，必要保证是技能集训。还有非常重要的一环，那就是严格的规章制度和强大的人力物力保障。规章制度主要包括集训队的总负责人职责、集训队工作人员及教练的工作职责、集训队员的要求、集训场地的要求、考勤和考核制度等几个方面。

后勤保障主要包括设备和训练耗材的投入（此项目需要一定的耗材，会花费一定的资金）、教练和学生相应的物资补贴、训练设备的技术维修、工具严格按照竞赛要求和高效率进行购买等几个方面。

4．队员的选拔、分工、工序

集训队要取得成功，必须把真正优秀的、有潜力的选手选出来，这是比赛成功的基础。选择优秀的学生进入技能训练队伍尤为重要。一个好的队伍，可以有效地执行教练的各项训练安排，理解教练的训练意图。选择队员时，可以从以下几个方面着手。

1）宣传大赛

作为教师，首先要在学生中间充分地宣传技能大赛的相关内容，做好学生的思想工作。如：参加技能大赛可以使学生学到更多的知识。如果拿到名次，还有升学和物质奖励等。使绝大多数学生向往大赛，思想上和行动上积极要求参加技能大赛。"手中有粮，心中不慌"。如果更多学生愿意参加网络综合布线项目的技能大赛，那么教练挑选队员的选择余地就大些。

2）队员挑选

这一环节尤为重要，具体步骤参考如下。

（1）在报名参加训练队的队员中，通过面试来考核学生，面试主要是对学生的基本状态进行考核，挑选一些爱学习、肯吃苦、思想比较稳定、专业知识过硬，并具有团队协作能力的学生进入下一轮考核。

（2）在第一阶段集训中基本上都是对于各个知识点的单项训练，且所有学生都要对竞赛的所有知识点进行练习。在这个阶段中，教练可以采用三次测试对学生进行考核，考核过程一定要公平公正，让选手信服。同时，在测试的时候一定要涉及一点平时队员没有遇到过的知识点和设置陷阱，这样做的目的是考核学生自我学习能力和考场随机应变的能力。笔者在集训过程中，通过试题的变化就可以明显地考核出有些学生遇到变化就无从下手，掉入陷阱，有些学生就可以通过分析解决难题，显然，后者更适合现场竞赛。

（3）网络综合布线项目是由三位选手组合的团队性项目，因此富有团队精神和三人的关系融洽就显得相当重要。笔者所带的队伍中，曾经有一位队员成绩较好，但是脾气不好，与其他队友经常发生争吵,最终,这位学生没有进入比赛队伍。

(4) 最终留下来组队的应该是专业知识过硬、善于思考、顾全大局、总想着自己要多做的学生。同时,要让参加集训队的学生充分认识到自身的荣誉感和使命感,具有坚定的思想意识,是技能训练的基础。

3) 队员的分工

网络综合布线项目主要分为四大部分,一是网络综合布线系统工程设计,二是网络跳线制作与配线链路端接,三是网络综合布线墙面施工,四是光纤网络熔接,最后当然还要进行现场卫生打扫与工具整理。根据多年一线技能教练经验,笔者总结了具体分工,如表7-2-1所示。

表 7-2-1

序号	项目内容	人员安排
1	网络综合布线系统工程设计	甲
2	各种跳线制作	甲
3	端接网络配线装置链路	甲、乙、丙三人共同
4	墙面信息点机柜、挡板、底盒安装	乙
5	CD-BD、BD-FD 线槽、管的铺设	丙
6	CD-BD、BD-FD 开、穿线缆	乙
7	光纤热熔与冷接	甲
8	FD1、FD2、FD3 三层线槽、管的铺设	丙
9	FD1、FD2、FD3 三层开穿线	乙
10	FD1-FD2 三层管理间机柜内配线架端接	乙
11	FD1-FD2 三层信息点端接	丙
12	安装面板	甲或丙
13	测试连通性	乙或丙
14	标签粘贴	甲
15	打扫卫生、修整优化等	乙或丙

说明:甲、乙、丙为三位选手所负责的工种,在以后的内容中,提到甲、乙、丙即代表三位不同工种的选手。

4) 竞赛施工工序

网络综合布线项目之所以精彩的一个很重要的原因是其为团体配合项目,每一道工序都要尽可能完美结合,就像一条自动化生产线一样,环环相扣。如果某个队员在某个环节出现问题,就有可能对最终试题的完成产生影响。竞赛过程中,各种环境变化也会影响队员,所以如何为队伍加上"工序的保险丝"是需要不断探讨的话题。根据笔者多年摸索,较为合理的工序总结如图7-2-1施工进度表所示。

5) 队员心理辅导

技能训练的竞赛机制要坚定执行,同时,做好集训队员的心理辅导工作也极为重要。技能集训是一个枯燥乏味、充满竞争、富于挑战、团结协作的长期过程。另外,职业院校的学生,毕竟年龄还小,心理素质并不成熟、稳定,这就需要教练员及时掌握队员的心理状态,并做出适当的调整和引导。根据调查,集训队员一般会出现以下几个方面的心理问题。

图 7-2-1

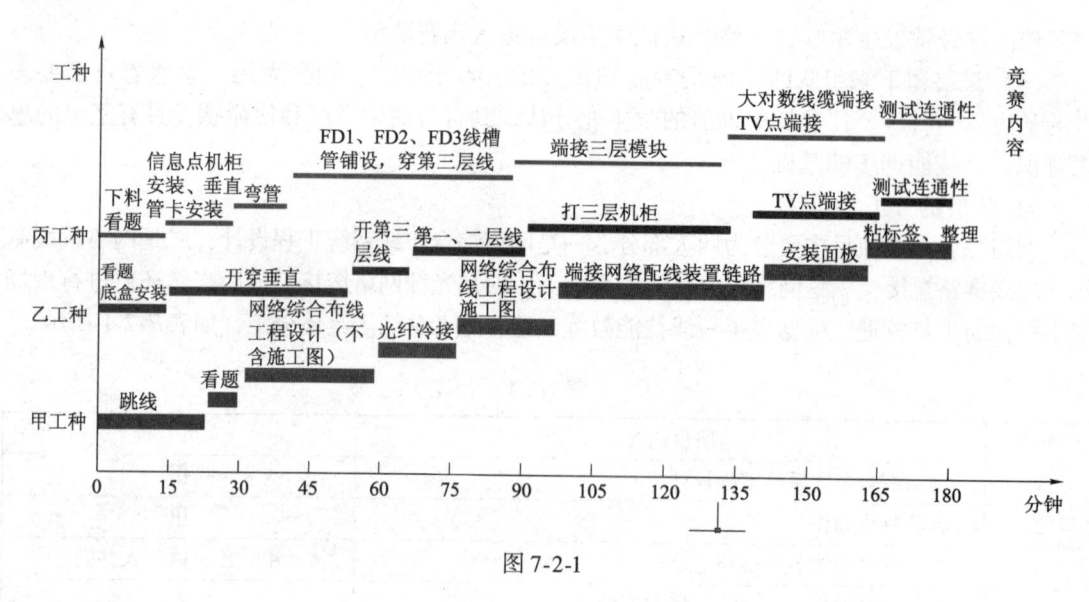

（1）焦躁不安，耐不住性子。

这种情况大多出现在第一阶段，由于本阶段的任务主要是对每一个知识点的梳理，打牢基本功、提高熟练度，这就需要每天进行大量的重复性练习，导致学生容易产生厌倦感。教练要强调基础训练的重要性，统一队员的思想意识。同时，教练还应把花样、乐趣融入训练内容中，如综合布线项目，可采用"师生互比""创意制作"等方法来增添训练过程中的趣味成分。

（2）情绪低落，信心打折扣。

由于采用了竞争机制，可能会导致一部分队员信心不足，担心自己会被淘汰掉，影响训练效果。教练要注意激发队员的斗志，提高他们的信心，可以坚持每天早晨带领队员跑步，观看励志片等方法，营造一个积极向上的训练气氛。

（3）骄傲自满，团队精神不强。

进入第三阶段，有些队员会产生强烈的优越感，眼高手低，训练不再太吃苦。另外，如遇到失误，总先在别人那儿找原因，互相埋怨。如今，技能大赛各学校间的实力很接近，竞争很激烈，强中自有强中手，稍有不慎，很难取得理想成绩。作为教练应当把队伍拉出去和水平较高学校进行若干友谊赛。对选手进行适当的"打击"相当必要。可以找出自己的不足，并把队员拧成一股绳。在此阶段，每个项目组别应选出一名队长，统一协调比赛过程中本队的人员分工。

5. 训练计划

制订合理科学的训练计划和注重技能集训效果有着至关重要的作用。根据项目特点，笔者认为训练计划应该分为四个大部分，共计 16 周。第一部分为单项第一轮筛选阶段，时间为第 1～3 周；第二部分为配合式第二轮筛选阶段，时间为 4～7 周；第三部分为整体合练，时间为第 8～15 周；第四部分为赛前调整，时间为第 16 周。

（1）第一部分为单项训练，时间为第 1～3 周。

本阶段主要是通过大规模的筛选，最终确定 6 名学生进入下一阶段训练。在这个阶段中，所有学生要学习所有的知识点，首先要选择出竞赛设计选手 2 名，其他选手再次竞争其

他工种。通过 4 次阶段测试，最终确定甲号工种 2 人，乙号工种 2 人，丙号工种 2 人。本阶段训练计划制订如表 7-2-2 所示。

表 7-2-2

序号	周次	日期	时间	内容	备注
1	第1周	周一	上午	网络综合布线系统知识	教练讲解
2			下午	技能大赛试题与设备分析	教练讲解
3			晚上	准备工具与材料	单项题库
4		周二	上午	各种信息点统计表（加变化） 各种端口对应表（加变化）	讲练结合
5			下午	练习信息点统计表 练习端口对应表	变化题型
6			晚上	自我测试信息点统计表制作时间 自我测试端口对应表制作时间	相互交流
7		周三	上午	各种综合布线系统图（加变化） 竣工总结报告	讲练结合
8			下午	练习系统图 背诵竣工总结报告	变化题型
9			晚上	自我测试系统图绘制时间 测试竣工总结报告时间	相互交流
10		周四	上午	各种综合布线施工图（加变化）	讲练结合
11			下午	练习施工图	变化题型
12			晚上	自我测试施工图时间	相互交流
13		周五	上午	各种材料统计表和工程预算表 工程施工进度表	讲练结合
14			下午	练习材料统计表和工程预算表 工程施工进度表	变化题型
15			晚上	自我测试材料统计表和工程预算表 工程施工进度表	相互交流
16		周六	上午	第一次单项综合测试	试题一
17			下午	评分、讲评、公布成绩、整理环境	教练负责
18		周日	全天	休息	
19	第2周	周一	上午	制作各种网络跳线 （网络、语音、鸭嘴、同轴、光缆）	讲练结合
20			下午	练习各种网络跳线	变化题型
21			晚上	自我测试跳线制作时间与成功率	相互交流

续表

序号	周次	日期	时间	内容	备注
22	第2周	周二	上午	端接测试链路	讲练结合
23			下午	练习端接测试链路	变化题型
24			晚上	自我测试端接链路时间	相互交流
25		周三	上午	端接永久复杂链路	讲练结合
26			下午	练习端接永久复杂链路	变化题型
27			晚上	自我测试端接永久复杂链路时间	相互交流
28		周四	上午	安装机柜、底盒、挡板 端接 RJ45 模块、安装各种信息点面板	讲练结合
29			下午	练习机柜、底盒、挡板安装 练习端接 RJ45 模块与安装面板	变化题型
30			晚上	自我测试以上内容的完成时间	相互交流
31		周五	上午	光纤热熔与冷接过程	讲练结合
32			下午	练习 32 次光纤熔接过程（即熔满） 练习冷接 20 次为一组的皮线光缆	变化题型
33			晚上	自我测试光纤热熔与冷接一组的时间	相互交流
34		周六	上午	第二次单项综合测试	试题二
35			下午	评分、讲评、公布成绩、整理环境	教练负责
36		周日	全天	休息	
37	第3周	周一	上午	线槽铺设与安装	讲练结合
38			下午	完成三层墙墙面线槽铺设与安装	变化题型
39			晚上	自测线槽铺设与安装时间（两层）	相互交流
40		周二	上午	线管铺设与安装	讲练结合
41			下午	完成三层墙墙面线管铺设与安装	变化题型
42			晚上	自测线管铺设与安装时间（两层）	相互交流
43		周三	上午	垂直和建筑群系统线槽、管的铺设 各系统开线、打标方法	讲练结合
44			下午	练习垂直建筑群系统线槽、管的铺设 练习各系统开线、打标方法	变化题型
45			晚上	自测白天所练习内容（一组）	相互交流
46		周四	上午	综合布线技能大赛各系统穿线	讲练结合
47			下午	题目中各子系统开穿线（一套）	变化题型
48			晚上	测试水平、垂直、建筑群系统穿线	相互交流

续表

序号	周次	日期	时间	内容	备注
49	第3周	周五	上午	FD 机柜内所有线缆的配线架端接	讲练结合
50			下午	练习 FD 机柜内所有配线架端接	变化题型
51			晚上	自测 FD 机柜配线端接	相互交流
52		周六	上午	第三次单项综合测试	试题二
53			下午	评分、讲评、公布成绩、整理环境	教练负责

说明：（1）以上训练计划只是给出每天需要训练的内容，具体每天的量由教练自己掌握。

（2）在这个阶段中，所有学生要对整个知识点有一个系统的认识并理解。

（2）第二部分为配合式第二轮筛选阶段，时间为第 4~7 周。

通过第一部分训练中的三次测试，应该可以选择出成绩较好并且具有一定潜力的队员进入本部分的训练。按照前面所述，应该选择出甲、乙、丙工序选手两人，分别为：甲 A、甲 B、乙 A、乙 B、丙 A、丙 B，共计 6 人。由于技能竞赛是在单位时间内完成相应的题目，因此速度是第一位的，没有速度，即使会做，也无法完成比赛内容。

另外，由于题目是变化的，加之布线的连通性和工艺效果影响着最终成绩，此阶段需要采用两周的时间来加强此 6 人对于不同类型题目速度、成功率、工艺上的训练，提高竞赛的高效性和正确性。比如：记录每个知识点完成的时间、测试链路的连通性、水平线缆的连通性、是否按照题目要求设计与施工等。接着，应该进入综合合练的环节，采用 6 个队员 3 个工种的不同组合方式，最终确定 3 位搭配最合理、效率最高、成绩最好的选手进入参赛训练队伍。本阶段训练计划如表 7-2-3 所示。

表 7-2-3

序号	周次	日期	工种	内容	备注
1	第4周	周一	甲	结合不同类型题目完成信息统计表 结合不同类型题目完成端口对应表	每次计时 分析过程
2			乙	结合不同题目安装底盒、机柜、挡板	计时分析
3			丙	读题和线槽下料专项训练	计时分析
4		周二	甲	结合不同类型题目完成系统图制作	计时分析
5			乙	读题专项训练 开穿垂直、建筑群子系统线缆	每次计时 分析过程
6			丙	线管成型、管卡安装	计时分析
7		周三	甲	根据不同类型题目完成设备施工图制作	计时分析
8			乙	读题专项训练 开、穿垂直、建筑群子系统线缆	每次计时 分析过程
9			丙	铺设垂直、建筑群子系统	计时分析

续表

序号	周次	日期	工种	内容	备注
10	第4周	周四	甲	根据不同类型题目完成工程施工图制作	计时分析
11			乙	开、穿水平子系统线缆	计时分析
12			丙	铺设三层水平子系统线槽	计时分析
13		周五	甲	结合不同类型题目制作材料统计表 结合不同类型题目制作工程预算表	每次计时分析过程
14			乙	开、穿水平子系统线缆	计时分析
15			丙	铺设三层水平子系统线管	计时分析
16		周六	甲	结合不同类型题目制作施工进度表 编制竣工总结报告	每次计时分析过程
17			乙	压接同轴线缆F头和短接大对数线缆	计时分析
18			丙	端接RJ45配线架	计时分析
19		周日	全天	休息	
20	第5周	周一	甲	根据不同题目类型制作各种网络跳线	计时分析
21			乙	压接同轴线缆F头和短接大对数线缆	计时分析
22			丙	铺设三层水平子系统线缆	计时分析
23		周二	甲	根据不同题目类型端接测试链路	计时分析
24			乙	端接不同题目三层FD机柜各种配线架	计时分析
25			丙	端接三层信息点底盒模块和TV面板	计时分析
26		周三	甲	根据不同题目类型端接永久复杂链路	计时分析
27			乙	端接不同题目三层FD机柜各种配线架	计时分析
28			丙	端接三层信息点底盒模块和TV面板	计时分析
29		周四	甲	光纤热熔与冷接	计时分析
30			乙	不同类型CD、BD上所有链路端接	计时分析
31			丙	不同类型CD、BD上所有链路端接	计时分析
32		周五	甲	装TV面板、压接TV头、粘标、整理	计时分析
33			乙	将自己所做的每道工序综合训练两遍	连贯完成
34			丙	将自己所做的每道工序综合训练两遍	连贯完成
35		周六	甲	将自己所做的每道工序综合训练两遍	连贯完成
36			乙	将自己所做的每道工序综合训练两遍	连贯完成
37			丙	将自己所做的每道工序综合训练两遍	连贯完成
38		周日	全天	休息	

续表

序号	周次	日期	工种	内容	备注
39	第6周	周一	上午	综合试题一：甲A、乙A、丙A	每套试题合作两遍，一做一看，相互交流，改正错误，优化流程
40			下午	综合试题一：甲B、乙B、丙B	
41			晚上	两组交流，准备第二天环境	
42		周二	上午	综合试题一：甲A、乙A、丙A	
43			下午	综合试题一：甲B、乙B、丙B	
44			晚上	两组交流，准备第二天环境	
45		周三	上午	甲A、乙A、丙A PK 甲B、乙B、丙B	综合PK
46			下午	讲解上午测试情况，单项练习	优化环节
47			晚上	两组交流，准备第二天环境	写出工序
48		周四	上午	综合试题二：甲A、乙A、丙B	每套试题合作两遍，一做一看，相互交流，改正错误，优化流程
49			下午	综合试题二：甲B、乙B、丙A	
50			晚上	两组交流，准备第二天环境	
51		周五	上午	综合试题二：甲A、乙A、丙B	
52			下午	综合试题二：甲B、乙B、丙A	
53			晚上	两组交流，准备第二天环境	
54		周六	上午	甲A、乙A、丙B PK 甲B、乙B、丙A	综合PK
55			下午	讲解上午测试情况，单项练习	优化环节
56			晚上	两组交流，准备第二天环境	写出工序
57		周日	全天	休息	
58	第7周	周一	上午	综合试题三：甲A、乙B、丙A	每套试题合作两遍，一做一看，相互交流，改正错误，优化流程
59			下午	综合试题三：甲B、乙A、丙B	
60			晚上	两组交流，准备第二天环境	
61		周二	上午	综合试题三：甲A、乙B、丙A	
62			下午	综合试题三：甲B、乙A、丙B	
63			晚上	两组交流，准备第二天环境	
64		周三	上午	甲A、乙B、丙A PK 甲B、乙A、丙B	综合PK
65			下午	讲解上午测试情况，单项练习	优化环节
66			晚上	两组交流，准备第二天环境	写出工序
67		周四	上午	综合试题四：甲A、乙B、丙B	每套试题合作两遍，一做一看，
68			下午	综合试题四：甲B、乙A、丙A	
69			晚上	两组交流，准备第二天环境	

续表

序号	周次	日期	工种	内容	备注
70	第7周	周五	上午	综合试题四：甲A、乙B、丙B	相互交流，改正错误，优化流程
71			下午	综合试题四：甲B、乙A、丙A	
72			晚上	两组交流，准备第二天环境	
73		周六	上午	甲A、乙B、丙B PK 甲B、乙A、丙A	综合PK
74			下午	讲解上午测试情况，单项练习	优化环节
75			晚上	两组交流，准备第二天环境	写出工序
76		周日	上午	学生谈话，倾听意见，宣布人员	确定队员

（3）第三部分为整体合练，时间为第 8~15 周。

通过第二部分的训练，教练要选出三位选手最终参加比赛（除非有特殊情况，不得已才进行更换），进入模拟竞赛的合练。第三部分的训练计划主要分为三个阶段，主要围绕竞赛速度、作品成功率和工艺效果这三个大的方面进行制定。此三阶段基本可以按照表 7-2-4 所示的每周计划执行。

表 7-2-4

序号	周次	日期	工种	内容	备注
1	第8~15周	周一	上午	做综合模拟试题一	按照标准
2			下午	评讲试题，并进行单项优化和训练	找出不足
3			晚上	填写心得，做好成绩记录，准备环境	善于动脑
4		周二	上午	做综合模拟试题一	按照标准
5			下午	针对上午做的过程进行单项优化	找出不足
6			晚上	填写心得，做好成绩记录，准备环境	善于动脑
7		周三	上午	做综合模拟试题二	按照标准
8			下午	评讲试题，并进行单项优化和训练	找出不足
9			晚上	填写心得，做好成绩记录，准备环境	善于动脑
10		周四	上午	做综合模拟试题二	按照标准
11			下午	评讲试题，并进行单项优化和训练	找出不足
12			晚上	填写心得，做好成绩记录，准备环境	善于动脑
13		周五	上午	真实模拟竞赛环境进行测试	设置变化
14			下午	教师评分，分析题目，指出不足	协调保护
15			晚上	填写心得，做好成绩记录，准备环境	牢记错误
16		周六	上午	将周五上午的模拟竞赛试题再做一次	避免错误
17			下午	师生开技术分析会，整理竞赛环境	师生互动
18			晚上	休息	
19		周日	全天	休息	

课后思考

探讨一下本学校课程教学和技能集训方面的方法。

任务三　技能大赛模拟试题

任务导入

本任务给出三套模拟试题，主要是基于"西元牌"和"企想牌"实训设备的国赛、省赛模拟试题，供读者参考。

基于西元设备模拟试题

网络综合布线技术竞赛模拟试题一

（试题编号：1　满分1 700分，共计时间180分钟）

竞赛队编号：_____　机位号：_____　总分：_____分

注意事项：

1. 全部书面和电子版竞赛作品，只能填写竞赛组编号进行识别，不得填写任何形式的识别性标记。

2. 本竞赛中使用的器材、竞赛题等不得带出竞赛场地。

3. 本次网络综合布线技术竞赛给定一个"建筑群模型"作为网络综合布线系统工程实例，请各参赛队按文档要求完成工程设计，并且进行安装施工和编写竣工资料。

4. 题目中所涉及的单口面板采用双口面板代替，RJ45模块安装在双口面板的1号端口上。

第一部分　综合布线系统工程项目设计（300分）

请根据图1建筑群网络综合布线系统模型完成以下设计任务，裁判依据各参赛队提交的书面打印文档评分，没有书面文档的项目不得分。

具体要求如下：

1. 完成网络信息点点数统计表

要求使用Excel软件编制，要求项目名称准确、表格设计合理、信息点数量正确、相关含义说明正确完整、签字和日期完整，采用A4幅面打印1份。

2. 设计和绘制该网络综合布线系统图

要求使用Visio或者使用AutoCAD软件，图面布局合理、图形正确、符号标记清楚、连接关系合理、说明完整、标题栏合理（包括项目名称、签字和日期），采用A4幅面打印1份。

3. 完成该网络综合布线系统施工图

使用Visio或者使用AutoCAD软件，将图1立体示意图设计成平面施工图，包括俯视图、侧视图等，要求施工图中的文字、线条、尺寸、符号清楚和完整。设备和器材规格必须符合本比赛题中的规定，器材和位置等尺寸现场实际测量。要求包括以下内容：

（1）CD – BD – FD – TO布线路由、设备位置和尺寸正确。

（2）机柜和网络插座位置、规格正确。

项目七　信息网络布线技能大赛

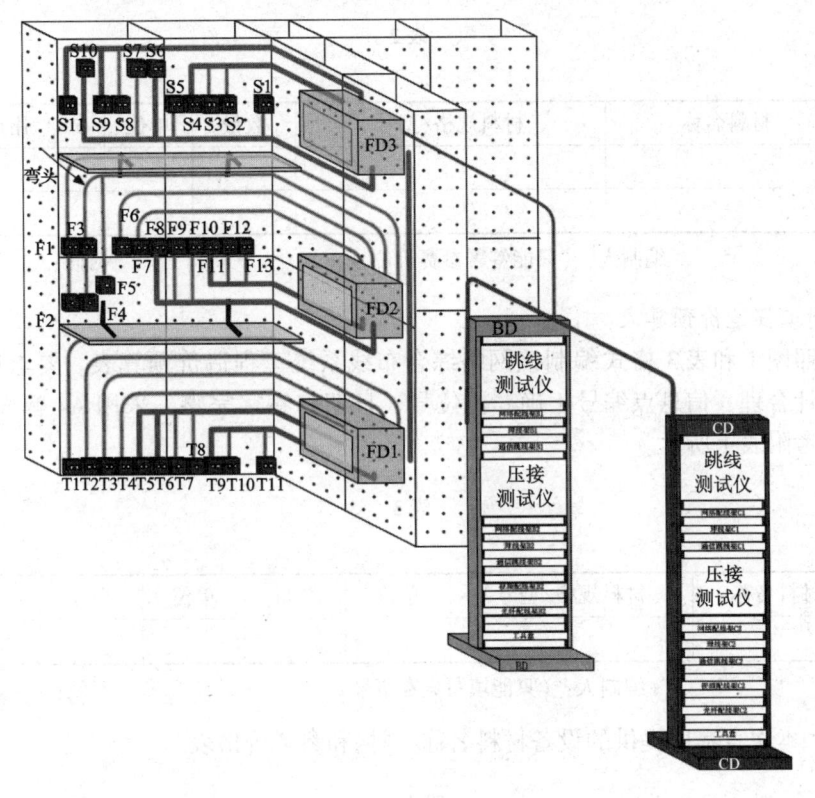

图1

(3) 图面布局合理，位置尺寸标注清楚正确。
(4) 图形符号规范，说明正确和清楚。
(5) 标题栏完整，签署参赛队机位号等基本信息。
4. 编制该网络综合布线系统端口对应表

要求按照图1和表1格式编制该网络综合布线系统端口对应表。要求项目名称准确，表格设计合理，信息点编号正确，相关含义说明正确完整，机位号、日期和签字完整，采用A4幅面打印1份。

表1

项目名称：

序号	信息点编号	工作区编号	网络插口编号	楼层机柜编号	配线架编号	端口编号
1						
2						

编制人：（只能签署参赛机位号）　　　　　　　　时间：

5. 编制材料统计表

要求按照表2格式，编制该工程项目材料统计表。要求材料名称正确，规格/型号合理，数量合理，用途说明清楚，品种齐全，没有漏项或者多余项目。（建筑物模拟墙 KYSYZ-12-1233 及标配网络配线实训装置 KYPXZ-02-05 不包含在材料表中）

- 317 -

表 2

项目名称：

序号	材料名称	材料规格/型号	数量	单位	用途说明
1					
2					

编制人：（只能签署参赛机位号）　　　　　　　时间：

6. 编制工程造价预算表

要求按照图 1 和表 3 格式编制该网络综合布线系统工程造价预算表。要求项目名称准确，表格设计合理，信息点编号正确，机位号、日期和签字完整，采用 A4 幅面打印 1 份。具体价格参考附表 1 所示。

表 3

项目名称：

序号	材料名称	材料规格/型号	单价	数量	单位	小计	用途简述

编制人：（只能填写竞赛组号）　　　　　　　时间：

附表 1：本次竞赛所提供的设备材料名称/规格和参考价格表。

附表 1

序号	材料名称	材料规格/型号	单位	单价/元	用途说明
1	配线实训装置	KYPXZ-02-05	台	30 000	开放式机架，模拟 CD 和 BD 配线架
2	网络机柜	19 英寸 6U	台	600	网络管理间，安装网络设备
3	网络配线架	19 英寸 1U 24 口	台	300	网络配线
4	理线架	19 英寸 1U	个	100	理线
5	明装底盒	86 型	个	1	信息插座用
6	网络面板	双口	个	2	信息插座用
7	网络面板	单口	个	2	信息插座用
8	网络模块	超五类 RJ45	个	15	信息插座用
9	网络双绞线	超五类，4-UTP	箱	600	网络布线
10	PVC 线槽/配件	60×22 线槽	米	15	垂直布线用
11	PVC 线槽/配件	60×22 堵头	个	5	PVC 线槽用
12	PVC 线槽/配件	39×18 线槽	米	3	水平布线用
13	PVC 线槽/配件	39×18 堵头	个	2	PVC 线槽用
14	PVC 线槽/配件	20×10 线槽	米	2	水平布线用
15	PVC 线槽/配件	20×10 角弯	个	1	PVC 线槽拐弯用
16	PVC 线槽/配件	20×10 阴角	个	1	PVC 线槽拐弯用

续表

序号	材料名称	材料规格/型号	单位	单价/元	用途说明
17	PVC 线管/配件	φ20 线管	米	2	布线用
18		φ20 直接头	个	1	连接 PVC 线管
19		φ20 弯头	个	1	连接 PVC 线管
20		φ20 塑料管卡	个	2	固定 PVC 线管
21	水晶头	超五类 RJ45	个	1	制作跳线等
22	螺丝	M6×16	个	0.2	固定用
23	光纤跳线	多模 ST	根	14	光纤熔接
24		多模 SC	根	14	光纤熔接
25		单模 ST	根	14	光纤熔接
26		单模 SC	根	14	光纤熔接
27	光纤	单模 4 芯	米	3.2	光纤熔接
28		多模 4 芯	米	3.5	光纤熔接

第二部分 工程安装项目（1 300 分）

布线安装施工在西元网络综合布线实训装置上进行，每个竞赛队 1 个 L 区域。具体路由请按照题目要求和图 1 中表示的位置。

特别注意：安装部分可能使用电动工具和需要登高作业，特别要求参赛选手注意安全用电和规范施工，登高作业时首先认真检查和确认梯子安全可靠，双脚不得高于地面 1 m，而且必须 2 人合作，1 人操作 1 人保护。

具体要求如下：

（1）按照图 1 所示位置，完成 FD 配线子系统的线槽、线管、底盒、模块、面板的安装，同时完成布线端接。要求横平竖直，位置和曲率半径正确，接缝不大于 1 mm。

（2）不允许给底盒开孔将 PVC 线管直接插入，只能使用预留进线孔。

7. 网络跳线制作和测试

现场制作网络跳线 12 根，要求跳线长度误差必须控制在 ±3 mm 以内，线序正确，压接护套到位，剪掉牵引线，线标正确，符合 GB 50312 规定，跳线合格，其他具体要求如下：

（1）2 根超五类非屏蔽铜缆跳线，568B - 568B 线序，长度 550 mm；

（2）2 根超五类非屏蔽铜缆跳线，568A - 568A 线序，长度 340 mm；

（3）2 根超五类非屏蔽铜缆跳线，568A - 568A 线序，长度 440 mm；

（4）2 根超六类非屏蔽铜缆跳线，568B - 568B 线序，长度 480 mm；

（5）2 根超六类非屏蔽铜缆跳线，568A - 568A 线序，长度 375 mm；

（6）2 根超六类非屏蔽铜缆跳线，568A - 568B 线序，长度 444 mm；

8. 完成测试链路端接

（1）在图1所示的标有CD西元配线实训装置（产品型号KYPXZ-02-05）上完成4组测试链路的布线和模块端接，路由按照图2所示，每组链路有3根跳线，端接6次。要求链路端接正确，每段跳线长度合适，端接处拆开线对长度合适，剪掉牵引线，标签粘贴正确。

（2）在图1所示的标有BD西元配线实训装置（产品型号KYPXZ-02-05）上完成4组测试链路的布线和模块端接，路由按照图3所示，每组链路有3根跳线，端接6次。要求链路端接正确，每段跳线长度合适，端接处拆开线对长度合适，剪掉牵引线。

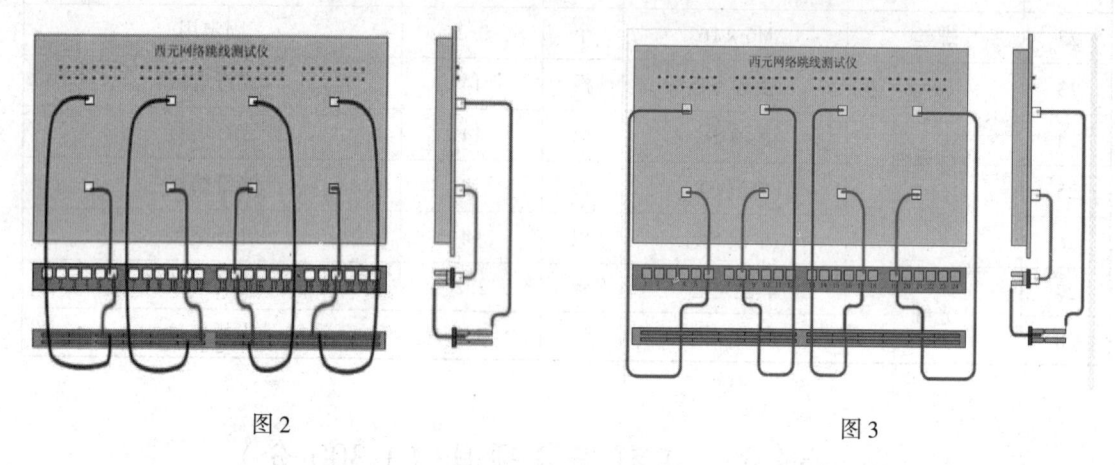

图2

图3

9. 完成复杂永久链路端接

（1）在图1所示的标有BD西元配线实训装置（产品型号KYPXZ-02-05）上完成6组复杂永久链路的布线和模块端接，路由按照图4所示，每组链路有3根跳线，端接6次。要求链路端接正确，每段跳线长度合适，端接处拆开线对长度合适，剪掉牵引线，标签粘贴正确合理。

（2）在图1所示的标有CD西元配线实训装置（产品型号KYPXZ-02-05）上完成6组复杂永久链路的布线和模块端接，路由按照图5所示，每组链路有3根跳线，端接6次。要求链路端接正确，每段跳线长度合适，端接处拆开线对长度合适，剪掉牵引线。

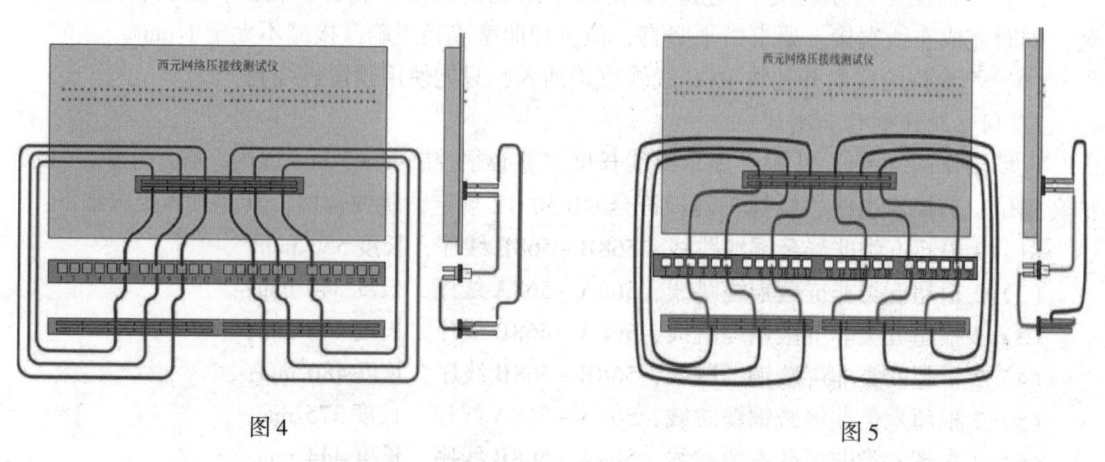

图4

图5

10. FD1 配线子系统 PVC 线槽和 PVC 线管的安装和布线

按照图 1 所示位置，完成以下指定路由的安装和布线，以及底盒、模块、面板的安装，具体包括如下任务：

（1）T1~T4 插座布线路由。使用 ϕ20 PVC 线管组合安装和布线，所有弯头自制。

（2）T5~T8 插座布线路由。使用 39×18 PVC 线槽、24×10 PVC 线槽和 ϕ20 PVC 冷弯管组合安装和布线。弯头制作如图 6、图 7 所示。其中 T8 垂直部分为 24 线槽，T7 垂直部分为 20 线管。

（3）T9~T11 插座布线路由。使用 39×18 PVC 线槽、24×10 PVC 线槽组合安装和布线，弯头制作如图 6、图 7 所示。其中 T10 和 T11 垂直部分为 24×10 PVC 线槽。

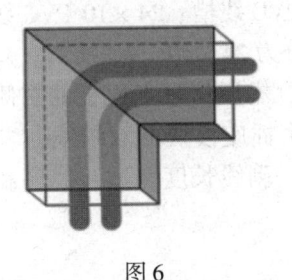

图 6　　　　　　　　　图 7

（4）完成 FD1 机柜内网络配线架的安装和端接，本层信息点面板的左侧端口为 1 号信息点，该面板右侧的端口为 2 号信息点。该层第 1 个插座模块的双绞线，端接到配线架的 1、2 号口，其余顺序端接。要求设备安装位置合理、剥线长度合适、线序和端接正确，预留线缆长度合适，剪掉牵引线。

11. FD2 配线子系统 PVC 线槽和 PVC 线管的安装和布线

按照图 1 所示位置，完成以下指定路由的安装和布线，以及底盒、模块、面板的安装，具体包括如下任务：

（1）F1~F2 插座布线路由。使用 ϕ20 PVC 线管组合安装和布线，所有弯头自制。

（2）F3~F5 插座布线路由。使用 ϕ20 PVC 冷弯管组合安装和布线。弯头制作如图 6、图 7 所示，其中按照图要求采用相应的辅材。

（3）F6~F7 插座布线路由。使用 ϕ20 PVC 线管安装和布线，弯头制作如图 6、图 7 所示。

（4）F8~F10 插座布线路由。使用 39×18 PVC 线槽、24×10 PVC 线槽和 ϕ20 PVC 冷弯管组合安装和布线，弯头制作如图 6、图 7 所示。其中 F9 垂直部分为 24×10 PVC 线槽，F10 垂直部分为 20 线管。

（5）F11~F13 插座布线路由。使用 39×18 PVC 线槽、24×10 PVC 线槽和 ϕ20 PVC 冷弯管组合安装和布线，弯头制作如图 6、图 7 所示。其中 F12 和 F13 垂直部分为 24×10 PVC 线槽。

（6）完成 FD2 机柜内网络配线架的安装和端接，本层信息点面板的左侧端口为 1 号信息点，该面板右侧的端口为 2 号信息点。该层第 1 个插座模块的双绞线，端接到配线架的 1、2 号口，其余顺序端接。要求设备安装位置合理、剥线长度合适、线序和端接正确，预留线缆长度合适，剪掉牵引线。

12. FD3 配线子系统 PVC 线槽和 PVC 线管的安装和布线

按照图 1 所示位置，完成以下指定路由的安装和布线，以及底盒、模块、面板的安装，具体包括如下任务：

（1）S1、S5～S7、S10 插座布线路由。使用 39×18 PVC 线槽、24×10 PVC 线槽和 φ20 PVC 线管组合安装和布线，S10 所有平角、阴角都采用辅材制作。S6 垂直部分通过成品三通与 S10 主路由相连。其中，S1 垂直部分为 24 线槽，S5 垂直部分为 20 线管。

（2）S2～S4 插座布线路由。使用 39×18 PVC 线槽和 24×10 PVC 线槽组合安装和布线。弯头制作如图 6、图 7 所示。

（3）S8～S9、S11 插座布线路由。使用 39×18 PVC 线槽、24×10 PVC 线槽组合安装和布线，弯头制作如图 6、图 7 所示。其中 S8 垂直部分为 24×10 PVC 线槽。

（4）完成 FD3 机柜内网络配线架的安装和端接，本层信息点面板的右侧端口为 1 号信息点，该面板左侧的端口为 2 号信息点。该层第 1 个插座模块的双绞线，端接到配线架的 2、3 号口，其余顺序端接。要求设备安装位置合理、剥线长度合适、线序和端接正确，预留线缆长度合适，剪掉牵引线。

13. 建筑物子系统的布线和安装

请按照图 1 所示位置和要求，完成建筑物子系统的布线和安装。

（1）在 FD1、FD2、FD3 的侧面，安装 1 根 39×18 PVC 线槽，并且安装堵头。

（2）从标识为 BD 的设备向 FD3 机柜安装 1 根 φ20 PVC 线管，一端用管卡、螺丝固定在 BD 上面，另一端用管卡固定在布线实训装置钢板上，并且穿入 FD3 机柜内部 20～30 mm，要求横平竖直，牢固美观。

（3）从 BD 设备西元网络配线架 B2，向 FD3、FD2、FD1 机柜分别安装 1 根网络双绞线，并且 FD3 端接在 24 口、FD2 端接在 24 口、FD1 端接在 24 口。

（4）在 BD 设备西元网络配线架 24U 处配线架端接位置为：FD1 路由网线端接在第 21 口，FD2 路由网线端接在第 22 口，FD3 路由网线端接在第 23 口。

14. CD－BD 建筑群子系统光缆链路的布线安装和熔接

请按图 1 所示位置和路由，完成建筑群子系统光缆的安装和熔接。

（1）从标识 CD 的西元实训装置，向标识 BD 的西元实训装置安装 1 根 φ20 PVC 管，BD、CD 端用管卡、螺丝固定在立柱侧面。

（2）在 PVC 管内穿 2 根 4 芯多模室内光缆，2 根 4 芯单模室内光缆。

（3）光缆的一端穿入 BD 西元光纤配线架 B1 内部，另一端穿入 CD 西元光纤配线架 C1 内部，将光缆与尾纤熔接，尾纤另一端插接在对应的耦合器上。要求光纤熔接部位安装保护套管，将熔接好的光纤小心安装在绕线盘内。熔接时尽量保留尾纤长度，并且整理使绑扎美观。注意：将耦合器防尘护套放在光纤配线架内部，不要安装光纤配线架盖板。

第三部分 工程管理项目（100分）

15. 竣工资料

（1）根据设计和安装施工过程，编写项目竣工总结报告，要求报告名称正确，封面竞赛组编号正确，封面日期正确，目录正确、版面美观，内容清楚和完整。

（2）整理全部设计文件等竣工资料，独立装订，完整美观。

16．施工管理

（1）现场设备、材料、工具堆放整齐、有序。

（2）安全施工、文明施工、合理使用材料。

基于西元设备模拟试题

信息网络布线技术竞赛模拟试题二

（满分 1 000 分，时间 180 分钟）

机位号：

注意事项：

1. 全部书面作品、布线工程作品只能按要求填写机位号等进行识别，不得填写指定内容之外的任何识别性标记。如果出现地区、校名、人名等其他任何与竞赛队有关的识别信息，一经发现，竞赛试卷和作品作废，比赛按零分处理，并且提请大赛组委会进行处罚。

2. 竞赛试卷、竞赛作品、竞赛工具、竞赛器材及竞赛材料等不得带出竞赛场地，一经发现，竞赛作品作废，比赛按零分处理，并且提请大赛组委会进行处罚；进入竞赛场地，禁止携带/使用移动存储设备、计算机、通信工具、加工/施工工具及参考资料等。

3. 竞赛所用器材/耗材，在竞赛开始前已全部发放到各个竞赛队，保证充分满足竞赛需求。开始前，请仔细核对材料明细表，并于比赛开始前签字确认（未签字确认前禁止开始比赛）。竞赛中，不再另行发放器材/耗材。

4. 请仔细阅读本试卷要求及试卷分析要求，按照试卷规定要求/需求进行设备/器材配置、加工及调试；竞赛过程中，参赛队要做到工作井然有序。

5. 竞赛时间结束后，立即停止操作，将竞赛试卷放在电脑旁边，等待裁判员检查和参赛队确认，确认后参赛队必须立即离开竞赛场地。

6. 对设备上未标注端口编号的光纤配线架和 TV 配线架，规定端口号均依次从左向右、从小到大编号（左……1、2、3、……、n……右）。

7. 本次比赛由工程设计、工程施工安装和工程管理三部分组成，比赛时间为 180 分钟，满分 1 000 分。比赛所需的相关电子文档均存放在本竞赛组计算机桌面的"网络布线 – n"（n 为机位号）文件夹中（以下简称"指定文件夹"），竞赛要求参赛队的所有设计及说明电子文档均需保存在本项指定文件夹内。

第一部分 网络布线系统工程项目设计（100 分）

依据图 1 建筑模型立体图所示，模拟给定的综合布线系统工程项目，要求竞赛队按照试卷要求完成模拟楼宇三个楼层网络布线系统工程项目设计。所有文件保存在电脑桌面上指定文件夹内，且仅该指定文件夹中指定文件作为裁判评分依据。

本设计针对模拟楼宇三个楼层网络布线系统工程项目，参照图 1 所示，依据《综合布线系统工程设计规范》（GB 50311—2007），具体要求如下：

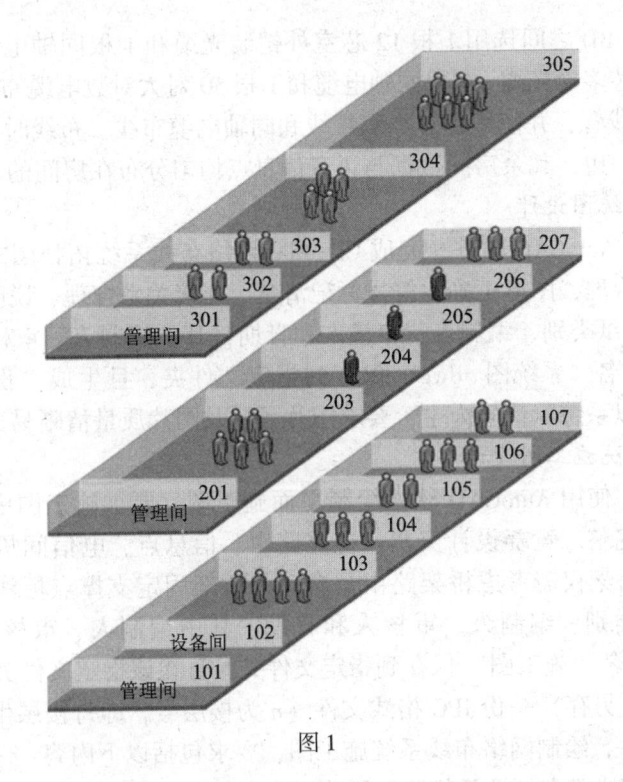

图1

（1）所述对象为一模拟楼宇三个楼层网络布线系统工程项目，项目名称统一规定为"模拟楼宇网络布线工程＋机位号"（机位号取2位数字，不足2位前缀补0）。

（2）该建筑模型模拟楼宇三个楼层的房间结构，房间区域内卡通人物代表房间的用途。其中1个人物表示领导办公室，按照2个语音、2个数据和1个TV信息点配置；2～4个人物表示集体办公室，按照每人1个语音、1个数据信息点和每个房间1个TV信息点配置；5～6个人物表示会议室，按照2个数据信息点和1个TV信息点配置。

（3）针对双口信息面板统一规定：面对信息面板，左侧端口为数据端口，右侧端口为电话通信端口，数据端口与电话通信端口全部使用数据模块端接。

（4）图1中101、102、……、305为房间编号。

（5）假设模拟楼层每层高度为3.2 m，水平桥架架设距地面高度为2.8 m，信息盒高度距地面高度为0.3 m，1～3人办公室面积为28 m²（4 m×7 m），4人办公室面积为42 m²（6 m×7 m），5人会议室面积为56 m²（8 m×7 m），6人会议室面积为70 m²（10 m×7 m），设备间、管理间房间面积均为14 m²（2 m×7 m）。绘图设计时，走廊宽度为2.4 m，所述水平配线桥架主体应位于走廊上方，桥架裁面尺寸为100 mm×60 mm。

（6）所述模拟楼宇每个楼层设置1个电信间，每个楼层电信间配置的机柜为32U国标交换机柜。每楼层机柜内TV配线架编号依次为T1、T2、……（从上到下，第一个TV配线架编号为T1，第二个TV配线架编号为T2，依此类推。下述110语音配线架编号、网络配线架编号、光纤配线架编号等含义相同，不再复述）；110语音配线架编号依次为Y1、Y2、……；网络配线架编号依次为W1、W2、……；光纤配线架编号依次为G1、G2、……；

（7）每楼层数据信息点从W1网络配线架1号口依次端接，语音信息点从W2网络配线架1号口依次端接，TV信息点从T1有线电视配线架1号口依次端接。

（8）所述 CD – BD 之间选用 1 根 12 芯室外铠装光缆和 1 根同轴电缆布线；BD – FD 之间分别选用 1 根 4 芯多模光缆、1 根同轴电缆和 1 根 50 对大对数电缆布线；FD – TO 之间安装桥架与 $\phi 25$ 镀锌线管，并使用超五类双绞线和同轴电缆布线，布线时 3 人房间数据与语音信息点放在房间的一边，其余房间数据与语音信息点均匀分布在房间的两边。

1. 网络布线系统图设计

使用 Visio 或者 AutoCAD 软件，完成 CD→TO 网络布线系统拓扑图的设计绘制，要求概念清晰、图面布局合理、图形正确、符号标记清楚、连接关系合理、说明完整、标题栏合理（包括项目名称、图纸类别、编制人、审核人和日期，其中编制人、审核人均填写竞赛机位号），设计图以文件名"系统图.dwg"保存到指定文件夹，且生成一份 JPG 格式文件。生成文件的系统选项以系统默认值为主，要求图片颜色及图片质量清晰易于分辨。

2. 网络布线系统施工图设计

按照图 1 所示，使用 AutoCAD 软件绘制平面施工图。要求施工图中的文字、线条、尺寸、符号描述清晰完整。竞赛设计突出：链路路由、信息点、电信间机柜设置等信息的描述，针对水平配线桥架仅需考虑桥架路由及合理的桥架固定支撑点标注。标题栏合理（包括项目名称、图纸类别、编制人、审核人和日期，其中编制人、审核人均填写竞赛机位号），施工图以文件名"施工图"保存到指定文件夹，且在该指定文件夹中以文件名为"施工生成图 n"生成（另存）一份 JPG 格式文件（n 为楼层号，即每楼层生成一个 JPG 文件）。根据以上要求及条件，绘制网络布线系统施工图，要求包括以下内容：

（1）FD – TO 布线路由、设备位置和尺寸正确。
（2）机柜和网络插座位置、规格正确。
（3）图面布局合理，位置尺寸标注清楚正确。
（4）图形符号规范，说明正确和清楚。
（5）标题栏完整，签署竞赛机位号等基本信息。

3. 信息点点数统计表编制

使用 Excel 软件，按照表 1 格式完成信息点点数统计表的编制，要求项目名称正确、表格设计合理、信息点数量正确、竞赛机位号（建筑物编号、编制人、审核人均填写竞赛机位号，不得填写其他内容）及日期说明完整，编制完成后将文件保存到指定文件夹下，保存文件名为"信息点点数统计表"。

说明：图 1 中，房间编号 = 楼层序号 + 本楼层房间序号。其中：楼层序号取 1 位数字，本楼层房间序号取 2 位数字。

表 1：信息点点数统计表。

表 1

项目名称：_____   建筑物编号：_____

楼层编号	信息点类别	房间序号				楼层信息点合计			信息点合计
		01	02	……	nn	数据	语音	TV	
1 层	数据								
	语音								
	TV								

续表

楼层编号	信息点类别	房间序号				楼层信息点合计			信息点合计
^	^	01	02	……	nn	数据	语音	TV	^
……	数据								
^	语音								
^	TV								
N 层	数据								
^	语音								
^	TV								
		信息点合计								

编制人签字：_____　　审核人签字：_____　　日期：　　年　月　日

4．信息点端口对应表编制

使用 Excel 软件，按照表 2 格式完成信息点端口对应表的编制。

要求严格按照下述设计描述进行：项目名称正确，表格设计合理，端口对应编号正确，相关含义说明正确完整，竞赛机位号（建筑物编号、编制人、审核人均填写竞赛机位号，不得填写其他内容）及日期说明完整，编制完成后将文件保存到指定文件夹下，保存文件名为"信息点端口对应表"。

信息点端口对应表编号编制规定如下：

　　房间编号－插座插口编号－楼层机柜编号－配线架编号－配线架端口编号

说明：

（1）房间编号＝楼层序号＋本楼层房间序号，其中：楼层序号取 1 位数字，本楼层房间序号取 2 位数字。房间编号按照图 1 所示，分别为 101、102、……、305。

（2）插座插口编号取 2 位数字＋1 位说明字母。1 位说明字母为：语音信息点取字母"Y"，数据信息点取字母"S"，TV 信息点取字母"T"。每个房间内数据信息点插口编号依次为 01S、02S、03S、……，语音信息点插座插口编号依次为 01Y、02Y、03Y、……，数据信息点插口编号依次为 01T、02T、03T、……。

（3）楼层机柜编号按楼层顺序依次为 FD1、FD2、FD3。

（4）每楼层机柜内网络配线架编号依次为 W1、W2、W3、……，TV 配线架编号依次为 T1、T2、T3、……，数据信息点从 W1 网络配线架 1 端口开始端接，语音信息点从 W2 网络配线架 1 端口开始端接，TV 信息点从 TV 配线架 1 端口开始端接。

（5）配线架端口编号取 2 位数字，配线架端口编号从左至右依次为 01、02、03、……；

例如：103 房间第 1 个数据信息点、语音信息点和 TV 信息点对应的信息点端口对应表编号分别为：103－01S－FD1－W1－01，103－01Y－FD1－W2－01，103－01T－FD1－T1－01。

表 2：信息点端口对应表。

表 2

项目名称：＿＿＿＿＿＿＿＿＿＿＿＿＿＿　　　　建筑物编号：＿＿＿＿＿

序号	信息点端口对应表编号	房间编号	插座插口编号	楼层机柜编号	配线架编号	配线架端口编号
1						
2						

编制人签字：＿＿＿＿＿　　审核人签字：＿＿＿＿＿　　日期：　　年　月　日

5. 材料统计表编制

按照图1所示，参照表3格式，完成 BD→TO 材料统计表的编制。

要求：材料名称和规格/型号正确，数量符合实际并统计正确，辅料合适，竞赛机位号（建筑物编号、编制人、审核人均填写竞赛机位号，不得填写其他内容）和日期说明完整。编制完成后将文件保存到指定文件夹下，保存文件名为"材料统计表"。

表3：材料统计表。

表 3

项目名称：＿＿＿＿＿＿＿＿＿＿＿＿＿＿　　　　建筑物编号：＿＿＿＿＿

序号	材料名称	材料规格/型号	单位	数量

编制人签字：＿＿＿＿＿　　审核人签字：＿＿＿＿＿　　日期：　　年　月　日

6. 竣工报告

按照图1所示模拟楼宇三个楼层网络布线系统工程的设计和安装施工过程，编写工程项目竣工报告，具体内容包括项目名称、设计依据、项目概况、项目施工内容与团队合作情况（团队名称以机位号代替）、编制人、审核人及日期等。要求报告名称正确，内容清楚完整，版面美观，编写完成后以文件名为"竣工报告"，保存到指定文件夹内。

第二部分　网络布线系统工程项目施工（850分）

根据大赛组委会指定设备，网络布线工程施工安装针对上海企想网络综合布线实训装置进行，每个竞赛队1个U形区域，U形半封闭区域宽度约3.6 m，深度约1.2 m，竞赛操作区域以该U形区域为基准，竞赛操作不得跨区作业、跨区走动及跨区放置材料。

竞赛过程中，不得对仿真墙体、模拟 CD 机柜装置、模拟 BD 装置进行位置移动操作，具体链路施工路由要求，请按试题题目要求及图2"网络布线工程安装链路俯视图"和图3"实训操作仿真墙平面展开图"中描述的位置进行。具体要求如下：

（1）图3中101、102、……、313 为信息盒编号。

（2）针对双口信息面板统一规定：面对信息面板，左侧端口为数据端口，右侧端口为电话通信端口，数据端口与电话通信端口全部使用数据模块端接。

（3）FD 机柜内放置设备/器材（由上至下）为：TV 配线架、网络配线架、110 跳线架、光纤配线器。

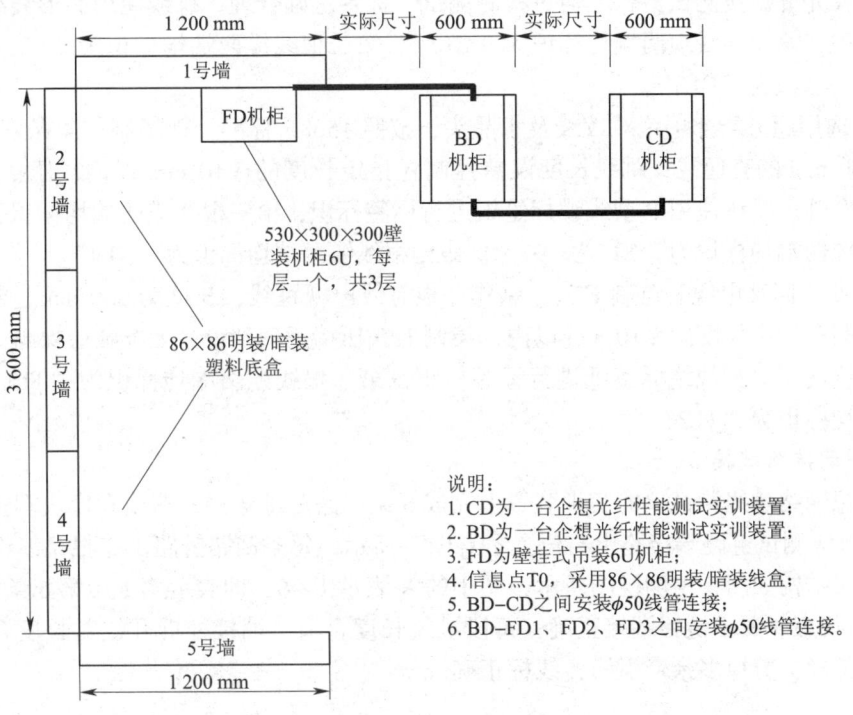

图 2

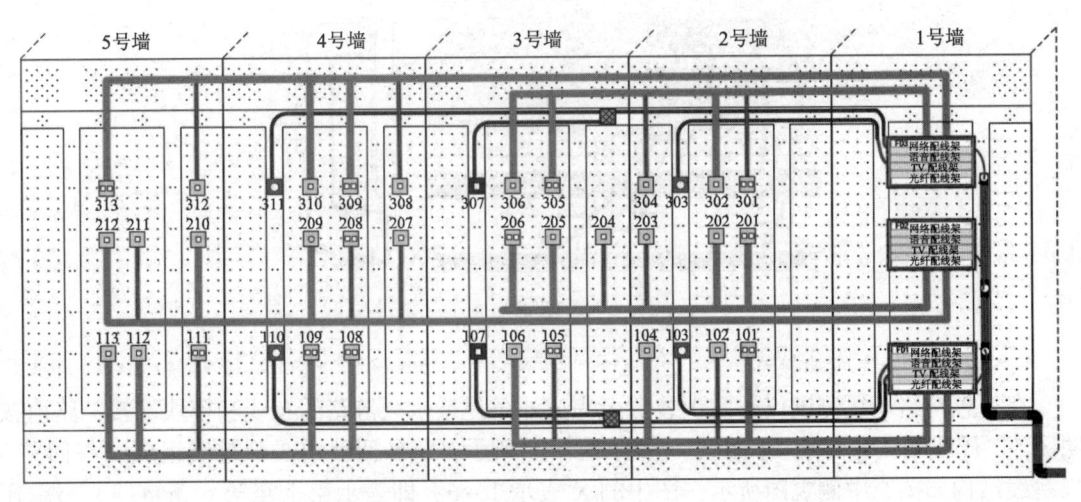

说明：
1. CD 为一台企想光纤性能测试实训装置；
2. BD 为一台企想光纤性能测试实训装置；
3. FD 为壁挂式吊装6U机柜；
4. 信息点T0，采用86×86明装/暗装线盒；
5. BD–CD 之间安装 ϕ50线管连接；
6. BD–FD1、FD2、FD3 之间安装 ϕ50线管连接。

图 3

图例说明：
- 明装 TV 信息盒（套件）
- 暗装 TV 信息盒（套件）
- 双口明装信息盒（套件）
- 单口明装信息盒（套件）
- 模拟链路维护孔（线盒）
- 单口暗装信息盒（套件）
- PVC 40 线槽
- PVC 20 线槽
- ϕ20 PVC 管
- ϕ50 PVC 管
- 黄蜡管
- 线管配件

7. 光纤跳线和线缆跳线的制作

（1）使用冷压方式制作 3 条 SC－SC 单模光纤跳线，每条制作完成跳线的长度均为 400 mm；要求光纤跳线长度误差在指定长度的 ±10 mm 以内，插入损耗 <0.5 dB，制作的光纤跳线在光纤熔接测试平台上通过检测测试，标签正确合理。跳线使用 P 形线缆标签纸进行标签标识，第一根线缆两端均标识为"GL1"，第二根线缆两端均标识为"GL2"，第三根线缆两端均标识为"GL3"。

（2）选用超五类非屏蔽双绞线及水晶头，按照 T568B 标准，现场制作 4 条双绞线跳线，长度为 600 mm 的直通线；跳线长度误差控制在指定长度的 ±10 mm 以内，压接护套到位，标签正确合理。跳线使用 P 型线缆标签纸进行标签标识，第一根线缆两端均标识为"XL1"、第二根线缆两端均标识为"XL2"、……、第四根线缆两端均标识为"XL4"。

（3）使用同轴电缆和英制 F 头，制作 2 根有线电视跳线，长度为 600 mm。要求跳线长度误差控制在指定长度的 ±10 mm 以内，英制 F 头压接正确到位，无屏蔽层裸露，标签正确合理。跳线使用 P 型线缆标签纸进行标签标识，第一根线缆两端均标识为"TL1"、第二根线缆两端均标识为"TL2"。

8. 测试链路端接

在企想网络跳线测试仪的实训装置上完成 6 条回路测试链路的布线和模块端接，路由按照图 4"跳线测试链路端接路由与位置示意图"所示，每条回路链路由 3 根跳线组成（每回路 3 根跳线结构如图 4 中侧视图所示，图中的 X 表示 1～6，即表示第 1 至第 6 条链路），端/压接 6 组线束。要求链路端接正确，每段跳线长度合适，端接处拆开线对长度合适，端接位置线序正确，剪掉多余牵引线，线标正确。

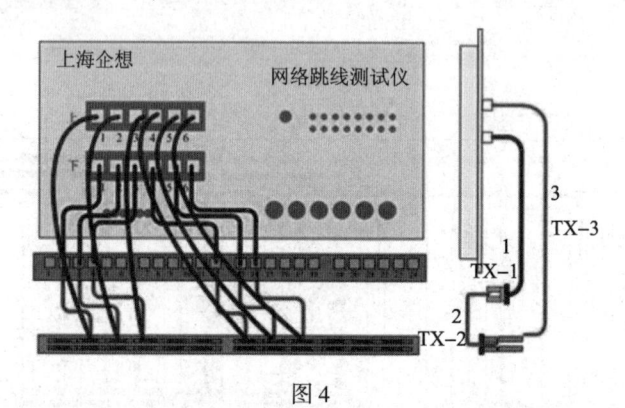

图 4

9. 复杂永久链路端接

在企想网络压线测试仪的实训装置上完成 6 条复杂永久链路的布线和模块端接，路由按照图 5"压线测试链路端接路由与位置示意图"所示，每条回路由 3 根跳线组成（每回路 3 根跳线结构如图 5 中侧视图所示，图中的 X 表示 1～6，即表示第 1 至第 6 条链路），端/压接 6 组线束。要求链路端/压接正确，每段跳线长度合适，端接处拆开线对长度合适，端接位置线序正确，剪掉多余牵引线，线标正确。

10. CD－BD 建筑群子系统链路布线安装

按照图 2 及图 3 所示位置和要求，完成建筑群子系统的布线与安装。要求：主干链路路由正确，端接端口对应合理，端接位置符合下述要求。

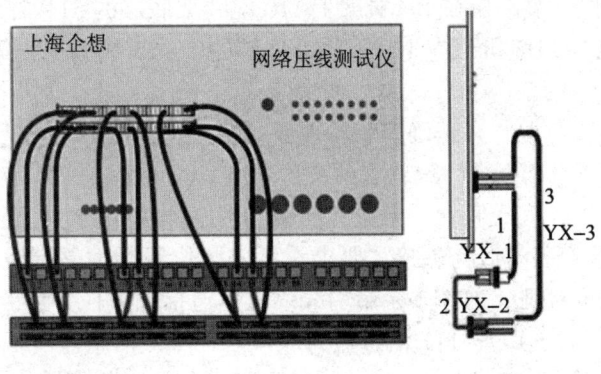

图5

(1) 完成 CD-BD 线管安装，采用 φ50 PVC 线管沿地面敷设方式安装，安装中线管两端使用配套成品弯头和黄蜡管接入 CD 与 BD 机架内，并在管内布 2 根同轴电缆、4 根单芯皮线光缆和 1 根 25 对大对数电缆。

(2) 同轴电缆两端分别选用配套英制 F 头接入 CD 与 BD 机架 TV 配线架 1、2 号进线端口。

(3) 光缆的一端穿入 BD 机架光纤配线架，制作光纤 SC 冷接头接在 1~4 号进线端口，另一端穿入 CD 机架光纤配线架，制作光纤 SC 冷接头接在 1~4 号进线端口。

(4) 大对数电缆依据色标线序压接所有 25 对线缆（主色依次为：白、红、黑、黄、紫，次/辅色依次为：蓝、橙、绿、棕、灰，以下相同，不再复述），一端至 BD 机架上 110 配线架底层的 1~25 线对（配线架左上位置），另一端压接至 CD 机架上 110 配线架底层的 1~25 线对，并正确安装顶层的端接连接模块。

11. BD-FD 建筑物子系统布线安装

按照图2、图3所示位置和要求，完成建筑物子系统的布线和安装。要求：主干链路路由正确，端接端口对应合理，端接位置符合下述要求。

(1) 完成 FD1、FD2、FD3 网络机柜的安装，要求位置正确、固定牢固。

(2) 从标识为 BD 的模拟设备向模拟 FD1~FD3 机柜外侧安装 1 根 φ50 PVC 线管，采用沿地面和沿墙体凹槽敷设方式，使用管卡固定，安装中线管使用配套成品弯头、三通和黄蜡管接入 FD1~FD3 机柜内。模拟管路内需布放 3 根同轴电缆、6 根单芯皮线光缆和 3 根 25 对大对数电缆，分别接入 FD1~FD3 机柜内（各 FD 机柜进线类型、数量相同，每个模拟 FD 机柜进线分别是：1 根同轴电缆、2 根单芯皮线光缆和 1 根 25 对大对数电缆），要求此间所有线缆从该管路中布放。

(3) 3 根同轴电缆选用配套英制 F 头连接，一端在 BD 机架 TV 配线架上依次接入 3、4、5 号进线端口，另一端分别对应接入 FD1、FD2、FD3 机柜内 TV 配线架 12 号进线端口。

(4) 6 根单芯皮线光缆的一端穿入 BD 机架光纤配线架，制作光纤 SC 冷接头接在 5~10 号进线端口，相对应的另一端分别穿入 FD1、FD2、FD3 光纤配线架，制作光纤 SC 冷接头分别对应接入 1、2 号进线端口。

(5) 3 根 25 对大对数电缆依据色标端接，其中：第 1 根一端端接在 BD 机架上 110 配线架底层的 26~50 线对（配线架右上位置）上，另一端端接在 FD1 机柜内 110 配线架底层的

1~25 线对上；第 2 根一端端接在 BD 机架上 110 配线架底层的 51~75 线对（配线架左下位置）上，另一端端接在 FD2 机柜内 110 配线架底层的 1~25 线对上；第 3 根一端端接在 BD 机柜上 110 配线架底层的 76~100 线对（配线架右下位置）上，另一端端接在 FD3 的 110 配线架底层的 1~25 线对上，并正确安装各顶层的端接连接模块。

12. FD1 配线子系统 PVC 线槽/线管的安装和布线

按照图 3 所示位置，完成底盒、模块、面板、网络配线架与 TV 配线架的安装以及以下指定路由的线槽/线管安装布线与端接。要求设备安装位置合理、剥线长度合适、线序和端接正确，预留线缆长度合适，剪掉多余牵引线。具体包括如下任务：

（1）101、105、108、109、111 信息盒为双口信息点，信息盒（面板）左边为数据信息点，右边为语音信息点；102、106、112、113 信息盒为单口数据信息点；104、107 信息盒为单口语音信息点；103、110 信息盒为 TV 信息点。

（2）101、104、106、108、109、112、113 信息点通过 PVC 40 线槽连接到本楼层机柜，所述线槽连接配件均须通过线槽切割拼接自制完成。

（3）102、105、111 信息点通过 PVC 20 线槽连接到 PVC 40 线槽共链路连接到本楼层机柜，所述线槽连接配件均须通过线槽切割拼接自制完成。

（4）103、107、110 信息点通过 φ20 PVC 线管连接到本楼层机柜，且在链路分支点设置链路维护孔。所述线管进入机柜时，可通过黄蜡管外套保护或 φ20 PVC 线管链接进入本楼层机柜 FD1，完成安装与布线。

（5）101 数据、102 数据、105 数据、106 数据、108 数据、109 数据、111 数据、112 数据、113 数据信息点均使用超五类双绞线按指定路由连接到本层 FD1 中，并从网络配线架上端口 1 开始依次端接。

（6）101 语音、104 语音、105 语音、107 语音、108 语音、109 语音、111 语音信息点均使用超五类双绞线按指定路由连接到本层 FD1 中，并从网络配线架上端口 12 开始依次端接。

（7）103、110 信息（电视）插座的同轴电缆压接完成后，线缆另一端压接到 FD1 机柜内 TV 配线架第 1、第 2 进线端口上。

13. FD2 配线子系统 PVC 线槽/线管的安装和布线

按照图 3 所示位置，完成底盒、模块、面板、网络配线架与 TV 配线架的安装以及以下指定路由的线槽/线管安装布线与端接。要求设备安装位置合理、剥线长度合适、线序和端接正确，预留线缆长度合适，剪掉多余牵引线。具体包括如下任务：

（1）201、206、208 为双口信息点，信息盒（面板）左边为数据信息点，右边为语音信息点；202、204、207、211、212 信息盒为单口数据信息点；205、210 信息盒为单口语音信息点；203、209 信息盒为 TV 信息点。

（2）201、202、205、206 信息点通过 PVC 40 线槽连接到本楼层机柜。所述 PVC 40 线槽阴角、直角等连接配件均须通过配套辅材组合安装完成。

（3）209、210、212 信息点通过 PVC 40 线槽连接到本楼层机柜，所述 PVC 40 线槽连接配件均须通过线槽切割拼接自制完成。

（4）203、204、207、208、211 信息点通过 PVC 20 线槽连接到 PVC 40 线槽共链路连接到本楼层机柜，所述 PVC 20 线槽连接配件均须通过线槽切割拼接自制完成。

（5）201 数据、202 数据、204 数据、206 数据、207 数据、208 数据、211 数据、212 数据信息点均使用超五类双绞线按指定路由连接到本层 FD2 中，并从网络配线架上端口 1 开始依次端接。

（6）201 语音、205 语音、206 语音、208 语音、210 语音信息点均使用超五类双绞线按指定路由连接到本层 FD2 中，并从网络配线架上端口 12 开始依次端接。

（7）203、209 信息（电视）插座的同轴电缆压接完成后，线缆另一端压接到 FD2 机柜内 TV 配线架第 1、第 2 进线端口上。

14. FD3 配线子系统 PVC 线槽/线管的安装和布线

按照图 3 所示位置，完成底盒、模块、面板、网络配线架与 TV 配线架的安装以及以下指定路由的线槽/线管安装布线与端接。要求设备安装位置合理、剥线长度合适、线序和端接正确，预留线缆长度合适，剪掉多余牵引线。具体包括如下任务：

（1）301、305、309、313 为双口信息点，信息盒（面板）左边为数据信息点，右边为语音信息点；302、306、307、310、312 信息盒为单口数据信息点；304、308 信息盒为单口语音信息点；303、311 信息盒为 TV 信息点。

（2）302、305、306 信息点通过 PVC 40 线槽连接到本楼层机柜。所述 PVC 40 线槽阴角、直角等连接配件均须通过配套辅材组合安装完成。

（3）309、310、313 信息点通过 PVC 40 线槽连接到本楼层机柜。所述 PVC 40 线槽阴角、直角等连接配件均须通过线槽切割拼接自制完成。

（4）304、308、312 信息点通过 PVC 20 线槽连接到 PVC 40 线槽共链路连接到本楼层机柜，所述 PVC 20 线槽连接配件均须通过线槽切割拼接自制完成。

（5）303、307、311 信息点通过 ϕ20 PVC 线管连接到本楼层机柜，且在信息点链路分支点设置链路维护孔。所述线管进入机柜时，可通过黄蜡管外套保护或 ϕ20 PVC 线管链接进入本楼层机柜 FD3，完成安装与布线。

（6）301 数据、302 数据、305 数据、306 数据、307 数据、309 数据、310 数据、312 数据、313 数据信息点均使用超五类双绞线按指定路由连接到本层 FD3 中，并从网络配线架上端口 1 开始依次端接。

（7）301 语音、304 语音、305 语音、308 语音、309 语音、313 语音信息点均使用超五类双绞线按指定路由连接到本层 FD3 中，并从网络配线架上端口 12 开始依次端接。

（8）303、311 信息（电视）插座的同轴电缆压接完成后，线缆另一端压接到 FD3 机柜内 TV 配线架第 1、第 2 进线端口上。

15. 标签

（1）三个楼层所有信息面板均需使用信息面板标签纸进行标识（信息盒中，数据信息点插座插口编号取字母"D"，语音信息点插座插口编号取字母"P"，TV 信息点插座插口编号取字母"T"。信息面板每个信息点标签由插座底盒编号与插座插口编号组成，如：101－D、101－P、103－T 等），标签贴于网络插口上方中央位置，要求标签尺寸裁剪适中、美观。

（2）CD－BD 之间单模皮线光缆使用标签扎带进行标签标识，光缆两端均需设置该标识，第一根光缆两端均标识为"CB－G1"、第二根光缆两端均标识为"CB－G2"、……、第四根为"CB－G4"。

（3）CD – BD 之间同轴电缆两端使用 P 型线缆标签纸进行标识，两端均需设置该标识，第一根同轴电缆两端均标识为"CB – T1"、第二根同轴电缆两端均标识为"CB – T2"。

第三部分　综合布线系统工程项目管理（50 分）

16. 施工管理
（1）现场设备、材料、工具堆放整齐、有序。
（2）安全施工、文明施工、合理使用材料。

江苏省基于西元与企想设备相结合模拟试题

信息网络布线技术竞赛模拟试题三

竞赛队编号：_____ 机位号：_____ 总分：_____ 分

注意事项：

1. 全部书面和电子版竞赛作品，只能填写竞赛组编号进行识别，不得填写任何形式的识别性标记。
2. 本竞赛中使用的器材、竞赛题等不得带出竞赛场地。
3. 本次网络综合布线技术竞赛给定一个"建筑群模型"作为网络综合布线系统工程实例，请各参赛队按文档要求完成工程设计，并且进行安装施工和编写竣工资料。

工 程 描 述

本设计是模拟楼宇三个楼层网络布线系统工程项目，参照图1所示，依据《综合布线系统工程设计规范》（GB 50311—2007），具体要求如下：

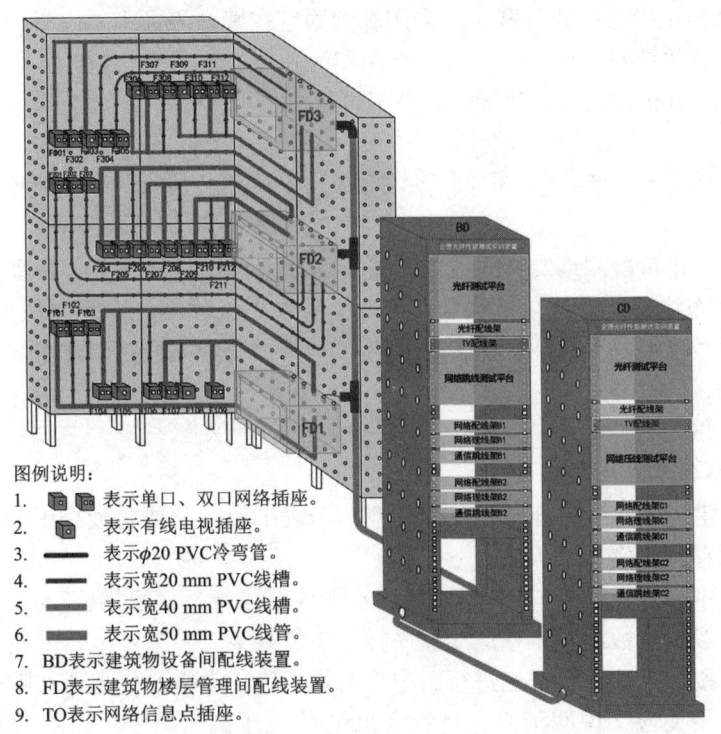

图例说明：
1. ▣ 表示单口、双口网络插座。
2. ▣ 表示有线电视插座。
3. ━ 表示φ20 PVC冷弯管。
4. ━ 表示宽20 mm PVC线槽。
5. ━ 表示宽40 mm PVC线槽。
6. ━ 表示宽50 mm PVC线管。
7. BD表示建筑物设备间配线装置。
8. FD表示建筑物楼层管理间配线装置。
9. TO表示网络信息点插座。

图1

（1）所述对象为一模拟楼宇三个楼层网络布线系统工程项目，项目名称统一规定为"建筑物三层楼宇布线工程 + 机位号"（机位号取 2 位数字，不足 2 位前缀补 0）；建筑物编号统一规定为"ZHBX + 机位号"（机位号取 2 位数字，不足 2 位前缀补 0）。

（2）在建筑物模型中，每层安装一个 6U 吊装机柜，机柜内安装放置器材（由上至下）按照图 2 "FD 机柜器材正视图"所示；其中网络配线架编号为 J1、TV 配线架编号为 J2、110 跳线架编号为 J3、光纤配线架编号为 J4。

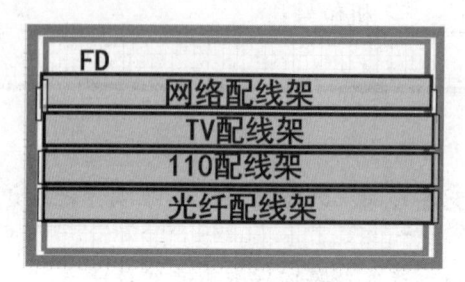

图 2

（3）模型中信息点面板为双口面板和 TV 面板两种，其中第一层和第二层的双口信息点面板左边（面对信息点面板）为数据端口，安装 RJ45 模块；右边（面对信息点面板）为语音端口，安装 RJ45 模块（根据行业标准，数据/语音互换原则）；TV 信息点安装 TV 面板。第三层的双口信息面板两个端口全部为数据端口，安装 RJ45 模块；TV 信息点安装 TV 面板。

（4）模型中信息点底盒应安装在图 1 "建筑群网络综合布线系统模型"中所示位置，使用钻头在底盒的正中心位置开孔，并采用螺丝固定在墙体表面上。

（5）110 配线架线对顺序为：1 ~ 25 对在左上位置；26 ~ 50 对在右上位置；51 ~ 75 对在左下位置；76 ~ 100 对在右下位置，以下不再叙述。

第一部分　综合布线系统工程项目设计（1 000 分）

请根据图 1 "建筑群网络综合布线系统模型"完成以下设计任务，在桌面上新建一个文件夹，以"综合布线文档设计 + 机位号"（机位号取 2 位数字，不足 2 位前缀补 0）命名，将所有设计文件放在此文件夹中。裁判依据各参赛队提交的书面打印文档评分，没有书面文档的项目不得分。

具体要求如下：

1. 完成网络信息点点数统计表

参照图 1 "建筑群网络综合布线系统模型"和表 1 所示，要求使用 Excel 软件编制信息点统计表，并保存到指定文件夹中。

说明：图 1 中，线盒编号 = F + 楼层序号 + 本楼层线盒（信息插座/盒）序号。其中，楼层序号取 1 位数字，本楼层线盒序号取 2 位数字。

要求：严格按照上述设计描述进行，项目名称正确，表格设计合理、版面美观，信息点数量统计正确，相关含义说明清楚，且竞赛机位号（建筑物编号、编制人、审核人、审定人均填写竞赛机位号，不得填写其他内容）及日期说明完整。采用 A4 幅面打印 1 份。

表1：信息点统计表。

表1

项目名称：_____　　　　　　建筑物编号：_____

楼层编号	信息点类别	信息插座/盒序号				楼层信息点合计			信息点合计
		01	02	……	nn	数据	语音	TV	
1层	数据								
	语音								
	TV								
……	数据								
	语音								
	TV								
N层	数据								
	语音								
	TV								
信息点合计									

编制人签字：_____ 审核人签字：_____ 审定人签字：_____（机位号）日期：　年　月　日

2. 设计和绘制该网络综合布线系统图

参照图1"建筑群网络综合布线系统模型"，使用 Visio 或者使用 AutoCAD 软件，完成 CD→TO 网络布线系统拓扑图的设计绘制，设计图以文件名"网络布线设计图"保存到指定文件夹，且在该指定文件夹中将最终作品以文件名为"网络布线设计生成图"生成（另存）一份 JPG 格式文件。

要求：图面布局合理、图形正确、符号标记清楚、连接关系合理、说明完整、标题栏合理（包括项目名称、签字和日期），采用 A4 幅面打印1份。

3. 完成该网络综合布线系统施工图

参照图1"建筑群网络综合布线系统模型"，使用 Visio 或者 AutoCAD 软件，将图1立体示意图设计成平面施工图，包括俯视图、侧视图等，要求施工图中的文字、线条、尺寸、符号清楚和完整。设备和器材规格必须符合本比赛题中的规定，器材和位置等尺寸现场实际测量。要求包括以下内容：

（1）CD – BD – FD – TO 布线路由、设备位置和尺寸正确。
（2）机柜和网络插座位置、规格正确。
（3）图面布局合理，位置尺寸标注清楚正确。
（4）图形符号规范，说明正确和清楚。
（5）标题栏完整，签署参赛队机位号等基本信息。

4. 编制该网络综合布线系统端口对应表

参照图1"建筑群网络综合布线系统模型"和表2所示，编写信息点端口对应表。

表2：信息点端口对应表。

表 2

项目名称：_____　　　　　　　　　　　建筑物编号：_____

序号	信息点编号	底盒编号	网络插口编号	楼层机柜编号	配线架编号	端口编号
1						
2						

编制人签字：_____　审核人签字：_____　审定人签字：_____（机位号）日期：　　年　月　日

要求项目名称准确，表格设计合理，信息点编号正确，相关含义说明正确完整，机位号、日期和签字完整，采用 A4 幅面打印 1 份。

5. 材料统计表

按照图 1 所示及上述设计描述，根据本次竞赛试题中规格要求和实际施工的用料情况，参照表 3 格式，完成项目工程材料统计表的编制，编制完成后将文件保存到指定文件夹下，保存文件名为"材料统计表"。

表 3：材料统计表。

表 3

项目名称：_____　　　　　　　　　　　建筑物编号：_____

序号	材料名称	材料规格/型号	数量	单位	用途说明
1					
2					

编制人签字：_____　审核人签字：_____　审定人签字：_____（机位号）日期：　　年　月　日

要求按照表 3 格式，编制该工程项目材料统计表。要求材料名称正确，规格/型号合理，数量合理，用途说明清楚，品种齐全，没有漏项或者多余项目。（建筑物模拟墙及标配网络配线实训装置不包含在材料表中）采用 A4 幅面打印 1 份。

6. 施工进度表

根据本次竞赛中的实际工序，采用 Visio 或者 AutoCAD 软件绘制施工进度表，并保存成 JPG 格式，存放在指定文件夹中。编制人、审核人等信息均填写机位号。

要求：施工工序合理，时间安排得当，项目名称、编制人、审核人正确，日期正确。

第二部分　工程安装项目（3 700 分）

布线安装施工在西元网络综合布线实训装置上进行，每个竞赛队 1 个 L 区域。具体路由请按照题目要求和图 1 中表示的位置。

特别注意：安装部分可能会使用电动工具和需要登高作业，特别要求参赛选手注意安全用电和规范施工，登高作业时首先认真检查和确认梯子安全可靠，双脚不得高于地面 1 m，而且必须 2 人合作，1 人操作 1 人保护。

具体要求：

(1) 按照图 1 所示位置，完成 FD 配线子系统的线槽、线管、底盒、模块、面板的安装，同时完成布线端接。要求横平竖直，位置和曲率半径正确，接缝不大于 1 mm。

(2) 不允许给底盒开孔将 PVC 线管直接插入，只能使用预留进线孔。

7．跳线制作和测试

现场制作跳线 12 根，要求跳线长度误差必须控制在 ±5 mm 以内，线序正确，压接护套到位，剪掉牵引线，线标正确，符合 GB 50312 规定，跳线合格，其他具体要求如下：

(1) 2 根超五类非屏蔽铜缆跳线，568B – 568B 线序，长度 500 mm；

(2) 2 根超五类非屏蔽铜缆跳线，568A – 568A 线序，长度 380 mm；

(3) 2 根超五类非屏蔽铜缆跳线，568A – 568B 线序，长度 400 mm；

(4) 2 根六类非屏蔽铜缆跳线，568B – 568B 线序，长度 440 mm；

(5) 2 根六类非屏蔽铜缆跳线，568A – 568B 线序，长度 400 mm；

(6) 2 根六类非屏蔽铜缆跳线，568A – 568A 线序，长度 495 mm；

(7) 使用光纤快速连接器和单芯皮线光缆，制作 2 根光纤跳线，长度为 800 mm；

(8) 使用英制 F 头，制作 2 根 TV 跳线，要求长度为 700 mm。

8．完成测试链路端接

在企想网络跳线测试仪的实训装置上完成 6 条回路测试链路的布线和模块端接，路由按照图 3 "跳线测试链路端接路由与位置示意图"所示，每条回路链路由 3 根跳线组成（每回路 3 根跳线结构如图 3 侧视图所示），端/压接 6 组线束（每组线束 3 根跳线，每根跳线 8 芯）。要求链路端接正确，每段跳线长度合适，端接处拆开线对长度合适，端接位置线序正确，剪掉多余牵引线。

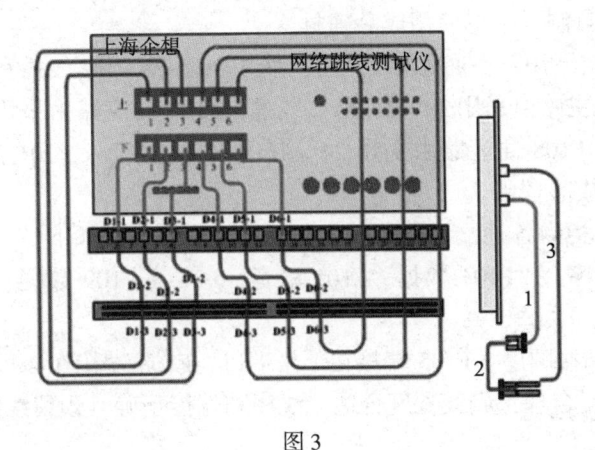

图 3

9．完成复杂永久链路端接

在企想网络压线测试仪的实训装置上完成 6 条回路测试复杂永久链路的布线和模块端接，路由按照图 4 "压线测试链路端接路由与位置示意图"所示，每条回路由 3 根跳线组成（每回路 3 根跳线结构如图 4 侧视图所示），端/压接 6 组线束（每组线束 3 根跳线，每根跳线 8 芯）。要求链路端/压接正确，每段跳线长度合适，端接处拆开线对长度合适，端接位置线序正确，剪掉多余牵引线。

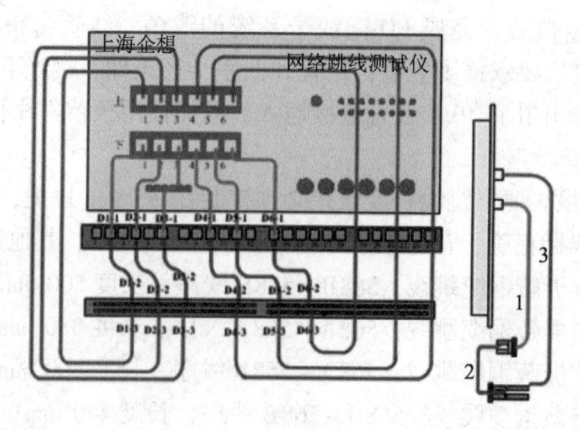

图 4

10. FD1 配线子系统 PVC 线管的安装和布线

按照图 1 所示位置，完成以下指定路由的安装和布线，以及底盒、模块、面板的安装，具体包括如下任务：

（1）F101、F102、F103 号插座布线路由。使用 39×18 PVC 线槽和 24×10 PVC 线槽进行路由的铺设，F101 主路由采用 39×18 PVC 线槽，F102 和 F103 插座路由采用 24×10 PVC 线槽接入 F101 的主路由中。所有弯头、阴角、拐角全部自制，不得使用成品辅材。

（2）F104、F105、F106 号插座布线路由。使用 39×18 PVC 线槽和 24×10 PVC 线槽进行路由的铺设，F104 主路由采用 39×18 PVC 线槽，F105 插座路由采用 39×18 PVC 线槽接入 F101 的主路由中，F106 插座路由采用 24×10 PVC 线槽接入 F101 的主路由中。所有弯头、阴角、拐角全部自制，不得使用成品辅材。

（3）F107、F108、F109 号插座布线路由。使用 39×18 PVC 线槽和 24×10 PVC 线槽进行路由的铺设，F107 主路由采用 39×18 PVC 线槽，F109 插座路由采用 39×18 PVC 线槽接入 F101 的主路由中，F108 插座路由采用 24×10 PVC 线槽接入 F101 的主路由中。所有弯头、阴角、拐角使用成品弯头。

（4）完成 FD1 机柜内各种配线架的安装和端接，具体要求如下：

① 网络配线架顺序："F101 数据、F101 语音、……、F109 数据、F109 语音"依次端接到 1~14 号端口。

② TV 配线架的端接顺序：F105 端接在 1 号端口，F108 端接在 2 号端口。

要求设备安装位置合理，剥线长度合适，线序和端接正确，预留线缆长度合适，剪掉多余牵引线。

11. FD2 配线子系统 PVC 线槽的安装和布线

按照图 1 所示位置，完成以下指定路由的安装和布线，以及底盒、模块、面板的安装，具体包括如下任务：

（1）F201、F202、F203 号插座布线路由。使用 φ20 PVC 线管进行路由的铺设，所有弯头全部自制，不得使用成品辅材。

（2）F204、F205、F206 号插座布线路由。使用 39×18 PVC 线槽和 φ20 PVC 线管进行路由的铺设，F204 主路由采用 39×18 PVC 线槽，F205 插座路由采用 39×18 PVC 线槽接入

F201 的主路由中，F206 插座路由采用 φ20 PVC 线管接入 F204 的主路由中。所有弯头、阴角、拐角全部自制，不得使用成品辅材。

（3）F207、F208、F209 号插座布线路由。使用 39×18 PVC 线槽和 24×10 PVC 线槽进行路由的铺设，F207 主路由采用 39×18 PVC 线槽，F209 插座路由采用 24×10 PVC 线槽接入 F201 的主路由中，F205 插座路由采用 39×18 PVC 线槽接入 F204 的主路由中。所有弯头、阴角、拐角全部自制，不得使用成品辅材。

（4）F210、F211、F212 号插座布线路由。使用 39×18 PVC 线槽和 φ20 PVC 线管进行路由的铺设，F210 主路由采用 39×18 PVC 线槽，F212 插座路由采用 39×18 PVC 线槽接入 F210 的主路由中，F211 插座路由采用 φ20 PVC 线管接入 F210 的主路由中。所有弯头、阴角、拐角全部自制，不得使用成品辅材。

（5）完成 FD2 机柜内各种配线架的安装和端接，具体要求如下：

① 网络配线架顺序："F201 数据、F202 数据……F212 数据"依次端接到 1～9 号端口。"F201 语音、F202 语音……F212 语音"依次端接到 13～21 号端口。

② TV 配线架的端接顺序：F203 端接在 3 号端口、F206 端接在 4 号端口、F209 端接在 5 号端口。

要求设备安装位置合理，剥线长度合适，线序和端接正确，预留线缆长度合适，剪掉多余牵引线。

12. FD3 配线子系统 PVC 线槽/线管的组合安装和布线

按照图 1 所示位置，完成以下指定路由的安装和布线，以及底盒、模块、面板的安装，具体包括如下任务：

（1）F301、F302、F303 号插座布线路由。使用 39×18 PVC 线槽和 24×10 PVC 线槽进行路由的铺设，F301 主路由采用 39×18 PVC 线槽，F303 插座路由采用 39×18 PVC 线槽接入 F301 的主路由中，F302 插座路由采用 24×10 PVC 线槽接入 F301 的主路由中。所有弯头、阴角、拐角全部自制，不得使用成品辅材。

（2）F304、F305 号插座布线路由。使用 φ20 PVC 线管进行路由的铺设，所有弯头全部自制，不得使用成品辅材。

（3）F306、F307、F308 号插座布线路由。使用 39×18 PVC 线槽和 24×10 PVC 线槽进行路由的铺设，F306 主路由采用 39×18 PVC 线槽，F308 插座路由采用 24×10 PVC 线槽接入 F306 的主路由中，F307 插座路由采用 39×18 PVC 线槽接入 F306 的主路由中。所有弯头、阴角、拐角全部自制，不得使用成品辅材。

（4）F309、F310、F311、F312 号插座布线路由。使用 39×18 PVC 线槽和 φ20 PVC 线管进行路由的铺设，F309 主路由采用 39×18 PVC 线槽，F311 插座路由采用 39×18 PVC 线槽接入 F309 的主路由中，F310 和 F312 插座路由采用 φ20 PVC 线管接入 F309 的主路由中。所有弯头、阴角、拐角全部自制，不得使用成品辅材。

（5）完成 FD3 机柜内各种配线架的安装和端接，具体要求如下：

① 网络配线架顺序："F301 数据、F302 数据……F312 数据"依次端接到 1～18 号端口。

② TV 配线架的端接顺序：F303 端接在 2 号端口、F306 端接在 6 号端口、F309 端接在 9 号端口。

要求设备安装位置合理，剥线长度合适，线序和端接正确，预留线缆长度合适，剪掉多余牵引线。

13．建筑物子系统的布线安装

请按照图1所示位置和要求，完成建筑物子系统的布线和安装。

（1）从标识为 BD 的设备沿地面向 FD1～FD3 机柜安装 1 根 $\phi50$ PVC 线管，并采用管卡固定在墙体表面。

（2）在线管的弯头处，分别安装成品弯头，在 FD1 和 FD2 机柜旁，安装成品三通，用于进线。

（3）从 BD 向 FD1～FD3 共计铺设 3 根大对数线缆、3 根同轴线缆、12 根单模皮线光缆。每个 FD 机柜进线为：1 根大对数线缆、1 根同轴线缆、4 根单模皮线光缆。

（4）进入 BD 的线缆端接顺序如下。

① 大对数线缆端接顺序：FD1～FD3 依次端接在 BD 机柜内 30U 处的 110 配线架的 1～76 线对的底层，并压接 110 模块。另外，使用标签扎带进行标识。

② 同轴电缆端接顺序：FD1～FD3 依次端接在 BD 机柜内 12U 位置处的 TV 配线架的 1～3 号端口。另外，使用标签扎带进行标识。

③ 单芯皮线光缆端接顺序：FD1～FD3 依次端接在 BD 机柜内 10U 位置处的光纤配线架 1～12 端口。另外，使用标签扎带进行标识。

（5）进入 FD 机柜内线缆的端接顺序如下。

① FD1 机柜内：大对数端接在 1～25 线对；同轴线缆端接在 TV 配线架的 12 号端口；皮线光缆端接在光纤配线架的 1～4 号端口。

② FD2 机柜内：大对数端接在 26～50 线对；同轴线缆端接在 TV 配线架的 11 号端口；皮线光缆端接在光纤配线架的 5～8 号端口。

③ FD3 机柜内：大对数端接在 51～75 线对；同轴线缆端接在 TV 配线架的 10 号端口；皮线光缆端接在光纤配线架的 9～12 号端口。

（6）线缆进入 FD 机柜时，采用 $\phi20$ 黄蜡管保护线缆接入。

（7）线缆进入 BD 机柜时，采用 $\phi50$ 黄蜡管保护线缆接入。

第三部分　工程管理项目（300分）

14．竣工资料

（1）根据设计和安装施工过程，编写项目竣工总结报告，要求报告名称正确，封面竞赛组编号正确，封面日期正确，目录正确、版面美观、内容清楚和完整。

（2）整理全部设计文件等竣工资料，独立装订，完整美观。

15．施工管理

（1）现场设备、材料、工具堆放整齐、有序。

（2）安全施工、文明施工、合理使用材料。

参 考 文 献

[1] 中华人民共和国建设部. 综合布线系统工程设计规范（GB 50311—2007）[S]. 北京：中国机械工业出版社，2007.
[2] 中华人民共和国建设部. 综合布线系统工程验收规范（GB 50312—2007）[S]. 北京：中国机械工业出版社，2007.
[3] 禹禄君. 综合布线技术使用教程 [M]. 北京：电子工业出版社，2007.
[4] 余明辉，等. 综合布线系统的设计 施工 测试 验收与维护 [M]. 北京：人民邮电出版社，2010.
[5] 贺平. 网络综合布线技术 [M]. 北京：人民邮电出版社，2010.
[6] 王彬，王磊. 综合布线技术 [M]. 北京：凤凰教育出版社，2014.